高等学校"十二五"规划教材·国防科技类

FANGKONG DAODAN ZONGTI SHEJI YUANLI

防空导弹总体设计原理

韩晓明 李彦彬 徐 超 编著

U0382132

西北工业大学出版社

【内容简介】 本书系统地介绍了防空导弹总体设计的基本概念与内容、基本原理与方法。主要内容包括防空导弹的研制过程与内容、战术技术要求分析、导弹布局设计、导弹总体设计参数与选择、推进系统设计、引战系统设计、制导系统设计、发射方案设计、能源系统设计和导弹系统性能分析等。

本书可作为指技合训型军队院校导弹总体专业、导弹工程专业本科生的教材,也可供相关导弹类专业或导弹技术管理人员参考。

图书在版编目(CIP)数据

防空导弹总体设计原理 / 韩晓明,李彦彬,徐超编著. —西安:西北工业大学出版社,2016.4(2024.3重印)

ISBN 978 - 7 - 5612 - 4728 - 0

Ⅰ. ①防… Ⅱ. ①韩… ②李… ③徐… Ⅲ. ①防空导弹—总体设计 Ⅳ. ①TJ761.1

中国版本图书馆 CIP 数据核字(2016)第 070664 号

出版发行:西北工业大学出版社

通信地址:西安市友谊西路 127 号   邮编:710072

电　　话:(029)88493844　88491757

网　　址:www.nwpup.com

印 刷 者:西安五星印刷有限公司

开　　本:787 mm×1 092 mm　1/16

印　　张:20.5

字　　数:502 千字

版　　次:2016 年 4 月第 1 版　　2024 年 3 月第 4 次印刷

定　　价:62.00 元

前　言

　　防空导弹是一个由多种新技术、多个分系统、多种设备构成的复杂系统,其研制过程涉及许多技术领域和部门,是多种创造性劳动构成的反复实践和认识的过程。导弹总体设计就是各分系统的技术综合,将导弹的各个分系统视为一个有机整体,使整体性能最优、费用最低、研制周期最短。因此,研究导弹总体设计原理与方法具有十分重要的意义。

　　防空导弹总体设计是一个从已知条件出发创造新产品的过程,是将战术技术要求转化为武器的最重要的步骤。总体设计在导弹武器系统所有设计、研制工作中占最重要的地位并起决定性作用。高质量的总体设计不但会带来令人满意的导弹作战性能、使用维护性能和经济效益,而且会为各系统、各设备、各组件以及零部件设计创造良好的条件。

　　防空导弹总体设计是一门系统工程科学。它是应用物理、数学、推进技术、空气动力学、飞行力学、结构力学、材料学、控制理论、电子学、优化理论以及其他应用学科和基础学科处理和解决导弹总体设计问题的一门综合性科学。一方面它是以上述应用学科和基础学科为基础,另一方面它又是一门独立的技术科学学科,有它自身的内在逻辑、规律和方法。在导弹总体设计过程中,应遵循先进性、综合性、高可靠性、经济性等原则,综合权衡气动、结构、动力、质量、控制、弹道等众多相互耦合的学科,将多学科设计优化的思想和方法用于导弹总体设计,以提高其设计效率和质量。

　　本书是根据军队院校导弹总体专业和导弹工程专业防空导弹总体设计原理课程标准,集国内外最新的研究成果并结合笔者多年的教学、研究体会编写而成的。本书系统地介绍了防空导弹总体设计的基本概念与内容、基本原理与方法、总体设计新技术与发展。内容新颖、系统全面、先进性强,为导弹工程专业和导弹总体专业的教学提供了一本实用的教材,同时,也可供相关导弹类专业或导弹技术管理人员参考。

　　全书共分 10 章,第 1 章主要介绍防空导弹的组成和功能、总体设计的概念、研制过程和发展状况;第 2 章介绍战术技术要求的基本内容、确定战术技术要求要考虑的目标特征,以及新设计导弹的性能等问题;第 3 章介绍导弹分级与总体布局、导弹气动外形设计、弹上设备的部位安排与质心定位和结构布局设计的要求;第 4 章介绍根据导弹的飞行性能参数,来选择导弹主要设计参数的问题;第 5 章介绍推进系统设计的任务与要求、固体火箭发动机设计、固体火箭冲压发动机设计、液体火箭发动机设计和发动机选择的原则与方法;第 6 章介绍引战系统的设计内容、要求、原则和方法;第 7 章介绍导弹制导系统的功能、分类与组成,设计的基本要求,导引方法的选择,控制方法的选择等内容;第 8 章介绍发射装置设计的内容与要求、陆(海)基发射方式和空基发射方式的特点;第 9 章介绍导弹能源系统的类型与特点、设计要求和导弹上常用能源系统的选择与设计方法;第 10 章介绍与导弹系统性能分析与评价有关的导弹杀伤概率计算、杀伤区和发射区、导弹的可靠性、维修性、安全性和电磁兼容性、导弹系统的费用效能分析等内容。其中第 1~5,7 章由韩晓明编写,第 6,10 章由李彦彬编写,第 8,9 章由徐超编写,全书由韩晓明统稿。

本书在编写过程中曾参阅了国内外相关文献资料,在此谨对其作者表示衷心的感谢!

由于水平有限,错误与不足之处在所难免,敬请读者批评指正。

编著者

2016 年 1 月

目　　录

第1章 绪 论

防空导弹是指用来拦截空中目标的武器,包括地空导弹和舰空导弹(这两者统称为面空导弹)、空空导弹。本章主要介绍作为设计对象的防空导弹的基本概念、研制过程,导弹总体设计的基本内容以及防空导弹的发展概况。

1.1 作为设计对象的防空导弹

导弹总体设计在导弹所有设计工作中占最重要的地位并起决定性作用。总体设计是将战术技术要求转化为武器的第一个也是最重要的一个步骤,高质量的总体设计不但会带来令人满意的导弹作战性能、使用维护性能和经济效益,而且会为弹上各系统、各设备、各组件以及零部件设计创造良好的条件。因此,首先必须熟悉作为设计对象的导弹在导弹武器系统中的地位、导弹的分类与特点、导弹的组成与功能。

1.1.1 导弹武器系统

导弹武器系统是基本作战单位,一般由作战装备(包括导弹、发控设备、制导设备、电源和运输车辆等)和支援装备(包括导弹的运输和装填设备、作战装备的检测维修设备以及必要的能源设备等)组成。导弹武器系统具有两种功能:作战功能(指发现、跟踪和识别目标;导弹按照规定的航迹和精度要求飞行到目标区;有效地摧毁目标)和维护功能(指在规定的寿命期内具有保证系统正常工作的能力)。

1. 导弹武器系统的组成

导弹武器系统由导弹、火控系统和技术保障设备三大部分组成。大多数导弹武器系统用于探测和跟踪目标的雷达站和其他光电通信联络设备以及导弹发射装置,均安装在地面制导站、同一战舰或载机上,而且往往和其他武器系统共用,因此也可以认为,导弹武器系统是由发射平台、导弹和技术保障设备组成的,如图1-1所示。

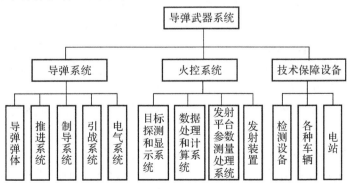

图1-1 导弹武器系统组成

2.导弹武器系统各组成部分的任务

导弹是武器系统的核心,直接体现了导弹系统的性能和威力,是攻击各种目标的武器。它由弹体、推进系统、制导系统、引战系统和能源系统组成。

火控系统是导弹系统的重要组成部分,完成对目标信息的获取、显示和数据处理,发射平台参数测量和处理,计算装定射击诸元,射前检查,战术决策和实施导弹发射任务。该系统主要由目标探测和显示系统、数据处理和计算系统、发射平台参数测量处理系统、射前检查设备、发射装置、发射控制系统等构成。目标探测和显示系统用于测定和显示目标距离、方位、速度、航向等参数。发射平台参数测量系统用于对导弹载体运动参数,如载体速度、载体航向、载体姿态(滚动角、俯仰角)的测量。数据处理计算系统包括射击指挥仪、解算射击诸元。

技术保障设备用于完成导弹起吊、运输、储存、维护、检测、供电和技术准备,以保障导弹处于完好的技术状态和战斗待发状态。技术保障设备主要有测试设备、吊车、运输车、装填车、技术阵地及仓库、拖车、电源车、燃料加注车、清洗车、气源车、通信指挥车和其他配套工具。技术保障设备取决于导弹的用途、使用条件和构造特点。

1.1.2　防空导弹分类与特点

现代防空导弹有多种分类方法,每种分类方法均反映了导弹某一方面的特点,给导弹总体设计带来了相应的战术技术要求。

根据作战用途,可分为要地防空导弹、野战防空导弹和舰艇防空导弹;根据作战空域,可分为中高空、中低空、低空和超低空防空导弹,根据当前技术水平,防空导弹一般覆盖两个主要空域,兼顾其他空域;根据发射点和目标的位置,可分为地空导弹、空空导弹和舰空导弹;根据攻击目标类型,可分为反飞机导弹和反导弹等;根据制导方式,可分为驾束制导、指令制导、自动寻的制导和复合制导导弹等。

1.地空导弹

地空导弹是从地面发射,攻击并摧毁空中活动目标(飞机、弹道导弹等)的制导武器,它在大气层内飞行,一般都带有翼面,属于有翼导弹。有翼导弹是一种以火箭发动机、吸气式发动机或组合发动机为动力,由气动翼面提供机动飞行所需的法向力、装有战斗部系统和制导系统的无人驾驶飞行器。

地空导弹的分类方法很多,各国对地空导弹武器分类方法和标准不尽相同。主要有,按作战用途,分为要地防空和野战防空两种;按地面机动性,分为固定式、半固定式和机动式3种,其中,机动式又分为牵引式、自行式和便携式;按同一时间攻击目标数,分为单目标通道和多目标通道两种;按制导方式分为遥控、寻的、复合制导等类型,其中寻的制导又分为主动寻的、半主动寻的和被动寻的三种;按作战高度可分为高空(20 km 以上)、中空(6～20 km)、低空(150 m～6 km)、超低空(150 m 以下);按射程分为远、中、近程和短程,多数国家把最大射程在 100 km 以上的称为远程,20～100 km 之间的称为中程,10～20 km 之间的称为近程,10 km以内的称为短程。从而形成了高、中、低空,远、中、近程的地空导弹系列。

2.空空导弹

空空导弹是从空中发射、攻击空中目标的导弹。它可以由战斗机、攻击机、轰炸机、直升机等携带和发射,攻击目标包括各类有人驾驶飞机、无人驾驶飞机、直升机和巡航导弹等。

空空导弹有多种分类方法,通常根据作战使用和采用的导引方式来分类。

(1) 根据作战使用,可以分为近距格斗空空导弹、中距拦射空空导弹和远程空空导弹。

近距格斗空空导弹:主要用于空战中的近距格斗,它的发射距离一般在 300 m～20 km 之间,通常不追求远射程,更加关注导弹的机动、快速响应和大离轴发射、尺寸质量以及抗干扰能力等性能。近距格斗空空导弹一般采用红外制导体制。

中距拦射空空导弹:最大发射距离一般在 20～100 km 之间,它更关注导弹的发射距离、全天候使用、多目标攻击、抗干扰等性能。中距拦射导弹通常采用复合制导体制来扩大发射距离,其中制导采用惯性制导加数据链修正,末制导一般采用主动雷达制导。

远程空空导弹:最大发射距离通常应达到 100 km 以上,采用复合制导体制,动力装置目前多采用固体火箭冲压发动机。

(2)根据导引方式,可以分为红外型空空导弹、雷达型空空导弹和多模制导空空导弹。

红外型空空导弹:采用红外导引系统,具有制导精度高、系统简单、质量和尺寸小、发射后不管等优点,其主要缺点是不具备全天候使用能力,迎头发射距离近。

雷达型空空导弹:采用雷达导引系统,具有发射距离远、全天候工作能力强等优点。根据导引头工作方式又可以分为主动雷达型、半主动雷达型、被动雷达型以及驾束制导型空空导弹。

多模制导空空导弹:采用多模导引系统,目前常用的多模制导方式有红外成像/主动雷达多模制导、主/被动雷达多模制导以及多波段红外成像制导等。多模制导可以充分发挥各频段或各制导体制的优势,互相弥补对方的不足,提高导弹的探测能力和抗干扰能力,极大地提高导弹的作战效能。

3. 舰空导弹

舰空导弹是从舰艇发射、攻击空中目标的导弹。是海上防空系统的一个重要组成部分,主要用于出海作战舰艇及其编队的空中防护,是舰艇完成海上作战任务的一种必要保障。

按作战使用,可分为舰艇编队防空导弹和单舰艇防空导弹;按射高,可分为高空舰空导弹、中空舰空导弹、低空舰空导弹;按射程,可分为远程舰空导弹、中程舰空导弹、近程舰空导弹。

远程舰空导弹(作战高度为 10 m～24 km,最大作用距离为 25～150 km),主要拦截中高空、中远程各种飞机目标,兼顾对低空目标的拦截,能有效地对 100 km 以内的空域实施控制,属于区域防空型武器(制空型武器)。

中程舰空导弹(作战高度为 10 m～15 km,最大作用距离为 45 km):主要拦截中低空、中近程各种飞机目标,兼顾对超低空飞机、反舰导弹目标的拦截,属于中程区域防空型武器(主战型武器)。

近程舰空导弹(最大作用距离为 10 km、作战高度为 5 m～5 km):主要拦截中低空、超低空、近程飞机和掠海反舰导弹目标,兼顾对中空目标的拦截,属于点防空型武器。

末段防御舰空导弹(最大作用距离为 8 km、作战高度为 5 m～3 km):主要拦截超低空来袭的反舰导弹目标,兼顾对低空目标的拦截,属于自卫型武器。

总之,由于防空导弹所攻击的目标比较复杂(这些目标一般具有高速、高机动、几何尺寸小和突防能力强等特点),作战使用环境比较严酷(自然环境和人为环境),因此,要求防空导弹应具有下述特点。

(1)反应时间快:由于目标飞行速度高和搜索跟踪系统的作用距离有限,所以要求防空导弹从接到发射准备命令到发动机点火的准备时间尽量短。

(2)高加速性:由于拦截高速目标和保证杀伤区近界作战的需要,所以要求防空导弹具有高加速性。目前防空导弹最大加速度可达$50\sim100g$。

(3)高机动性:防空导弹主要用于攻击活动的点目标,目标本身的机动能力在不断提高,这就要求导弹能够提供较大的法向机动过载,并具有良好的动态响应特性。在充分发挥导弹高速度、大攻角潜力的条件下,防空导弹的空气动力翼面和翼身组合体应能够提供较大的法向过载。目前,防空导弹的最大法向机动过载在$25\sim50g$的范围,先进的防空导弹可提供$50\sim70g$的法向机动过载。

(4)制导精度高:防空导弹所攻击的活动目标体积小,难于直接命中。导弹战斗部的质量只有几千克到几十千克,有效杀伤半径有限,为保证对目标的有效摧毁,要求防空导弹具有较高的制导精度。

(5)引战配合好:由于防空导弹需要攻击多种类型的目标,目标几何尺寸变化范围较大,同时导弹和目标的遭遇速度变化大,这就决定了导弹末段弹目交会的条件范围非常宽。而另一方面,防空导弹战斗部的杀伤范围有限,这就要求引信和战斗部具有良好的配合效率,从而才能获得理想的杀伤效果。

(6)具有反突防能力:考虑到空中目标具有越来越强的干扰能力和采用隐身技术,防空导弹必须具有一定的反突防能力。尤其是寻的系统、引信和遥控应答机等设计必须考虑这一因素。

(7)环境适应能力强:防空导弹的工作环境恶劣,其承受的环境条件包括自然环境(温度、湿度、雨、雪、风、盐、雾、霉菌等)和诱发环境(发射振动、飞行振动、加速度、电磁环境条件等),导弹应能适应以上各种环境条件。

(8)抗干扰能力强:在防空导弹技术不断发展的同时,世界各国针对光学制导和雷达制导的防空导弹,发展了各种诱饵弹、电子干扰机、箔条干扰弹、拖曳式诱饵、红外/微波复合诱饵等各种干扰手段。因此,防空导弹要在日益复杂的干扰环境中有效发挥作用,必须具有较强的抗干扰能力。

(9)具有机动作战能力:考虑到防空任务的多变性,尤其是野战防空的需要,防空导弹必须具有一定的机动作战能力。

1.1.3　防空导弹的组成和功能

防空导弹通常由弹体系统、推进系统、制导系统、引战系统和能源系统组成。

弹体系统由弹身和翼面等组成,它将导弹各个部分有机地构成一个整体。弹身由各个舱段组成,用来容纳仪器设备,同时还能提供一定的升力;弹翼是产生升力的结构部件;舵面的功能是按照制导系统的指令操纵导弹飞行。弹体系统通常应具有良好的气动外形以实现阻力小、机动性强的要求,具有合理的部位安排以满足使用维护要求,具有足够的强度和刚度以满足各种飞行状态下的承力要求。

推进系统为导弹飞行提供动力,使导弹获得所需要的飞行速度和射程。它由发动机及其他相关部件和设备组成。目前防空导弹上使用的发动机都是喷气发动机,喷气发动机一般可分为火箭发动机、空气喷气发动机和组合发动机。

制导系统是用来控制导弹飞向目标的一种设备和装置。它包括导引系统和控制系统两部分。导引系统通过探测或测量装置获取导弹相对理论弹道或目标的运动偏差,按照预定设计好的导引规律形成控制指令,并将控制指令送给控制系统。控制系统根据导引指令,操纵导弹飞向目标,控制系统的另一功能是保持导弹飞行姿态的稳定。

引战系统由引信、战斗部和安全执行机构组成,其功能是导弹飞行至目标附近或碰撞目标后,对目标进行探测识别并按照预定要求引爆战斗部毁伤目标。引信的作用是适时引爆战斗部,使战斗部对目标造成最大程度的杀伤,常用的引信有近炸引信和触发引信;战斗部是导弹的有效载荷,是直接用来摧毁目标的部件,其威力大小直接决定了对目标的毁伤程度,防空导弹常用的战斗部形式有破片式、离散杆式、连续杆式等。安全执行机构用于导弹在地面勤务操作中、导弹发射后飞行一定的安全距离内,确保导弹战斗部不会引爆,而在导弹飞离一定的时间和距离后,确保导弹能够可靠地解除保险,根据引信的引爆信号引爆战斗部。

能源系统是指导弹系统工作时所需要的各种能源,主要有电源、气源和液压源等。电源有各种电池,主要用于给发射机、接收机、弹载计算机、电动舵机、陀螺和加速度计、电路板、引战系统等供电;气源有各种介质的高压气和燃气,主要用于气动舵机、导引头气动角跟踪系统的驱动以及红外探测器的制冷等;液压源主要用于液压舵机的驱动等。

1.2 防空导弹的研制过程

导弹武器系统的研制工作是一项复杂的系统工程,涉及许多技术领域和部门,从设计方案的提出到成批生产和投入使用,要经过一个很长的过程。因此,遵循科学的研制程序,是组织型号研制工作的基本要求,也是做好武器系统总体设计与试验工作必须遵循的客观规律。

导弹武器系统研制目的是实现使用方提出的战术技术指标要求,为此,研制前就要组织总设计师系统和行政指挥系统,建立责任制,制定研制程序和阶段计划,建立质量可靠性管理系统、标准化管理系统、经济管理系统,各司其职,密切配合,确保研制质量和合理使用研制经费。

为了能清楚地说明导弹设计这一复杂的技术过程,可把它分为若干阶段。研制阶段的划分,各国不一,各型号也略有区别,但完成的技术工作内容大体上是一致的。一般来说,导弹武器系统的研制过程,大致划分为以下几个阶段:可行性论证、方案设计、初样研制、试样研制、设计定型、生产定型。其中,方案设计、初样研制、试样研制又统称为工程研制阶段,如图 1-2 所示。另外,在上述研制过程的首、尾,还分别有战术技术指标要求的拟定和武器系统试用两个阶段,这两个阶段的工作都是以使用方为主的,但研制方都有一些相应的工作,可视为研制过程的前提和继续。

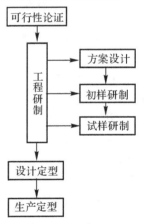

图 1-2 导弹的研制过程

1.2.1 可行性论证阶段

在开始进行正式设计之前,订货部门与研制部门共同拟定导弹设计的战术技术要求,作为研制导弹的依据。

可行性论证是对使用方提出的战术技术要求作综合分析,论证技术上、经济上和研制周期上的可行性,它一般包括作战使命、有效射程、导弹质量和轮廓尺寸、飞行速度、作战空域、命中概率(或命中精度)、发射条件等,除此以外,有关制导方式、动力装置类型、战斗部形式和质量、导弹几何尺寸、可靠性指标、使用环境、研制周期和费用等,则应根据前述的技术要求,经论证协商后决定。

可行性论证阶段的主要任务是,根据使用方提出的战术技术要求,充分考虑预先研究成果、国家现有的技术与工业水平、经济条件、资源条件和继承性等因素,逐条分析战术技术要求在技术上、经济上和周期上实现的可能性,提出武器系统总体方案设想、可供选择的主要技术途径、可能达到的指标及必须进行的支撑性预研工作、研制周期、经费估算的建议。

该阶段结束的主要标志是,完成《导弹研制可行性报告》。其主要包括以下内容。

(1)任务来源;

(2)导弹的用途;

(3)导弹的主要性能指标:目标特性、作战空域、发射方式、制导体制、导引精度、战斗部类型及杀伤半径、杀伤概率、抗干扰能力、作战反应时间、导弹外形尺寸、起飞质量、最大速度、最大过载、使用环境、可靠性及可维护性等;

(4)几种方案设想和可供选择的技术途径;

(5)必须采用的新技术、新器件、新材料、新工艺;

(6)必须解决的关键技术、必需的技术保障措施;

(7)研制周期及生产成本估算;

(8)提出《导弹研制任务书》。

1.2.2 工程研制阶段

工程研制阶段包括方案设计阶段、初样研制阶段和试样研制阶段。

1.方案设计阶段

方案设计阶段是根据批准和下达的型号战术技术指标要求,确定导弹武器系统总体方案,突破主要关键技术、完成总体及各分系统设计的阶段。该阶段是型号研制的决策阶段。

该阶段的主要任务是,根据批准的型号战术技术指标要求,对型号研制做出全面的规划和部署,通过对多种方案和技术途径的分析比较,优选出战术性能好、使用方便、成本低、研制周期短的总体方案和分系统方案,提出总体及分系统的主要技术指标,完成主要关键技术研究和必要的试验验证工作,并在此基础上完成总体及各分系统原理样机的设计工作。统筹规划大型试验项目及其保障条件,制定飞行试验的批次状态和分系统对接试验的技术状态和要求;此外还需制定型号质量与可靠性工作大纲、标准化大纲,及其他技术管理保障措施,确定研制程序和研制周期,概算研制经费,编制经费使用计划。

方案设计阶段结束的标志是涉及总体方案的主要关键技术已经突破,技术方案的原理得到验证,总体和分系统的主要技术指标已经确定,导弹系统原理样机的设计工作已经完成、型号研制工作保障条件已基本落实,并完成《导弹研制总体方案设计报告》和《分系统方案设计报告》,提出型号初样技术状态。

2.初样研制阶段

武器系统总体及分系统方案设计评审通过之后,各分系统即按总体部门提出的研制任务书开展详细技术设计、研制初步样机。

初样阶段的主要任务是,解决所有关键技术问题,完成各分系统的初样研制,用工程样机

(初样)对总体设计、工艺方案进行实态验证,进一步协调技术参数和安装尺寸,完善总体及各分系统设计方案,为飞行试验样机(试样)研制提供较准确的技术依据。在这一阶段,各分系统进行初样设计、单机生产、单机试验和分系统的初样综合试验,以及发动机的地面试验。总体进行工程设计与加工,研制初样弹(模样弹或地面试验弹),进行总体初样弹试验,包括气动、静力、分离、全弹振动、全弹初样综合匹配试验等。完成总体和分系统的技术指标协调,拟定试样技术状态。

初样研制阶段的试验工作主要是地面试验,该阶段结束的标志是完成所有关键技术,完成初样弹的研制及相关试验,确定试样技术状态,总体部门向分系统提出试样设计任务书,提出飞行试验方案,完成《初样研制报告》。

3.试样阶段

试样研制阶段是通过试样机的飞行试验,全面检验与验证导弹武器系统性能的阶段。

该阶段主要任务是在修改初样弹设计和生产工艺的基础上研制试样弹(一般为遥测试验弹),进行飞行试验,全面鉴定武器系统的设计和制造工艺。该阶段主要工作是进行总体和分系统试样的设计与加工,进行各种遥测试验弹(模样弹、自控弹、自导弹)等试制,完成各种状态试样弹的地面试验和飞行试验。

地面试验一般有系统仿真和模拟试验、弹上系统地面联试、全弹强迫振动试验、火控系统联试、导弹系统对接试验及全弹环境试验等。

飞行试验包括模样弹、自控弹、自导弹和战斗弹等阶段的飞行试验,并通过遥测和弹道外测获取试验数据。各弹种飞行试验是否都要进行,应根据导弹型号的继承性和技术上的成熟程度来决定。模样弹主要考核导弹的运动稳定性、弹道特性、射入散布、发动机性能、弹体结构及级间的分离特性等;自控弹主要考核导弹自动驾驶仪的飞行控制特性,通过飞行试验协调技术参数,完善控制系统设计参数;自导弹主要考核制导大回路闭合后的导弹飞行性能;战斗弹则主要用于对战斗部性能进行试验验证。

试样研制阶段结束的标志是完成研制性飞行试验,试验结果达到飞行试验大纲的要求,编写飞行试验结果分析报告,提出型号设计定型技术状态和设计定型申请报告。

试样阶段也可按模型遥测弹研制、独立回路遥测弹研制、闭合回路遥测弹研制、战斗(遥测)弹研制等阶段进行划分。

(1)模型遥测弹研制阶段。模型遥测弹一般由弹体系统、推进系统和遥测系统组成,主要考核导弹的飞行稳定性、速度特性、弹道特性、发射问题及发射动力学特性、发动机性能和弹体结构等。对于二级导弹要研究级间分离特性;对于筒式发射导弹要检验筒-弹动态协调特性和发动机燃气流影响问题。

在此要编写《模型遥测弹飞行试验大纲》,提出《独立回路遥测弹设计任务书》及《模型遥测弹研制报告》。

(2)独立回路遥测弹研制阶段。独立回路遥测弹可分为开环独立回路遥测弹和闭环独立回路遥测弹。

开环独立回路遥测弹由弹体系统、推进系统、稳定控制系统部分设备、能源系统、程序装置和遥测系统等组成。研制目的是通过飞行试验,检验导弹的空气动力特性和弹体运动特性。利用飞行试验所获得的遥测数据和外弹道测量数据,通过参数辨识,可以获得更接近实际的导弹气动数据和弹体运动模型。

闭环独立回路遥测弹主要是考核导弹自动驾驶仪综合体的稳定控制特性,要求稳定控制系统(自动驾驶仪)要全部参加工作。

在此要编写《独立回路遥测弹飞行试验大纲》和《独立回路遥测弹研制报告》,提出《闭合回路遥测弹设计任务书》。

(3)闭合回路遥测弹研制阶段。闭合回路遥测弹由弹体系统、推进系统、稳定控制系统、制导控制系统、能源系统和遥测系统等组成。研制目的是检验导弹在制导控制系统工作条件下的工作性能。闭合回路遥测弹飞行试验一般也是全武器系统的闭合回路试验。其目的是全面检查武器系统的发射控制、制导控制系统的性能和制导精度。

在此要编写《闭合回路遥测弹飞行试验大纲》和《闭合回路遥测弹研制报告》,提出《战斗弹(遥测)设计任务书》。

(4)战斗(遥测)弹研制阶段。战斗弹是防空导弹的最终设计状态。其研制目的是全面检查所研制导弹的战术技术性能,尤其是要通过对实体靶标射击检查引战配合效率、战斗部杀伤目标能力和导弹杀伤效率。

为了确切判断导弹飞行情况下可能出现的故障部位以及研究弹上各系统工作情况,经常使用战斗遥测弹,即在弹上装小型化遥测系统。近年来由于超小型化遥测系统的发展,某些新研制的防空导弹具有遥测接口,在批量生产抽检试验和部队训练打靶时,在技术阵地可以装上遥测系统,将战斗弹改装成战斗遥测弹,以获得导弹飞行时的弹上各系统的遥测数据。

在此要编写《战斗弹飞行试验大纲》《战斗弹研制报告》和《导弹技术说明书》。

1.2.3 设计定型阶段

设计定型阶段是使用方对型号的设计实施鉴定和验收,全面检验武器系统战术技术指标和维护使用性能的阶段。

该阶段的主要任务是,完成型号定型的地面试验和靶场飞行试验,根据飞行试验和各种鉴定性试验结果,全面检验导弹的性能指标,按照原批准的型号研制任务书评定导弹武器系统的战术技术性能。研制单位的主要工作是参与地面试验和飞行试验,对试验结果进行分析,并整理定型设计技术资料,提出型号定型申请报告。

设计定型具体的内容包括弹上各系统、导弹地面试验、靶场飞行试验、导弹作战使用和维护性能鉴定和定型、设计文件资料定型等。

定型阶段完成的标志是,分别按定型试验大纲要求完成飞行试验,提出型号设计定型报告以及型号研制总结报告。

1.2.4 生产定型阶段

通过设计定型之后,武器系统即可转入批量生产并装备部队阶段。导弹工程研制阶段主要是解决设计问题,一般其生产工艺和工装还不够完善,因此,生产阶段的初期,应先经过小批量的试生产,充实完善工艺装备和专用设备,解决工程研制阶段遗留的工艺技术问题,待产品的生产质量稳定之后,通过生产(工艺)定型,才能转入大批量生产。特别是要从提高可靠性、提高劳动生产率和降低成本出发进一步改进生产工艺,建立健全质量控制保证体系和各种规章制度。

该阶段的主要任务是对产品的批量生产条件进行全面考核,以确认其符合批量生产的标准,稳定质量、可靠性高。

需要提及的是,导弹武器系统的研制程序并不是一成不变的,要视战术技术要求情况,阶段的划分可增可减。

1.2.5　导弹试验

在导弹研制过程中,导弹试验分为地面试验和飞行试验两类。

1. 地面试验

地面试验的目的就是在地面试验室、试验站或试验场内,在模拟的条件下,对组成导弹的部、组件和分系统,直到全系统,进行性能试验(包括可靠性增长、环境适应性与长期储存等)。通过试验来评定参试产品的性能参数与特性,来达到检验设计方案与工艺质量是否满足总体设计要求。为此,要求试验条件尽可能模拟逼真,参试产品尽可能满足设计要求,测试设备落实、测试方法可靠易行。主要的地面试验可分为如下几类。

(1)风洞试验。风洞试验是利用风洞环境获得被试对象气动特性而采取的一种试验方法,通常是在风洞模拟飞行速度与风洞雷诺数条件下,测量出部件与全弹的空气动力学特性,通过对实际飞行雷诺数的转换,来确定被试导弹的空气动力外形与气动特性的。

(2)力学环境试验。力学环境试验是指导弹在发射、飞行、装填、运输等过程中,所经受的振动、冲击、加速度、跌落、颠震等环境条件,在地面模拟环境下所进行的试验,其主要试验有振动试验、冲击试验、加速度试验、跌落试验等。

(3)自然环境试验。自然环境试验是检验导弹及其弹上设备对自然环境的适应能力,通常地空导弹的自然环境条件包括风、雨、雪、低气压、温度、湿热、盐雾、霉菌、浸渍等,具体要求可参见相应的国、军标。

(4)电磁环境试验。防空导弹是在复杂的内部和外部电磁环境下工作的,为此,要求导弹系统能适应这种工作环境并能正常工作。电磁环境试验就是模拟导弹系统工作所处的电磁环境,对导弹进行的电磁兼容性试验,检验导弹系统抗电磁干扰的能力。为达到上述要求,在研制工作初期,就要制订出电磁兼容性准则与电磁兼容性大纲。在研制工作各个阶段,规定电磁兼容性任务与具体要求。

(5)弹体结构静力试验与结构模态试验。弹体结构静力试验是在使用载荷条件下,通过应力与变形的测量结果,来分析结构的受力特性,检验弹体结构是否满足强度和刚度的设计要求的。除了在使用载荷下进行静力试验外,还继续加载到结构破坏,通过结构安全余量的测试,来改进弹体结构的设计。

结构模态试验的目的旨在弄清结构的振动模态参数(模态频率、阻尼系数和广义质量等),从而为解决弹体结构与控制系统所遇到的振动问题提供依据。

(6)发动机地面试车、全弹热试车和半弹试车。发动机地面试车是在地面环境或在模拟空中工作条件下进行热试车,通过试验参数测量,来检验发动机的设计正确性和测定发动机推力、压力、总冲、比冲、工作时间等设计参数以及发动机工作时的振动、冲击、温度等环境参数。

全弹热试车是将被试导弹固定在地面试车台上进行的试车,它要求参试导弹的状态与真实导弹基本一致。热试车的目的是在发动机工作状态下,全面检验推进系统的设计性能,弹上各设备的环境适应性与相互协调性以及启动程序等。

半弹试车是介于发动机地面试车与全弹热试车之间的一种中间状态试验,其目的是检验部分与发动机密切相关设备的协调性能,如尾舱内设备工作性能、发动机与安全引爆装置协调以及环境参数等。

(7)战斗部地面静态爆炸试验。战斗部地面静态爆炸试验就是在地面静止的条件下启爆战斗部,用来检验战斗部的设计方案及协调性能,并通过测量分析,来确定战斗部破片的飞散速度、飞散角或聚焦半径、破片数,以及对不同距离、不同目标的杀伤机理与杀伤能力。同时检验引爆系统与安全引爆装置的协调性能。

战斗部实际杀伤效率,是指基于静态爆破试验参数,并考虑到与目标的动态交会条件下,在引信战斗部配合下对目标的实际杀伤效率,它将在地面仿真试验与打靶试验中确定。

(8)导弹电气匹配试验。弹上设备电气性能的协调性与兼容性直接影响导弹设计的成败。弹上设备电气性能匹配试验,是为了检验导弹电气系统设计正确性和弹上设备相互间的协调工作及电磁兼容性。被试导弹可以是模型弹、独立回路弹,也可以是闭合回路弹与最后的战斗弹。通过匹配试验来修改弹上电气系统、设备的电气参数以及接口设计。为此,对每一种重要的导弹状态,一定要安排电气性能匹配试验。

(9)遥控线地面静态对接试验。为了检验导弹与地面制导站遥控线的匹配性能(包括地址码、频率的对接和遥控指令对接等),在导弹遥控应答机与地面制导站进行校飞试验前,还要进行地面静态对接试验。试验时遥控应答机放置在离制导站一定距离的标校塔上。

(10)引信地面静态试验。引信地面静态试验是在试验室内模拟引信与目标的交会过程,以此来测定引信对目标的启动特性。如对红外近炸引信,将引信置于转台上,在一定距离放置一绝对黑体(模拟目标热源),通过调节距离与转动角速度,模拟空中交会过程,来测定引信的灵敏度及启动曲线等性能。

(11)遥测系统与电气系统的匹配试验。防空导弹在飞行试验阶段,为了测量导弹运动参数及弹上设备的参数,往往在导弹上装有遥测系统(包括遥测传感器)。在导弹装上遥测系统后,如电磁兼容性不好,往往会对弹上系统产生干扰,严重的会引起弹上控制系统失稳、发散。为此,在导弹研制中,还必须对弹上系统进行匹配试验,以验证两个系统工作性能和电磁兼容性是否满足要求。

(12)运输试验。运输试验是为了检验导弹经过公路、铁路运输后的稳定工作能力及测定在运输过程的振动参数等。对于铁路运输试验,通常要测试车速、稳定拐弯半径、上下坡道、典型刹车、规定路程等。对于公路运输试验,基本要求与铁路运输试验相同,但运输路程与路面等级质量要求有所不同。

2.飞行试验

飞行试验的目的是在真实飞行条件下检验导弹系统的协调工作性能及作战使用性能,为此要求飞行试验条件尽可能与真实使用条件一致,产品试验状态满足设计要求,试验批次、状态尽可能压缩,对靶场测量设备要求尽可能通用化、标准化。

飞行试验是防空导弹研制阶段中的重要环节,试验状态多、周期长、费用高,是最终鉴定导弹武器系统性能的主要依据。因此在确保全面检验性能指标的前提下,应尽量减少飞行试验状态与飞行试验次数。

飞行试验一般有两种分类方法:按研制阶段性质划分和按参试装备的组成状态划分。

(1)按研制阶段性质,可分为研制性飞行试验、设计定型飞行试验和生产性批抽检飞行试验三类。

1)研制性飞行试验。研制性飞行试验包括方案原理性飞行试验、分系统性能飞行试验以及系统性能协调与鉴定性飞行试验。方案原理性飞行试验对构成方案的原理和关键技术等进行试验,以便对方案关键原理、技术途径等可行性做出结论;分系统性能飞行试验主要对关键组成部分,如发动机系统、弹体结构、空气动力布局和稳定控制系统等进行单独的飞行试验,在这些重要分系统考核成功的基础上,再对导弹系统进行飞行试验;系统性能协调与鉴定性飞行试验对组成全系统的各部分协调工作及全面的战术技术性能进行考核,从研制单位角度鉴定系统是否全面达到预期的设计要求。

2)设计定型飞行试验。设计定型飞行试验是根据军方提出的试验大纲,在国家靶场对导弹系统的战术技术性能与作战使用性能进行全面考核的试验。考核项目有拦截不同目标的作战空域、精度与杀伤概率、抗干扰能力、系统可靠性,以及系统反应时间、展开、撤收等实战使用性能,考核通过,装备可以提供部队使用。

3)生产性批抽检飞行试验。批抽检飞行试验主要考核交付批次导弹的生产工艺质量。

(2)按参试装备的组成状态,可分为模型遥测弹、独立回路遥测弹、闭合回路遥测弹、战斗遥测弹和战斗弹等飞行试验。

1)模型遥测弹飞行试验。模型遥测弹是导弹飞行试验的最早参试状态,主要用来检验推进系统与弹体结构的工作性能,以及部分空气动力与导弹速度特性,同时测量弹上环境参数(如温度、振动、冲击等);有时,还测量发动机的尾流参数,以研究尾流对地面光学跟踪测量装备与遥控信息传输的影响。参试装备除弹体结构、发动机和弹上遥测系统外,其他设备均为质量模型,要求模型遥测弹外形、质心、转动惯量等与真实的战斗弹一致。

如果导弹由两级或多级发动机组成,往往把模型遥测弹分成两种或多种状态。如果导弹由两级串联而成,Ⅰ级为助推发动机,Ⅱ级为主发动机。则可分两种试验状态进行,试验Ⅰ级发动机及弹体结构时,把Ⅱ级发动机设计成质量模型。

对筒装导弹,在模型遥测弹飞行试验阶段,还可增加考核筒、弹配合性能的筒-弹协调弹飞行试验。

2)独立回路遥测弹飞行试验。在模型遥测弹飞行试验成功的基础上,进行独立回路遥测弹飞行试验。它主要用来检验弹上控制系统、弹体结构及气动布局等性能,从而对导弹的速度特性、气动力特性、稳定性与操纵性以及导弹机动能力等做出验证。为此,参试装备在模型遥测弹基础上,增加稳定控制系统、电池及换流器等。在模型遥测弹状态,舵面是固死的,而对独立回路遥测弹是可操纵的,同时,为了导弹能按预期的弹道飞行,弹上需要增加一套飞行程序机构。

在设计独立回路遥测弹时,为了能直接测量与分析导弹的气动力学特性,校验空气动力学数学模型,通常把它分成两个状态进行飞行试验,即独立开回路状态与独立闭回路状态。独立开回路状态是为检验导弹空气动力学特性而设计的,它与独立闭回路不一致的地方是取消控制中姿态稳定回路,而保留舵系统控制。

也有个别导弹在进行独立回路遥测弹飞行试验时,增加上一种称之为独立遥控闭合回路状态飞行试验,这种试验状态可以先进行遥控应答机和遥控线的检验。为此,在导弹上增加遥控应答机,地面设计一个专用的遥控指令发送装置,把弹上程序机构功能放到地面来执行,通过地面遥控指令发射装置发射遥控指令,由弹上遥控应答机接收后,传送给弹上稳定控制系统来执行。

3)闭合回路遥测弹飞行试验。在上述弹上设备状态飞行试验考核成功的基础上,导弹系统开始进入弹上、地面装备闭合控制的试验状态,称之为闭合回路遥测弹飞行试验。

闭合回路遥测弹飞行试验主要用于检验弹上设备的协调工作性能、控制制导系统工作性能、导弹飞行特性及环境参数,以及制导精度等总体性能。这种状态飞行试验时,空中没有实际目标,它只是对空中假想的目标(模拟目标)进行拦截试验。这种试验状态弹上一般不装引信和战斗部,而用质量模型代替。但为检验各级安全解除保险性能,弹上装有安全引爆装置。

近炸引信的研制是导弹研制工作的难点与重点,而按试验程序它又是在最后阶段验证,一旦有问题,往往会拖延整个导弹系统的研制进程。目前在有的导弹研制工作中,为了提前检验引信对飞行环境的适应性,以及与安全引爆装置和地面遥控指令的工作协调性,在闭合回路试验阶段提前进行引信功能检验。为此,在闭合回路遥测弹状态中,常有带引信与不带引信两种状态。

4)战斗遥测弹与战斗弹飞行试验。战斗遥测弹与战斗弹是防空导弹飞行试验的最后两种状态,它们的组成与状态和正式装备完全一致,在战斗遥测弹上装有小型或超小型遥测系统,测量导弹飞行状态下的引战配合特性并把参数记录下来。

战斗遥测弹与战斗弹飞行试验,主要用来检验包括导弹对目标的杀伤能力在内的战术技术指标及实战使用性能,通过试验验证导弹是否全面达到设计性能。

1.3　防空导弹总体设计

导弹武器系统是一个非常复杂的工程大系统,总体设计就是导弹各分系统的技术综合,必须将导弹的各个分系统视为一个有机整体,使整体性能最优、费用最低、研制周期最短。对每个分系统的技术要求要首先从实现整个系统技术协调的观点来考虑。总体设计与各分系统之间的矛盾、分系统与全系统之间的矛盾,都要从总体性能及总体协调两方面的需要来选择解决方案,然后留给分系统研制单位或总体设计部门去实施。总体设计体现的科学方法就是系统工程。

导弹总体设计是一门系统工程科学。它是应用物理、数学、喷气推进技术、空气动力学、飞行力学、结构力学、材料学、控制理论、电子学、优化理论以及其他应用学科和基础学科处理和解决导弹总体设计问题的一门综合性科学。它一方面以上述应用学科和基础学科为基础,同时它又是一门独立的技术科学学科,有它自身的内在逻辑、规律和方法。

导弹总体设计是一个从已知条件出发创造新产品的过程,是将战术技术要求转化为武器的最重要的步骤。总体设计在导弹武器系统所有设计、研制工作中占最重要的地位并起决定性作用。高质量的总体设计不但会带来令人满意的导弹作战性能、使用维护性能和经济效益,而且会为各系统、各设备、各组件以及零部件设计创造良好的条件。

1.3.1　总体设计概念

导弹的"战术技术要求"拟定以后,它即成为设计单位工作的基本依据。总体设计是为了实现"战术技术要求"而对导弹进行的第一次设计,也叫方案设计(或概念性设计、或草图设计)。

总体设计又分为"大总体"设计和"小总体"设计。大总体设计是针对整个导弹武器系统而言的,亦即武器系统总体;而小总体设计是针对导弹系统而言的,更确切地说即"导弹弹体",含弹身、翼面以及弹身内所包含的各种分系统等。本书介绍的导弹总体设计,都是指小总体设计。

1.导弹总体设计的主要依据

总体设计的依据随任务来源的不同而异。国家规划中(或下达)的型号,其总体设计的依据是国家批准的导弹武器系统研制总要求和军方签订的型号研制合同。未列入规划但军方继续研制的型号,其总体设计的依据则为总体设计部门与军方商定的协议文件。对于自筹资金研制的型号,总体设计的依据视型号的情况,可能是研制单位的发展规划,或与用户签订的合同,或自身根据市场需求所提出来的战术技术要求。

导弹总体设计的依据主要包括以下几方面。

(1)战术技术指标;

(2)完成研制的时间节点和定型时间;

(3)研制经费额度。

2.导弹总体设计的特点和设计思想

导弹是一个由多种新技术、多个分系统、多种设备构成的复杂系统,其研制过程是由多种创造性劳动构成的反复实践和认识的过程。在导弹总体设计过程中,应遵循先进性、综合性、高可靠性、经济性等原则。

(1)技术先进性。导弹总体设计是一个探索性、开拓性的创造过程。新型、先进的导弹武器,取决于新技术的采用和系统的合理综合集成。因此,导弹总体战术技术性能必须是先进的,总体设计应综合体现现代化技术的发展,即把先进的技术应用于导弹总体设计中。但是新技术的应用并非越多越好、越新越好。在满足系统战术技术性能要求的前提下,总体设计既要大胆采用新技术,又要充分考虑武器系统的继承性和标准化程度。一个成功的总体设计在于把在一定时间内可以掌握的新技术,与经过实践证明有效的成熟技术巧妙地结合起来,形成性能先进、生产可行、使用可靠、费用合理的武器。一般情况下,一个新武器型号其技术的继承部分应占 $60\% \sim 70\%$。在关键部位所采用的新技术必须是经过预先研究取得成果并证明是可行的。在列入型号方案后,也还要经过一段应用于型号的研究攻关才能转入工程研制。片面追求新技术可能导致系统不可靠、效费比低、研制周期长等不良后果。

为了在研制中能有效、可靠地使用先进技术,应不断地向新的技术领域探索,在中、长期发展战略研究的指导下,及时安排新的预先研究课题,作为新产品设计的储备。

为了提高总体设计的效率和质量,需要采用现代化设计方法和手段。计算机技术和优化设计理论的迅速发展为各个专业领域计算机辅助设计、生产、测试、仿真等创造了条件,可高效地进行多种方案的比较与优化,提高研制工作的自动化程度。

(2)综合性。导弹武器系统是一个庞大而复杂的工程系统,它综合应用多项专业技术领域的成果,各组成部分之间相互配合,形成了整个系统的综合性能。由于导弹本身是由大量零部件组成的,要相互协调一致,精确地互相配合工作是非常困难的,而且构成导弹各系统的各专业学科之间相互作用,使得导弹各部分之间相互影响极为复杂,因此就形成了导弹设计中特有的界面问题。在总体设计中必须充分考虑各个专业技术之间和各个分系统之间的交叉耦合影响,妥善处理这些问题。

在总体设计中往往出现一些相互矛盾的要求,但当某一环节影响到整个武器系统的作战性能时，就需要通过精心设计、进行某些折中和取舍，使作战使用性能最好。

（3）高可靠性。导弹是一次性使用的高度自动化武器，系统的构成复杂，所处的环境严酷，包含数千、数万以至十多万个元器件、焊点、接点，其中任何一个失效都有可能造成整个系统失效，导致战斗失利。因此，可靠性工程对导弹的研制具有十分重要的意义，为实现高可靠度，必须在设计、生产、试验各个环节采取措施。

导弹设计好坏对导弹的可靠性至关重要。一旦设计确定以后，导弹的固有可靠性也就随之确定了。因此，在总体设计一开始就要把可靠性作为一项设计指标进行分配，总体和分系统都要进行可靠性设计。在总体设计中，要进行可靠性设计，简化系统，尽量采用成熟、适用的技术，改善工作环境；要采用冗余容错等技术，督促各分系统采取提高可靠性的各种措施。在总体试验设计中要把可靠性试验作为一项主要内容，从元器件、部组件、单机、分系统、总体，逐项按程序进行试验、评定和验收。

与可靠性相关联的还有系统的可维修性，总体设计中从一开始就要建立合理的维修体制，对各个系统提出维修检测要求。对导弹本身讲，为方便使用也要求提高其可靠性和维修性，使部队在规定的寿命周期内不必或尽量少地进行全面的检测和维修，只需做必要的常规检测和设备保养。对地面设备则广泛采用内装式测试设备，以快速确定故障部位，合理配齐备件，快速更换损坏的部件、组件，排除故障，提高设备的可用性。

（4）经济性。总体设计要根据武器系统可能装备的数量，适时考虑其可生产性。总体设计要便于投入批量生产，降低成本。衡量武器系统经济性的综合指标是其全寿命期内的效费比。武器系统的全寿命费用包括研制费、批生产费以及在部队服役期内直至退役的维护修理费。从经济性角度出发，总体设计方案应在达到一定的条件下，消耗的费用最少，使总体设计的效益最大化。

以上多方面的综合考虑要贯穿于总体设计、研制和试验的始终。随着研制人员经验的积累以及研制中计算机的广泛应用，有条件地从研制工作一开始即全面考虑上述诸因素，同时展开各方面的设计工作，这有利于从全局出发进行总体设计，适时协调各部分研制工作，减少返工，提高质量，缩短研制周期。

3.导弹总体设计的基本内容

导弹总体设计的内容概括起来有三方面：选择和确定总体方案及性能参数；对分系统提出设计要求并进行技术协调；提出地面及飞行试验要求，参加试验，进行结果分析。在型号研制的各个阶段，总体设计有下述基本内容。

（1）方案论证阶段。①配合使用部门进行运用分析，对武器进行作战效能分析，就指标的合理性及指标之间匹配性提出分析意见；②进行技术可行性分析。设想总体设计方案和可能采取的技术途径并计算总体参数，通过计算和分析向分系统提出指标论证要求，综合总体论证结果和分系统论证结果，提出可能达到的指标，主要技术途径和支撑性预研课题。此外，还要对研制经费进行分析。

（2）方案设计阶段。在型号研制的方案阶段，总体设计主要进行总体方案设计。

1）选择和确定主要方案。包括有效载荷的类型和方案；推进系统类型与推进剂选择；制导控制系统体制；飞行弹道方案；外形与部位安排；导弹的级数与级间连接方式；分离方案；运输和发射方式等。除对总体系统进行论证外，还要对各分系统提出论证要求，对分系统论证后，提出分系统方案，经过反复协调后，最后确定方案。

2)选择总体设计参数。根据任务书规定的射程、有效载荷,通过优化,选取一组最佳的总体设计参数,从而确定导弹的质量、推力、几何尺寸和速度特性等。

3)参数计算和分配。根据已经确定的导弹技术指标、总体方案和总体设计参数,通过设计和分析计算确定分系统初样设计所需要的参数,主要包括总体原始数据计算、气动设计与计算、弹道设计与计算、导弹固有特性及推进剂晃动特性计算、载荷计算、稳定性分析和计算、制导方案选择和精度指标分配、可靠性预测和指标分配等。

4)提出对各分系统初样设计要求。各分系统包括弹体、推进、制导控制、稳定控制、引战系统、电气系统、遥测、外测、地面支持设备等。用以统一和协调各分系统的初样设计,保证最终达到总体的性能指标。

5)进行局部方案原理性试验和模型装配。对某些新技术、新材料、新方案等影响全局的关键项目进行原理性试验和半实物模样试验。

(3)初样设计阶段。在型号研制初样阶段,进行总体初步设计,为分系统试样设计提供依据。

1)初样总体试验。主要进行模型风洞试验、静力试验、箱体晃动模拟试验、全弹振动特性试验,电气系统匹配试验等。

2)提出对各分系统试样设计要求。在初样设计的基础上,经过反复协调、试验和精确计算,最后形成对分系统试样设计的技术要求。

3)总装模样弹。在初样基础上,为了考验仪器、设备及结构的尺寸和公差协调性及工艺装备的协调性,总装出模样弹,为试样结构设计服务。

(4)试样试验阶段。包括对接与协调试验、地面试车、飞行试验。

1)对接与协调试验。主要包括在总装厂进行的导弹模拟测试以及机械、电气的协调试验;在试车台和靶场对导弹、火控系统、地面设备和试验设备实行按试车和发射要求的操作,目的是检查试验对象的状态、性能、参数和线路是否正确;检查导弹与地面设备、导弹与火控系统以及导弹各分系统之间的协调性。

2)地面试车。在试车台上进行点火试验,借以考验导弹各分系统在发动机比较真实工作条件下的适应性、协调性和可靠性,并测量振动、冲击等环境参数。

3)飞行试验。在实际飞行条件下进行各种试验。飞行试验包括研制性飞行试验和鉴定性飞行试验,通过研制性飞行试验验证导弹总体设计方案和各分系统设计方案是否正确,导弹各系统对实际飞行环境是否适应,系统间是否协调。鉴定性飞行试验目的是鉴定导弹的各项技术指标,最后确定导弹定型状态。飞行试验的弹道可以是常规弹道,也可以是按照试验目的和首、末区情况选用的特殊形式的弹道。

(5)设计定型阶段。在设计定型阶段总体设计主要进行总体设计定型,包括定型鉴定试验、技术指标评定、设计文件定型等。

综上所述,导弹总体设计就是利用导弹技术知识和系统工程的理论与方法,把各分系统和各单元严密组织协调起来,使之成为一个有机整体,经过综合协调、折中权衡、反复迭代和试验,最终完成导弹研制的一个创造性过程。

4.导弹总体设计输出的主要文件

导弹的设计过程是技术文件拟定的过程,这些技术文件应保证符合给定的战术技术要求,并在给定的条件下可靠地使导弹能够进行工业生产。总体设计输出的文件主要包括总体设计文件、工厂生产文件、靶场使用文件和定型文件。

总体设计文件:是总体设计、总体与分系统协调的结果,是分系统设计的依据。它可分为五类:①武器系统性能和状态类,如初始数据(含理论图)、飞行时序、产品技术状态等;②结构协调类,如图号表、弹体结构协调总图、弹体结构设计要求、操作机构安装要求等;③设计计算类,如气动特性、弹道计算、质量特性、全弹振动特性、载荷与强度安全因数等;④试验规划类,如飞行试验方案、地面大型试验方案、外测大纲、靶场建设要求、环境试验条件、可靠性保证大纲等;⑤分系统设计依据类,如战斗部设计任务书、弹体结构设计任务书、发动机设计任务书、制导系统设计任务书、姿态控制系统设计任务书、控制线路综合设计任务书、电气系统设计任务书、地面设备设计任务书、遥测系统设计任务书等。

工厂生产文件:是产品在工厂制造、总装、测试和出厂的依据。其主要文件有产品配套表、产品(含零、部、组件及总装)图纸及技术条件、工厂测试细则(含控制、遥测、外测安全、动力装置、尾段)等。

靶场使用文件:是在靶场进行全弹合练和飞行试验所必需的使用文件。它包括任务协调、产品交接、转运、装配、测试、加注、瞄准、发射、飞行遥测及落点勘察等诸过程使用的各类文件资料。完整的全套使用文件名详见《靶场使用文件资料配套表》。

总体定型文件:主要包括定型申请报告、定型报告(含战标评定)、导弹质量分析报告和导弹标准化报告等。

1.3.2 总体设计方法

防空导弹总体设计方法的早期发展是和飞机总体设计方法密切相关的。在 20 世纪 40 年代,第一代防空导弹开始设计时,飞机的总体设计经过模拟法、统计法已经发展到分析法阶段。当时惯量计算、气动计算、操纵性和稳定性计算以及飞行性能计算等方法已具有一定水平。早期的防空导弹的设计方法正是以这些方法为基础的,逐步形成一套独立的设计理论与方法。使用这套设计理论可以得到一个满足战术技术指标要求的可行方案,但还无法知道它是否是最优方案。因此,防空导弹总体设计的传统方法属于分析法。在 20 世纪 60 年代至 70 年代,防空导弹总体设计方法进入了新的阶段,这就是系统法的逐步形成。

1. 系统法

系统法就是用系统工程的理论和方法进行防空导弹总体设计。系统法的基础是系统工程理论的发展、防空导弹各专业学科理论的发展、数学领域首先是优化理论的发展、电子计算机技术的发展等。

用系统法进行导弹总体设计,首先必须了解防空系统的组成和联系。图 1-3 所示为防空体系组成示意图。由图可见,防空体系是多级递阶系统。为了简便,在本图上每级只展开一个子系统,这里包含六级系统。假如把拦截武器系统作为一个大系统来研究,我们所设计的防空导弹武器系统是它的一级子系统,导弹则是它的二级子系统,弹上六个系统是它的三级子系统,弹上系统的组件如自动驾驶仪的陀螺和加速度表等则是它的四级子系统。防空导弹总体设计主要是研究二级子系统问题和确定三级子系统的技术要求。在某些情况下也可能涉及一级子系统问题。

防空导弹总体设计的系统法内容包括命题、技术预测、建立数学模型、建立目标函数、选择优化方法和进行优化、优化结果分析和决策。

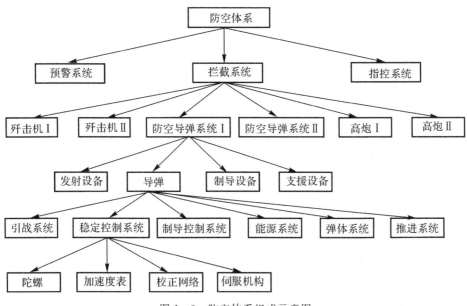

图 1-3　防空体系组成示意图

(1)命题。命题就是确定导弹总体设计应解决的主要问题,如战斗部威力与制导精度优化、飞行弹道与制导规律优化、推进系统及其参数优化、机动力和控制力产生方案优化、导弹空气动力外形和几何参数优化、导弹级数优化、导弹稳定控制系统优化、弹上制导控制系统优化、弹上能源方案优化、导弹可靠性优化等。

(2)技术预测。新研制的导弹从可行性论证到投入使用往往需要 5~10 年,甚至更长的时间。建立在可行性论证阶段的技术水平的导弹方案,经过 10 年的研制和生产再到投入使用时,就可能成为技术相对落后的导弹。为避免这种情况发生,在可行性论证阶段就应考虑利用一定数量的远景技术。在工程研制阶段,对于某些远景技术也可以采取"预埋法",一旦这些技术成熟,即可应用。这既提高了导弹的性能,又不会引起总体方案的大幅度变化,为此必须对技术发展进行科学预测。例如对推进系统的比冲、结构材料比强度、能源的比能量和比功率等进行预测,预测周期一般为 5 年、10 年,甚至 20 年。

(3)建立数学模型。根据模块原则建立反映导弹性能和各种参数之间关系的数学模型。应当指出,性能和参数的概念具有相对性。例如在研究导弹空气动力性能时,弹翼的展弦比 λ、相对厚度 $\bar{c}$ 和后掠角 χ 是"参数",导弹的升力系数 C_y 和阻力系数 C_x 是"性能"。当研究导弹的飞行特性时,则认为导弹的速度 V_m、可用过载 n_{ya} 和射程 R 是"性能",而升力系数 C_y 和阻力系数 C_x 是"参数"。导弹的数学模型是以各应用学科为基础建立起来的,其包括以下 5 项。

1)气动模型:反映导弹气动性能与导弹几何参数以及导弹运动参数之间的联系;

2)质量模型:反映导弹质量与导弹几何参数、推进参数、飞行参数以及弹上设备参数等之间的联系;

3)推进模型:反映推进系统特性 $P(t)$ 与推进系统参数以及飞行参数等之间的联系;

4)弹道模型:反映弹道性能与导弹气动参数、推进系统参数、导弹几何参数以及质量参数之间的联系;

5)经济模型:反映导弹经济性能与导弹技术参数之间的联系;对于防空导弹这样的复杂系

统来说，只研究导弹研制费用是不够的，应当研究研制、生产和使用维护的全寿命费用的最低消耗。

（4）建立目标函数。

（5）选择优化方法。

（6）优化结果分析和决策。

2. 导弹设计的 P³I 方法

P³I(Preplanned Product Improvement)是"预先计划的产品改进"的英文字头缩写，也可译为预筹产品改进或预规划产品改进，这是一种递进的系统工程方法。

P³I 起源于产品改进思想。传统的产品改进设计是反应式改进，与完全重新开始设计相比，P³I 理论上具有费用与时间方面的好处。其核心是在概念设计阶段就预先计划以后的改进，而在初始系统中只使用成熟技术满足用户的基本需要。

根据 P³I 原则，在一种新武器系统的方案论证阶段就预先考虑到未来的改进，并留有改进的余地。按照假设的敌方威胁的未来变化和科学技术的进展情况，制定分阶段提高武器系统性能或改进武器系统的计划。这是一种主动的有计划的改进提高，既可以使武器系统的性能始终处于与当时科学技术和敌方威胁相当的水平，又能缩短和控制系统的研制、改进、装备的时间和经费。

而按照 P³I 原则，在开始设计新武器系统时选用风险较小的方案，以便在最短的时间内用最少的经费研制出新武器，装备部队使用。在研制系统的同时，对那些计划以后采用的、在当时尚不成熟的技术进行预研，一旦技术成熟，便可对产品加以改进。

执行 P³I 计划的主要措施之一是模块化，对单个模块的技术进行预研，按计划针对技术和威胁的不断变化，研制出性能更好的模块，然后加以更换或加装。按 P³I 计划分阶段逐步提高产品的整体性能，能使其武器系统的性能始终与不断变化的威胁处于同一水平。

例如，美国波音公司推断，新研制的导弹一般都要改进以增加射程，延长射程的唯一方法是增加导弹的燃料（在其他任务参数不变的情况下），这就需要加长导弹弹体。当然，波音公司不能简单地在导弹尾部加长 2 m 或 3 m，这需要重新设计导弹的基础结构，才能满足加长弹体要求的强度、支承和内部结构等要求。应用 P³I 策略，波音公司将原型导弹的结构设计成以后可以加长，能够增加燃料使射程延长。这样，一旦决定生产加长导弹，重新设计量大大减少，能使重新设计费用低、日期短。又如，波音公司考虑到未来战争采用电子对抗手段的重要性，在空军未要求和导弹内部空间非常紧张的情况下，设计做到了预留一小块空间，以便将来装入电子对抗部件，这些都充分体现了 P³I 思想。

3. 导弹总体多学科设计优化

（1）多学科设计优化概念。航空航天飞行器设计是一个复杂的工程系统，其设计过程涉及气动、结构、动力、控制、弹道等多个相互影响、相互制约的学科（子系统）。

飞行器设计过程通常分为概念设计、初步设计和详细设计三个阶段。传统的串行设计(serial design)模式在各个阶段中强调的学科不同，如图 1-4 所示。在飞行器概念设计阶段，重点考虑气动和推进等学科，确定初始外形和总体参数；初步设计阶段主要考虑结构学科，确定详细的结构形式和参数；详细设计阶段重点考虑控制学科，综合飞行力学知识，确定系统的详细性能参数。串行设计未能充分考虑各学科之间的耦合关系，并且时间分配不均衡，概念设计阶段所占比例过小。这样的设计模式难以有效利用概念设计阶段较大的设计自由度，从而获取尽可能多的飞行器已知信息,以提高设计质量;由于没有充分考虑各学科的协调效应,设计结果难以达到系统最优,因而降低了飞行器的综合性能。串行化模式还导致设计周期拉长,设计成本增加。显然,传统的串行设计模式已经不能满足现代飞行器设计的要求。

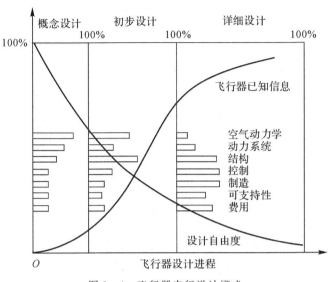

图 1 - 4 飞行器串行设计模式

为了克服传统设计模式的缺陷,从 20 世纪 80 年代起,美国 NASA Langley 研究中心的一批航空领域的科学家和工程技术人员提出并逐步完善了一种新的飞行器设计方法:多学科设计优化(Multidisciplinary Design Optimization,MDO)。多学科设计优化充分采用并行工程(concurrent enginering)的思想,通过考虑学科之间的耦合关系来挖掘设计潜力,通过各学科模块化并行设计(concurrent design)缩短设计周期,通过系统的综合分析进行方案的选择和评估,通过系统的高度集成实现飞行器设计的自动化,通过各学科的综合考虑提高可靠性,通过门类齐全的多学科综合设计来提高飞行器的性能。如图 1 - 5 所示,采用多学科设计优化(MDO)的飞行器设计模式,在每一个设计阶段,尽可能包含飞行器全生命周期牵涉的所有学科,并充分考虑学科之间的耦合关系,就可以从前一个阶段中得到更多的信息,并且随着设计任务的进行,学科具有更大的自由度。另外,通过适当增加概念设计阶段所占比例,提高了设计效率,缩短了设计周期,提高了设计质量,使飞行器设计过程具有很强的灵活性。

导弹是飞行器家族的重要成员,多学科设计优化技术及其设计思想对于提高导弹总体设计水平,乃至其综合性能也具有重要的意义。美国航空航天学会多学科设计优化技术委员会(AIAA MDO - TC)将多学科设计优化定义为:多学科设计优化是一种通过充分探索和利用系统中相互作用的协同机制来设计复杂系统和子系统的方法论。可见,多学科设计优化是处理复杂耦合系统的通用方法,其应用并不局限于导弹等飞行器设计领域。多学科设计优化中的常用术语如下:

学科:也称之为子系统或者子空间,是复杂系统中相对独立、相互之间又存在数据交换关系的基本模块。

设计变量:用于描述复杂系统的特征且在设计中可被设计人员控制的一组相互独立的变量。按照其作用范围,设计变量可分为全局设计变量(共享设计变量)和局部设计变量。

状态变量:用于描述复杂系统或学科性能特征状态的一组参数。状态变量一般通过各种分析或计算模型获得。状态变量包括系统状态变量、学科状态变量和耦合状态变量。

系统参数:用于描述复杂系统的特征且在设计过程中保持不变的一组参数。

学科分析:以该学科的设计变量、输入耦合状态变量以及系统参数为输入,调用学科分析模型获得状态变量的过程。

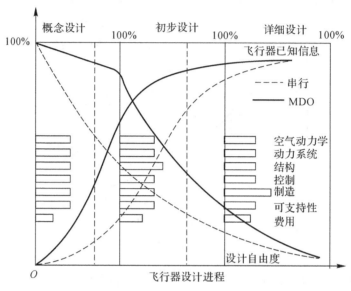

图 1-5 采用 MDO 后的飞行器设计模式

系统分析:也称为多学科分析,是对于给定的设计变量,通过协调耦合变量使各学科分析所得到的状态变量趋于一致的过程。对于复杂耦合系统,系统分析往往是一个反复迭代的过程。

一致性设计:通过系统分析,由设计变量及其相应满足系统状态方程的系统状态变量组成的设计方案。

可行设计:满足所有约束条件或设计要求的一致性设计。

最优设计:目标函数最优(最大或最小)的可行性设计。根据优化的概念,最优设计可分为全局最优设计和局部最优设计。

(2)多学科设计优化的关键技术。多学科设计优化的主要研究内容包括面向多学科设计优化的复杂系统建模与分解、灵敏度分析技术、优化算法、代理模型技术、多学科设计优化策略、多学科设计优化框架以及多学科设计优化的工程应用七个方面。其中灵敏度分析技术、优化算法、代理模型技术、多学科设计优化策略、多学科设计优化框架是多学科设计优化解决其自身建模、计算和组织高度复杂性的关键技术。

(3)导弹总体多学科设计优化内容。导弹总体设计阶段需要综合权衡气动、结构、动力、质量、控制、弹道等众多相互耦合的学科,把多学科设计优化的思想和方法用于导弹总体设计,将有助于提高其设计效率和质量。针对导弹总体设计的特点,导弹总体多学科设计优化中所涉及的研究内容包括导弹参数化几何建模、学科分析模型的建立、系统级分析模型的建立以及集成优化设计等。

1.4　防空导弹的发展状况

防空导弹已成为现代战争中首选的防御武器,它的发展一方面是科技进步的推动,但更为重要的还是来自军事需求的牵引。迄今为止,防空导弹已有 60 余年的发展历史,世界各国已装备和在研导弹有上百种,并且还在不断地丰富种类、提高和完善性能,以适应未来战争的需要。

1.4.1　地空导弹发展历程

早在第二次世界大战末期,德国利用当时的火箭技术、空气动力学和电子技术的成就发展了两种亚声速地空导弹"龙胆草"和"蝴蝶"与两种超声速地空导弹"莱茵女儿"和"瀑布",但都未研制成功和装备使用。德国导弹专家所积累的经验,为第二次世界大战后美、英、苏联等国的导弹发展打下了坚实的基础。这一阶段可称为地空导弹发展史的序幕,随后,地空导弹的发展经历了 4 个阶段。

(1)第二次世界大战结束到 20 世纪 50 年代末期是地空导弹发展的第一阶段(重点解决飞机和高炮打不着的问题)。第二次世界大战结束以后,随着航空技术的发展,飞机的作战高度不断提高,主要的空中威胁是高空侦察机、中空和高空轰炸机,而当时最大口径高炮的射高仅为 13 km 左右,无法对这些目标进行有效的打击。在这种情形下,美、苏、英等国相继研制了奈基-2、黄铜骑士、波马克、警犬、SA-2 等 12 种第一代高空地空导弹。这一代导弹的共同特性是中高空、中远程,最大射程为 30～100 km,最大作战高度达 30 km。导弹推进系统多为液体火箭发动机,制导控制系统采用了驾束制导、指令制导和半主动寻的制导,稳定控制系统为模拟式。这些地空导弹的共同缺点是笨重、机动性差、抗干扰能力低、地面设备庞大(SA-2 的地面车辆多达 50 多辆)和使用维护复杂。

(2)20 世纪 60 年代初期至 70 年代中期是地空导弹发展的第二阶段(重点应对低空突防和电子对抗)。由于中高空地空导弹武器的发展,特别是雷达技术的发展,迫使空袭兵器由中高空转向低空、超低空飞行,以便利用第一代地空导弹武器的低空盲区进行突防。这一阶段研制出 40 多种导弹,其中具有代表性的为美国的"霍克"和"标准"地空导弹,苏联的 SA-6 和SA-8 地空导弹,英国的"长剑"和"海狼"地空导弹,法国的"响尾蛇"地空导弹,德国和法国联合研制的"罗兰特"地空导弹以及瑞典的 RBS-70 地空导弹等。这一阶段的发展重点是低空和超低空地空导弹,同时强调防空火力的快速反应能力(快速调转周期大都在 3～4 s),其技术水平较第一阶段有明显的提高。在推进系统方面淘汰了液体火箭发动机,主要使用固体火箭发动机、冲压发动机,以及火箭-冲压复合推进系统。固体火箭发动机双推力技术、安全技术和光电效应研究也取得了很大进展。在制导控制系统方面,除无线电指令制导外,红外制导和激光制导等得到了很大发展,并且由单一制导方向转向了复合制导,导弹的抗干扰能力有了很大提高。由于非线性空气动力学的发展,导弹的气动布局有了新的突破,例如,"标准"地空导弹采用了展弦比非常小的长脊鳍形弹翼。此外,地空导弹的快速反应技术、筒式热发射技术、自旋导弹技术以及自动化检测技术等均取得了明显的发展。在杀伤技术方面出现了破片聚焦战斗部和多效应战斗部,提高了导弹的杀伤概率。

(3)20 世纪 70 年代中期至 90 年代后期是地空导弹发展的第三阶段(重点解决抗饱和攻

击和防区外导弹攻击问题)。针对第一、二代地空导弹战术特征,特别是多为单目标通道的特点,空袭方式发生了重大变化,大幅度提高了空袭的密度。在干扰机的掩护下多波次、全高度的饱和攻击成为此阶段空袭的最主要特征,多架飞机从一个通道高密度突防,只需付出少量牺牲,即可形成多架飞机突防,进入地空导弹所保卫目标的上空进行空袭。空中威胁的新变化又促使地空导弹向着抗干扰、抗饱和攻击、对付多目标、实现全空域拦截的方向发展,既能反飞机也能反战术弹道导弹和巡航导弹。于是就出现了具备全空域、多目标拦截能力的第三代地空导弹。典型代表为美国的"爱国者-2"和俄罗斯的S-300系列,它们都具有反战术弹道式导弹的能力。在空气动力方面采用了无翼式布局和大攻角技术;推进系统采用高能推进剂,导弹采用相控阵雷达和复合制导技术,弹上制导控制系统和稳定控制系统采用数字控制技术。在可靠性与维修性方面也得到了很大提高,例如S-300V导弹达到了"10年不检测"的使用水平。

(4)20世纪90年代中期至现在是地空导弹发展的第四阶段(重点突出反导)。20世纪80年代中期到90年代初期,空袭体系的组成和作战方式发生了重大变化,其主要特点为:包括预警机、侦察机、掩护干扰机、防空突击机、护航歼击机和对地攻击机的空袭体系逐渐形成;精确制导武器(包括空地反辐射导弹、巡航导弹、各种制导炸弹等)获得了广泛的应用,并且显示出巨大的潜在威胁;防区外攻击战术的应用;战术弹道导弹的应用;隐身飞机的应用等,这些都成为了空袭的主要威胁。因此,迫切需要地空导弹增大射程,能够将预警机纳入防区内,将防区外攻击的飞机归入防区内。迫切需要提高地空导弹的制导控制精度,减轻远程防空导弹发射质量,适应远程作战的需要。为了对付弹道导弹和近距离直接杀伤空袭兵器,特别是从地面和舰艇发射的巡航导弹,也必须提高地空导弹制导控制精度,以便能有效地摧毁这些空袭武器。在强大的需求牵引下,第四代地空导弹的关键技术——精确制导与控制技术得到突破,地空导弹的制导控制精度比第三代地空导弹提高达一个数量级,可在大气高层(高度为40 km以上)和大气层外(对TBM和军事卫星)实现直接碰撞。典型代表为美国的"爱国者-3"、俄罗斯的S-400、欧洲的"紫苑"系列等。

1.4.2　空空导弹发展历程

空空导弹于20世纪40年代问世,1958年首次投入实战,迄今已有半个多世纪了。半个多世纪以来,发射平台的性能、目标的辐射特性和运动特性以及空战对抗特性等都发生了巨大变化,空战战术的不断发展以及各种新理论、新技术、新材料在空空导弹设计制造中的不断应用,使空空导弹技术获得了迅速的发展,空空导弹由最初的无制导火箭弹发展到现在的制导方式多样化、远、中、近距系列化和海、陆、空三军通用化的空空导弹家族,已经成为世界各国的主要空战武器。主动雷达导引、红外成像技术和复合制导技术等一些标志性关键技术的突破,也使空空导弹性能有了质的变化,从而在战术使用上也更加灵活。目前,红外型空空导弹和雷达型空空导弹都已经发展了四代,美、俄等国家目前正在积极开展第五代空空导弹的研究工作。

1.红外型空空导弹

红外型空空导弹具有体积小、质量轻、适用性强、维护和使用方便等特点,不需要复杂的雷达火控系统配合,可以装备小型廉价的战斗机。正由于这些特点,红外型空空导弹自20世纪40年代问世以来成为世界上装备最广、生产数量最多的导弹。

(1)第一代红外型空空导弹采用敏感近红外波段的非制冷单元硫化铅光敏元件,信息处理系统采用单元调制盘式调幅系统,导弹探测能力、抗干扰能力、跟踪角速度、射程以及机动能力有限,导弹只能以尾后追击方式攻击亚声速飞行的轰炸机。典型代表有美国的 AIM - 9B、苏联的 P - 3 等。

(2)第二代红外型空空导弹开始采用制冷硫化铅或制冷锑化铟探测器,敏感波段延伸至中红外,信息处理系统有单元调制盘式调幅系统和调频系统,导弹探测灵敏度和跟踪能力较第一代红外型空空导弹有了一定的提高,导弹可以从尾后稍宽的范围内攻击超声速飞行的轰炸机和早期的战斗机等目标。典型代表有美国的 AIM - 9D、法国的 R - 530 以及苏联的 P - 80 等。

(3)第三代红外型空空导弹采用高灵敏度的制冷锑化铟探测器,信息处理系统有单元调制盘式调幅系统或调频调幅系统和非调制盘式多元脉冲调制系统,导弹探测灵敏度和跟踪能力较第二代红外型空空导弹有了较大的提高。导弹可以从前向攻击大机动目标,导弹的位标器能够和飞机的雷达、头盔随动,能够离轴发射,方便飞行员捕获目标,为空空导弹的战术使用提供了便利。典型代表有美国的 AIM - 9L、法国的 R - 550Ⅱ和苏联的 P - 73 等。

(4)第四代红外型空空导弹主要针对近距格斗和抗强红外干扰的作战需求进行设计,采用了红外成像制导、小型捷联惯导、气动力/推力矢量复合控制以及“干净”弹身设计等新技术,可以有效攻击载机前方±90°范围内的大机动目标,达到“看见即发射”,并具有发射后截获的能力,甚至可以实现“越肩”发射,降低了载机格斗时的占位要求,同时具有优异的抗干扰能力。典型代表主要有美国的 AIM - 9X、英国的 ASRAAM、以德国为主多国联合研制的 IRIS - T 等。

2.雷达型空空导弹

雷达型空空导弹的基本特征是采用雷达导引系统,它靠接收空中目标自身辐射或反射的无线电波,经信号处理,获取导弹制导误差信息,引导导弹飞向目标。半个多世纪以来,雷达型空空导弹的研制型号达 50 多种。

(1)第一代雷达型空空导弹采用雷达驾束制导,导弹只能以尾后追击方式攻击亚声速小机动飞行的轰炸机目标,导弹的射程为 3.5~8 km。典型代表有美国的“猎鹰”AIM - 4、苏联的“碱”PC - 1Y 等。这一代导弹机动能力和抗干扰能力较差,很快被第二代所取代。

(2)第二代雷达型空空导弹采用圆锥扫描式连续波半主动制导,导弹可以尾追攻击和前方上视拦截有一定机动能力的目标,导弹的射程超过了 20 km,最大飞行马赫数达到了 3,但导弹低空下视能力差。典型代表有美国的“麻雀”AIM - 7E、苏联的“灰”P - 80 等。

(3)第三代雷达型空空导弹采用了单脉冲半主动导引头,能够全天候、全方位、全高度攻击大机动目标,下视下射能力也有所提高,导弹的最大发射距离可达 40~50 km。半主动的制导体制要求载机发射导弹后机载雷达必须一直照射目标,直至导弹命中目标,因而存在载机脱离距离近,生存能力低等不足。半主动制导体制也无法实现多目标攻击和远距离攻击等。典型代表有美国的“麻雀”AIM - 7F 和俄罗斯的 P - 27 等。

(4)第四代雷达型空空导弹采用数据链修正+惯性中制导+主动雷达末制导的复合制导体制,具有发射后不管和多目标攻击的能力;采用高性能固体火箭发动机作为动力装置,从而使导弹的射程更远、速度更快,导弹的射程超过了 70 km,最大飞行马赫数达到了 5;采用制导/控制/引战系统一体化的设计技术,提高了导弹对各类目标的毁伤效率;采用先进的抗干扰技术,提高了导弹在强电子干扰环境下的作战能力。典型代表有美国的 AIM - 120C、法国的 MICA - EM、俄罗斯的 P - 77 等。

1.4.3　舰空导弹发展历程

舰空导弹发展过程大致可分为三个时期。

(1)第一阶段为 20 世纪 50 年代至 70 年代初,当时水面舰艇的主要威胁是携带炸弹的各种飞机,因此,第一代舰空导弹主要是对付中高空目标,用于水面舰艇打击各类来袭飞机。这一时期的舰空导弹系统反应时间长、可靠性低、体积和质量大、杀伤空域小、抗干扰性能差。典型代表有美国的"三 T"系统("黄铜骑士""小猎犬""鞑靼人"),苏联的"海浪"(SA－N－1)"风暴"(SA－N－3)"奥萨"(SA－N－4),英国的"海蛇",法国的"玛舒卡"等。

(2)第二阶段为 20 世纪 70 年代至 80 年代,各种反舰导弹的陆续装备开始成为水面舰艇的主要威胁,并出现了低空突防、电子干扰等新的战术。第二代舰空导弹开始发展相应的低空反导能力,系统的反应时间也大大缩短,抗干扰能力有所增强,出现了具有反导能力的各类舰空导弹武器。其中,以美国的"标准"和"海麻雀",英国的"海狼",法国的"海响尾蛇"等最为典型。其特点为,采用多种制导体制,导弹命中精度高,系统反应时间较短,低空性能好,具有一定的拦截多目标的能力,系统体积、质量相对较小,可靠性高。

(3)第三阶段为 20 世纪 90 年代后期以来,随着新技术的发展,战场环境日益复杂多变,多目标饱和攻击、低空或超低空突防、电子对抗等已成为通用战术,舰空导弹遇到了新的挑战,其发展也进入了新的时期。其中,以美国海军大力发展的"宙斯盾"防空导弹武器系统最为典型。这一代舰空导弹武器系统除具有第二代的导弹命中精度高、低空性能好、可靠性高的特点外,还具有以下特点:可同时进行 360°全空域作战;火力强,具有抗目标饱和攻击的能力;系统反应时间短,导弹发射率高,从发现目标到导弹发射时间间隔为几秒级,导弹采用垂直发射可达1 发/s;装弹量大,特别是采用垂直发射装置,可使舰船携载上百枚防空导弹。

未来随着海上空中威胁的发展变化,特别是超声速反舰导弹、掠海反舰导弹,以及具有隐身能力的反舰导弹的发展,舰空导弹武器系统将呈现以下发展趋势:①近程和末端防空导弹武器将向加强自动化作战能力、增强火力,并与其他舰载防空武器综合应用的方向发展;②相控阵雷达、主动和被动导引头将得到广泛应用,发展复合制导体制,以对付多方向、多批次目标的攻击;③导弹垂直发射装置采用模块设计,以便于在舰艇上大量安装,提高有效对付多目标攻击的能力;④潜艇是海战中的隐蔽机动力量,为有效地对付潜艇的空中威胁,潜空导弹武器将得到大力发展;⑤远程舰空导弹武器将会继续增强其反弹道导弹作战能力,成为一种机动可靠、超前部署的反弹道导弹武器;⑥建立舰艇综合自防御系统,发展机舰协同作战技术。

1.4.4　反导武器发展历程

第二次世界大战结束后,世界进入了以美国和苏联为首的两大阵营全球争霸的局面。1957 年 8 月 21 日,首枚洲际弹道导弹 SS－6 在苏联诞生。自此,弹道导弹的攻防对抗成为美苏争霸的重要战略手段,从此,也促使反导武器的诞生,到目前为止,反导武器的发展经历了四个阶段。

(1)1955 年至 1976 年为反导武器发展的第一阶段,其主要任务是以核反导,保护核力量。在此期间,美国与苏联均研制装备了多个系列战略弹道导弹,为取得对己方有利的战略态势,美、苏双方同时大力发展弹道导弹防御技术。限于当时精确制导与控制的技术水平,选用核反导方式,虽有一定的副作用,却是当时的最佳防御手段。最具代表的型号是美国"奈基"X 系统,它是一种双层的战略弹道导弹防御系统,有两种拦截弹,均使用核弹头。其中"斯帕坦"(Spartan)导弹用于在大气层外 100~160 km 高度拦截来袭的弹道导弹;"斯普林特"(Sprint)导弹用于在大气层内 30~50 km 高度拦截来袭的弹道导弹。

第一阶段弹道导弹防御系统的主要特征:①采用指令制导,核战斗部,实施末段防御;②对拦截精度、目标识别要求不高;③在作战使用方面,采用核反导会带来核辐射污染等负面影响,具有一定的潜在危害性;④重点用于保护陆基部署的报复打击力量。

(2)1983 年至 1993 年为反导武器发展的第二阶段,以"星球大战"计划为代表。在美苏争霸最激烈的时期,美国里根总统推出战略防御倡议(SDI)计划,以建立一个能够全面防御大规模核袭击的反导系统,试图"消除战略核导弹的威胁",完全"否定"苏联的战略核力量。SDI 计划能够对大规模弹道导弹攻击实施"天衣无缝"的全面防御(来袭弹道导弹的弹头数量为上万个),目标是以"相互确保生存"的防御系统,取代"相互确保摧毁"的核威慑力量,所要建立的弹道导弹防御系统采用各种类型的先进防御武器,以及天基与地基相结合,能够对来袭弹道导弹实施全程拦截,研究的防御武器包括激光和粒子束等各种定向能武器,以及电磁炮和动能拦截弹等各种动能武器。

第二阶段弹道导弹防御系统的主要特征:①重点启动定向能与动能防御技术研究,逐步确认动能反导为优先发展方向;②采用全程"惯导＋中段指令＋末段寻的"制导方式;③防御规模逐步缩小,由防御 5 000~10 000 个大规模来袭弹头缩减至对付 200 个弹头的有限规模防御;④重视中段反导目标识别研究;⑤SDI 计划未能实现,但为美国后续反导技术发展奠定了坚实的基础。

(3)1993 年至 2001 年为反导武器发展的第三阶段,主要任务是发展战区导弹防御与国家导弹防御计划。此阶段开始于苏联解体,已不存在大规模的核威慑,而战术弹道导弹(TBM)已成为现实威胁。当时全世界有 30~40 个国家装备了 10 800 枚 TBM,并且在局部战争中已经开始使用。因此,1993 年克林顿民主党政府上台后,对共和党政府推行 10 年之久的 SDI 计划进行全面调整,将发展"战区导弹防御系统"(TMD)作为第一重点,将发展地基"国家导弹防御系统"(NMD)作为第二重点,降格为一项"技术准备"计划。

第三阶段弹道导弹防御系统的主要特征:①大规模弹道导弹威胁消失,重点发展战区动能反导系统,保护海外部队与盟友,同时储备国家导弹防御技术,防御有限弹道导弹对本土构成的威胁;②"爱国者"末段反导系统开始进入实战部署;③动能反导技术趋于成熟,动能毁伤的有效性逐渐得到验证与认可。

(4)2001 年至今为反导武器发展的第四阶段,其主要任务是全面发展一体化的弹道导弹防御系统。随着美国弹道导弹防御技术的迅速发展和日趋成熟,在苏联解体的背景下,为了研制和部署导弹防御体系以谋取战略上的绝对优势,布什总统在 2001 年 12 月 13 日正式宣布退出 1972 年美国与苏联签订的《反导条约》。自此以后,美国以技术援助、装备出口、联合研发等方式团结了盟国,拉开了与其他同家在反导技术上的差距,巩固了在反导技术领域的领先地位,并逐步推行全球弹道导弹防御,谋求构建其全球利益新的反导保护伞。

弹道导弹防御系统(BMDS)的目的在于保卫美国本土、美军与盟友,能对付所有射程的弹道导弹,能在其所有飞行阶段拦截这些导弹。BMDS 包括末段低层防御、末段高层防御、中段防御、助推段防御,按部署位置分为地基、海基、天基防御系统等。

在发展动能拦截弹的助推段/上升段防御方面:一是进行天基动能拦截弹研究;二是以海

军"标准-3"(SM-3)动能拦截弹为基础,研制携带助推段拦截器的高速、高加速助推火箭,发展海基助推段防御系统。

在中段防御方面,美国要发展的中段防御系统 MDS 用于保护美国全国,包括两大部分:一是地基导弹防御系统(GMD),拦截弹称为地基中段拦截弹(GBI),此即以前的 NMD 系统;二是海军"标准-3"(SM-3)防御系统。

GMD 系统的任务是发射 GBI 在地球大气层外拦截来袭弹道导弹弹头,由地基拦截弹上的大气层外拦截器(EKV)以碰撞方式摧毁这些来袭弹道导弹弹头。

海基中段防御系统是一种可以在海上机动部署的中段防御系统。依据部署位置的不同,该系统既可以拦截在中段的上升段飞行的弹道导弹,也可以拦截在中段的下降段飞行的弹道导弹。该系统以美国海军"宙斯盾"巡洋舰和驱逐舰上现有的设备为基础,主要由改进的 AN/SPY-1 雷达、"宙斯盾"作战管理系统和新研制的"标准-3"动能杀伤拦截弹等组成。

在末段防御方面,按照布什政府的计划,美国把末段高层区域防御(THAAD)系统、PAC-3系统等,统称为末段防御系统。其中,THAAD 系统负责对战术弹道导弹的末段高层区域防御,PAC-3 系统负责对战术弹道导弹的末段低层防御。这两个系统是当前在技术上最成熟或接近成熟的弹道导弹防御系统,主要用于对近程和中程弹道导弹实施拦截。

THAAD 系统是美国陆军重点研制的一种机动部署的高空战区动能反导武器系统,由 X 波段监视与跟踪雷达、动能拦截弹、八联装导弹发射车以及指挥控制、作战管理与通信系统组成。其主要用来防御射程为 3 500 km 以下的弹道导弹,也具有防御更远射程弹道导弹的潜力。

PAC-3 系统主要负责末段低层防御,由 4 个相控阵雷达、交战控制站、发射装置和拦截弹组成。导弹作战距离为 30 km,作战高度为 15 km,采用"INS+指令修正+Ka 波段毫米波雷达主动寻的"制导体制。PAC-3 系统采用直接碰撞和引爆杀伤增强装置相结合的双重杀伤方式,能拦截射程为 1 000 km 的 TBM。

随着空中威胁的不断升级和科学技术的飞快进步,防空导弹所面临的拦截目标也越来越多,一方面要面对目标的机动、隐身、干扰等方面的挑战,另一方面还必须解决拦截战术弹道式导弹、再入弹头、卫星、临近空间飞行器和其他空间飞行器的问题。总的来说,防空导弹武器未来发展将面临更大的挑战,通俗地讲,主要是解决打击更高更快、更低更慢、更灵更小目标,实现更远更准拦截的问题。因此,未来发展的防空导弹应具有的特点:①突出反导能力,发展分层拦截系统;②采用命中概率高或具有直接命中目标(直接碰撞)的精确制导导弹;③增强防空导弹系统的电子战能力,对抗空袭体系的光电侦查、干扰、隐身突防和反辐射导弹的硬杀伤威胁;④更多地采用固态相控阵雷达,增强远距离探测能力;⑤采用先进的推进技术和气动外形设计,提高导弹速度;⑥采用毫米波和红外成像导引头技术,提高末制导精度。因此,防空导弹将朝着自主化、智能化、模块化与标准化的发展方向。自主化就是"发射后不管",这有利于解决多目标拦截问题;智能化就是利用导弹各种敏感器的信息和计算机软件,根据最优决策拦截目标,并对目标状态变化做出智能反应。模块化和标准化可以提高导弹的性能,降低成本,缩短研制周期,提高导弹的可靠性和维修性。

第2章 战术技术要求分析

新型防空导弹的设计通常是根据当前和今后战争的需要来确定的。随着现代化战争中使用的高技术武器的威胁不断增强,如果敌方发展了新的空中武器,现有的导弹不能有效对付,或者敌方研制装备了新的对抗设备使我方现有的导弹作战效能大大降低,我方就必须发展新的防空导弹。这必然提出新的作战要求,即研制新型导弹。在这种情况下,由军方提出研制新型防空导弹的任务,并提出各项具体要求,设计方根据这些任务和要求,对目标威胁做充分论证,形成战术技术要求,继而确定要设计的导弹性能。

本章将重点从导弹总体设计的角度,介绍战术技术要求的基本内容,确定战术技术要求要考虑的目标特征,以及新设计导弹的性能等最基本的问题。

2.1 战术技术要求的内容

战术技术要求是导弹系统的基本作战使用要求和技术性能要求的总称。它由作战任务和技术上实现的可能性来确定,是研制导弹系统的基本条件和原始依据。一般由军方根据战略战术任务、未来的战斗设想、科学技术水平和经济能力等因素向承制方提出,也可由军方和承制方一起进行论证,同时也是军方的验收标准。防空导弹的主要战术技术要求包括战术要求、技术要求及使用维护要求等三方面的内容。

2.1.1 战术要求

1. 导弹性能

导弹的性能实质上指的是导弹的作战能力,主要包括飞行性能、制导精度、威力、突防能力和生存能力、可靠性、使用性能、经济性能等。对于地对空导弹,应包含作战高度、飞行速度(最大速度、平均速度、导弹与目标的最大和最小相对接近速度)、杀伤斜距、航路捷径、最大高低角等。对于空对空导弹,应包含最大高度、最小高度、常用高度、飞行速度、攻击距离、发射允许过载、最大工作时间等。

2. 目标特征

通常,设计一种导弹要能对付几种目标。要做到应使导弹性能针对目标的性能,应该有目标的典型特性资料(目标速度、飞行高度、机动性能、易损性等)。例如,对于目标是飞机的,就要说明:飞机名称、类型;飞行性能(速度、高度、机动能力等);防护设备、装甲厚度与位置;外形及其几何尺寸,要害部位(驾驶员、发动机、油箱等)的分布与尺寸;反射电磁波,辐射红外线的能力;防御武器及其性能;各种干扰措施等。

3. 发射条件

发射条件包括发射方式、发射速度、武器系统反应时间、火力转移时间等。对于地对空导弹,应说明发射点的环境条件、作战单位发射点的布置、发射点数、发射方式、发射速度等。对于空对空导弹,应说明载机的性能,悬挂和发射导弹的方式,瞄准方式和发射方位角、距离等。对于水上或水下发射的导弹,应说明运载舰艇、潜艇的主要数据,发射方式及条件等。

4. 导弹单发杀伤概率

导弹的单发杀伤概率(毁伤概率)是单枚导弹在规定条件下,对给定目标的毁伤概率,它决定了导弹杀伤一个目标所需的平均导弹数量。它是导弹武器系统最重要的、最能代表性能优劣的主要综合战术指标。导弹单发杀伤概率除了取决于制导精度、导弹和目标的遭遇参数、引信和战斗部的配合效率、战斗部的威力大小等因素外,还与目标要害部位分布情况及目标的易损性有关。导弹的成本昂贵,要求摧毁一个目标不能发射很多导弹(通常要求摧毁一个目标要小于 3 发导弹),因此,导弹的单发杀伤概率,在战术技术指标中一般要求不低于 0.5,通常要求为 0.7~0.8。

5. 制导系统的主要特性

制导系统与目标探测和导弹制导装置发现目标、跟踪目标以及制导导弹的空域有关,包括发现目标的距离与概率、导引误差、制导精度、抗干扰能力等。

6. 导弹的作战能力

导弹的作战能力指对单个目标和群体目标的作战能力,发射导弹的准备时间,二次发射的可能性等。

7. 作战区域

作战区域是指导弹保证以给定概率杀伤目标的三维空域或二维地面区域,对不同性能的目标有不同的作战区域。防空导弹的作战区域一般用导弹的杀伤区表达。

2.1.2 技术要求

(1)导弹的外廓尺寸及起飞质量限制。导弹的质量和几何尺寸在很大程度上影响导弹武器系统的机动能力和作战使用,与其飞行速度、射程、过载能力等指标密切相关,是导弹总体方案设计中非常重要的问题,因此,一般要提出限制。

(2)弹上控制系统的质量和尺寸。

(3)导引方法。

(4)动力装置、推进剂类型、质量与尺寸。

(5)材料的要求、限制及来源。

(6)作战环境条件。主要包括气候条件和地理条件或海情等。气候条件包括温度,湿度,发射时的风速、昼、夜、雨、雪、云、雾等天气情况,最主要的是气温极限值和空气相对湿度。通常,导弹武器系统使用的气温最低为 -50 ℃,最高为 $+55$ ℃,相对湿度极限为 98%。地理条件通常包括海拔高度及地形起伏要求,海拔高度影响地面制导系统、电子通信系统等工作,影响导弹的气动及飞行性能,一般防空导弹使用高度不超过 3 000 m。地形起伏造成地面雷达、通信设备的地形遮蔽,影响它们的作用距离。海情是海上导弹武器系统的重要环境,通常在战术技术指标中规定作战的海情级别,例如,舰空导弹要求能在五级海情下作战。

(7)弹体各舱段的气密性、防湿性要求。

(8)成批生产的规模、生产条件、设备。

(9)导弹的研制周期及成本。

2.1.3　使用维护要求

(1)部件互换能力。

(2)在技术站进行装配的快速性及自动检测设备工作状态的要求。

(3)装配、检验、加注推进剂、安装战斗部的安全条件。

(4)战时维修的简便性。

(5)导弹的储存条件及时间。

(6)导弹定期检查的工作内容。接近设备的开敞性、可达性。

(7)导弹包装、运输方式及条件等。

(8)导弹的使用期限、超期服役和定期检查的期限。

对于以上所述各项,已有许多规范,这些规范都有着通用性、完整性、适应性、相关性和强制性。例如,导弹武器系统的总规范、导弹设计和结构的总规范、导弹武器系统包装规范和通用设计要求、地面和机载导弹发射装置通用规范、军用装备的气候极值、运输和储存标志等各方面都做了明确的规定。

2.2　目　标　特　征

研制一种导弹,是用来对付一定目标的。目前,虽然也有一弹多用的,例如从低空、中空到高空都能使用的防空导弹,但一种导弹仍然不会是万能的。因为,导弹的战斗效率与目标特性密切相关,所以,研究目标特征,可使导弹有效适应打击目标的要求。

研究目标特征时应考虑:①国家战略,即一个时期的主要作战方向和主要作战对象,导弹攻击可能面临的目标;②目标的物理特性,如飞机的几何特性、机动特性、辐射与反射能量特性、对环境的适应性等;③目标的军事特性,如作战思想、作战原则及方式方法、活动规律、攻防能力等。

目标特征,就是目标特点的征象和标志等,它是区分目标类别的独特信号表征集。其定义为,一组可用以表征目标属性和能力的特征量(一种或者多种),由目标自身所固有的内部性能(包括固有特征和动态特征)以及由侦察监视传感器所获取的目标外部特征参数所构成。

目标特征是导弹引信、战斗部、速度特性、过载能力及制导体制等设计的出发点,目标的几何和物理特性不同,导弹所采取的目标识别和攻击方式也不同,相应的制导方式和战斗部类型也可能不一样。目标特征分析是新型号需求研究及战术技术指标要求提出的前提条件,也是导弹总体设计与系统参数分析之前非常关键的研究环节。因此,在导弹总体设计之前必须对目标特征进行全面、深入的调查分析和研究。

2.2.1　目标分类

目标是指导弹要毁伤的对象,包括敌方任何直接或间接用于军事行动的部队、军事技术装备和设施、国防工厂和重要工业设施、交通枢纽(如机场、桥梁、火车站和港口等),经济及民生目标(如发电厂、自来水厂、大型油库及储气站、广播电视中心和电信中心等),以及重要的政治、经济中心城市等。从不同观点出发,对目标分类有不同方法。

按目标的军事性质分:非军事目标和军事目标,后者又可分为战略目标和战术目标等;

按目标的位置分:空中目标、地面目标、水上目标、水下目标和地下目标等;

按目标活动性分:运动目标、固定目标等;

按目标的大小分:点目标、线目标和面目标(外形尺寸较大,且长宽比较接近——通常不超过 3 : 1 的目标)等;

按目标的数量分:单目标和群目标等;

按目标耐受冲击波的程度分:硬目标、软目标,即承受一定冲击波超压而不毁伤的目标,超压值人为规定,如将大于 5 个超压才能毁伤的目标定为硬目标(如地下指挥中心等),则低于 5 个超压就能毁伤的目标是软目标(如人员、民用建筑等)。

按目标辐射特性分:热辐射目标、光辐射目标与电磁波辐射目标等。

防空导弹的主要目标是空中的活动目标,包括作战飞机、武装直升机、无人驾驶飞行器、巡航导弹、掠海导弹、空地导弹、战术弹道式导弹和弹头等。这些目标一般具有高速、高机动、几何尺寸小和突防能力强等特点。

作战飞机特点:运动速度高、机动性能好、几何尺寸小和防护能力较强等;机上装备机炮、导弹、制导炸弹等各种精确制导武器,可对多个目标实施攻击;内装或外挂各类电子战系统(包括侦查和干扰设备等),具有较强的无线电和红外干扰能力。

武装直升机的特点:不需要特殊的机场,可根据任务的需要临时起降,发起突然攻击;具有超低空灵活飞行攻击的能力,不易被敌方探测系统发现;具有空中悬停的性能,其悬停高度可低至数米,因而可以隐蔽在地物及其雷达回波中,必要时可以跃升发起攻击,对敌方探测设施的暴露时间可缩短到 $10\sim20$ s;可以携带机炮、炸弹、导弹等多种攻击武器,并装有机载电子和红外干扰装置;为加强防护能力,在机体的重要部位装有防护装甲,如俄罗斯的米-24D 武装直升机驾驶室、发动机和油箱外均有 $4\sim6$ mm 的钛合金防护板,在驾驶室前方用 50 mm 厚的钢化防弹玻璃防护。

战术导弹和无人驾驶飞行器特点:与飞机类目标相比,速度较快,体积较小,相应的雷达散射面及红外辐射强度比轰炸机低 $2\sim3$ 个数量级,因而不易被各类探测器发现、截获和跟踪;由于体积小,结构强度比较高,因而不易被击中和摧毁;它的出现往往具有突然性,发射以后留空时间比较短,同时出现的数量又比较多,价格又比作战飞机低得多。这就使它成为防空导弹难以对付的一类典型目标。

2.2.2　目标特性

防空导弹战术技术指标中提出的目标特性通常包括下述六方面。

1. 目标的运动特性

目标的运动特性包括目标的运动速度和机动过载等参数。这些参数对雷达等探测系统的跟踪和导弹系统的制导精度有重要影响。防空导弹系统要求能对付最大飞行 Ma 为 $3\sim4$ 的空中目标,且最大机动过载应不低于 $6g$。反战术弹道导弹(简称反导弹)对付的目标速度更大,Ma 可达 $7\sim8$,有的 Ma 甚至达到 10,弹道导弹的射程愈大,速度也愈高。

2. 目标的无线电散射特性

目标的无线电散射特性一般用雷达等效散射截面表示,主要影响目标探测雷达的作用距离。无隐身措施的飞机目标,雷达散射截面一般大于 1 m²;隐身飞机如美国的 F117 等,散射截面可减小到 0.1 m² 以下,使探测雷达的作用距离大大减小。战术技术指标中典型的目标散射截面,飞机目标通常为 $1\sim2$ m²,导弹目标约为 0.1 m²。

3. 目标光学辐射特性

目标光学辐射特性主要指目标的红外热辐射特性,它影响导弹系统红外探测及跟踪装置的作用距离。目标红外辐射特性通常用给定频谱范围内,单位立体角的辐射功率,即辐射强度表示。对于一般的喷气式飞机,红外辐射强度相对目标纵轴,在各个辐射方向上相差很大,后向红外辐射强度最大,可达 1 000 W/sr 以上,前向辐射通量仅为后向的 5% 以下。因此,在战术技术指标中,要求红外跟踪导弹系统能迎头攻击目标,属于较苛刻的条件。

4. 目标的易损特性

目标的易损特性是目标遭到导弹命中和战斗部爆炸条件下易于摧毁的程度。这与目标的防护程度有很大关系。一般空中飞机的易损特性用要害部位及特性描述,这些要害部位易于被导弹战斗部破片杀伤或冲击波摧毁;但有些空中目标有很强的装甲,如武装直升机,在导弹设计中,需用威力大的战斗部才能将其摧毁。有的空中目标,如弹道式导弹弹头,一般命中几个破片可能造不成摧毁,仍能落地爆炸,需要引爆弹头才算彻底摧毁,这样的目标易损性小。因此,对付什么类型的目标,需要在战术技术指标中明确,主要参数包括装甲厚度、要害部位的面积及性质等。

5. 目标的干扰性能

战术导弹对付的现代目标,大部分带有各种干扰措施,包括射频与光学,以及各种诱饵干扰。目标的干扰性能会大大影响导弹系统对目标的跟踪和制导。在导弹战术技术指标中,必须规定系统能对付的目标干扰类型,如杂波阻塞式干扰、诱骗干扰、窄带应答式干扰等,还需给出干扰源的功率和频段。现代空中目标的射频干扰源,在频率上已可覆盖米波到厘米波段,连续波干扰功率达到 400 W,脉冲功率达到 10 kW,干扰功率密度达 100 W/MHz 水平。

6. 目标背景特性

目标背景特性有云、雨、海面、地面等的无线电和光学辐射与散射等背景特性。

2.2.3 典型目标

典型目标是指在同类目标中,根据目标的辐射特性、运动特性、几何形状、结构强度、动力装置类型、制导系统、抗爆能力、火力配备、可靠性、可维修性、有效性和生存能力等特性,并考虑到技术发展,综合而成的具有代表性的目标。不同类型的导弹所针对的典型目标会有较大区别。

广义的空中目标包括各种类型的飞机、弹道导弹、巡航导弹、高空卫星等空中飞行器,而狭义的空中目标仅包括各种类型飞机和导弹等。对空中目标的特点分析主要考虑空间特征、运动特征、易损性特征、空中目标区域环境特征、空中目标对抗特征等。

根据目标的性质,通常只研究分析其若干个主要特性。例如,飞机类典型目标的主要特征有外形尺寸、飞行高度、最大速度、机动能力、要害部位的分布和尺寸、辐射或反射特性、防护设备、干扰与抗干扰能力、火力配备等。摧毁飞机可以击毙飞行员、击毁油箱、破坏翼面和操纵部分等。因此,采用要害部位"要害面积"的概念,例如,一般飞机的要害面积取其投影面积的 20%~30%,大约有几平方米(具体飞机的要害面积确定,需要对各个方向和结构进行分析计算与实测)。战术导弹的要害面积比飞机小得多,一般 TBM(战术弹道导弹)只有 0.4~0.6 m²;空地导弹只有 0.1~0.2 m²;反辐射导弹只有 0.02~0.1 m²。而且,战术导弹及弹头的要害程度与飞机有较大差别,因此,摧毁的意义大多数是指引爆战斗部。

图 2-1 所示为国外某重型战斗机的要害部位示意图。该飞机长为 19.5 m,高为 5.68 m,

翼展为13.03 m,翼面积为 56.5 m²。图中的 1 区~5 区表示目标的要害区域,这些区域所在舱段的结构易损性指标与舱段的结构材料及其防护性能相关。

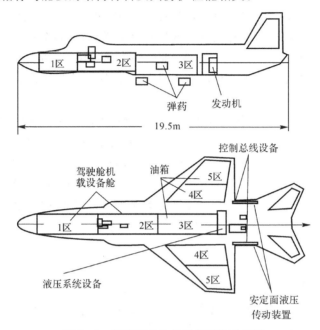

图 2-1 某重型战斗机要害部位示意图

飞机被命中后的毁伤程度通常分为以下 5 级:

KK 级——命中后立即引起飞机解体的毁伤。

K 级——命中后 30 s 内飞机丧失人工控制能力的毁伤。

A 级——命中后 5 min 内飞机丧失人工控制能力的毁伤。

B 级——命中后 30 min 内飞机丧失人工控制能力的毁伤。

C 级——命中后无法完成预定作战任务的损伤。

图 2-2 所示为某 TBM 再入弹头结构及要害部位示意图。其主要分为四大部分。

(1)结构系统:鼻锥、前后设备舱壳体等结构部件,主要起到对弹体内部部件进行支撑与保护的作用,在没有严重毁坏情况下对弹体功能没有较大影响。

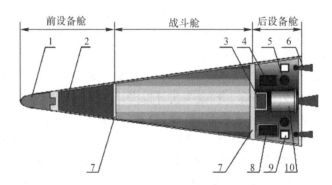

图 2-2 再入弹头目标易损部件示意图

1—鼻锥; 2—弹上电源; 3—中心处理器; 4—雷达; 5—储气罐; 6—矢量喷嘴; 7—连接框架;

8—惯性测量单元(IMU); 9—喷气控制阀; 10—火箭发动机

（2）弹上电源系统：主要分弹上电池和电力输送系统两大块。电池主要为弹上雷达、计算机等提供电源。电力输送系统主要为弹上电子设备等输送电源。电源系统如果毁坏，则弹上电子设备丧失电力，无法工作，对弹头制导控制都有影响。

（3）战斗部系统：导弹弹头装有多个子弹，在个别子弹被破坏后，其余子弹仍具有毁伤能力。要使战斗部完全丧失杀伤能力，必须将所有子弹全部破坏。

（4）再入控制系统：主要由惯性测量单元、弹上雷达、弹上计算机、喷气系统、火箭推进系统等组成。惯性测量单元通过测量飞行过载来提供计算飞行弹道。弹上雷达提供弹头飞行位置，为引信动作提供信息。弹上计算机处理惯性测量单元和雷达测量信息，计算弹头飞行弹道，确定弹头引信作用时刻。喷气系统再入弹头在尾部配备轴向对称分布的数个储气罐和矢量喷嘴，通过控制阀为弹头机动提供动力。火箭推进系统为再入弹头提供推进动力和机动能力。如果以上部件毁伤后会无法确定弹道并丧失机动能力，弹头姿态及弹道无法调整，导致对预定打击目标地点爆炸发生偏差。火箭推进系统被破片直接击穿后，将引起燃料爆炸，并对邻近设备造成破坏，再入弹头将丧失机动能力，不能对预定目标地点造成毁伤。

再入弹头被命中后可划分为 5 个毁伤等级。

A 级——TBM 目标被击中受到损伤后引起爆炸。

B 级——TBM 目标被击中受到损伤后导致结构解体。

C 级——TBM 目标被击中受到损伤后，失去机动能力。

D 级——TBM 目标被击中受到损伤后，仍有机动能力，但弹头姿态及弹道无法调整，导致对预定打击目标地点爆炸发生偏差。

E 级——TBM 目标被击中受到损伤后，战斗部部分毁伤导致对预定打击目标地点打击威力不足，从而无法实施毁灭性打击。

野战防空的主要威胁是低空超低空攻击，主要攻击目标的类型及其特征参数见表 2-1～表 2-6。

表 2-1　固定翼飞机主要低空飞行参数

最低高度/m	最大速度/Ma	机动能力/g
30	0.8～1.2	5

表 2-2　武装直升机主要飞行参数

低空作战高度/m	攻击暴露时间/s	最大飞行速度/(m·s⁻¹)	机动能力/g	机载导弹射程/km
15～100	30～50	85(140)	3～3.5	5～10

表 2-3　中小型无人驾驶飞机的主要参数

最大速度/(m·s⁻¹)	最低飞行高度/m	机身长/m	翼展/m
<300	数十	2～4	1～5

表 2-4 反辐射导弹主要参数

发射高度/m	速度/Ma	弹体尺寸/m		
		直径	长度	翼展
载机所在高度	1~3	0.13~1	1.8~4.57	0.33~4.5

表 2-5 空地导弹主要参数

发射高度/m	速度/Ma	最大射程/km	弹体尺寸/m			发射最大俯冲角
			弹长	翼展	直径	
载机所在高度	0.6~3	9~22.5	1.6~3.65	0.35~0.72	0.178~0.31	60°

表 2-6 巡航导弹主要参数

飞行速度/Ma	巡航高度/km	弹体尺寸/m			备注（最低飞行高度）
		弹长	翼展	直径	
0.8~3.5	15~60	4.8~6.4	2.4~3.6	0.54~0.64	海上 7~15 m 山区 150 m

通过对目标特性进行分析，可以制定以下要求。

(1)依据对目标的毁伤要求，确定战斗部的类型、质量、引战配合要求。通过作战效能分析，确定摧毁一个目标所需导弹数量，提出一个战斗火力单元的组成，即武器系统配套要求。

(2)根据目标特性，确定导弹制导体制和攻击目标的方式，确定对目标的命中精度。

(3)依据目标攻防特性，确定导弹的有效射程、载体安全撤离措施，提出导弹突防性能，如导弹飞行速度、飞行高度、隐身特性、机动能力等突防要求，以及抗干扰措施。

由上述分析可知，不同的目标有着不同的特征，根据不同的目标特征，可制定不同的有效攻击和毁伤措施，因此，目标特征是制定导弹战术技术指标的依据之一。但由于导弹武器系统的设计和制造过程需要一定的时间，所以制定战术技术指标时，必须考虑被攻击目标的发展趋势。例如，为了预测飞机性能，提高预测的精确度，减少根据不足的决策而引起的风险，可采用两种途径，其一是依据现有的数据和近似的估算，按照统计分析的方法来判断目标性能的发展趋势。其二是以数学模型为基础，这种数学模型必须完全反映所研究对象和过程的特性、规律，数学模型中最通用的是数值模型，它可以通过计算机来实现。

另外，导弹分系统各设计部门都与目标的种类和特性有关，因此都必须对此有所了解和研究。只是各部门所要研讨的侧重点不一样。例如，对于战斗部系统设计部门，侧重于目标的大小、形状、构造形式、要害部位的尺寸和面积，目标的抗毁伤能力等；对于制导系统设计部门，侧重于目标反射电磁波和辐射红外线的能力、目标的电子干扰系统以及目标的速度、机动能力和目标离导弹的距离等；对于弹体设计部门，除了以上各点外，还应注意目标飞行性能、防御能力、导引系统以及发射点离目标的距离等。

2.3　导　弹　性　能

导弹性能主要包括累积性能和终点性能。累积性能指射程、制导精度和遭遇条件,它与动力系统、制导回路、发射方式、目标和导弹飞行性能有关。终点性能指导弹破坏给定目标的威力特性,它与战斗部、引信和目标易损性有关。

由于决定导弹性能优劣的因素很多,大致可归纳下述 7 方面:飞行性能、制导精度、威力与毁伤概率、突防和生存能力、可靠性、使用性能和经济性能。

2.3.1　飞行性能

导弹的飞行性能即质心的运动特性。表示飞行性能的参数有很多,例如,最大速度、最小速度、平均速度、最大高度、最小高度、射程、弹道过载特性等。一般来说,防空导弹的飞行特性主要指其射程、速度、高度和过载。飞行性能是评价导弹性能的重要依据之一。

1. 射程

射程又称"有效射程",指在保证一定命中概率的条件下,导弹发射点至命中点或落点之间的距离。远程导弹的射程是指发射点至命中点的地面路程。

射程的最大值为最大射程,最小值为最小射程。最大射程取决于导弹的起飞质量、发动机性能、推进剂性能、结构特性、气动特性和弹道特性等。最小射程取决于飞行中导弹开始受控时间、初始散布、过载特性和安全性等。有些导弹的最大和最小射程还取决于探测或制导系统的能力。

对不同类型的导弹其射程的范围和含义有所差别。地空导弹是指最大有效斜距和最小有效斜距;空空导弹和反坦克导弹存在有效攻击区的问题,指最大有效射程和最小有效射程;反舰导弹一般只提最大有效射程。

地对空导弹的射程,取决于自动导引头的限制、制导系统的作用距离及准确度的限制、第二次攻击的可能性以及击毁目标应远离发射阵地、雷达站等限制。

空对空导弹的射程,受导引头工作距离的限制、弹上能源工作时间的限制、导引头视角的限制、最大和最小相对接近速度的限制、引信解除保险的限制以及导弹最大法向过载的限制等。

空对地导弹的射程,主要受制导系统和载机安全的限制。

地对地导弹的射程,是发射点到目标点的距离。其他如反坦克导弹,其射程受目标能见度及制导系统的限制,通常为 1.5~5 km 。

对于防空导弹武器系统,应依据作战目的,从系统的观点制定射程要求,选取一个适当的射程范围。各种型号导弹都有自己的射程范围,最终可组成一个导弹系列来完成对给定目标的打击任务。例如,防空导弹应该能攻击几十米到几百千米范围内的目标,显然要求用一种型号的导弹完成这些作战任务是不合理的。因此,必须设计出一个导弹系列,该系列应包含若干种型号,不同型号分别担任不同射程范围内的作战任务。对每一种型号的导弹,都应规定一个最大射程和一个最小射程,导弹武器系统中各型号导弹的射程要相互衔接,即要求射程大的型号的最小射程不大于射程小的那些型号的最大射程。

2.速度

速度特性即导弹的速度随时间变化规律及速度特征量（最大速度、平均速度、加速度和速度比等）。

速度特性是导弹总体设计依据之一。按导弹类型不同可由战术技术要求规定，也可由射程、目标特性、导引方法、突防能力等确定。确定速度特性后，导弹的飞行速度范围、飞行时间、射程、高度等参数均可确定，由此导出推进剂质量后，就能进行导弹的外形设计、质量估算，确定导弹起飞质量和发动机推力特性等主要设计参数。

根据空气动力学可知，马赫数是指空气流动速度（或飞行器飞行速度）与当地声速的比值，记为 Ma。它是描述空气受压缩程度的指标，为无量纲量，常常用来表征飞行器的飞行速度，即以当地声速的倍数来计量飞行速度。Ma 值越大，飞行速度越高（见表 2-7）。

表 2-7 导弹飞行速度划分表

马赫数	飞行速度范围
$Ma \leqslant 0.4$	低速飞行
$0.4 < Ma \leqslant 0.85$	亚声速飞行
$0.85 < Ma \leqslant 1.3$	跨声速飞行
$1.3 < Ma \leqslant 5.0$	超声速飞行
$Ma > 5.0$	高超声速飞行

确定导弹的速度时，应考虑以下因素：

（1）从导弹被敌方击中的可能性来看，随着导弹速度的增大，敌方反击时间就减少，自己被敌方击中的可能性也就减小，显然导弹速度越大越好。但导弹速度增大是有限制的，随着速度增加阻力将以速度的二次方关系增加，这将导致发动机质量和导弹质量均增大。

（2）从制导系统的要求来看，导弹速度值应与导引头系统的性能参数相匹配。若导弹采用自动导引头，则导弹速度越大，跟踪目标的视角越小，导引头就越易跟踪目标。若采用目视或电视制导系统，则因制导系统为消除初始误差需要一定的时间，故要求导弹速度不能太大，否则会来不及消除初始误差而造成脱靶。

（3）从减少截击时间及进行第二次攻击来看，需要导弹速度越大越好。

（4）从提高机动性看，由于导弹的可用过载近似与其飞行速度的二次方成正比，在弹道控制能力已经确定的情况下，飞行速度越高，则导弹越不容易做转弯机动。

（5）从导弹接近目标时引信的要求看，导弹速度不能太低（一般要求接近目标时导弹与目标的相对速度应大于 200 m/s）。

（6）导弹的射程、起飞质量都与飞行速度有关。正确处理导弹飞行速度、射程、起飞质量和导弹外廓尺寸之间的关系，通过系统分析与优化设计，达到较小的起飞质量和外廓尺寸条件下获得最大射程的目的。

（7）气动加热对导弹飞行速度提出了限制要求，这个限制有时很严格。气动加热现象的产生是因为飞行器在气流中运动时，紧靠物体表面的气流质点由于摩擦而受到阻滞的结果。在低速时气动加热现象不明显，但在超声速或高超声速时，由于气流能量很高，气动加热变得非常严重，而且随着马赫数的增加气动热流成幂次方地增加。现代超声速有翼导弹飞行速度高

达 $4\sim5Ma$，飞行距离可达数百千米，飞行时间已达到或超过百秒量级。这时，气动加热现象十分严重，必须予以重视。

3. 高度

飞行高度是指飞行中的导弹与当地水平面之间的距离。按所取的水平面位置可分为：绝对高度，即以海平面为起点的高度；相对高度，即以某一假定平面为起点的高度；真实高度，即以当地的地平面（与地球表面相切的平面）为起点计算的高度。利用气压原理的高度表可测出绝对高度或相对高度，而采用无线电波反射原理的高度表可测出真实高度。

导弹的飞行高度随导弹类型而异。近程导弹常以发射点的水平面或过发射点的平面作为起点平面测量飞行高度，远程导弹大多以距当地水平面的高度作为飞行高度（真实高度）。面对空导弹的飞行高度，一般是指最大作战高度，即在此高度内导弹具有一定的毁伤概率。

现代战争的特点是全方位、多层次和大纵深的立体战，战场的分布高度从高空、中高空、低空、地面（或海面）直至水下，战争的方式是对抗低空和超低空突防、反辐射导弹、隐身飞机和强电子干扰等"四大威胁"。而低空和超低空飞行是现代飞行器实施突防的重要手段。

低空突防是利用地球曲率和地形造成的遮挡与地对空导弹防空设施的盲区作掩护，以及利用防空武器所需的调度时间等有利条件，使低空飞行兵器快速、隐蔽地深入敌区进行突然袭击。

为了有效地实现低空突防，现代飞行兵器大多具有低空飞行和机动性能；高精度导航定位性能；自动、实时、逼真的地图显示能力；地形跟踪、地形回避、地物防撞、威胁回避、近地告警能力；昼夜和全天候工作能力；良好的抗干扰及隐藏性能等。低空飞行器的发展对低空防御系统构成了严重的威胁，同时也促进了低空监视雷达和低空补盲雷达的发展。

常规雷达探测低空目标，有其固有的弱点：①从地面或海面反射回来的杂波干扰极强，往往将有用的目标回波完全淹没；②受地球曲率的限制；③地形起伏的隐藏；④地面（海面）反射波的干涉作用造成低仰角盲区。由于这些原因，再加上低空目标即使被对方雷达发现也为时已晚，一般从暴露点至攻击点的飞行时间仅为数十秒钟。因此，迫切需要研制一种低空性能优良的雷达，用来填补防空网的低空盲区。一部性能优良的低空雷达，不仅能及时测出低空目标的空间位置、航向、航速，而且能给武器系统提供精确的制导信息。

正因为如此，一些年来，在超低空飞行条件下，创造了不少举世瞩目的奇迹。请看下列事实。

(1) 降落在莫斯科红场：1987 年 5 月 25 日德国青年鲁斯特驾驶一架塞斯纳 172 型飞机，以 $0.18Ma(v=220\ \mathrm{km/h})$，经过芬兰湾，利用超低空（30 m）飞行方式，经过 8 h，在苏联境内飞行 1 000 km，最后降落在红场。为此，戈尔巴乔夫总统将苏联国防部长和苏联防空部队负责人解职。

(2) 闯入白宫禁飞区：白宫是世界上保安措施最严密的地方，这里安装着最先进的保安设备。白宫周围设有禁飞区，房顶上有神枪手，并配备有先进的"毒刺"防空导弹和探测装置，处于 24 小时戒备状态。但是，事实上这种看起来似乎万无一失的防空体系也并不总是有效的。在 1994 年 9 月 12 日晚，美国巴尔的摩国际机场的一个 38 岁的货车司机，驾驶一架红白色相间的单引擎塞斯纳 172 型飞机从马里兰起飞后，贴着树梢向华盛顿飞行，逃避雷达的跟踪，最终突破了世界上最为戒备森严的白宫防御体系。该机在白宫上空盘旋三周之后坠毁在草坪上。这次事件无疑是对负责总统人身安全的特工处工作的一次严重打击。

(3)俄罗斯飞行员逃离阿富汗：曾被"塔利班"俘虏的 7 名俄罗斯飞行员，于 1996 年 8 月 16 日，驾驶伊尔-76 大型民航机，冒险采用超低空飞行技术(相对地面高度约 50 m)，躲过了对方雷达的视线和跟踪，成功地逃离了阿富汗。

类似的事件还可以列举一些，这里不再赘述。如上所述，利用超低空突防战术和技术，飞行器可以多次逃脱地面雷达的搜索和跟踪，闯入世界上一些发达国家(含超级大国)严密设防的飞行禁区。

因此，确定导弹飞行高度时，应考虑下列因素：

1)从接近目标的隐蔽性出发，导弹高度越低，越不易被敌方雷达发现。

2)从不易被敌方击毁看，应采用低空飞行，或是很高的高空飞行。

3)从射程增大看，飞得越高，阻力越小，射程越大。

4)一般应从整个武器系统的配套分工，来确定某型导弹的飞行高度。

4．机动性

机动性是指导弹能迅速改变飞行速度大小和方向的能力。导弹攻击活动目标，特别是空中机动目标时，必须具备良好的机动性能，机动性能是评价导弹飞行性能的重要指标之一。

导弹的机动性通常采用轴向过载和法向过载来评定。显然，轴向过载越大，导弹所能产生的轴向加速度就越大，这表示导弹的速度值改变得越快，它就能更快地接近目标；法向过载越大，导弹所能产生的法向加速度就越大，在相同速度下，导弹改变飞行方向的能力就越大，即导弹越能作较小转弯的弹道飞行。因此，导弹的过载越大，机动性能(通常所说的导弹机动性，主要是指法向过载)就越好。当然，导弹的过载还要受到导弹结构、仪器设备等承载能力的限制。

2.3.2 制导精度

制导精度是表征导弹制导系统性能的一个综合指标，反映系统制导导弹到目标周围时脱靶量的大小。由于诸多因素的影响，制导误差在整个作战空域内是一个随机变量。在实际使用过程中，制导精度包括弹着点散布中心相对目标瞄准点的偏移程度(即准确度)和弹着点相对散布中心离散程度(即密集度)。

导弹制导精度的高低可以用单发导弹在无故障飞行条件下命中目标的概率来表示。制导精度的另一种衡量指标是，在一定的射击条件下，导弹的弹着点偏离目标中心的散布状态的统计特征量——概率偏差或圆概率偏差。

概率偏差可分为纵向概率偏差和横向概率偏差，用符号 PE 表示。

圆概率偏差一般用符号 CEP 表示。它是指以落点的散布中心为中心，该圆范围内所包含的弹着点占全部落点的 50%，则该圆的半径就是圆概率偏差。

圆概率偏差约等于概率偏差的 1.75 倍，而概率偏差约为圆概率偏差的 0.57 倍。

2.3.3 威力与毁伤概率

威力是表征导弹对目标毁伤性能的一个重要指标。一般情况下，导弹的威力是指导弹命中目标并在战斗部可靠爆炸之后，毁伤目标的能力；或者说导弹在目标区爆炸之后，使目标失去战斗力的能力。这种能力可以用命中条件下导弹毁伤目标的"条件毁伤概率"来表示。它反映了导弹命中目标且战斗部正常启爆情况下毁伤或杀伤目标的程度，描述了战斗部毁伤目标的可能性。此外，威力还可用战斗部对某类目标的毁伤效果或毁伤范围来描述(如反跑道战斗部对跑道的破坏面积、钻地战斗部的钻地深度等)。

毁伤概率通常是指在导弹各分系统正常工作的条件下,命中并毁伤目标的概率。它是评价导弹作战效能的重要指标之一。

导弹战斗部威力与导弹的攻击目标密切相关。不同类型的导弹,攻击的目标有所不同,对目标的毁伤要求也不尽相同。例如,对于防空导弹战斗部,主要依靠战斗部爆炸后形成的高速破片击毁空中目标。破片要能击毁目标,必须具有足够的动能。由于破片飞散过程中有速度损失,因此,随着破片飞离爆炸中心距离的增加,破片的杀伤动能逐渐减小。战斗部爆炸所形成的破片飞离爆炸中心一定距离后,其动能若小于击毁目标所必需的动能,破片便不能毁伤目标。通常将破片能杀伤目标的最大作用距离称为有效杀伤半径。显然,战斗部的威力取决于有效杀伤半径,因此反飞机导弹常以战斗部爆炸后,所形成破片的有效杀伤半径作为其威力的重要指标。

对于反坦克及反舰导弹威力指标为穿甲厚度,对于常规导弹的爆破战斗部威力指标为"有效毁伤半径",对于常规弹道式导弹战斗部威力指标为 TNT 当量(简称当量)。

2.3.4　突防和生存能力

导弹的突防能力与生存能力两者紧密相关。不考虑生存能力的突防能力对导弹是毫无意义的,而生存能力又往往体现在突防过程中。只有突防成功之后,才谈得上生存问题。

突防能力是指在突防过程中,导弹在飞越敌方防御系统设施之后仍能保持其基本飞行性能的能力。衡量导弹突防能力的指标是突防概率。

生存能力是指导弹在遭受到敌方火力攻击之后,能保证自己不被摧毁并且仍具有作战效能的能力。衡量导弹生存能力的指标是生存概率。

导弹系统的突防能力和生存能力与其隐蔽性、机动性、光电对抗能力、火力对抗能力、易损性和战斗部技术等有关。

1. 隐蔽性

隐蔽性即不可探测性,它表示己方的武器装备被他方探测系统发现的难易程度。隐蔽性的量度指标是不可探测概率(即未被发现的概率)。为了提高武器装备的隐蔽性,目前主要采用隐身技术、高空超声速突防、超低空亚声速突防以及各种伪装技术。

超声速突防留给敌方的反应时间短,因为反应时间不够,敌方来不及拦截;实施超低空导弹可有效地利用敌方的雷达盲区,达到突防的目的。

隐身技术是指为了减小飞行器的各种可探测特征而采取的减小飞行器辐射或反射能量的一系列措施。因此,隐身技术的目的是将飞行器尽可能地隐蔽起来,使对方尽量少获得飞行器运动的有关信息。信息越少,对方也就难于对飞行器的运动做出精确的判断,也就有利于飞行器完成预期任务。

隐身技术主要包括以下四方面内容。

(1)改进导弹的外形设计,采用隐身外形,减弱对雷达波的反射性能;

(2)控制飞行器的飞行姿态;

(3)采用吸收无线电波的复合材料和涂料;

(4)从弹体结构、发动机燃料和材料等方面采取措施,降低导弹的红外辐射。

导弹采用隐身技术之后,雷达反射截面积(RCS)显著减小。在敌方同一雷达探测距离上,可以使被发现的概率大大降低;在同一被发现的概率下,可以使敌方雷达探测距离大大减小。

2. 机动性

导弹的机动性是指其迅速改变飞行速度、方向和大小的能力。导弹无论是按预定规律飞行,还是受到攻击时的规避运动,都要求进行机动飞行(有时甚至是急剧的机动飞行)。因此,机动性一直是导弹的一个重要性能指标,也是影响导弹突防能力和生存能力的一个重要因素。

导弹在进入敌方防空体系空域后的规避运动(如突然改变弹道、突然加速、蛇形运动等)会增大敌方防空武器系统的跟踪难度,进而增大敌方防空武器的制导误差。

3. 光电对抗能力

光电对抗是指敌对双方为降低、阻碍或破坏对方光电设备的有效性和保护己方光电设备的有效性而采取的一系列措施。

光电对抗的基本手段是光电侦查与反侦查,光电干扰和反干扰,光电辐射摧毁与反摧毁。其实质就是敌我双方为争夺电磁频谱的控制权所展开的斗争。光电对抗通过干扰使对方光电设备丧失有效性。它同火力对抗一样,能够使对方的武器系统丧失完成预期作战任务的能力。因此,光电对抗的这种作用称为软杀伤,而火力对抗的破坏作用称为硬杀伤。

4. 火力对抗能力

火力对抗是指敌对双方直接用己方火力压制或破坏对方火力。火力对抗是通过双方相互射击而实现的。导弹系统的突防能力和生存能力是以火力对抗为前提和背景的。

5. 易损性

易损性是指导弹武器被对方火力命中后,武器本身被毁伤的程度,也就是武器本身丧失预期功能的程度。易损性的量度指标是抗毁伤的概率。

导弹武器系统的易损性依赖于其要害部位的尺寸、位置、结构强度和防护设施强度,也依赖于对方战斗部的威力和引战配合特性的优劣。

为减小导弹武器易损性可采取弹体加固、在发射阵地建立防护工事、设置冗余设备、采用分布式的指挥控制通信系统、发射装置加固、发射阵地分散配置和伪装等措施。

6. 多弹头技术

多弹头可分成两类:即面目标多弹头,其特征是全部子弹头共同攻击一个面目标,这种多弹头的弹头无制导,子弹头也无制导,因此也不机动;另一类是多目标多弹头(分导式多弹头),其特征是各个子弹头均有自己的攻击目标。多目标多弹头也有两类:一类是母弹头有制导,子弹头无制导不机动;另一类是母弹头及子弹头均有制导,也可以机动,这是正在发展的方案。

以上各项突防技术实际中都有采用,并且在不断发展完善。

2.3.5 可靠性

可靠性是指按设计要求正确完成任务的概率。它主要取决于导弹系统设计、生产时所采取技术措施的可靠程度及可维修性,同时还取决于操作使用人员在导弹系统的储存、运输、转载、技术准备、发射准备、发射实施等过程中检查测试的仔细程度、操作人员的心理素质、技术水平和操作技能的熟练程度等。

导弹系统是由若干个分系统组成的,而各个分系统又由许多零部件组成。因此,导弹系统的可靠性就直接取决于各分系统的可靠性,或者说取决于所有零部件的可靠性。只有在所有零部件均正常工作的情况下,导弹系统才不会发生故障。因此,导弹系统对各零部件的可靠性要求是非常高的。为了保证导弹有很高的可靠性,而又不过多增加对零部件可靠性要求的难度,通常要采用可靠性设计方法来解决。

2.3.6　使用性能

导弹的使用维护性能是指在规定的存储条件和服役年限内,保证导弹战备完好率和作战使用时操作简便、准备时间短、安全可靠等方面的性能。其大致内容包括运输维护性能和操作使用性能等。

1. 运输维护性能

运输维护性能主要是指导弹系统及零部件应具有优良的运输性能和维护性能。

运输性能与导弹的尺寸、质量、结构强度及导弹元器件对运输振动冲击的敏感性等有直接关系。在设计时要充分考虑运输条件对导弹各部分的限制,以保证良好的运输特性得到满足。因此,导弹使用时也要充分考虑运输环境对导弹的影响。

维护性能是指导弹在存储期间,为保证处于良好的工作状态而必须进行的经常性维护、检查及排除故障缺陷等性能。在导弹设计时,必须充分考虑导弹各部分的可维修性和尽可能使维护简单易行,最大限度减少故障可能性,最关键的是具备良好的可达性、互换性,检测迅速、方便以及保证维修安全等。

2. 操作使用性能

操作使用性能好,主要应当使导弹的发射准备时间短和发射操作程序尽量简单。发射时间长短主要取决于发动机类型(固体发动机比液体发动机优越)、战斗准备时间及系统反应时间、发射方式、对发射气象条件的要求等。

2.3.7　经济性能

经济性要求包括生产经济性要求和使用经济性要求。

生产经济性要求:设计结构简单、可靠和工艺性好坏,导弹各部件的标准化程度高低,材料的国产化程度和规格化程度,以及是否符合组合化、系列化要求等。

使用经济性要求:要使成本低、设备简化和人员减少等。

使导弹结构简单可靠、工艺性良好,可以降低导弹生产制造成本,缩短研制周期,促进产品应用转化。使导弹结构标准化,可以减少导弹研制周期,提高零部件工作可靠性和降低生产成本。材料国产化和规格化是战时能够生产,并立于不败之地的基本条件之一。

第3章 导弹布局设计

导弹布局设计是指进行导弹分级与动力装置的选择、设计合理的气动外形、对弹上设备进行合理布置、提出结构布局要求等,形成一个满足给定战术技术指标要求的导弹总体方案,从而尽可能获得最优的总体性能参数,尽可能使弹上各系统处在最优的工作环境中,并保证导弹转动惯量特性和质心变化的合理性,提高导弹使用、维护和维修特性。

本章将重点介绍导弹分级与总体布局、导弹气动外形设计、弹上设备的部位安排与质心定位、结构布局设计的要求等内容。

3.1 导弹分级与总体布局

3.1.1 导弹的分级

防空导弹采用分级的主要目的是提高射程和机动能力。

在忽略重力和阻力条件下,单级火箭的最大末端速度为

$$V = C\lg \frac{m_0}{m_0 - m_F} \tag{3-1}$$

式中,V 为火箭的最大末端速度;C 为推进剂比冲与重力加速度的乘积;$\dfrac{m_0}{m_0 - m_F}$ 为质量比;m_0 为火箭的总质量;m_F 为推进剂质量。

由于火箭结构本身具有一定的质量,所以单级火箭能达到的最大速度是有限的。例如,推进剂比冲为 1 960 N·s/kg,质量比为 10 的弹道导弹,最大理想速度只有 4 500 m/s。考虑到重力和空气阻力损失,则实际速度要低得多,一般仅能飞行 2 000 ~ 3 000 km。而地空导弹的质量比小、阻力大,单级导弹的速度很少能超过 1 500 m/s,因此远程导弹必须采用多级。采用多级火箭的实质,是在导弹飞行过程中分阶段抛弃无用质量,只把有效载荷送到目的地。如果在发动机工作过程中,随时将无用质量抛掉,把火箭做成无限多级,则效率一定很高,但实际上是办不到的,因此,一般的导弹(火箭)可分为 2 ~ 3 级(空间飞行器用的运载火箭可分为 4 级)。

导弹的分级,除了要满足射程远的要求外,还用于保持足够的机动能力。导弹作大机动飞行时,一方面要求有足够的速度产生大的气动力;另一方面要求导弹的质量尽量小。

导弹的升力为

$$Y = \frac{1}{2} \rho V^2 S C_y^{\alpha} \alpha \tag{3-2}$$

导弹的机动过载(即法向过载)为

$$n_y = \frac{Y}{mg} \tag{3-3}$$

导弹的机动性好即机动过载大,除要求升力大外,还须使导弹的质量减小。当导弹采用推

力矢量控制时,法向过载的升力中还应增加发动机推力的侧向分量。

在地空导弹作战过程中,一般只有当导弹速度是目标速度的 1.5 倍时,才能有效地对付机动飞行的目标。当导弹速度低于目标速度时,只能用迎击或拦击方式对付不作机动飞行的目标。

不同类型的导弹采用多级火箭的目的是不同的,地空导弹采用两级火箭(例如采用一个加速推力非常大的助推器作为第一级),一方面可在短时间、短距离内使导弹获得高速度、大机动能力,从而缩小它的最短作战距离;另一方面助推完后只需要用小推力火箭发动机持续作用,就可达到保持或者稍微增加导弹速度,保持远距离飞行时有足够的机动能力。弹道导弹采用两级或三级火箭,其目的以获得大射程或同样射程下组合质量最小为目标。根据不同的有效载荷和射程,弹道导弹两级的质量比为 3～5,表 3-1 为射程为 1 000 km,有效载荷为 1 t 的两级和单级弹道导弹的比较,从表中数据可以明显看出分级带来的好处。

对于地空导弹,根据不同的速度和射程要求,第一级与第二级的质量比 m_1/m_2 比弹道式导弹小得多,为 1.5～2.5,其优化准则是最佳作战空域和足够的机动过载。

表 3-1 弹道导弹分级后的质量变化

导弹类型	射程/km	有效载荷/t	推进剂质量/t	结构质量/t	发射质量/t	m_1/m_2
单级	1 000	1	14	3	18	～
两级	1 000	1	5.42	1.08	7.5	≈3

3.1.2 多级导弹的总体布局

多级导弹的总体布局可按子级火箭间的连接方式分为串联式和并联式两大类。另外,还派生出混合式。

(1)串联式导弹。即一级与二级及三级火箭沿轴向连接成一个整体,特点是结构紧凑,气动阻力小,发射设备简单。串联式火箭之间有一个级间连接段,其间装有分离装置,并传递轴向推力。分离可以采用爆炸螺栓、切割索或张拉式机构,同时也靠级间推力和阻力来分离。

(2)并联式导弹。即两级或三级等火箭沿横向连接,即各级火箭并联在一起,可以并联一个、两个、三个、四个等。并联导弹的长度短,发射时所有的发动机可同时点火,可利用成熟的子火箭组成新的导弹。缺点是弹体横向尺寸大,发射设备复杂,起飞质量相同时,并联导弹的运载能力稍低于串联式导弹。并联导弹的连接,一般采用受力环的前后连接,分离时的解锁可用爆炸螺栓或分离机构,但分离力大多靠向外推的气动力和向后的阻力完成。并联火箭发动机存在周向不对称力,例如单个并联、两个并联时一个熄火或推力不同步等,分离时将出现较大的扰动。

(3)混合式导弹。即串联和并联同时使用的组合方式,兼有串联和并联两种方式的优点和缺点。

在防空导弹上多级布局的第一级一般称为助推器,助推器的安排形式有并联(环绕式)及串联两种,如图 3-1 所示。究竟采用哪一种形式,须从具体情况出发。选择助推器的安装方式应该从可靠性、准确度、工艺性、使用性能以及气动性能等方面考虑。

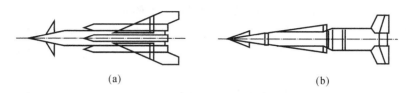

图 3-1 助推器的安排形式

(a)并联式; (b)串联式

1. 串联式

这种形式的助推器分离机构简单,分离可靠,并且由于推力偏心的减小,航迹的散布也能减小,这些优点是串联式目前能得到广泛应用的主要原因。同时,从气动阻力及安装调整等工艺性方面来看,串联式也较并联式有利。如从空中载机上发射,由于串联式高度小,所以便于悬挂。但是这种形式也有它的缺点,首先由于沉重的助推器置于后部,所以整个导弹的重心后移,这样为了保持导弹在助飞段具有一定的静稳定性,必须在助推器上安装较大的安定面,使整个导弹的压力中心也向后移动。同时,在助推器抛掉后,导弹的重心产生突然的前移,即使此时压力中心也有很大前移,还会引起静稳定度的变化,使弹体产生较大的波动。此外,由于整个导弹长度的增加,弹身尾部的弯矩加大,为保证要求的刚度,往往引起这部分的质量增加。

2. 并联式

这种形式由于助推器的重心比较靠近导弹本身的重心,因而不需要像串联式那样大的安定面,甚至有时根本不需要安定面。同时,助推器抛掉后,重心位置变化较小,导弹产生的波动也会小一些。此外,助推器与续航发动机可以同时点火,这就省去了第二级点火的一套装置,更主要的是提高了导弹点火的可靠性,最后,由于它的结构比较紧凑,给使用带来了一些方便。并联式也存在着一些严重的缺点。首先当助推器分离时有可能与导弹第二级相碰,结果就降低了分离的可靠性。此外,助推器各个发动机在工作期间,推力的不均匀变化,尤其是不同时熄火,会产生较大的扰动力矩。为了减小这个问题的影响,必须采用斜喷管,使推力线通过导弹的重心,尽可能地减小扰动力矩(但由于助推器在工作期间,重心是变化的,所以不可能完全消除)。但是,这样对工艺上提出了较高的要求,同时,一部分推力分量相互抵消,而不能用于导弹加速上。另外由于迎风面积的加大,气动阻力也加大了。

在选用助推器安排形式的同时,还需考虑技术掌握的程度和使用上的经验。

3.1.3 动力装置的选择

在整个导弹质量与体积中,动力装置占了绝大部分。例如,战术机动弹道导弹、反飞机、反舰和反坦克导弹的动力装置占全弹质量的 $50\%\sim70\%$,而远程洲际导弹动力装置占全弹质量的 90% 以上。因此,动力装置的选择,在导弹设计中有着举足轻重的作用。

1. 动力装置的选择原则

常用的导弹动力装置有液体火箭发动机、固体火箭发动机、固液组合火箭发动机和空气喷气发动机等。其选择的原则为:

(1)满足导弹总体设计的性能要求。依靠选定的动力装置可将导弹的有效载荷送到预定地点,并满足一定的工作条件。对付机动或运动目标的防空导弹,动力装置的任务是使导弹到达作战空域(或杀伤空域),并使导弹具有足够的速度,以便跟踪或迎击目标。如果要追上逃跑的目标,导弹速度必须为目标的 1.5 倍以上,如果是迎击目标,除对付固定轨道或机动性小的目标外,导弹的速度应达目标的 1.2 倍,只有足够大的速度才能跟踪目标运动和提供命中目标的机动过载。因此,导弹动力装置的最基本选择原则,是提供足够使导弹完成任务的能量。

(2)使用方便、可靠。导弹是作战用的武器,应该适合一定层次文化程度的人员经过一定的专业训练就能熟练操作,这也是对整个导弹武器系统的要求。因此,采用固体推进剂的导弹就要比采用液体推进剂的导弹使用方便得多。导弹的可靠性与动力装置密切相关。导弹准时可靠地发射出去首先取决于动力装置工作的可靠性。

(3)选择密度大的推进剂以减少导弹的质量。一般而言,质量越大消耗的能量越大,导弹越笨重,地面与空中的机动性就越差,作战性能也越低。因此,在火箭优化设计中,最小发射质量是基本指标。动力装置占导弹总质量 3/4 以上,其中推进剂又占了绝大部分,推进剂的比冲越高,则推进剂质量越小,为了获得最小起飞质量,在满足导弹总体要求条件下选择比冲高的推进剂方案是主要解决方法。

(4)成本最低。作战武器要大量装备部队,降低成本,也是研制工作中的重要任务。通常性能高的推进剂和性能好的发动机,其成本都高,可靠性高的系统成本也高。为此,就要求在效能费用上分析。例如,空气喷气式发动机比火箭发动机的比冲约高一个数量级,但发动机本体成本也高数倍,长时间(即远射程)使用很有利,短时间(即短射程)使用则成本较高。

2.动力装置的选择方法和在导弹总体设计与布局中应考虑的问题

(1)选择动力装置的基本方法。目前各种发动机已发展成系列,一般的导弹可从不同系列中去挑选。但对性能先进的新型号,大多要选择一定的形式进行重新设计,基本方法有以下 3 种。

1)原型推演法。根据某一发动机原型,在性能参数、大小尺寸、推进剂发展上进行推演,获得一个新的动力装置系统。

2)多型比较法。将几种推演出的发动机方案按照相同意义的指标进行定性与定量分析,做出综合比较。

3)适应性检验法。将几种比较方案对整个系统的应用性能进行适用性分析,选择最后的方案。

当然,方案选择只是第一步,最后还要到试验与试制中去完善与改进。

(2)动力装置在总体布局中的问题。动力装置包括发动机本体、推进剂室(又称推进剂储箱)、输送及点火系统等。它占据导弹整个体积的绝大部分,与导弹翼面和设备连在一起构成导弹的整体。导弹在飞行过程中的质心变化也取决于动力装置的质心变化。这些联系和变化就构成了以下总体布局问题。

1)为了使动力装置在整个飞行过程中质心变化小,最好使推进剂绕质心均匀消耗。这对液体推进剂发动机并不困难,由于燃烧室在尾部,且质量保持不变,可调整推进剂储箱的位置达到目的。由于固体推进剂发动机的推进剂室与燃烧室为一体的,燃气从尾部喷出,为保证导弹质心变化小,一般采用柱面燃烧而不采用端面燃烧,或者用长喷管,即在喷管扩散段以前增加一段圆柱段的喷管,以使固体发动机质心在工作过程中变化较小。

2)一般翼面的接头要装在导弹的中后段,这就是说要装在储箱或推进剂室外表面上。对液体储箱较易于做到,而对固体发动机外壳就比较麻烦。翼面对大机动导弹是一个主要受力件,而发动机外壳又不允许承受太大的外力,这是总体布局必须解决的问题。

3)为了充分利用导弹的能量,使其能在较大的作战空域中工作,而发动机质量又不大,且能在需要时提供足够的速度与机动过载,新型导弹设计中,采用了动力装置两次或多次点火,以实现有动力与无动力飞行段相结合。在导弹总体方案中又会引起熄火、点火时的冲击和控制方案等问题。

4)空气喷气发动机导弹的布局,导弹上常用的空气喷气发动机有火箭-冲压组合式发动机、冲压式喷气发动机、涡轮喷气式发动机、涡轮风扇喷气式发动机等,空气喷气发动机的最大特点是吸收周围大气中的氧气作为氧化剂,火箭发动机则需自己携带氧化剂,而在火箭发动机推进剂中,氧化剂占推进剂总质量的 $70\% \sim 75\%$。因而在同样质量的有效载荷与射程(指远射程)的情况下,使用空气喷气发动机的导弹比用火箭发动机的导弹轻很多,表3-2为性能相近的巡航导弹与弹道导弹的性能比较。采用空气喷气式发动机时,为吸取大气中的氧气,导弹上必须设置进气道,将远方未受扰动的气流(自由流空气)减速到发动机进口速度,使部分动能转变为压力能,引入发动机,保证发动机正常工作。进气道按飞行速度可分为亚声速和超声速进气道,按进气道在弹身上的位置可分为头部进气、两侧进气、腹部或背部进气。

表 3 - 2   巡航导弹与弹道导弹的比较

导弹 类别	型　号	级　数	弹长 m	弹径 m	翼展 m	起飞质量 t	弹头质量 kg	命中精度 m	射程 km
弹道 导弹	潘兴1A MGM－31A	二级固体火箭 发动机	10.5	1.01	2	4.2	570	CEP 为 370	740
巡航 导弹	"战斧"对陆地 攻击导弹 BGM－109C	二级固体助推 火箭和涡轮 风扇发动机	6.17	0.527	2.65	1.5	527	16	1 297

3.1.4　有效载荷

防空导弹设计中的有效载荷一般指战斗部或引战系统(引信、战斗部、安全执行机构)。

1. 有效载荷的布局

有效载荷需根据完成的任务,设置在导弹的不同部位。

(1)触发引信。宜放在导弹最前端或不受外界阻挡的位置,以使引信视场或波束首先接触目标或测定它与目标间的距离。对需要测定导弹与目标间的距离和姿态变化的近炸引信,一般放在导弹前段,使其发射出的电磁波,或与目标之间视线不被翼面之类的外伸件阻挡。

(2)战斗部、安全执行机构宜放在一处,尽可能靠近导弹前段。这是考虑到系统紧凑、可靠性高和爆炸时减少导弹前端的遮蔽作用。对地空、反舰和空空导弹,由于前端要安排导引头,战斗部的位置可靠后,但为保证战斗部的杀伤效果,要求尽可能处在导弹的前端。

当战斗部的前端有其他设备时,可能出现两个问题:第一,破片式战斗部很难形成前向半球形分布;第二,由于设备的遮挡,聚能战斗部破甲厚度要降低,对反装甲导弹不利。为此,在导弹的总体布局上常采用妥协办法。例如,将战斗部前端设备炸碎,就可以形成近似半球破片散布。将前端设备的中心部位留出一定长度的管道,并保持聚能战斗部所需的炸高尺寸,就可以将遮挡聚能流的作用减到最低。

(3)导引头通常安排在导弹的最前端,使导引头能直接对准目标,且电波或光学视场不受任何遮蔽,以保证制导精度。

高速导弹(例如 $Ma>6$)由于前端环境恶劣,个别导引头的探测窗口开在导弹前侧向。例如导弹采用红外导引头时,为避开上千摄氏度的高温,将探测窗口放在弹前侧向,这给导弹姿态控制带来了很大的麻烦。

2.有效载荷与导弹发射质量的关系

从能量的观点看,导弹的有效载荷愈大,运送的距离愈远,所需的能量越大,导弹的发射质量也愈大。

由于地地弹道导弹仅需考虑射程要求,有效载荷与射程的关系比较单纯,其变化仅随着技术的发展有降低趋势。当前水平见表 3-3。

表 3-3　弹道导弹发射质量随有效载荷的变化

射程/km	100	1 000	5 000	10 000
$k=\dfrac{发射质量}{有效质量}$	3～5	7～15	25～30	40～50

对于地空与空空导弹,除考虑射程外,还要考虑速度与机动能力的要求,关系十分复杂,一般只能给出一个统计关系。例如,射程为 10 km 以内的导弹,k(发射质量/有效载荷)为 3～4;射程为20～50 km时,k 为 5～7;先进的远程防空导弹 k 可达到 10 左右;采用空气喷气式发动机的空地巡航导弹,当 k 为 3～4 时,射程可达 100 km 或更远。这说明,每增加 1 kg 有效载荷,对不同导弹所需增加的发射质量不同,也说明对远程导弹减轻有效载荷的必要性。

3.2　导弹气动外形设计

导弹总体设计的核心是外形设计和气动力特性设计。而导弹外形设计涉及气动布局的形式和几何参数的确定,它是导弹研制过程中首先遇到的系统设计问题,也是导弹初步设计工作中的一个重要组成部分。一个导弹外形的确定,绝不是空气动力工程师单方面的工作,而是导弹领域中各方面专业人员共同努力的结果。

3.2.1　外形设计的任务与要求

导弹外形设计是指如何正确选择导弹的气动布局,即正确选择弹体各部件(弹身、弹翼、舵面等)的相互位置。

1.外形设计的任务

导弹外形设计的任务,就是在确定了导弹主要设计技术要求和完成了导弹分级、动力系统的选择和总体布局之后,分析研究外形配置与几何参数的影响,设计出具有良好气动力性能和满足机动性、稳定性和操纵性要求的导弹外形。

具体讲,导弹外形设计的任务主要是解决下述两方面的问题。

(1)正确选择导弹的气动布局,即正确选择弹体各部件(弹身、弹翼、舵面等)的相互位置与布局形式。

(2)从导弹具有良好的气动力特性出发,并考虑导弹制导系统特性及结构等因素,定出弹体各部件的外形参数和几何尺寸。

在导弹设计过程中,外形设计与导弹主要参数的选择及导弹质心定位等工作是紧密联系、交错进行的。例如要进行导弹总体主要参数选择,就必须知道导弹的气动力特性,但此时气动力特性尚未得出,通常采用已知类似导弹的气动力特性进行主要参数和弹道计算,然后再根据主要参数及弹道计算进行导弹外形设计,确定其气动力特性后,再重新进行主要参数选择和弹道计算。如此逐次逼近,直到获得理想的结果。

随着电子计算机技术的发展,导弹气动外形优化设计方法的研究越来越受到重视。这种优化方法使得设计人员从被动地对方案进行校核,进入高效而主动的方案设计,从而使设计质量大大提高,研制周期明显缩短。导弹气动外形优化设计的方法很多,其差别主要在于根据具体的总体要求,选择合适的目标函数,合理确定设计变量与约束条件,找出在特定意义下"最优"的气动外形。

2. 外形设计的要求

导弹气动外形设计要求主要来自导弹的总体性能指标。攻击的目标不同,对导弹的机动性、飞行特性的要求也不同。一般防空导弹气动外形设计通常要考虑以下几个方面。

(1)气动特性。在气动特性方面,通过外形设计应保证导弹在飞行包线内具有良好的气动性能,包括升阻比大,零升阻力小,舵面效率高,铰链力矩小,压心变化小,气动耦合小,气动加热小等。

(2)机动性。导弹气动外形设计应满足机动性要求,即实现最大过载和发射包线远界过载的要求。常规导弹机动飞行所需的法向过载主要是由气动力产生的。一般低空高速大动压下的最大过载比较容易实现,而高空低速小动压下要满足攻击机动目标的需用过载则较难。

(3)稳定性。气动外形设计应满足稳定性要求,即导弹应具有一定的静稳定性。虽然静不稳定的导弹可以采用自动驾驶仪实现动态过程的稳定和控制,但对多数导弹来讲,一般总希望其在无控状态下能具有良好的稳定性和动态品质,以降低对控制系统的要求。

(4)操纵性。防空导弹主要依靠气动舵提供控制力矩,改变导弹的姿态角。只有保证导弹具有良好的操纵性,才能实现对过载指令的快速响应。因此,保证导弹具有一定的操纵能力是外形设计的一项重要指标。

(5)几何尺寸限制。防空导弹的外形设计要便于发射、运输、储存与实战使用,以及弹上部件工作环境的要求。例如,内埋挂装对舵翼面的展长就有一定的限制,战斗部的长细比、雷达导引头的天线直径对弹径也有一定的限制。新型导弹还要考虑隐身要求,使雷达散射面积小。

(6)其他方面。气动外形设计还要从弹体结构、制导要求、舵机功率、引信战斗部要求、制造成本、制造工艺性、发射着陆安全性、运输和储存的便利性等方面考虑。

不同类型的导弹,气动设计要求的侧重点也会有所不同,衡量其气动设计的标准也有所不同。对于防空导弹由于攻击的是高速活动目标,要求导弹应具有很高的机动性和良好的操纵性,因此,外形设计应使导弹能获得较大的法向力。同时,由于导弹本身的飞行速度、阻力对推进剂的消耗影响很大,因此,应力求使导弹的外形具有最小的阻力特性。对于飞行速度高、飞行时间长的防空导弹,在外形设计中还要尽量减小气动加热。

因此,导弹气动外形设计的任务就是要综合考虑各项具体要求,通过迭代设计,输出导弹的几何外形,包括弹长、弹径、头部和尾部形状、舵面和翼面的形状和位置、舵轴的位置、吊挂和电缆整流罩的形状和位置等;输出全套气动参数,包括全弹的无量纲升力系数、侧向力系数、阻力系数、俯仰力矩系数、偏航力矩系数、横滚力矩系数、舵面铰链力矩系数;输出导弹飞行的分布气动载荷、导弹表面的气动加热温度等。

3.2.2　气动布局

气动布局是指导弹弹体各主要部件的气动外形及其相对位置的设计与安排。即研究弹体外露部件(如弹翼、舵面等)的形式及其沿弹身周向和轴向的布置。具体来说就是研究两个问题:一是翼面(包括弹翼、舵面等)数目及其在弹身周向的布置方案;另一个是翼面之间(如弹翼与舵面之间)沿弹身轴向的布置方案。

气动布局是总体方案分析中的重要问题,也是评定总体方案优劣的指标之一。气动布局设计必须满足以下具体要求。

(1)满足导弹战术技术指标和弹上各系统工作要求;

(2)充分利用最佳翼身干扰和翼面间干扰以及外挂物与翼身的干扰,设计出最优升阻比的外形配置;

(3)在作战空域内,导弹要满足机动性、稳定性与操纵性要求;

(4)通常要保证在最大使用攻角范围内,空气动力学特性,特别是力矩特性,尽可能处于线性范围,减少非线性对系统带来的不利影响。随着近代大攻角飞行的应用,研究适合大攻角飞行的布局形式;

(5)气动控制面设计要保证在使用攻角和速度范围内,压力中心变化尽可能最小,以减少铰链力矩对伺服系统设计的过高要求;

(6)便于运输、储存和实战使用。

3.2.2.1　翼面沿弹身周侧的布置形式

根据作战任务与实际需要,顺着导弹弹身纵轴方向看,翼面在弹身周侧的布置有两种不同方案:一种是平面布置方案(亦称飞机式方案,面对称布置方案);另一种是空间布置方案(亦称轴对称布置方案),如图 3 - 2 所示。

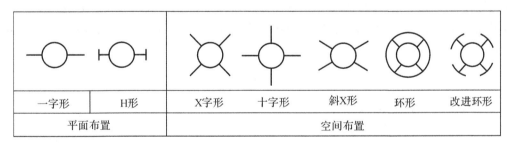

一字形	H形	X字形	十字形	斜X形	环形	改进环形
平面布置		空间布置				

图 3 - 2　弹翼沿弹身径向布置

1.平面布置的特点

平面布置是由飞机移植而来的,它与其他多翼面布置相比,有翼面少、质量轻、阻力小的优点。但由于航向机动靠倾斜才能产生,为此,航向机动能力低,响应时间慢,通常用于远距离飞航式导弹。

平面布置的导弹有以下两种转弯方式。

(1)平面转弯(STT,Skid - To - Turn):导弹不作滚转动作,转弯所需的向心力,由侧滑角 β 产生,同时推力在 Z 方向也有一分量充当向心力(见图 3 - 3)。此时,同时存在攻角 α 和 β,这两个角度可由方向舵及升降舵的偏角来保证。由于导弹的 $|C_z^\beta|$ 小,所能提供的侧向力小,所

以侧向过载较小,机动飞行的能力有限。

(2)倾斜转弯(BTT,Bank-To-Turn):也称协调转弯,导弹要作横滚动作以调节升力的方向(见图3-4),至于升力的大小,则可以由攻角 α 来调节。故这种转弯要由副翼及升降舵同时协调动作来保证。倾斜转弯可以获得较大的侧向力和过载,但是,在导弹机动过程中要做来回大角度的倾斜运动,过渡时间长,将导致较大的飞行误差。

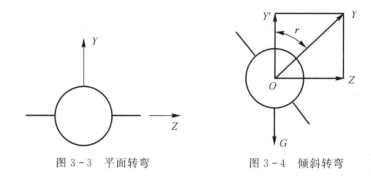

图3-3 平面转弯   图3-4 倾斜转弯

对于反飞机导弹,因在各个方向都有两种可能要求较大的需用机动过载,平面转弯不能达到这个目的,此时只能采用倾斜转弯。国外称这种方案为 BTT 控制(即 Bank-To-Turn),它是一种新的导弹方案,利用控制高速旋转弹体的技术使平面翼产生过载的方向始终对着要求机动的方向。这样,既充分利用平面布置升阻比大等优点,又满足了防空导弹在任何方向具有相等机动过载的要求。

2.空间布置的特点

(1)十字形与X字形:这两种翼面布置的特点是各个方向都能产生最大的机动过载(见图3-5),且在任何方向产生法向力都具有快速的响应特性,这就大大简化了制导与控制系统的设计。但是,由于翼面多,必然使弹质量大、阻力大、升阻比低,为了达到相同的速度特性,需要多损耗一部分能量。这种形式在防空导弹上使用得最多。从悬挂于载机或从地面发射架上发射来看,"X"字形要比"十"字形方便些。

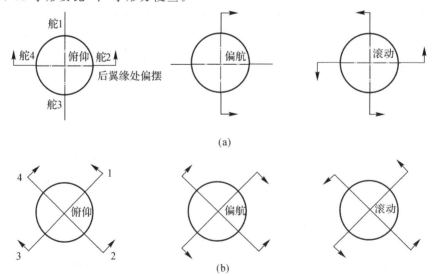

图3-5 空间布置转弯

(a)十字形布局; (b)X字形布局

(2)环形:鸭式舵控制有很多优点,但其对翼面产生的反滚动力矩是一个缺点,特别在鸭式舵既起舵面又起副翼作用情况下更为严重。研究表明,环形翼布置具有克服反滚动力矩的效果,但这种布局纵向性能差,阻力大。试验数据表明,在超声速情况下,阻力要比通常弹翼增加16%～22%;并且还存在着滚动发散现象,同时结构也较复杂。

(3)改进环形:由 T 字形翼片(或 T 字形)组成的改进环形翼,它既具备了克服鸭式舵带来的反滚力矩,又具备了较环形翼好的升阻比,结构简单,并可使鸭式舵、副翼合一的气动布局成为可能。

3.2.2.2　翼面沿弹身纵轴的布置形式

按照弹翼与舵面沿弹身纵轴相对配置关系和控制特点,通常有如下五种布局形式,而其中鸭式布局与正常式布局是最常用的形式。

1. 正常式布局

正常式布局弹翼位于导弹质心附近,舵面在弹翼之后,且远离质心。弹翼提供升力和侧力,舵面提供纵向和横向稳定力矩和控制力矩,靠舵面的差动或弹翼后的副翼提供滚转控制力矩,如图 3－6(a)所示。

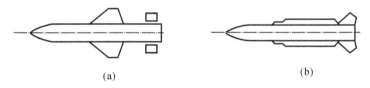

图 3－6　正常式和改进气动布局

(a)正常式气动布局;　(b)条型翼气动布局

正常式气动布局特点:

图 3－7 所示正常式布局的受力情况表明,在静稳定布局的条件下,平衡状态时由于舵面负偏转角产生一个使头部上抬的俯仰力矩,因此舵面偏转角和弹体攻角相反,舵面产生的控制力的方向也始终与弹体攻角产生的升力方向相反,因此,导弹响应特性就比较慢。

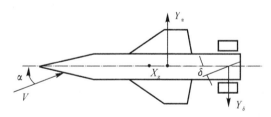

图 3－7　正常式布局受力情况

由于舵偏角与攻角方向相反,全弹的合成法向力是攻角产生的力减去舵偏角产生的力,使升力受到一定损失,即

$$Y = Y_\alpha - Y_\delta \tag{3-4}$$

因此,它的升力特性与响应特性总是较鸭式布局和旋转弹翼布局要差。但是由于舵面离质心较远,舵面面积可小些。另一方面,由于舵面合成攻角减少,舵面的载荷与铰链力矩也相应减少。由于弹翼是固定不偏转的,它对其后舵面带来的洗流影响要小些,空气动力的线性程度比其鸭式与旋转弹翼两种布局要好些。再加上某些布局安排上的优点,许多防空导弹采用

这种布局形式。例如,俄罗斯的"SA-2"、英国的"海狼"导弹就采用了这种布局。

伴随空中威胁目标的发展,要求防空导弹提高可用过载,而提高使用攻角是一种有效的途径,为此出现了小展弦比、大后掠角弹翼的布局。这方面进一步发展,就成了极小展弦比的条状翼,如图3-6(b)所示。研究表明,采用这种条状翼作弹翼,可以充分利用翼体干扰来提高升力,减少结构质量和阻力,且压力中心变化小,有利于布局的设计和设备的安排;由于翼展小,适用于舰上使用和箱式发射。美国的"标准"导弹就是典型的条状翼布局。

2.鸭式布局

这种布局的翼面配置与正常式相反,其小的舵面位于质心之前,弹身前部,其大的弹翼位于弹身中后部,其布局形式与受力情况如图3-8所示。法国的"响尾蛇"防空导弹、美国的地空导弹"乃克-大力士(Nike-Hercules)"和空空导弹"响尾蛇(AIM-9M)"就采用了这种气动布局。

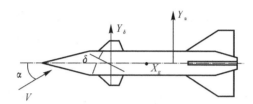

图3-8 鸭式布局受力情况

鸭式布局性能特点:

由图3-8可以看出,这种布局在平衡状态下,舵偏转方向始终与导弹攻角一致,舵偏转会使全弹升力增加,故其升阻比大,有利于提高导弹的响应特性;由于舵在前部,其舵面效率高,舵机与操纵机构安排方便,且舵面与安定翼远离重心,便于静稳定度的调整。

鸭式布局的主要缺点是鸭式舵面很难作滚动控制。当鸭式舵作副翼偏转时,舵面后缘拖出的旋涡在尾翼处形成不对称洗流场,在尾翼上诱导出一个与鸭式布局产生的滚动力矩相反的滚动力矩,称之为诱导滚动力矩。这个力矩会减少以致完全抵消鸭式舵的副翼效率,有时甚至会产生与舵偏效果相反的滚动力矩。另外,由于鸭式舵在翼面前,舵面产生的升力近乎被安定翼由于舵面下洗而减小的升力相抵消,全弹升力几乎与舵面升力无关。

为此,作为这种布局的解决办法,一般采用两套控制面与控制机构,前面鸭式舵专起俯仰偏航控制作用,其安定翼上加后缘副翼作滚动控制。

为了解决上述问题,通过大量研究工作,提出了如下几种可解决的途径。

1)减小尾翼翼展,以减小反滚动力矩。

2)采用环形尾翼,由于环形尾翼上只产生作用点通过体轴的诱导力,因而不产生反滚动力矩,只有在支撑环形尾翼支架上产生小的诱导反滚动力矩,故减小反滚动力矩效果是明显的,但其纵向性能差。

3)采用新型的自由旋转尾翼,在尾翼上就不产生旋转力矩。风洞试验表明,尾翼旋转后对全弹纵向性能影响不大,为此,从空气动力学性能出发,这是一种较理想的布局形式,目前已应用于新一代防空导弹上。

4)在环翼基础上,经过大量实验表明,T形翼片组合尾翼的布局能较好解决鸭式布局的反滚动问题,且消除了小攻角范围的副翼反效作用。

5）为了减小鸭式舵对后弹翼干扰引起的诱导滚动力矩,从而使鸭式舵既起舵面作用,又起副翼作用。除了上述的布局外,另外还有以下两种改进型布局。

第一种是近距耦合式鸭式布局。这种布局在鸭式舵面前装有平行于前缘的箭形反稳定翼,由于两组翼面距离很近,利用近距耦合效率,来减小鸭式舵对其后弹翼的诱导滚动力矩。图 3-9 所示为法国玛特拉 R-550"魔术"空空导弹的外形。

第二种是"断牙"形前缘鸭式布局。这种布局(见图 3-10)的特点是把鸭式前缘切去一块,形成一个缺口(像断牙形),使大攻角时,前缘断牙促使舵面前缘涡提早破碎,减少诱导滚动力矩,从而改善了鸭式布局的横滚特性。

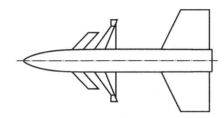 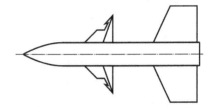

图 3-9　R-550 导弹双鸭式翼布局　　　　　图 3-10　"断牙"形前缘鸭式布局

3. 旋转弹翼布局

旋转弹翼布局外形与鸭式布局相似,由靠近导弹质心的旋转弹翼与装在弹身尾段的尾翼所组成,如图 3-11 所示。利用弹翼偏转作为控制面,即弹翼既是控制面,又是主升力面,而尾翼固定起稳定翼的作用。二者对产生法向力(提供机动过载)都有贡献,但主要是靠旋转翼提供,因为它产生的法向力远大于尾翼产生的法向力。它不同于正常式或鸭式布局控制,都是通过偏转舵面,使弹体绕质心转动,从而改变攻角来产生升力,而旋转弹翼布局主要依靠弹翼偏转直接产生所需要的升力。

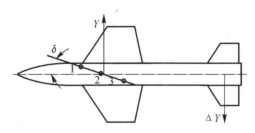

图 3-11　旋转弹翼布局受力情况

这种布局对控制信号的响应特别快,尤其是侧滑转弯时更是如此。与鸭式布局相比有相似之处,弹翼偏转也有不对称的下洗流作用在尾翼上,但因为前面的旋转弹翼比尾翼大得多,翼展也大,且弹翼攻角远大于弹身攻角,弹身的升力起主要作用,所以,可以用弹翼的差动来稳定滚转。缺点是,铰链力矩大,使阻力增加比较大。另外翼面产生的诱导滚动力矩很高,而且翼面控制导弹产生的强涡流对导弹稳定性和操纵性不利。

对质心变化大的导弹,为了保证操纵性和稳定性,弹翼的位置较难配置。弹翼为了偏转产生控制力,其气动压心均需在质心的前面,这样就会因主动段时质心靠后,而使导弹静稳定性减小甚至出现静不稳定。为了使弹体达到一定的静稳定性,则要求弹翼不能太靠前,这样又使得被动段时质心前移,有可能移到弹翼压心的前面,从而出现反操纵,通常要用自动驾驶仪引入人工稳定。

逐渐增大鸭式舵面,并且把鸭式舵后移,同时减小固定安定翼的面积,最终可得出这种布局。为此,尽管旋转弹翼布局有它独特的性能,但它还是鸭式布局的变形布局。意大利的"阿斯派德(Aspide)"防空导弹、美国的"黄铜骑士(RIM-8)"舰空导弹和"麻雀(AIM-7)"空空导弹就采用了这种气动布局。

4.无翼式布局

只在弹身尾段处装有舵面,而无弹翼的气动布局。如图3-12所示,无翼式布局实际就是旋转弹翼布局的变异,即将整个弹翼做成可转动的,且向弹身后部移动,它既可起翼的作用,又可以起舵面的作用,可提供很大的法向力,亦即提供大机动过载。这种布局产生升力的主要部件是弹身。

随着空中威胁目标的发展,要求防空导弹具有很高的机动性,亦即要求导弹能提供大的机动过载和舵面效率。这种要求可由增大升力面来实现,也可由提高使用攻角来达到。增大升力面导致了阻力和质量的增加,从而导致了全弹起飞质量和几何尺寸的增加,降低了导弹的战术技术性能和使用维护性能。因此,无翼式气动布局近些年来越来越被广泛采用。

这种布局具有细长弹身和X形舵面,最大使用攻角可由通常的10°~15°提高到30°,最大使用舵偏角度也可由20°增加到30°。这样,既可达到减少结构质量和零升阻力的目的,又有利于解决高低空过载要求的矛盾。

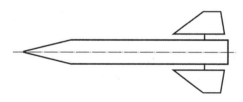

图3-12 无翼式气动布局

通过大量研究表明,这种布局具有下述特点。

(1)具有需要的过载特性。利用无翼式布局通过增加使用攻角来提高升力,得到大的机动过载;同时利用在小攻角时有较小的升力特点,可以限制可用过载,从而较好地解决气动布局在高低空可用过载上的矛盾。

(2)大大改善了非对称气动力特性。采用大攻角飞行,最大问题是产生非对称的侧向力,而无翼式布局由于取消了翼面和相应减小了舵面,从而大大改善非对称气动特性。

(3)具有较高的舵面效率和需要的纵向静稳定性。这种布局舵面前无升力面干扰,故舵面效率比较高。由于弹身非线性升力在攻角增加时呈非线性增加,而它的作用中心接近弹身的几何中心,通常在质心之前,故当攻角加大时,静稳定度就相应减少,使机动过载大幅度增大。因而这种布局也能较好地解决高低空机动过载的矛盾。

(4)具有较轻的质量和较小的气动阻力。由于减少了主翼面,结构质量大大降低,零升阻力也相应降低。

(5)结构简单,操作方便,使用性能好。由于外形简单,使结构设计、生产工艺、操作使用都较方便,加上导弹展向尺寸小,对发射系统带来方便。具有反导能力的美国"爱国者"和俄罗斯的"S-300"防空导弹,就采用了这种气动布局。

5.无尾式布局

没有尾翼,控制面位于弹翼后缘部分或小展弦比弹翼且舵面紧连在弹翼后面的气动布局形式,如图 3-13 所示。在保持短翼展的前提下,要求增大翼面来增加机动过载,就得采用增长弹翼根弦的小展弦翼,这样弹翼增大到与尾翼连在一起,在结构上取消了单独的尾翼,把尾翼直接装在弹翼的后缘,就成了这种无尾式气动布局。它的气动特性好,可看作是正常式布局演变出来的。

这种布局的优点是气动面数量少,有利于减小阻力;缺点是弹翼位置很难安排,如果弹翼位置放得偏后(离质心太远),使稳定性过大,需要付出过大的舵偏角或采用大舵面才能达到预期的机动过载;如果弹翼位置放得偏前(离质心太近),又会降低舵面效率与气动阻尼。舵面受弹翼洗流影响较大。适用于高空高速的防空导弹上,美国"霍克(Hawk)"地空导弹、"猎鹰(AIM-4)"和"不死鸟(AIM-54A)"导弹就采用了无尾式气动布局。

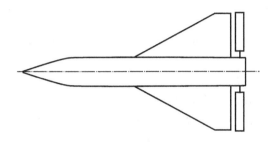

图 3-13　无尾式气动布局

上述 5 种气动布局形式各有其优、缺点,故不能说哪一种最好。比较各种形式优劣的指标及准则很多,某些指标可以从量的方面加以分析,某些指标则只能从质的方面比较。一般是从导弹的稳定性、机动性和操纵性;气动特性;部位安排的方便性;对制导系统和发动机等工作条件适合程度等方面加以综合衡量的。

实际上,上述气动布局按舵面位置可以归为 3 类,即舵面在质心之前并远离质心的鸭式布局;舵面在质心附近(舵面压心在质心之前)的旋转弹翼式布局;舵面在质心之后并远离质心的正常式布局。无翼式和无尾式布局均可归为正常式布局。

为了建立不同气动布局内在联系并分析它们的特点,需要考虑舵偏角产生的升力在总升力中的比例。引入平衡状态舵偏角产生的升力 $Y(\delta)$ 与迎角和舵偏角产生的升力之和 $Y(\alpha)+Y(\delta)$ 之比,即

$$K_n = \left[\frac{Y(\delta)}{Y(\alpha)+Y(\delta)}\right]_B \qquad (3-5)$$

式中,下脚标 B 表示平衡状态。假设在舵偏转时,舵面产生的那部分升力与迎角产生的升力相比较小,即 $Y(\delta) \ll Y(\alpha)$,则 $K_n \to 0$,表示较小的舵偏角可以得到大的平衡迎角,这样便得到了理想的舵面布局。现在考虑分量 $Y(\delta)$ 的正负号。如果导弹平衡时,α 与 δ 的符号均为正,则 $K_n \to 0^+$(正值很小)。上述的平衡相当于鸭式的理想布局。如果 α 为正,δ 为负,则 $K_n \to 0^-$,这种平衡相当于正常式的理想布局。现在假设 $Y(\delta) \gg Y(\alpha)$,则 $K_n \to 1$。即升力主要由舵偏角产生,这是理想的旋转弹翼布局。

3.2.2.3　部位安排的方便性

这是选择气动布局的又一个重要因素。由于弹身内部,发动机及舵机舱的安排困难,往往

不得不采用这种或那种气动布局,现在就这方面的问题分别加以说明。

1. 发动机为液体火箭发动机

由图 3-14 可知,鸭式的部位安排没有困难,而若采用正常式,舵机舱势必被动力装置挤到较前的位置,使舵的操纵力臂减小,结果引起舵面面积增加和气动阻尼作用减小。因这两者都是不利的,所以在此情况下鸭式比较好些,但使用正常式问题也不大。

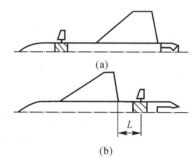

图 3-14 采用液体火箭发动机时的舵机布置方案

2. 发动机为固体火箭发动机

如图 3-15 所示的安排形式,采用鸭式对保证静稳定度及承力构件的布置问题都较容易解决。其中(a)形式较简单,但质心位置变化较大,而(b)形式将固体火箭发动机移至质心附近,但由于采用了斜喷管,使推力的轴向分量降低了。实际上这两种方案都有采用。

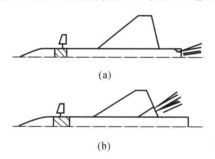

图 3-15 鸭式导弹的舵机布置方案

若改为正常式,则舵面恰好位于固体火箭发动机喷流的影响区,舵面无法工作,如图3-16所示。如将喷管位置与舵面位置错过 45°,则因喷流所经过之处气流受到干扰,舵面的气动性能要受到破坏,操纵性及稳定性也将受到影响,故这种形式实际上很少用。

为了避免这种缺点,可将固体火箭发动机移至重心附近,采用长尾喷管,使其由弹身内部通至尾部排出喷流,如图 3-17 所示。但这样一来,舵面的操纵机构将做得较复杂,特别是舵面做差动时,另一方面是弹身体积利用很不好。

图 3-16 正常式导弹的舵机布置方案

图 3-17 采用长尾喷管时,舵机布置方案

3.起飞段的操纵问题

如图 3-18 所示,从起飞段操纵这一点来看,鸭式要方便得多,纵向操纵可由前舵来担任,横滚操纵可由弹翼上的副翼来担任。在正常式上,因联合质心位置很靠近舵面,故舵面已不能用以纵向操纵,而必须在助推器的安定面上安装舵面,并要这种舵面同时起副翼作用,那是很困难的事。因此,在这种情况下,一般在起飞段上导弹不操纵其俯仰运动,只操纵其横滚运动。

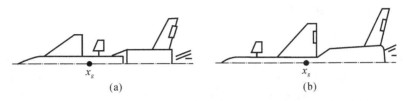

图 3-18 两种气动布局的质心位置

4.横滚运动的操纵

如图 3-19 所示,由于鸭式气动布局中前舵的下洗作用影响很大,故此种形式中不能采用差动舵面来操纵横滚运动,而只能在弹翼上安装副翼,如导弹弹身尾部装有固体火箭发动机,则副翼操纵机构的安装就较困难。

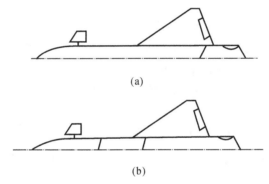

图 3-19 鸭式导弹的横滚操纵

(a)液体火箭发动机; (b)固体火箭发动机

在正常式上,无论利用差动舵面或副翼,问题的解决并无困难(见图 3-20)。

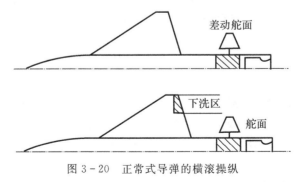

图 3-20 正常式导弹的横滚操纵

3.2.3 外形几何参数的选择

外形几何参数选择是外形设计中的重要内容,有了导弹几何参数才能得到气动曲线,几何参数选择工作需要反复进行、逐次逼近,且这部分工作对导弹的气动特性有着决定性的影响。现在分别讨论弹翼、舵面和弹身几何参数的选择原理。

3.2.3.1 弹翼几何参数选择

1. 弹翼设计的基本问题

弹翼设计的基本问题是在保证导弹获得一定的可用过载、满足稳定性和操纵性要求的前提下,设计弹翼的平面形状,确定弹翼面积及几何尺寸,确定弹翼的位置。其基本原则为:

(1)要具有良好的气动力特性,即在机动飞行状态下升阻比最大,压力位置(焦点)变化尽可能小;

(2)要保证导弹具有足够的静稳定度;

(3)在满足强度、刚度要求的前提下,应使弹翼的结构质量轻、工艺性好;

(4)结构紧凑,使导弹的储存、运输和使用都很方便;

(5)有利于部位安排,尽可能使翼身之间的干扰小。

2. 弹翼的平面形状及参数

弹翼的平面形状有矩形、梯形、三角形等,还有各种可能的改型。每一种形状都有其各自的特点与适用范围。表征弹翼平面形状参数如图 3-21 所示,包括翼展 l,展弦比 λ,根梢比(或称尖削比,梯形比)η,后掠角 χ。χ 的下标可表示是多大百分比弦线。

(1)翼展 l:弹翼左右翼尖之间的展向距离为翼展 l,不包括弹身为净翼展,包括弹身直径为毛翼展;

(2)展弦比 λ:翼展与几何平均弦长之比,称为展弦比 λ,即 $\lambda = \dfrac{l}{b_{a \cdot v}} = \dfrac{l^2}{S}$,$S$ 为翼面积。

(3)根梢比 η:根弦与尖弦之比,称为根梢比(或尖削比)η,即 $\eta = \dfrac{b_0}{b_K}$。

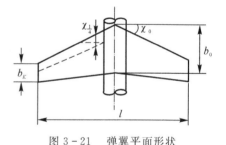

图 3-21 弹翼平面形状

(4)后掠角 χ:弹翼前缘与弹身纵轴垂直线之间的夹角,称为前缘后掠角 χ_0,相应的有中线后掠角,最大厚度线后掠角与后缘后掠角 χ_1。这里,$\chi_{\frac{1}{4}}$ 表示弹翼各剖面距前缘 1/4 翼弦连线的后掠角。

3. 弹翼平面参数的选择

(1)展弦比 λ 的确定。

1)展弦比 λ 对升力特性的影响:展弦比对翼面升力特性的影响如图 3-22 所示。由图可见,增大展弦比 λ,使翼面升力曲线斜率增加。在低速时(如 $Ma < 0.6$)这种影响越明显,而在高速时,展弦比 λ 对升力影响就比较小,且随 Ma 的增加,越来越不明显,这是由于小展弦比"翼端效应"作用所引起的。

2)展弦比 λ 对阻力特性的影响:对一定根弦长度,展弦比增加会使翼展增加,这往往会受到使用上的限制。而对一定的翼展,展弦比增加会使平均几何弦长减小,从而使摩擦阻力有所增加,同样 λ 增加,也会使波阻增加,特别在低速时更为明显,如图 3-23 所示。

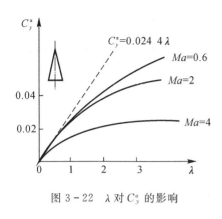

图 3 - 22　λ 对 C_y^α 的影响

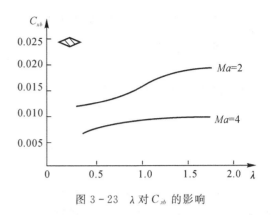

图 3 - 23　λ 对 C_{xb} 的影响

3）展弦比对临界攻角的影响：随着展弦比的增加，导弹的临界攻角将减小，因此，为了避免失速，导弹采用小展弦比较为有利。

4）展弦比对结构刚度的影响：展弦比大，弹翼结构刚度差，为了保证刚度和强度的要求，弹翼的厚度及结构质量就会增加。对于超声速飞行的导弹，由于翼面承受的载荷大，不宜采用大展弦比。

5）展弦比综合影响：由上述影响可以看出，随着 λ 增加，升力性能有所提高，阻力系数（主要是零升阻力）也有所增加。且展弦比提高，意味着翼展的加大，这在实际使用中，特别是受发射装置的约束，翼展是受到限制的，因此存在着一个性能折中，λ 选择既要照顾升力特性、阻力特性，又要满足实际使用的需要。为了求得最佳展弦比，定义下列函数 F 为升力-阻力函数，即

$$F = F_1 + F_2 \qquad (3-6)$$

式中，$F_1 = \dfrac{C_{x0}}{(C_{x0})_{\max}}$ 为标准阻力系数；$F_2 = \dfrac{\dfrac{1}{C_y^a}}{\dfrac{1}{(C_y^a)_{\max}}}$ 为标准升力系数。

若在允许的展弦比范围内，根据式（3-6）绘出 F 曲线，如图 3-24 所示（为方便起见，以 $\dfrac{b}{b_{\max}}$ 作为横坐标作图），则升力-阻力函数的最小值就决定了所要求的展弦比。这个展弦比对应于最小的阻力函数 F_1，而使升力函数 F_2 达到最大值，最佳平均几何弦对应于点 A。

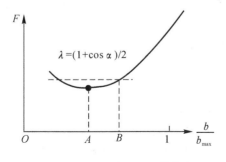

图 3 - 24　升力-阻力函数曲线

由于弹翼翼弦通常受到限制,而 F 函数在 A 点左右均很平坦,故选 B 点为 $\dfrac{b}{b_{\max}}$ 的最佳值。因为 F 在此区域内变化很小,B 点处相当于增大翼弦减小翼展。亦即在 B 点时对应的弦长要比 A 点长些。

展弦比的取值通常为:正常式或鸭式   1.2

      无尾式   0.6

      旋转弹翼式   2～4

      亚声速飞行器   4～6

      亚声速反坦克导弹   2

从以上分析可见,影响展弦比的因素非常复杂,在实际设计中从多方面来考虑。一般来说,亚声速导弹采用大展弦比是有利的,而超声速导弹采用小展弦比较为有利。

(2)后掠角 χ 的确定。翼面后掠角主要对阻力和升力特性有影响。在亚声速的情况下,C_y^a 随着后掠角的增加而减小,如图 3-25(b) 所示;而在超声速情况下,后掠角对 C_y^a 影响不明显,但对波阻的影响较大,如图 3-25(a) 所示。这是因为增大后掠角可以提高临界马赫数,延缓激波的产生,使波阻减小。因此,采用后掠翼主要作用有两个,一是提高弹翼的临界马赫数,以延缓激波的出现,使阻力系数随马赫数提高而变化平缓;二是降低阻力系数的峰值。

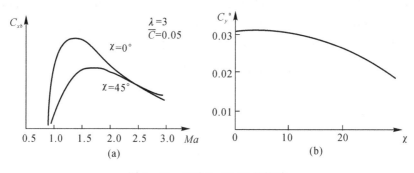

图 3-25 χ 对 C_{xb} 和 C_y^a 的影响

(a)χ 对 C_{xb} 的影响; (b)χ 对 C_y^a 的影响

根据以上分析,选择后掠角时应注意以下几点。

1)对于超声速飞行,且 $Ma < 1.5$ 的导弹,应设计为有后掠角弹翼;对于 $Ma > 1.5$ 的导弹,不宜采用小根梢比的后掠角翼,因为此时后掠角对气动力特性提高影响不大,而对弹翼的扭转刚度却较为不利。

2)亚声速飞行的导弹,为提高升力特性,可以设计成有较小后掠角的弹翼。

(3)根梢比 η 的确定。导弹 η 的变化范围很大,最大的是三角翼($\eta = \infty$),最小的是矩形翼($\eta = 1$)。从空气动力特性分析,在超声速情况下,三角翼的升阻比较为优先,在小展弦比的情况下更是如此,如图 3-26(a) 所示;三角翼的压力中心位置随着马赫数的变化范围较小,如图 3-26(b) 所示,有利于改善导弹的操纵性和稳定性。但为了保证弹翼翼尖有一定的结构刚度,并有利于部位安排,一般不采用三角弹翼,而采用大根梢比的梯形弹翼。通常采用接近于三角形的大根梢比($\eta > 3 ～ 5$)的弹翼。

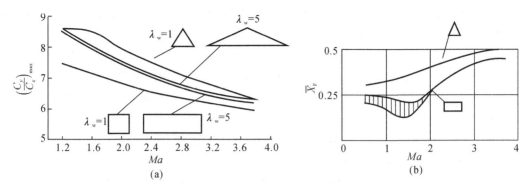

图 3-26　根梢比对弹翼气动力特性的影响

(a) 根梢比对最大升阻比的影响；(b) 根梢比对弹翼压心的影响

4. 弹翼的剖面形状及参数

剖面状形参数如图 3-27 所示，包括翼型；相对厚度 $\overline{C} = \dfrac{C_{\max}}{b}$；最大厚度的相对位置 $\overline{x}_c = \dfrac{x_c}{b}$；弯度 f；前缘半径 r；后缘角 τ。

弹翼剖面形状及参数的确定。

(1) 翼形的选择。翼面上的压力主要与自由气流方向和翼表面间的夹角有关，故超声速与亚声速的翼剖面形状差别很大。

常见的翼剖面形状如图 3-28 所示。超声速翼形常用的有：(a) 菱形（尖头双楔形）；(b) 六角形（改型双楔形或修正菱形）；(c) 双弧形（双凸圆弧形）；(d) 钝后缘形。亚声速翼形常用的有：(e) 不对称双弧翼形（$f \neq 0$）；(f) 对称双弧翼形（$f = 0$）；(g) 层流翼形。

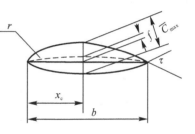

图 3-27　弹翼剖面形状

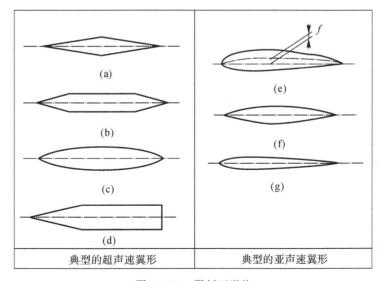

图 3-28　翼剖面形状

翼形的选择要考虑减少波阻、减小气动加热、保证结构强度刚度、构造形式、受力构件的布置、连接形式以及结构工艺性要求等。

1) 超声速翼形：主要有菱形剖面、六角形剖面、双弧形剖面和钝后缘形剖面翼型。

菱形剖面翼形：在相对厚度相等的条件下，弹翼的结构强度和刚度差，特别是前、后缘的刚度更差。当弹翼采用单梁式结构或单接头连接时，采用菱形剖面翼形比较有利，这样可以充分利用其最大厚度。

六角形剖面翼形：结构强度和刚性较好，且工艺性好，易于制造，适用于双梁式或多梁式结构，在两"转角"处需采用腹板类的承力构件与蒙皮相连，以免弹翼受力时"转角"处的蒙皮被拉开而凸起。由于这种翼形便于机械加工，故采用较多，特别是实心整体结构弹翼采用这种翼形更为有利。

双弧形剖面翼形：其外形为弧线，沿翼弦方向有较长的距离处于压力梯度减小的区域，可以延缓气流分离，前后缘比较圆滑，有利于减小气动力加热的影响，适用于任何弹翼（或舵面）的结构形式，尤其适合于高超声速飞行器的弹翼。该翼形的缺点是工艺性较差。

钝后缘形剖面翼形：后缘强度、刚度大，适当钝后缘可以降低阻力损失。

在超声速四种翼形中，菱形波阻最小，但结构工艺刚度要差；六角形波阻稍大，但结构安排、生产工艺等要好些；双弧形从阻力观点与质量角度看，均与六角形相近，但加工比较复杂；钝后缘形用于强度、刚度有特殊要求的小弹翼上。

2) 亚声速翼形：主要有不对称双弧、对称双弧、层流翼形等。

不对称双弧翼形：其前缘半径小，最大厚度一般在 25% ～ 40% 弦长处，气动力特性较好，并且便于弹翼主要承力结构的安排。这种翼形在速度小于临界马赫数时，型阻较小，最大升力系数较大，压心变化小。

对称双弧翼形：其前缘厚度小，呈扁圆形，最大厚度一般位于 40% ～ 50% 弦长处。这种翼形具有较高的临界马赫数，阻力也较小，但其最大升力系数值也不是很大。

层流翼形：前缘有圆角，最大厚度一般位于 50% ～ 60% 翼弦处，目的是使气流层流化。但在翼形很薄时，最大厚度位置即使后移，也很难实现翼形层流化。该翼形只有在升力系数较小时，才能使阻力系数较小。

高亚声速（近声速）飞行器采用的翼形，应具有较高的临界马赫数，其最大厚度要小，且位置应比较靠后，以利于延缓冲激波的产生，减小波阻的影响。因此采用对称双弧翼形比较有利。

(2) 相对厚度 $\overline{C}$ 的确定。随着 $\overline{C}$ 的增加，阻力也相应增加，为此要求在满足刚度的前提下，$\overline{C}$ 要尽量小些。$\overline{C}$ 的影响在高速要比低速更为严重，因此低速翼面一般 $\overline{C}$ 可大些。一般来说，当为超声速弹翼时，$\overline{C} = 0.02 \sim 0.05$；当为亚声速弹翼时，$\overline{C} = 0.08 \sim 0.12$。另外，翼剖面厚度还要考虑结构强度和刚度的限制。

5. 弹翼面积 S_w 的计算

(1) 弹翼面积 S_w 的计算公式。不管把导弹设计成什么形式，为了击中目标，均要求导弹具有一定的机动能力。对于防空导弹，则要求有相当高的机动能力。因此，弹翼面积主要取决于导弹机动性的要求，也就是根据机动过载的设计情况来确定弹翼面积。弹翼面积的计算公式为

$$S_{\mathrm{W}} = K \frac{m n_k}{C_{ywB}^{\alpha} \alpha_{\max} q} \tag{3-7}$$

式中,q 为飞行动压;n_k 为导弹可用过载;m 为导弹质量;C_{ywB}^{α} 为翼身组合段升力线斜率;$\alpha_{\max}$ 为导弹允许的最大可用攻角;$K = \dfrac{C_{ywB}}{C_y}$ 为翼身组合段升力系数与全弹升力系数的比值。K 值表明翼身段升力系数占全弹升力系数的百分比,它与导弹的气动布局有关。如对静稳定导弹,鸭式布局的 K 值比正常式布局与旋转弹翼布局的都小。为此,鸭式布局导弹的翼面积要小一些;如采用静不稳定导弹,则正常式布局的尾翼法向力与弹翼法向力同方向,K 值就明显减小,弹翼面积就可减小。

C_y 为全弹升力系数,通常由弹身、翼身段和舵身段三部分升力系数组成。例如,对于空对地(海)导弹,所要求的机动性不大,弹翼面积主要由保证发射情况下的升力要求来定,也可由最小耗油量或临界马赫数来定。为了保证升力的要求,当 $Ma < 1$ 时,$C_{ymax} = 0.8$;当 $Ma > 1$ 时,$C_{ymax} = 0.3 \sim 0.4$。

(2)可用过载 n_k 确定。设计弹翼面积关键是确定 n_k 值。依导弹的设计情况,对大部分被动段拦截目标的导弹来说,高空远界可用过载最小,它可能是 n_k 的设计情况。n_k 可表示为

$$n_k = n + \Delta n \tag{3-8}$$

式中,n 为弹道过载;Δn 为过载余量。它是导弹为补偿质量、纵向加速度和控制指令起伏所需要的机动过载,这是导弹实现制导必需的,否则就会增加脱靶量。通常,对低空近程防空导弹,为满足在远界高概率地拦截目标要求,$\Delta n = 5 \sim 7$;对中高空防空导弹,Δn 就要求比低空导弹要小些。

(3)导弹最大可用攻角 $\alpha_{\max}$ 的选定。由式(3-7)可知,当最大可用攻角 $\alpha_{\max}$ 提高时,为满足要求的可用过载 n_k,其弹翼面积可成比例地缩小。但可用攻角不能随意增大,其增大受许多因素限制。

1)受气动力非线性的限制。随着使用攻角的增大,导弹空气动力性能出现明显的非线性,特别是纵向静力矩特性更是如此。图 3-29 所示为某导弹力矩系数随攻角的变化曲线。由图看出,随着攻角增大,力矩系数出现明显的非线性。到了某个攻角范围力矩系数斜率随 α 变化缓慢,甚至出现零值。当力矩曲线斜率为零时,所对应的攻角为极限攻角 α^*,此时出现中立稳定。攻角再大,将出现静不稳定。为此,对大部分按静稳定准则设计的导弹,其允许最大可用攻角要满足下式,即

$$\alpha_{\max} < \alpha^* \tag{3-9}$$

2)受三通道交叉耦合的限制。在攻角增大到 $25° \sim 30°$ 以后,当低速飞行时,弹身头部将会出现严重的不对称涡流,这不但会引起法向力,同时还产生侧向力和诱导滚动力矩,造成了俯仰、偏航和滚动 3 个通道耦合,风洞试验表明,所产生的侧向力是随机的,它随 α 增加而增大。

在高马赫数及有侧滑角的组合情况下,同样出现这种三通道的耦合,而这种交叉耦合给控制系统工作带来很大的困难,为了保证系统的稳定性,要限制三通道的交叉耦合,根本上就是限制最大使用攻角。

3)受引信-战斗部配合效率的限制。随着攻角增大,战斗部动态飞散角不对称将加剧,这会影响引信-战斗部的配合效率。图 3-30 所示为脱靶方位为 $0°$ 和 $180°$ 时,α 引起的战斗部破

片动态飞散角不对称情况。

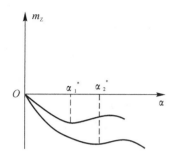

图 3-29 力矩系数变化曲线

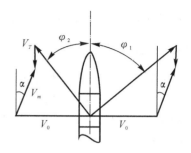

图 3-30 战斗部动态飞散角示意图

图中：V_0 为战斗部破片初速度；V_m，V_T 分别为导弹和目标速度；φ_1，φ_2 分别为脱靶方位角 $0°$ 和 $180°$ 时破片的前倾角。

由图看出，两个脱靶方位的战斗部动态前倾角不同，出现了不对称，使不同方位脱靶时，战斗部破片覆盖目标的面积和位置不同，引战配合及战斗部杀伤效率也不同，为此，从引战配合角度，要求可用攻角不能太大。

4）受其他条件的限制。最大可用攻角除受上述因素限制外，有时还受使用发动机形式的限制，如采用冲压发动机，则受发动机对最大使用攻角要求的限制等。

3.2.3.2 舵面（气动控制面）几何参数的选择

舵面的主要功能是保证导弹具有一定的操纵性，而控制力和控制力矩的大小又取决于舵面的形式和气动布局。舵面的设计重点应从以下方面进行考虑。

（1）控制效率。以单位舵偏角产生的俯仰力矩大小或以舵机的单位输出功率所产生的控制力矩来表示。

（2）铰链力矩特性。在保证获得较高控制效率的前提下，减小铰链力矩可以减小舵机的输出功率以及舵机和伺服机构的体积和质量，对于提高导弹的飞行性能和降低成本有利。

舵面几何参数的确定原则基本上与弹翼相同，但舵面有其下述独特之处。

1）为了提高舵面的控制效率，舵面的展长应尽量大一些，而弦长应尽量小一些，因此舵面的展弦比一般都比较大。

2）为了减小铰链力矩，舵面的压心位置与转轴位置应仔细设计，使得铰链力矩最小，并尽可能使转轴位于最大厚度线上，以提高舵面的刚度和强度。

3）为了保证导弹在受控飞行的全过程中具有良好的响应特性，应使舵面压心的变化量小。从这个角度考虑，矩形舵面相对于三角形舵面更为有利。或将舵面端部切去一部分，去掉马赫锥内的部分舵面，以减小马赫数的变化对舵面法向力及压心的影响。

1. 舵面面积确定

舵面面积 S_R 可按以下步骤计算。

（1）分析确定弹道上可作为设计情况的特征点，并计算出在该点上的需用过载 n_{yn}，再按严重情况下要求计算可用过载 n_{yu}。

（2）计算出各特征点上的平衡攻角 α_b。一般 $\alpha_b = \dfrac{n_{yu} m g}{C_y^\alpha q S}$。

（3）给出舵面最大偏转角 $\delta_{\max}$。对于防空导弹一般 $\delta_{\max}=15°\sim20°$。

（4）由平衡方程求出 m_z^δ，有

$$m_z^\delta=-\frac{\alpha_b}{\delta_{ef}}m_z^\alpha \tag{3-10}$$

式中，有效舵偏角 $\delta_{ef}=\delta_{\max}-2°$。

（5）由 m_z^δ 初算出舵面面积 S_R 为

$$m_z^\delta=\frac{S_R}{S}C_y^\alpha k_R\frac{X_g-X_{dR}}{b_A} \tag{3-11}$$

求得

$$S_R=\frac{Sm_z^\delta}{C_y^\delta k_R\dfrac{X_g-X_{dR}}{b_A}} \tag{3-12}$$

式中，S 为参考面积；C_y^δ 为舵面升力系数斜率；k_R 为修正系数；b_A 为平均气动力弦长；X_g 为导弹质心坐标；X_{dR} 为舵面压心坐标。

（6）分析比较各特征点上所需要的舵面面积，取其中的最大值。

在设计的最初阶段，因 m_z^α 与 S_R 有关，故上述计算只能逐次逼近，即先粗略给出一个 S_R，再按 $S_R\to m_z^\alpha\to m_z^\delta\to S_R$ 经过反复迭代优化，最后得出所需的舵面面积。

2. 副翼面积（S_a）的确定

确定副翼面积要考虑满足下列要求：

（1）应能平衡斜吹力矩；

（2）应能平衡固定翼面安装误差而引起的滚转力矩及推力偏心力矩；

（3）副翼偏转角要有 $2°$ 的余量，以稳定导弹；

（4）要有足够的刚度不允许发生副翼反转现象。

副翼主要是用来平衡斜吹力矩和干扰力矩的，由于斜吹力矩（是一种滚动力矩）目前还只能用风洞试验来确定，因此，在初步设计阶段，作为第一次近似，副翼面积由统计资料可粗略选取，则

$$\frac{S_a}{S_w}=0.03（正常式）$$

$$\frac{S_a}{S_w}=0.06（鸭\qquad式）$$

副翼最大偏转角可取 $\pm(15°\sim20°)$。在气动对称弹翼上如只装一对副翼，则另一对弹翼上受载要轻些，而装副翼的这一对弹翼受载大。若装两对副翼可使构造受力均匀些，但构造要复杂些。

在正常式布局中可用舵面差动兼做副翼，此时舵面面积及副翼面积的选择应使其在联合作用时仍能保证单独副翼在工作时所应起的作用。

3.2.3.3　安定面尺寸的确定

当有助推器时，助推器的安定面应能保证起飞的静稳定性，在计算中要考虑下洗的影响，因为当亚、跨声速时下洗影响最大，而助推器安定面正是在这个速度范围内工作的。为了克服推力偏心和安装误差，在确定安定面面积时，要保证有较大的静稳定度，即

$$X_g-X_p=(0.7\sim2)D_B \tag{3-13}$$

式中，D_B 为弹身直径；X_g 为导弹质心距弹身理论顶点的距离；X_p 为导弹压力中心距弹身理论顶点的距离。

安定面翼展 L_{ST} 要大一些，一般取

$$\frac{L_{ST}}{l} \geqslant 1.4 \tag{3-14}$$

式中，l 为弹翼翼展。

3.2.3.4 前翼设计

前翼通常用于正常式布局的导弹。设计前翼的目的，是在部位安排与气动布局已定的条件下，解决导弹对静稳定性的要求，前翼是调节静稳定性的有效措施。

国内外大量风洞试验与飞行试验结果表明，对正常式气动布局的导弹来说，在头部曲线段附近设置小翼面，由于前翼对后翼面下洗的影响，其自身产生的升力，被其后翼面洗流损失的升力近似抵消，而全弹压力中心却有较大幅度的前移。为此，在导弹总体设计上，常用选取不同前翼面积来满足静稳定性调节需要。

国内外很多防空导弹采用了这种布局形式，如苏联 SA-2 导弹，就是这种设计思想的代表。由于增加了小前翼，不但增加了质量与生产工艺的复杂性，而且还降低了全弹的升阻比。为了使气动力性能影响控制在最小范围，又适应各个飞行范围静稳定性调节需要，国外第二代导弹，如法德联合研制的"罗兰特"地空导弹，采用了可变小前翼的措施，它既可根据需要，通过伸缩小前翼来满足不同飞行空域的静稳定性要求，又能减小前翼对气动性能的影响，但带来了结构设计与生产工艺的复杂性。

在近代鸭式布局的空对空导弹上，采用鸭式舵前近距安置固定小前翼，是为了通过近距耦合来减少鸭式舵对其后安定尾翼的诱导滚动力矩，而不是为调节静稳定性而设计的。

3.2.3.5 弹身几何参数选择

弹身的功用是装载有效载荷、各种设备及推进装置等，并将弹体各部分连接在一起。通常，弹身由头部、中部和尾部组成，故弹身外形设计，就是指头部、中部和尾部的外形选择和几何参数确定。

1. 弹身外形选择

（1）头部外形通常有锥形、抛物线形、尖拱形、半球形和球头截锥形等数种，其外形如图 3-31 所示。

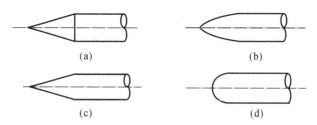

图 3-31 几种头部外形示意图

(a)锥形； (b)尖拱形； (c)抛物线形； (d)半球形

选择头部外形，要综合考虑空气动力性能（主要是阻力）、容积、结构及制导系统要求，特别是制导要求，往往成了决定因素。通过比较得知，各种头部外形性能各具以下特点：

从空气动力性能看,当头部长度与弹身直径比一定时,在不同马赫数下,锥形头部阻力最小,抛物线头部适中,而球形头部阻力最大。

从容积和结构要求看,半球形和球头截锥形头部较好,抛物线形和尖拱形头部一般,而锥形头部较差。

从制导系统要求看,半球形与球头截锥形头部比较适合红外导引头工作要求,抛物线头部与尖拱形头部较适用于雷达工作要求。

为此,头部外形要根据具体指标要求,综合确定。应当指出,半球形头部前端加针状物可以改变激波状况,减小阻力。

(2)尾部形状通常有平直圆柱形、锥台形和抛物线形 3 种,为满足特殊需要,也有倒锥形尾部等,其外形如图 3-32 所示。

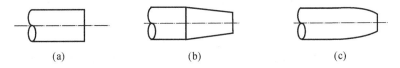

(a)　　　　　　　　　(b)　　　　　　　　　(c)

图 3-32　几种尾部外形示意图

(a) 平直圆柱形；　(b) 锥台形；　(c) 抛物线形

尾部外形选择主要考虑内部设备的安排和阻力特性,在满足设备安排的前提下,尽可能选用阻力小,加工简单的尾部外形,如锥台形尾部。

2. 弹身几何参数确定

弹身几何参数(见图 3-33):

弹身的长细比(长径比)为　　　　　　　　$\lambda_B = \dfrac{L_B}{D}$

头部长细比为　　　　　　　　$\lambda_n = \dfrac{L_n}{D}$

尾部长细比为　　　　　　　　$\lambda_T = \dfrac{L_T}{D}$

尾部收缩比为　　　　　　　　$\eta_T = \dfrac{D_T}{D}$

式中,L_B 为弹身长度；D 为导弹直径；L_n 为头部长度；L_T 为尾部长度；D_T 为尾部直径。

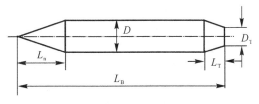

图 3-33　弹身的几何参数

(1)头部长细比 λ_n 的确定。头部长细比 λ_n 变化,对头部阻力影响较大,而头部阻力又占弹身阻力的很大部分,由图 3-34 所示头部阻力系数(波阻系数)曲线可见:λ_n 越大,阻力系数越小,当 $\lambda_n > 5$ 时,这种减小就不明显；头部顶端越尖,在同一马赫数下,头部激波强度也越弱,故头部阻力系数也越小。

考虑到 λ_n 增加,会引起头部容积的减小,不利于头部设备的安置,因此在超声速飞行条件下,通常取 $\lambda_n = 3 \sim 5$。

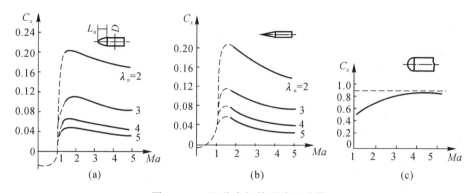

图 3-34　几种头部外形波阻系数

(a) 抛物线头部阻力系数；　(b) 锥形头部阻力系数；　(c) 半球形头部阻力系数

(2) 尾部长细比 λ_T 和收缩比 η_T 的确定。λ_T 和 η_T 的确定,也是在设备安置允许的条件下,按阻力最小的要求来确定的。随着 λ_T 和 η_T 的增加,尾部收缩越小,气流分离和膨胀波强度越弱,尾部阻力就越小。其阻力系数随马赫数的变化曲线如图 3-35 所示。

但随着 λ_T 和 η_T 的增加,底部阻力也增加,阻力系数也相应增加。因为导弹底部阻力在某些情况下可占总阻力的 40%,是全弹阻力的重要组成部分。因此应特别重视改进导弹弹身的底部阻力预测。

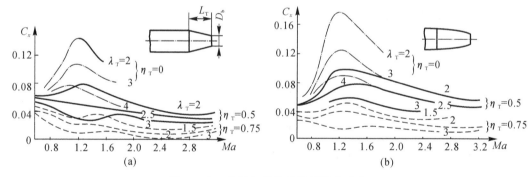

图 3-35　锥形与抛物线尾部阻力系数

(a) 锥形尾部阻力系数；　(b) 抛物线形尾部阻力系数

由此可见,当采用收缩尾部时,增加了一部分尾部阻力,但减少了一部分底阻,同时尾部收缩又产生了负升力和负力矩,因此,如何采用收缩尾部参数,要综合考虑各方面因素。实际上,往往是根据结构上安排要求,一般取尾部收缩角 $8°$ 为宜。依现有导弹统计,有翼导弹通常是 $\lambda_T \leqslant 2 \sim 3, \eta_T = 0.4 \sim 1$。

(3) 弹身长细比 λ_B 的确定。λ_B 越大,其波阻系数 C_{xb} 越小,而 λ_B 越大,其摩擦阻力系数 C_{xf} 就越大,故从合成阻力角度看,一定有一个最优 λ_{BOPT},此时对应的阻力最小。弹身阻力随 λ_B 变化曲线如图 3-36 所示。

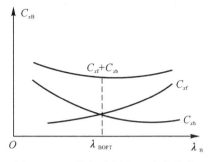

图 3 - 36 弹身阻力随 λ_B 变化曲线

一般 λ_{BOPT} 在某一特定马赫数下有一个最优长细比 λ_{BOPT},对应着$(C_{xf} + C_{xb})_{min}$。随着马赫数增加,λ_{BOPT} 也有所增加,通常,$\lambda_{BOPT} = 20 \sim 30$。而实际上,确定 λ_B 时,气动阻力只是一个方面,更要考虑弹身内部各种设备的安排及某些结构的需要。在实际应用中可取:

地对空导弹 $\quad\lambda_B = 12 \sim 20$

空对空导弹 $\quad\lambda_B = 12 \sim 17$

飞航式导弹 $\quad\lambda_B = 9 \sim 15$

反坦克导弹 $\quad\lambda_B = 6 \sim 12$

(4) 弹身直径 D 的确定。目前,国内外确定导弹直径 D 一般是从保证弹身的最小容积 W_B 来考虑的。在 W_B 一定的前提下,应充分利用弹上空间,合理确定 D。也可依以下几个主要因素:战斗部直径;导引头直径;发动机直径;气动性能要求;设计继承性要求等,选取其中要求最大的一个因素来确定。

如要保证最小容积 W_B,则先按下列方法来计算,有

$$W_B = \frac{m_{战斗部}}{\rho_{战斗部}} + \frac{m_{仪器设备}}{\rho_{仪器设备}} + \frac{m_{发动机}}{\rho_{发动机}} + \frac{m_{储箱和油}}{\rho_{储箱和油}} =$$
$$\left(\frac{K_{战斗部}}{\rho_{战斗部}} + \frac{K_{仪器设备}}{\rho_{仪器设备}} + \frac{K_{发动机}}{\rho_{发动机}} + \frac{K_{储箱和油}}{\rho_{储箱和油}} \right) m_2 \qquad (3-15)$$

式中,$K_{战斗部}$,$K_{仪器设备}$,$K_{发动机}$,$K_{储箱和油}$ 为各部分相对质量系数,可由质量分析来确定;$\rho_{战斗部}$,$\rho_{仪器设备}$,$\rho_{发动机}$,$\rho_{储箱和油}$ 为各部分相对密度,可由统计资料来确定;m_2 为起飞质量,由导弹主要设计参数选择来确定。

然后按下面的半经验公式,来确定弹身直径 D。

对于尖头的有

$$D = 1.08 \sqrt{\frac{W_B}{\lambda_B - 2.5}} \qquad (3-16)$$

对于钝头的有

$$D = 1.08 \sqrt{\frac{W_B}{\lambda_B - 1.3}} \qquad (3-17)$$

导弹的主要承载部件是弹身。弹身中部通常设计成轴对称旋转体 —— 圆柱形。但也有防空导弹为了提高导弹升阻比和减小弹身压心的变化量,弹身中段采用台锥形和非圆截面。

弹身直径的确定是导弹外形设计中的主要内容之一。作为初步设计,必须初估导弹的直径。由于开始时缺乏气动阻力和质量的数据,尚不能确定动力装置的技术要求,故只能根据战

斗部或导引头的技术要求来确定 D。而战斗部对直径的要求,可依目标特性、导引精度等确定;导引头对直径的要求,可依自动跟踪距离来确定。对动力装置的要求,将在设计过程的后期进行论证。那时为了满足动力装置的技术要求,必要时可重新确定 D。

3.2.4 新型外形与布局

3.2.4.1 随控布局

随控布局是指根据飞行器的不同工作条件和技术要求,改变飞行器的气动布局形式或外形尺寸,以满足对飞行器进行控制需要的一种外形设计。

对于防空导弹,当采用固体火箭发动机、被动段攻击时,需要导弹同时兼顾高低空作战能力,导弹的外形设计与部位安排、机动能力设计之间就产生了许多矛盾。尽管气动力专家们设计出了许多外形来满足导弹的各种工作条件,但仍然难以适应日益发展的要求。若能较好地利用随控布局的方法来设计外形,将使导弹的外形设计提高到一个新的高度。

1. 导弹外形设计中遇到的问题

（1）动力装置给导弹总体设计带来的问题。采用液体火箭的导弹,对总体设计并没有提出过分的要求。在推进剂消耗过程中也很容易使整个导弹的质心变化满足所要求的规律。但是,随着其他各类发动机的应用,就出现了不同的问题。

1）固体火箭的质心变化与长尾喷管、斜喷管。固体火箭的燃烧室与装药是一个整体,而它的体积与质量几乎占整个导弹的 2/3 以上。它的质心变化决定了导弹的质心变化。显然,若把一台一般的固体火箭发动机安排在导弹的最后一段,按照它的体积与质量均为导弹的 2/3 计算,从火箭开始工作到熄火,导弹的质量降到原来的 1/2,质心至少变化 10% 的飞行器总长度。在导弹的外形气动力设计中,静稳定度一般只取 2% ~ 5%,当外形不随导弹的质心变化时,势必使导弹变为不稳定或过稳定,而不能控制。目前解决的办法主要有两个。第一,将火箭的燃烧室中心安排在导弹质心附近,喷管从侧面伸出,这时要设计成 2 个或者 4 个喷管,以求对称;第二,将火箭的燃烧室中心安排在导弹质心附近,添加一段很长的圆柱体长尾喷管,最后再接扩张喷管产生推力,这是目前大部分固体火箭发动机导弹所采用的。这两种方法所带来的问题是非常明显的。例如长尾喷管的比冲损失可能达到 1% ~ 2%,更主要的是它占了很大空间,使导弹的体积增大,设备安排不合理,喷管外围的设备需要防热、防震。而斜喷管一般的推力向量损失只有 1% 左右,但斜喷管凸出体外以及弹体底部的阻力损失都较大,这样给导弹带来了一些消极因素和附加质量。

2）冲压发动机的进气道与攻角限制。对于中远程导弹,采用冲压发动机是一种比较有利的设计。但是,不管是液体还是固体冲压发动机,进气道是一个十分突出的问题。保证不同速度、不同高度下的效率,使发动机达到一定的推力状态是十分困难的,因为一种进气道的形状与大小是针对一个马赫数和一种有利飞行高度来设计的。显然,对非巡航式导弹,由于导弹飞行高度的变化,空气密度差别很大（例如高度差 10 km,密度可差 3.5 倍以上）,会使进气道的进气量差别很大。由于进气量的变化,冲压发动机的推力变化很大,以致导弹速度变化也大。针对固定马赫数和高度设计的进气道效率不可能在各种条件下相近,如何解决进气道的设计是采用冲压式发动机导弹的一个关键问题。

3）巡航导弹动力装置的问题。固体火箭的巡航发动机是中近程反舰导弹的一种比较理想的动力装置。为了使发动机保持较小的推力,长时间巡航工作,就应采用实心装药的端面燃烧方式。在整个飞行过程中,导弹的速度与高度近似不变,而导弹的质心一直在变化,使导弹的稳定性与操纵性一直变化。若气动力中心不作调整,对控制是十分不利的。当然,若采用涡轮风扇发动机,不存在这个问题。

(2) 高低空给导弹机动性带来的问题。

由于飞行器的升力取决于升力系数、速度和空气密度,即

$$Y = \frac{1}{2}\rho V^2 C_y^\alpha \alpha S \tag{3-18}$$

式中,密度 ρ 受飞行高度变化的剧烈影响,其近似表达式为

$$\frac{\rho_H}{\rho_0} = \left(1 - \frac{H}{44\,308}\right)^{4.2553}, \quad 11\,\text{km 以下}$$

$$\frac{\rho_H}{\rho_0} = \exp\left(-\frac{H - 1\,100}{6\,318}\right), \quad 11 \sim 30\,\text{km}$$

亦即,当高度为 10 km 时,密度只有地面密度的 1/3;当高度为 20 km 时为 1/4;当高度为 25 km 时为 1/30;当高度为 30 km 时为 1/67。对于在同样速度、外形和攻角下飞行的飞行器,升力也近似按上述比值下降。尽管在不同高度下导弹具有不同的速度,可以采用不同的攻角来缩小升力的差距,但要达到 10 ~ 50 倍的变化是不可能的。这将使导弹随高度的上升,机动性能大幅度下降,从而影响导弹的高度使用范围。

同理,当导弹采用冲压发动机时,如果进气道的形状大小不变,也会影响推力和机动性,尤其在高空情况下,推力分量所产生的过载不可忽视。

(3) 高低速给导弹总体设计带来的问题。由于高速和低速情况下各主要部分所产生的升力机理不同,平面形的气动面和圆柱或立体状的弹身升力随马赫数的变化规律不同。如图 3-37 所示,翼面的升力系数除跨声速外,分别随马赫数增加而下降;弹身(头部)的则随马赫数增加而增加($C_y^\alpha = 0.03 \sim 0.06$)。因此,对弹体升力占全弹升力 30% ~ 40% 的导弹的压力中心,在高低速下差别很大。这样,就会出现不稳定或过稳定现象。

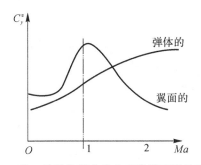

图 3-37 导弹各部分升力系数随速度的变化

2. 随控布局是解决外形设计中问题的一种最好的方法

在导弹的总体设计中,外形设计是一个十分重要的问题。除了上述的问题外,事实上战斗部、控制系统以及各系统的安排与协调都与外形设计息息相关。例如,外形的安排要考虑探测信息的获取,以满足制导和引爆的需要;要考虑杀伤的效果和力的传递,以保证导弹的效率和承载;要考虑结构实现的可能性,以利于系统简单、成本低。

为了解决外形设计与诸性能、各分系统、各设备之间的矛盾,可以采用多种方法,也已经采

用了许多方法来解决,如前面提到的用长尾喷管来解决固体发动机的质心变化。但是,综合分析比较后,其中最好的一种办法还是随控布局。

(1)根据质心变化来调整压心是随控布局的基本方法。如图 3-38 所示的导弹,当导弹满载时,质心为 X_{T1},此时(例如 $Ma=1.5$,助推器刚脱落)压心为 X_{D1},合适的静稳定度($X_{D1}-X_{T1}$)/l 为 4%。但当固体推进剂燃烧完时,导弹的质心前移到 X_{T2},这时由于导弹的速度提高(例如 $Ma=3.5\sim4.0$),压心也少许前移,它与 X_T 的前移相比相差很大,此时的静稳定度可能达到 8% ~ 12%,很难进行控制操纵。为了保持静稳定度 4% 左右,必须使压心前移同等距离。若采用外形布局来解决,可以有 3 种方法。

1)前端伸出一对附加面来,如图 3-38 中①,其伸展可采用缓变,也可采用突变。其效果是要求($X_{D1}-X_{T1}$)/$l \approx 4\%$,在其控制系统允许的范围以内。

2)翼后缘收缩一块面积,或脱掉一块面积,如图3-38 中②的阴影面积。同样使其($X_{D1}-X_{T1}$)/$l \approx 4\%$。

3)翼根后段张开或以活动面向翼内收缩部分面积,这时外形如图 3-38 中③的虚线所示。由于翼后段面积减少,干扰升力下降,就可能保证静稳定度的变化要求。

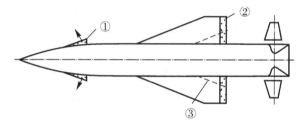

图 3-38 变平面面积布局方案

采用这些方法后,导弹的质心与压心变化如图 3-39 所示。至于实现这些变化的方法与可行性将在后面叙述。

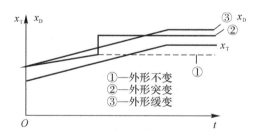

①—外形不变
②—外形突变
③—外形缓变

图 3-39 缓变与突变外形的导弹质心与压心的变化形式

(2)根据飞行阶段来调整布局形式是执行飞行器特定要求的最好办法。如图 3-40 所示导弹,它是一个采用初段无控旋转飞行、末段自寻的制导的系统。为了保证在无控段飞行中稳定性好,飞行轨道散布小,使导弹启控时能准确捕获目标,导弹一起飞静稳定度就要大,发动机工作后越来越稳定。但启控时稳定度可能已大到无法控制,因此,采用控制面在启控时才伸出的办法,甚至还可以采用一对伸出非控制面来调整质心和压心的关系。这样设计,一方面可同时保证无控和有控时的各种特定要求,另一方面还可以减少无控段飞行的阻力损失。

(3)根据高低空来调整翼面形状与尺寸或尾段形状与尺寸,是解决导弹机动能力的一种重要方法。如图 3-41 所示导弹,设法使导弹在高空飞行时的升力系数斜率增加。

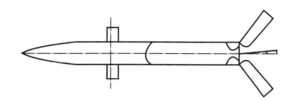

图 3-40　随飞行阶段变化的布局外形

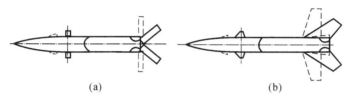

(a)　　　　　　　　　　　　　(b)

图 3-41　高低空采用布局调整外形

图 3-41(a)中的变后掠矩形翼在低马赫数下,直翼比斜翼的升力系数斜率可差 50% ~ 100%。图 3-41(b)中的尾段扩张与翼后掠变化相结合,最大升力系数斜率可望提高 100% ~ 120%。当然,在翼段升力系数斜率增加的同时,前端适当伸出一块面积来,就可以保证合理的稳定性要求。

(4)根据速度和高度来调节冲压发动机的进气道形状与尺寸。图 3-42 所示导弹具有两台固体冲压发动机,分装在两侧。

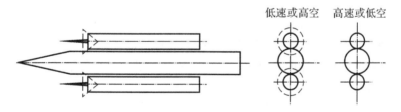

低速或高空　高速或低空

图 3-42　进气道调整形式

1)在低速与高速情况下,同一飞行高度上进气量近似与入口面积成正比。为了保证低速情况下有足够的进气量,需要加大其进口,因此在低速时采用伸张口,高速时采用紧缩口。

2)在同一速度下,高空与低空的进气量差别大,故高空采用伸张口,低空采用紧缩口。

显然,这两类情况从阻力和载荷上都是符合正常规律的,即载荷大小都正比于进气量,因此,结构设计无异常问题。

(5)其他小范围随控布局。与飞机上的襟翼、调整片一样,导弹设计中也可以采用类似的布局。例如滚动调节片,可以使导弹产生滚动,或消除滚动。

3.导弹上采用随控布局的现实性

外形的变换、调整涉及许多复杂的问题。一方面要增加操纵这些变换的机构和能源,使飞行器结构和控制都复杂化;另一方面增加一些可动部分后,飞行器的可靠性下降。因此,即使有人控制的飞机,也不愿过多采用随控布局。对于一次使用、要求可靠性高、成本低、系统简单的导弹来说,其应用的现实性是一个最重要问题。因为上面所列出的各类外形变化,在气动力和性能上的改善,已很清楚地做了定性说明,理论上接受这种设计是不难的。

导弹上应用随控布局的现实性要从三个方面来讨论,即结构可行性、系统简单性和与其他解决方式的可比性。分别研究这些问题时首先要明确导弹的某些特性,在与飞机的情况作比较后可以发现,导弹非常有利于采用随控布局。

(1)导弹运动的规律性、执行任务的单一性给随控布局带来了方便条件。

1)一种导弹的加速度特性,或者说速度特性遵循同一规律。由于发动机的工作特性决定了速度特性(除了特殊用途的空间武器,可能有多次点火——这类飞行器不属一般导弹范畴),可以用时间函数来表达,即

$$V(t) \sim P(t)$$

2)一枚导弹的使用,决定于目标的位置与状态,因此,在确定发射该导弹时,它的飞行时间、高度与性能也就相应地确定了,不会出现反复可逆过程。

3)导弹的工作阶段是明确的,不允许颠倒。助推段、无控段、控制段都是一定的。

4)导弹采用自动驾驶仪,对控制具有在一定工作范围的适应能力,不会对气动特性的突变与缓变产生人为的不适应感。

上述特点和有利条件决定了导弹上的随控布局具有与飞机上随控布局的不同性质。

(2)实现导弹上几种随控布局的方案。

1)定时式与感应式程序变换机构。利用上面提到的 $V(t) \sim P(t)$ 关系,可以定时定量地控制伸张与紧缩翼面或边条机构。利用导弹的发射信息、加速度突变信息可提供运动机构的解锁信号与启动动作。机械式不可逆变换系统设计容易,例如"罗兰特"的前翼块伸展机构、某型号的舵面定时张开机构等。

2)弹簧式、齿轮式、应力式机构。这可以解决大部分变换机构的能源问题。在随控布局的变换中,不希望像飞机那样由专用动力来推动运动机构。依靠弹簧、发条、齿轮和切断式张力线可以简单而可靠地完成预定的简单定向动作或简单的定时倒换动作。这就是导弹上实现随控布局的最好办法。

3)杠杆式和压感式进气口扩张器。依靠动压力在迎风面产生的力转动扩张器,例如在低速下,由于动压低,进气口扩张较大,在导弹加速后动压增加,就可以压缩受力面而用杠杆方式使进气口紧缩,这时阻力也自然下降。相反,当导弹进入高空时,动压会越来越低,进气口又可以扩张,这样就可以调节进气口的形状与大小。

对多种方案的研究表明,虽然具体结构上存在许多需要精心设计的问题,但是由于一种导弹所经历的飞行条件是有限的,加上控制系统的适应范围,会使导弹上的布局变化比飞机上的单纯和简单,所要求的设计裕度也大得多。这样,结构上的现实性就十分明显。由于它可能具有简单可靠的系统,因此,广义上的随控布局,将有可能逐步代替已用的一些变通办法,而走向广泛应用。

导弹上逐步应用广义随控布局,并代替已用的一些变通方法,主要看随控布局到底能解决多大的问题,与其他方法相比有什么优点。现举例讨论,同时说明其应用前景。

【例3-1】 以美国的空空导弹"不死鸟"为假想对象。目前采用固体火箭发动机,安排在战斗部与控制舱之间,用4个燃气导管通过控制舱与尾喷管相连。若改动一下,将发动机安排在最尾段,一方面可以去掉4个燃气导管以及外围的防热材料,总计质量为 $10 \sim 15$ kg;另一方

面,控制舱移到发动机前,设备安排紧凑,这 4 部分的体积可缩小 10%～15%。另外,可以减小由于燃气导管带来的推力损失的 1%。

改进后,在翼前弹出一小块气动面,可采用弹簧式钟表定时机构实现。所增加的质量约为 4 kg。因此,综合平衡以后,整个导弹可以减轻 15%～20%;或者速度提高 1%～2%,有效射程增加 5 km 以上。

【例 3 - 2】　以法国地空导弹"响尾蛇"为假想对象。目前它采用了近 400 mm 长的圆柱形长尾喷管,其结构与防热材料总质量为 1.5～2 kg,为安放电子设备采用的环形框架质量为 2 kg 左右。若改用随控布局,可去掉长尾喷管,导弹长度可缩短 150 mm 左右(原长的 5% 左右),尾段采用扩张与收缩式伞形设计。在发射时,尾段扩张,压心靠后,在发动机工作时逐步收缩,最后收缩为负角,可使压心逐步前移,满足质心变化要求,而且可使阻力损失下降,推力损失减少。

预计,后段结构质量增加 1～1.5 kg,综合协调后,在原有性能指标下总质量可减少 8～10 kg,或者保持原质量,速度增加 2%～3%,性能指标提高 5% 左右。

几种基本方案的计算结果表明,对于用随控布局代替长尾喷管的设计,导弹质量可减少 10% 左右,或速度增加 3% 左右。

另外,对高低空升力系数、进气道尺寸所做的方案性数字分析结果表明,高低空升力线斜率提高的有利比例为 30%～40%;进气道进气口调整面积比与进气口本身的折合直径 d 有关,一般有利比值在 15%～25% 之间,只有特小型进气口(例如 $d<100$ mm)这个值才可大一些。

对各种情况的综合分析表明,采用随控布局,可望使导弹性能提高 5%,或质量下降 10%;适应范围扩大 20%～30%;还可以解决一些用其他办法难以解决的问题。因此,在未来的新型导弹设计中,广泛推广应用广义随控布局,不仅理论上可行,方案上容易实现,而且可以获得明显的好处。

3.2.4.2　"乘波体"气动外形

防空导弹的设计,不管是近程、远程导弹,都要求具有快速及大机动的能力,具有阻力小、射程足够的特性。在保证足够有效容积的前提下,给出具有阻力小、最大升阻比的气动外形就成了导弹弹体设计的主要标准之一。在众多低阻飞行器的气动外形设计中,乘波体外形就是其中最理想的一种。

1. 乘波体外形的概念

乘波体(waverider)是指一种外形是流线型,其所有的前缘都具有附体激波的超声速或高超声速的飞行器。它的设计与常规的由外形决定流场再去求解的方法相反,而是先有流场,然后再推导外形,其流场是用已知的非黏性流体方程的精确解来决定的。如图 3 - 43 所示,由斜激波公式决定流场而形成一个"Λ"形弹翼,其翼的前缘平面与激波的上表面重合,就像骑在激波的波面上,所以称它为乘波体。因为斜激波和圆锥激波在超声速流中是可以获得精确解的,故两者就构成了反设计乘波体的基础。

2. 乘波体外形的气动特性

乘波体外形有 3 个显著的气动特性:低阻、高升力和大的升阻比,特别是对于高超声速飞行器。

常规外形在超声速流中前缘大都是脱体激波,激波前后存在的压差使得外形上的波阻非常大,而乘波体的前缘及上表面与激波同面,故不形成大的压差阻力,而下表面在设计马赫数下受到一个与常规外形一样的高压,这个流动的高压不会绕过前缘泄露到上面,这样上下表面的压差不会像常规外形一样相互交流而降低下表面的压力,使得升力降低。乘波体外形则因无此损失而得到大的升力,常规外形要得到同样大的升力,必须使用更大的攻角。同时,乘波体的下表面常常设计得较平,相对常规轴对称外形,平底截面外形的上下压差要大得多,因此升力也大得多。

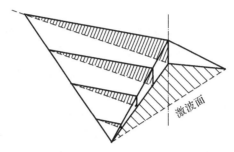

图 3-43　超声速流中的"∧"形翼及其横截面

3.乘波体外形的形成

目前,乘波体外形的设计方法主要有两种,一种是基于斜激波方程推导出的"∧"翼及其各种"∧"翼的组合;二是基于超声速锥流理论推导出的简单或复合锥形流场形成的乘波体外形。

如图 3-43 所示,"∧"翼的所有流图横截面都是几何相似和由外激波流场组成的,下表面上的压力可以由斜激波公式决定。为了朝实用方向发展,一般用多个"∧"翼组成星形外形,并保持同样的气动特性,因为星形弹体上的平面弯波比圆锥上的弯波相对较弱,所以相对圆柱弹身,星形外形有低的阻力。

4.乘波体外形的应用

乘波体外形的优势:

(1)乘波体外形的最大优点是高升阻比,其上表面无流场干扰,无流线偏转,激波限制在外形的前缘,使得在可压区中下表面上的高压同向上倾斜的外形一起组合,获得整个外形上的推力分量。

(2)乘波体外形在偏离设计条件下,仍能保持有利的气动性能。

(3)乘波体外形更适合使用喷气发动机或冲压发动机。乘波体下表面是一个高压区,是发动机进气口的极佳位置,并且发动机的下表面还可以与乘波体一起融合设计,使其不损失进气口压力。

(4)乘波体外形因为是用已知的可以得到精确解的流场设计而成的,故更易于进行优化设计以寻求最优构型。

乘波体外形优越的气动特性已成为现代导弹,特别是高速远程巡航导弹和航天飞行器的候选外形。未来对于追求突防能力的远程导弹,或对于追求机动能力的战术导弹,其设计的共同点应该是:

1)用高速飞行来加大射程,提高机动性和突防能力;

2)用大的升力来提高机动性;

3)用最佳升阻比来加大射程;

4)以小的雷达散射截面的隐身设计,来提高突防能力。

以上问题的核心主要是气动外形设计,如选择小而光滑的升力面(甚至取消升力面);设计流线型弹身或设计光滑的翼—身组合体,或弹身与发动机进气道一体化设计;采用非圆柱截面弹身等。其目的是使飞行器具有低阻、高升力、高升阻比、小的雷达散射截面,同时对于空空导弹载机与导弹挂架还应具有相容的最佳外形组合。对此,乘波体是最理想的候选外形。

3.3　弹上设备的部位安排与质心定位

在导弹的气动布局、外形参数和各部件外形尺寸确定后,设计人员即可进行导弹部位安排和质心定位工作,从而保证导弹在飞行过程中有必要的、适度的稳定性和操纵性,保证导弹具有足够的机动性。

3.3.1　任务与要求

部位安排的任务是将弹上有效载荷(引信、战斗部等)、各种设备(自动驾驶仪、遥控应答机等)、动力装置(发动机等)及伺服系统(舵机、操纵系统等)等,进行合理的部位安排,使其满足总体设计的各项要求。其具体任务是:

(1)选择弹体上各承载面(弹翼、舵面等)相对弹身的位置,从而确定导弹的焦点位置 x_F;

(2)选择弹上所有载重的布置,从而确定导弹质心位置 x_{cg};

(3)协调并决定导弹各部件的结构承力形式、传力路线、工艺方法;选择分离面、主要接头形式与位置、舱口数量与位置、电缆管路敷设等。

部件安排与导弹外形设计是同时进行的,是一项综合性很强的设计任务,它要与各方面反复协调、综合平衡、不断调整,才能将导弹外形与各部分位置确定下来,设计出导弹外形图(三面图)及部位安排图。基于这种设计图计算的气动性能、质量、质心、转动惯量等,作为导弹各分系统设计的总体依据。

部位安排同气动布局设计一样,都是在满足特定设计要求下而确定的,但其设计所遵循的基本原则是一致的,它们都必须满足下述技术要求。

(1)满足稳定性、操纵性要求。部位安排设计要保证导弹在整个飞行过程中,满足导弹总体对稳定性和操纵性的要求。为此,它必须与气动布局及外形尺寸确定统筹考虑。

(2)满足良好工作环境要求。部位安排要考虑弹上各组成系统的某些特殊要求,以保证它们能在良好的环境下工作。

(3)满足使用维护要求。部位安排要考虑作战使用与维护检测的需要,以满足导弹快速反应、方便使用的总体要求。

(4)满足结构简单、质量轻和工艺性好的要求。

部位安排为了满足空间位置紧凑,设备安排合理,结构质量最轻,要求设备与弹体外形之间、设备与设备之间的形状要协调一致;固定方式与弹体结构形状相适应,并考虑生产加工方便,装配调试的工艺性好。

这一阶段的工作成果应有:①绘制出导弹的三面图;②绘制出导弹的部位安排图。

对不同类型的导弹,部位安排没有一个绝对通用的方式,但考虑的原则是共同的,即在部位安排过程中,应尽量使整个导弹具有合理的质心和压力中心位置,保证导弹在飞行过程中具有良好的稳定性与操纵性。

3.3.2 部位安排设计

1. 部位安排与稳定性及操纵性关系

(1)稳定性概念与指标。导弹的稳定性是指它抵制扰动影响的一种能力。处于平衡飞行状态的导弹,在受到扰动后一般会偏离其平衡状态,致使导弹质心的运动状况和导弹的空间姿态有所改变。但在扰动消失后,导弹具有恢复到平衡飞行状态的能力者称导弹具有飞行的稳定性,否则称为不稳定。

静稳定是指扰动消失后,导弹具有恢复平衡状态的趋势,而不包含恢复平衡状态过程;动稳定是指扰动消失后,能恢复平衡状态,达到新的平衡运动,含有恢复平衡运动过程。

导弹纵向稳定性的指标是俯仰力矩系数 m_z 对攻角 α 的导数,即 m_z^α。纵向静稳定性通常用下列静稳定指标 $m_z^{c_y}$ 来表示,而

$$m_z^\alpha = m_z^{c_y} c_y^\alpha$$

$$m_z^\alpha = c_y^\alpha \frac{x_{cg} - x_F}{b_A} < 0 \qquad (3-19)$$

或

$$m_z^{c_y} = \frac{x_{cg} - x_F}{b_A} < 0 \qquad (3-20)$$

式中,$m_z^{c_y}$ 为力矩系数对升力系数的偏导数 $\left(\frac{\partial m_z}{\partial C_y}\right)$,也称静稳定度;$x_{cg}$ 为导弹质心位置;x_F 为导弹焦点位置;b_A 为弹翼的平均气动力弦长。

静稳定度的极性与大小,反映了导弹的焦点与质心之间的相互关系。焦点在质心的后面(即 $m_z^{c_y} < 0$),称导弹为静稳定;反之为静不稳定。两者之距称为静稳定度。

导弹稳定性、操纵性和机动性是反映导弹总体性能的重要标志。由于导弹的操纵性和机动性都与稳定性密切相关,因而确定导弹弹体的稳定性是总体设计的主要内容,亦即静稳定度 $m_z^{c_y}$ 是导弹总体设计工程师很关心的一个问题,它对导弹的气动布局、外形设计、部位安排以及导弹性能都有极大的影响。传统的设计方法是将弹体设计成静稳定的,并保证具有足够的静稳定度。

主动控制作为现代飞行控制的新技术,要求从系统的观点进行导弹设计。其基本功能之一即放宽静稳定度。它允许将导弹自身的静稳定度设计得比传统的正常要求值小得多,甚至是静不稳定的。而通过人工稳定使弹体和自动驾驶仪构成系统稳定,并具有良好的动态特性。另一方面,随着战术导弹飞行包络的扩大,很难保证导弹在所有飞行状态下自身都是静稳定的,因此也需要解决不稳定导弹的稳定和控制问题。又因为导弹本身是控制对象,若 $m_z^{c_y}$ 取值不当,会使控制系统复杂化,经济性和可靠性大大降低。

"X—X"形布局导弹,允许设计成静稳定或静不稳定。从提高导弹总体性能出发,静不稳定导弹的飞行速度、机动过载、全弹质量等性能均较优,但是弹上控制系统的设计要困难得多,一般不允许静不稳定度太大,质心定位应满足这个条件。静不稳定度不宜超过弹长的 13%。

满载状态下,质心位置靠后,亚跨声速下,焦点位置较前。导弹在离架瞬时,呈满载状态,低速飞行,这时导弹的静不稳定度最大,是严重的设计特征点。

"X—X"形布局的导弹,焦点随攻角增大而后移,而静稳定度增大,故小攻角状态是严重

的设计状态。

部位安排设计的一项重点工作是安排导弹质心位置 x_{cg} 与全弹焦点 x_F 之间的距离在合适的范围内,满足静稳定度要求,即 $m_z^{c_y} = \dfrac{x_{cg} - x_F}{b_A}$ 要满足一定的指标要求。

导弹在飞行过程中,随着推进剂不断消耗,导弹的质心位置 x_{cg} 将发生变化,同时,随着飞行速度变化,导弹的焦点位置 x_F 也发生变化(见图 3-44),其结果将导致导弹质心位置与全弹焦点之间的距离发生变化。

采用固体火箭发动机,则导弹质心变化如图 3-44(a) 所示。这些变化近似于线性,但由于发动机装药的特殊设计,还可能有其他的变化。若采用液体火箭发动机,质心移动大致有如图 3-44(b) 所示的 3 种情况。

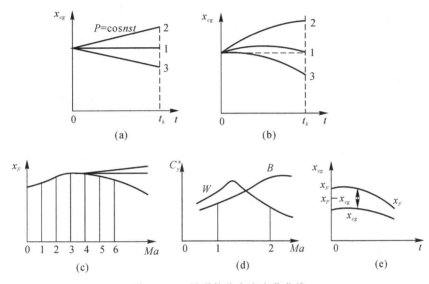

图 3-44　导弹静稳定度变化曲线
(a) 采用固体火箭发动机导弹质心的变化曲线;　(b) 采用液体火箭发动机导弹质心的变化;
(c) 焦点的变化;　(d) 翼身的 C_y^{α} 随 Ma 的变化;　(e) 静稳定度的变化

导弹焦点的变化大致如图 3-44(c) 所示。图中最低的那条曲线最常见。此曲线的特点是:开始时,焦点位置 x_F 随马赫数增加而后移,后来又前移。其原因是马赫数由于小于 1 至大于 1 时,弹身上的马赫锥影响区后移,使 x_F 后移;但随后弹身及弹翼上的升力对比在变化,随着马赫数继续增加,弹身升力相对比例增大,弹翼升力相对比例下降,故又使 x_F 前移(见图 3-44(d)),该图中,表示了弹翼 W 和弹身 B 的 C_y^{α} 随马赫数的变化曲线。

对静稳定设计的导弹来说 $m_z^{c_y} < 0$(或 $m_z^{\alpha} < 0$),故在气动布局已定的前提下,部位安排要满足飞行过程对导弹静稳定度的要求,如果不能满足,则要通过调整气动布局(如移动弹翼位置)来解决,这是一个反复迭代的设计过程。

放宽纵向静稳定度有两种措施,一是外形不变、质心后移,二是质心不动、改变外形使焦点前移,它们对气动特性的影响是不一样的。质心后移的影响易于理论分析和数值计算,而焦点前移的影响要通过仔细的理论计算,甚至必要的风洞试验才能确定。

(2) 操纵性概念与指标。操纵性亦称可控性。导弹的操纵性是指纵机构的动作(用以产生力和力矩)能够较为及时地得到导弹的响应,并按期望值改变其原来飞行状态(如攻角 α、侧滑角 β、滚动角 γ、弹道倾角 θ 等)的能力。

要使导弹按预定的弹道飞行,操纵机构需适时地进行操纵。通过操纵力和力矩对导弹进行质心运动的操纵(改变速度矢量的大小和方向)和相对于质心旋转运动的操纵。产生所需操纵力和力矩的方法及其相应装置(如翼、安定面、舵、发动机等)的相互配置都取决于导弹的总体方案,并根据其具体用途和作用原理在设计时加以选择。导弹的操纵性分为纵向、航向和横向 3 种。通常,操纵性可用单位舵偏角产生的力矩大小来表示,如 m_z^{δ}(纵向)。

导弹机动性是指在一定时间内,导弹能迅速改变其飞行状态(速度的大小与方向)的能力,亦称机动能力。机动性通常用飞行过程中导弹所能产生的切向加速度和法向加速度(尤为重要)来表征。

导弹的机动性和操纵性二者有联系也有区别。其联系在于,法向操纵力的产生过程基本上就是相应操纵机构的操纵过程,无疑,操纵性好,法向操纵力就产生得快,机动性就好。其区别在于,操纵性讲的是操纵机构的动作而不是引发导弹的响应,从而显现有改变导弹飞行状态的能力,而机动性讲的是改变飞行状态的快慢问题。

导弹在飞行中,其气动系数、焦点和质心都在不断变化,故导弹的稳定性、操纵性也是随飞行状态不断变化的。根据现代控制理论,导弹只是整个控制系统中的一个弹体环节 —— 被控对象,即使这个环节不稳定,但整个控制系统也可设计成稳定的。基于设计不稳定比设计静稳定导弹自控系统要复杂得多(主要是系统可靠性和反应快速性要求更高),因此,在一般进行部位安排质心定位过程中,仍然把保证导弹具有必要的静稳定度作为一项基本准则。

(3)调整稳定性、操纵性的措施。归纳起来有两个方面:改变焦点位置;改变质心位置。

1)移动弹翼的位置。它是最有效的办法,因为导弹大部分升力是由弹翼产生的。

2)改变尾翼的位置与面积。

3)改变舵面的位置与面积。

4)利用反安定面,调整其位置与面积。

5)改变导弹内部设备与位置。

6)利用配重调整质心,这是最不利的办法。

在一般情况下,可以兼用上述几种措施。

2.部位安排具体设计

(1)保证各系统及设备具有良好的工作条件。部位安排时必须考虑各种设备或系统的特殊要求,以保证它们获得良好的工作环境,可靠而正常地工作。

1)战斗部。战斗部为危险部件,若采用在临发射前安装到导弹上去,应保证其安装拆卸快速;其外围不应有过强的结构,以免影响爆破效果。

战斗部在安排上有 3 种形式:位于头部,也有位于中部的,个别位于尾部。对付空中目标的导弹,战斗部多数采用杀伤式(如破片式、连续杆式、聚能粒子式等),故战斗部较多位于中部,将头部位置留给导引头。对付具有装甲目标的导弹,为了保证破甲时,金属流对目标的有效杀伤或使战斗部穿入目标内爆炸,多数战斗部位于头部。对付地面目标的杀伤战斗部,若采用触发引信,为了减少杀伤破片被地面土壤吸收,提高杀伤效应,战斗部多放在尾部。

2)无线电引信和天线。无线电引信一般应靠近战斗部,以减少电路损耗。为保证其可靠性,应远离振源。天线可安置在翼尖或弹身表面,需保证天线在任意飞行情况下无线电波不受弹体阻挡,同时避免高温气流的影响,以免使收发信号发生畸变。

3）自动导引头。一般应优先安排在弹身头部,以便使导引头具有开阔的搜索与瞄准视野,通常还希望将某些无线电设备与自动导引头安装在一个舱内,以便保持一定的环境条件,如压力、温度、湿度、防震等。另外它们在使用维护过程中,往往需要将检测、调试集中在一起,便于统一开设舱口,节约口盖数量。

4）自动驾驶仪。自动驾驶仪由于其中装有陀螺和惯性元件,其位置应远离振源,安装在导弹质心附近,否则自动驾驶仪除了反映导弹质心的运动状态以外,还包括了导弹绕质心的摆动,而引起误差。

此外在安排自动驾驶仪时,尚应考虑导弹弹体是一个弹性体,在飞行过程中会发生变形,产生弹性振动。如果将自动驾驶仪的角速度陀螺安放在弹体振型的节点处,则角速度陀螺将会感受弹体的自振频率,而将弹体振动的角速度信号以同样频率输送到舵回路中去,结果使舵面振动。严重时会导致与弹体共振,造成破坏性后果。要是将角速度陀螺移至弹体振型的波峰处,此处振动角速度为零,则可避免上述共振,如图 3－45 所示。

5）舵机及操纵系统。舵机应尽可能靠近舵面,以缩短系统的传递路线,一则减轻质量,二则减少连接环节,系统间隙减小,因此系统的精度与可靠性可以提高。

6）发动机。如果采用液体火箭发动机,由于它的推进剂是通过输送系统送至发动机内的,因此它的推进剂箱可以较灵活安排,一般安排在导弹质心附近,使质心变化小,而发动机本身一般都安置在导弹的尾部。

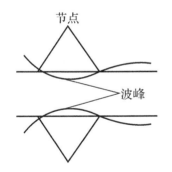

图 3－45　角速度陀螺安放的影响

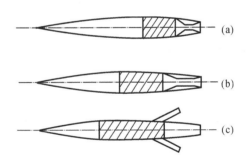

图 3－46　固体火箭发动机安置方案

如果采用固体火箭发动机,则有 3 种可能布置方案,如图 3－46 所示,其中方案(a)发动机安装在导弹尾部。这样导弹的质心变化较大,有可能在导弹初始飞行段出现不稳定情况;另外对正常式气动外形,舵机及其操纵系统的安排将发生困难;方案(b)发动机燃烧室前移,装药质心靠近导弹质心,使导弹质心变化小,改善了导弹的稳定性。但这种情况需要采用长尾喷管。对正常式气动外形,舵机及操纵系统可布置在喷管周围,空间紧张,结构复杂,长尾喷管本身也增加了质量;方案(c)发动机前移,采用斜喷管。这样装药靠近质心,斜喷管的倾斜角 $\beta =$ 12°～18°,应使喷管轴线尽可能通过导弹质心,但不免会产生推力偏心与推力损失。另外还应考虑避免高温燃气对尾舵及弹体的影响,为此可采用喷管与舵面叉开的安排,如图 3－47 所示。舱体上应有隔热措施。

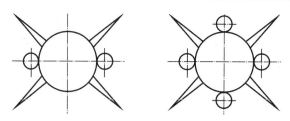

图 3-47　喷管与舵面叉开安排

如果采用冲压或涡轮喷气式发动机,则有数种可能的安排方案,如图 3-48 所示。其中 (a)(d)为发动机通过短舱固定在弹身上。这对解决发动机的进、排气比较简单,弹身形状可以独立考虑其流线型,设计简单,但迎风面积加大,阻力增加。此外,应特别注意弹身与发动机短舱之间的气动力干扰问题。

方案(b)为发动机固定在翼尖的形式,发动机进气口容易躲开弹身的影响,进气口位置应避免与头部引起的激波相交。在导弹作机动飞行中,发动机质量力载荷起到使弹翼卸载作用。但另一方面,由于弹翼受到推力作用,推力通过弹翼传到弹身,增加了传力路线,导致质量增加。发动机在翼尖便于维护更换,比(a)(d)方案减小了结构高度。当发动机推力不等时,会产生偏航力矩。因此必须解决左、右发动机同时工作的问题。由于翼尖装有发动机,弹翼上气流趋于二元流态,对增大升力有利。

方案(c)为发动机安排在弹身内,推力偏心影响较小,迎风面积小,阻力小。但它的进排气道占用了弹身较大空间;弹身构造需与发动机构造统一考虑进排气问题,弹内设备布置均较困难,发动机的维护也不方便。

7)助推器。它的布置有串联与并联两种,其优、缺点及其特点已在前面进行过比较,这里不再赘述。

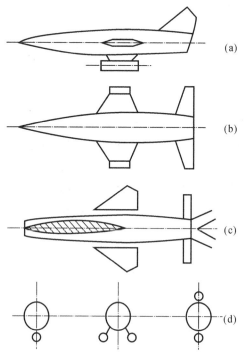

图 3-48　冲压或涡轮喷气式发动机的安排

（2）保证导弹质量、尺寸小。

1）在保证导弹性能前提下，尽可能选择质量、尺寸小的设备与部件，因为弹内有效载荷增加，导弹发射质量将增加。另外设备尺寸大，会导致弹身所需容积大，会使弹身直径增大，阻力增加，最终引起导弹质量增加。一般导弹质量按导弹线性尺寸的三次方成比例增加。

2）导弹内部安排要紧凑，不要有多余的空间。相关的部件应尽量靠近，所有管路、电缆应尽可能短。一些有关的设备尽可能设计成整体，再装入弹内，以便有效利用空间与使用维护方便。

3）各舱段结构形式应在受力和传力上相协调。一般弹身中部受力较大，结构设计较强，可采用整体结构；弹身头、尾两端一般受力较小，可设计得轻些，可采用蒙皮骨架式或硬壳式结构。

4）弹身纵向承力元件的位置应全弹统一协调，避免主要承力元件被切断或在分离面处叉开，如图 3-49 所示，以免加长传力路线，增加质量。

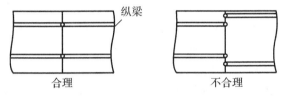

图 3-49　纵向承力元件的安排

5）尽可能发挥部件与元件的综合受力作用，以减少元件数量，减轻质量。例如弹体上有些加强框，既可用来作为舱体对接框，又可在框上固定弹内设备；有时框上还设计有吊挂接头或导向块，因为这些载荷往往不是同时作用的。这样一件多用，有利于减轻质量。

6）在保证工艺、使用要求的前提下，应使分离面数最少，舱口数量最少。

7）为减少阻力，应避免与减少外表面的凸出物。但这不是绝对的。在某种情况下，管路、电缆放在弹身外也有可能会使总质量减少，或工艺性好、使用方便，这时管路、电缆放在弹身外面是合理的。对于这类问题应作具体分析比较。

（3）保证导弹具有良好的工艺性，使用维护方便。

1）要有足够数量的分离面。在决定分离面时需考虑以下两方面：

· 使用方面。应考虑某些部件为完成其功能所必需的分离面，如一、二级之间，旋转弹翼与弹身之间，舵面与弹身之间等；应考虑为了安装及更换形体与质量较大的设备所需的分离面，如战斗部舱、发动机等；还需考虑运输设备对导弹部件尺寸与质量的限制，例如有些较大的安定面或翼面，需要分别包装运输等。

· 工艺方面。应考虑便于分段制造，扩大工作面，提高生产效率；应考虑对有特殊制造、试验、检验要求的部件设有分离面，如储箱一般采用焊接，要求气密，通常单独制造；还应考虑大量采用自动化生产设备所提出的要求，如采用自动化压铆、焊接等设备，这对部件尺寸有一定限制，需要考虑适当分段；还应考虑采用特殊材料的部件，由于其工艺过程的特殊性，应采用分离面，如导弹头部常用玻璃钢头罩，弹身中段常用镁合金整体结构；此外尚需考虑不同工艺方法的部件，必须分开制造，如铆接、焊接、铸造部件等。

2）同一功用或同一类设备环境要求相似的设备尽可能安排在同一个舱段内。

3)需要拆卸的部件与设备,应保证其拆卸方便所必要的装配空间,并在拆卸中不影响其他设备而能单独拆卸,同时拆卸中不应损伤结构。对于拆卸频繁的设备应尽可能安放在舱口附近。

4)弹内不少设备及构件需要在不拆卸情况下进行检测、调试及维修等,应考虑操作的方便与可达性,经常操作的设备应尽可能靠近舱口安排。

5)保证互换性。这是成批生产所必需的,在单件试制过程中,虽不要求那么高,但在设计中也应考虑实现互换的可能性,如调整弹翼的安装角等问题。

3.3.3 导弹总体布局图及部位安排图

导弹总体布局是在不断协调、计算及试验校核的过程中形成的。总体布局的结果可以用数学方法描述,也可用图形或文字表示。用数学方法描述导弹外形和各部件外形,有助于用计算机实施设计优化和设计生产一体化。现在仅用作图法简述总体布局结果。

1.导弹总体布局图

总体布局图又称"三面图""外形图""理论图",是表征导弹外形和几何参数的图形。外形设计的结果应充分体现在气动外形三面图中,三面图的形成有一个从近似到最终的过程。

通常总体设计开始阶段,先是在进行充分调查研究和计算的基础上,选择导弹的气动布局、各主要参数和外形几何参数,选定发动机、制导系统、战斗部、发射方式等,在此基础上画出导弹的初步三面图,然后进行部位安排,在完成质心定位、气动计算、稳定性与操纵性计算和风洞试验后,形成正式三面图。因此,导弹三面图是草图设计阶段的主要成果之一,它是描述导弹外形的基本图纸,是绘制各部件理论图的基础。亦即三面图是气动计算、弹体结构设计、工艺装备设计和地面设备协调等的原始依据。

导弹三面图应表示出导弹的气动布局、质心变化、外形几何参数以及外形尺寸。如图3-50所示为某导弹三面图的示意图。有了三面图之后,便可根据它制作风洞模型,进行风洞试验,并进行详细的气动分析、气动计算、制导系统回路分析、模拟试验等。若无三面图,就不能进行气动计算,而无气动数据、推力数据和导弹质量数据,就无法完成质点弹道计算。而质点弹道参数又是弹体动态特性分析和控制系统设计所必需的。

2.导弹部位安排图

部位安排图也是草图设计阶段的主要成果之一,是进一步设计导弹各部件,绘制工作图纸的基本依据,导弹总体布局所进行的工作应体现在该图上。它应包括表示导弹气动布局,即表示弹翼、尾翼、舵面相对弹身位置;表示发动机、加速器等的布置方案;表示弹内所有设备、载重的布置方案及其具体位置;由此确定导弹的质心变化,以满足适度稳定性、操纵性要求;选择导弹承力结构的形式及其布置方案,并解决全弹传力协调问题;确定导弹所需分离面的数量及其位置;确定导弹所需舱口的数量、大小及其具体位置;此外还应考虑使用运输中所需吊挂接头、发射定向钮、运输支承点的位置及其传力形式;等等。在绘制部位安排图最初阶段,由于尚不知设备细致外形,可用相当大小的方块表示,如图3-51和图3-52所示。当设备外形已知时,图上应反映主要外形特点,如凸起接头、电缆插头(注意考虑电缆插头安装时所需活动空间)等,以便充分估计所占空间。

随着计算机技术的发展以及交互计算机图形学的形成,可以利用计算机来实现导弹部位安排。借助几何造型的软件系统与图形显示硬件,配合相应的应用软件可进行导弹外形气动计算;质量、质心和转动惯性计算;飞行操纵性和稳定性计算;内部设备干涉检查与间隙计算;运动部件的干涉检查与间隙计算;电缆管路敷设及其长度计算等,还可以实现部位安排的图形显示与交互设计。这不但使设计方便、周期缩短,提高设计效率与质量,而且在某种程度上可部分乃至全部代替样弹,为节省人力、财力带来现实意义。

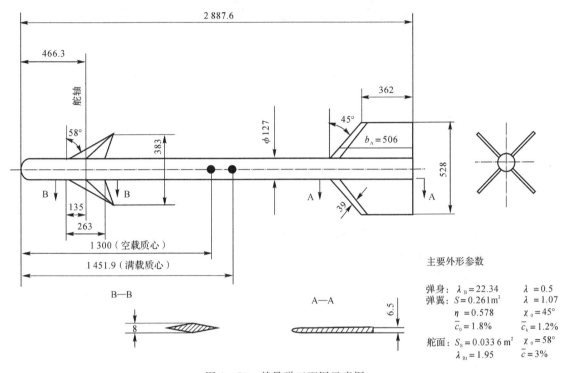

图 3-50　某导弹三面图示意图

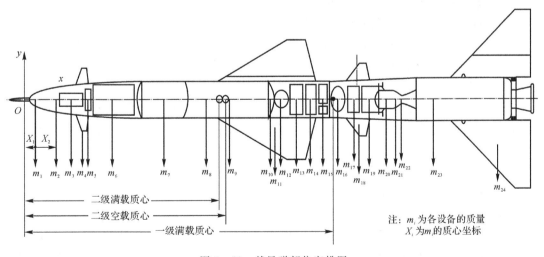

图 3-51　某导弹部位安排图

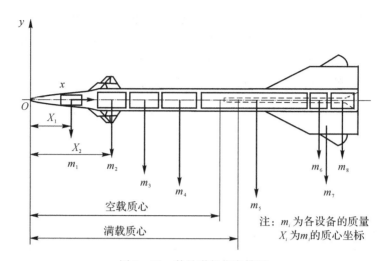

图 3-52 某导弹部位安排图

为使计算机辅助部位安排系统能顺利地工作,通常要解决以下列几方面问题。

(1)三维几何造型,能对各种设备进行三维造型、定位、移动和转动。

(2)设备干涉检查,确定设备之间最小间隙。

(3)运动部件的轨迹模拟以及动态干涉检查与最小间隙计算。

(4)导弹的有关物性计算,包括质量、质心、转动惯量以及导弹气动特性、操纵性、稳定性等计算。

(5)二维图形与三维图形系统的转换,绘制二维的部位安排图。

3.3.4 质心定位及转动惯量计算

三面图和部位安排图完成之后,即可计算在运输、发射、飞行等各种状态下导弹的质量、质心位置和转动惯量。计算的结果用作弹道计算、气动特性计算、载荷计算、导弹稳定性和操纵性计算、导弹结构设计、发射装置和运输装填设备设计的依据。设计过程中,质量、质心位置和转动惯量的计算要反复进行多次。最后以导弹实际称重和质心、转动惯量实际测量值为准。

1. 坐标系

为了计算方便,一般选取弹身外形的理论顶点作为坐标原点的弹体坐标系,X 轴与弹轴重合,指向弹体尾部为正,Y 轴与垂直对称面重合,向上为正,Z 轴与弹体水平面相重合,顺航向向左为正。按此坐标系计算导弹的质心,如图 3-51 所示。

计算转动惯量的坐标系原点选在瞬时质心上,坐标轴指向与弹体坐标轴平行。但是,在计算转动惯量过程中,也要使用弹体坐标系。

2. 质心定位计算

质心定位设计要满足静稳定性、操纵性和机动性的要求。上述各节已作了详细论述。

质心计算的基本依据是部位安排图。随着部位安排的改变,质心计算也需重复进行,直到各系统的质量及部位安排不变为止。

在计算质心过程时,为便于检查和调整质心,宜将不变质量与可变质量(如燃料等)分开计算,计算时可采用表 3-4 和表 3-5 的形式进行。

表 3-4　质心位置计算表(不变质量)

类　　别	名　称	质量/kg	质心/m			静矩/(kg·m)		
			X	Y	Z	mX	mY	mZ
不变质量	弹身							
	弹翼							
	…	…	…	…	…	…	…	…
	合计	$\sum m_i$				$\sum m_i X_i$	$\sum m_i Y_i$	$\sum m_i Z_i$

导弹空载质量为　　　　　　　　　　　　$\sum m_i$

导弹空载质心为　$X_{eg} = \dfrac{\sum m_i X_i}{\sum m_i}$,　$Y_{eg} = \dfrac{\sum m_i Y_i}{\sum m_i}$,　$Z_{eg} = \dfrac{\sum m_i Z_i}{\sum m_i}$　　　　(3-21)

表 3-5　质心位置计算表(可变质量)

类　　别	名　　称	质量/kg	质心/m			静矩/(kg·m)		
			X	Y	Z	mX	mY	mZ
消耗质量	冷气							
	氧化剂							
	…	…	…	…	…	…	…	…
	合计	$\sum m_i$				$\sum m_i X_i$	$\sum m_i Y_i$	$\sum m_i Z_i$

导弹满载质量为　　　　　　　　　　　$\sum m_i$(包括空载质量)

导弹满载质心为　$X_g = \dfrac{\sum m_i X_i}{\sum m_i}$,　$Y_g = \dfrac{\sum m_i Y_i}{\sum m_i}$,　$Z_g = \dfrac{\sum m_i Z_i}{\sum m_i}$　　　　(3-22)

式中,$\sum m_i X_i$,$\sum m_i Y_i$,$\sum m_i Z_i$ 应包括空载计算中的全部静矩。

3. 转动惯量计算

对于导弹运动特性分析来讲,其转动惯量是一个很重要的参数。在质心定位计算的基础上,便可进行导弹转动惯量的计算,方法与上述类似,也用列表的方法。

为计算方便,也取弹身外形理论顶点作为坐标原点,其计算公式为

$$J_Z = \sum J_i - m X_g^2 \qquad (3-23)$$

式中,J_Z 为导弹绕通过其质心的 Z 轴的转动惯量;J_i 为导弹内各设备对理论顶点的转动惯量,其表达式为

$$J_i = J_{i0} + m_i X_i^2 \qquad (3-24)$$

式中,J_{i0} 为 i 设备绕本身质心的转动惯量;X_i 为 i 设备质心离理论顶点的 X 坐标;X_g 为导弹的质心坐标。

当上述公式用空载质量、质心坐标计算时,则求得空载之转动惯量;当采用满载质量与质

心坐标计算时,则可求得相应满载时的转动惯量。

相对于其他坐标轴(x,y)的转动惯量亦用相同方法求得。

3.4 其他结构布局设计要求

结构布局设计的主要任务是把弹上各系统组合并连接成一个整体,为导弹各系统提供良好的工作环境,以保证导弹结构的完整性和有效性,保证导弹的可测试性与维修性,方便导弹的生产与使用保障。本节主要介绍除外形设计之外的其他结构布局要求,包括结构外形误差要求、热防护设计、舱段分离面的连接形式、与发射装置间的结构协调、模态参数、结构材料选择等内容。

3.4.1 结构外形误差要求

防空导弹的结构外形误差指装配到一起的导弹弹身、进气道以及气动面等导弹外形结构与其理论外形的静态误差。导弹的外形误差会使导弹在飞行中产生额外的俯仰/偏航力矩和滚转力矩,增加导弹阻力、消耗弹上能源和使进气道的进气气流发生变化,最终影响导弹的弹道特性。因此,为保证导弹飞行性能,要求导弹应具有较小的结构外形误差。

1. 外形误差要求

导弹结构外形误差要求是导弹结构设计、制造、水平测量、气动干扰扰动计算的依据。设计时应尽量减小相对理论外形的误差并提高结构表面的光滑度。要求:

(1)设计中应采用整体结构、夹层结构等局部刚度高的结构形式,避免突起、缝隙等可能增大阻力、降低升力的外表结构,减少分离面和舱口数目,提高弹体刚度。

(2)在导弹飞行过程中,弹体外表面的烧蚀结构应允许有一定的烧蚀或质量损失,尽量使热防护涂层均匀烧蚀,不脱层,以保证气动外形的稳定。

(3)结构外形误差的大小与结构设计中所采取的工艺方法密切相关,焊接结构焊缝余高、点焊结构的压痕深度、钣金成形的精度、舱段壳体的直线度、气动面的对称度、结构的装配间隙等,都是结构外形误差的来源。过高的外形误差要求,会增加导弹的制造成本,导弹总体设计应综合考虑导弹性能要求与导弹制造成本之间的关系。不同的导弹允许的外形制造误差是不一样的,一般外形制造误差所引起的导弹最大横向附加过载以不大于导弹需用过载的 2%,或滚转通道所需的纠偏舵偏不大于最大舵偏的 2% 为宜。

(4)弹体表面粗糙度的影响。气动意义上的粗糙度是指结构表面随机分布的粗糙元,粗糙元高度的平均值或当量值称为粗糙度 k。通过工程估算法和 CFD 仿真法发现,粗糙度对摩擦阻力会产生较大影响,在较低 Ma 时,随着 k 的增大零阻增大。弹体表面粗糙度由结构的切削加工精度、钣金成形精度、弹体表面焊缝高度、螺钉凸起及凹陷、对接面高差与缝隙、热防护涂层的不均匀烧蚀等引起。为了减小阻力,提高射程,一般应限制弹体表面粗糙度不大于 0.2 mm,并在弹体表面喷漆。

2. 外形误差测量及误差处理

一般用弹体的直线度、气动面相对于弹轴线的偏角、进气道相对于弹轴线的偏角和进气道自身的形状误差等来描述导弹的外形误差,表 3-6 以及图 3-53 是某导弹气动面相对于弹轴的外形测量要求,规定了翼面、舵面外形的允许偏差值,图标中的 $T^1 \sim T^4$ 是外形误差测量的基准点,用于导弹调平,带有上下标的 T 是舵翼面上须进行外形测量的点,气动面加工时,已事先按要求在其前缘、后缘的对称面做好了测量标记,在导弹组装完成后,只要对这些标记的相对位置进行测量,就可以计算出翼、舵面的迎角、上反角等误差。

外形误差的处理原则:4 片翼或舵的迎角或上反角误差的代数和的平均值小于规定的要求,即可使用。

表 3 - 6　气动面外形测量点及要求

弹体位置	翼、舵面 1 和 3 水平			翼、舵面 2 和 4 水平		
测量部位	相关点	偏差/mm		相关点	偏差/mm	
		规定值	测量值		规定值	测量值
翼面	$T_4^1 - T_2^1$	±2.0		$T_4^2 - T_2^2$	±2.0	
	$T_4^3 - T_2^3$	±2.0		$T_4^4 - T_2^4$	±2.0	
	$T_5^1 - T_4^1$	±2.0		$T_5^2 - T_4^2$	±2.0	
	$T_5^3 - T_4^3$	±2.0		$T_5^4 - T_4^4$	±2.0	
	$T_6^1 - T_4^1$	±2.0		$T_6^2 - T_4^2$	±2.0	
	$T_6^3 - T_4^3$	±2.0		$T_6^4 - T_4^4$	±2.0	
	$T_7^1 - T_6^1$	±1.0		$T_7^2 - T_6^2$	±1.0	
	$T_7^3 - T_6^3$	±1.0		$T_7^4 - T_6^4$	±1.0	
舵面	$T_8^1 - T_2^1$	±2.0		$T_8^2 - T_2^2$	±2.0	
	$T_8^3 - T_2^3$	±2.0		$T_8^4 - T_2^4$	±2.0	
	$T_9^1 - T_8^1$	±2.0		$T_9^2 - T_8^2$	±2.0	
	$T_9^3 - T_8^3$	±2.0		$T_9^4 - T_8^4$	±2.0	
	$T_{10}^1 - T_8^1$	±1.5		$T_{10}^2 - T_8^2$	±1.5	
	$T_{10}^3 - T_8^3$	±1.5		$T_{10}^4 - T_8^4$	±1.5	
	$T_{11}^1 - T_{10}^1$	±1.0		$T_{11}^2 - T_{10}^2$	±1.0	
	$T_{11}^3 - T_{10}^3$	±1.0		$T_{11}^4 - T_{10}^4$	±1.0	

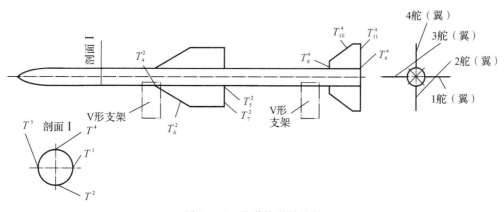

图 3 - 53　导弹外形测量点

3.4.2　热防护设计

随着防空导弹飞行速度及飞行时间的不断变大,导弹的气动加热问题会变得很严重。气动加热一方面会使弹体结构材料的强度、弹性模量发生较大的下降和使结构产生热应力、热变形,另一方面会使弹体内部温度升高,影响弹内电气系统的正常工作,因此,应根据情况进行气动热防护。

防空导弹气动加热的热应力故障点有导引头头罩、弹体接头、异种材料间的连接、前缘和凸起/凹进结构以及某些激波影响区。

头罩(雷达天线罩和红外头罩),由于热膨胀的差异,通常在罩与金属弹体连接处存在热应力问题,多数头罩材料强度较低,很容易损坏,因此,在确定头罩结构时,既要考虑结构因素,又要考虑电磁或光电因素。

弹体接头处也容易出现局部的应力集中。超声速或高超声速导弹的外部热弹体(气动加热引起)与内部相对冷舱壁(由于内部舱壁材料的散热)存在温度差,在弹体接头处容易出现很高的热应力,从而引起结构的过早失稳。

高超声速导弹的气动前缘会产生很强的气动加热,前缘承受了滞止区的加热,可能被烧蚀,导弹受热前缘的下游相对较冷,温差可能引起前缘翘曲。

1. 热防护准则

气动热防护一般在弹体结构设计或者部件结构设计中考虑。热防护遵循以下主要准则:

(1)弹内外隔热层应与被保护的弹体结构/材料化学相容,其结合力应满足导弹使用维护以及弹体变形、气动加热和气动冲刷的要求;

(2)经热防护后,弹体结构材料强度应满足导弹的强度安全系数要求;

(3)经热防护后,弹体结构的变形不得阻碍舵传动系统的正常运动;

(4)经热防护后,弹体结构的热应力应不足以显著改变弹体结构的模态;

(5)经热防护后,舵面、翼面的热翘曲一般不大于规定值;

(6)弹体外表面热防护层烧蚀引起的导弹气动特性的变化应在可接受的范围内;

(7)弹体内部隔热层不得产生对导弹内部器件有害的多余物;

(8)与常温相比,由气动加热引起的导弹一阶固有频率变化不宜大于规定值。

2. 弹体结构的热防护分类

导弹的热防护分为弹体外表面热防护和弹体内部隔热或两种方法相结合。

弹体外表面热防护指在弹体外表面喷涂热防护涂层,或设计弹体局部结构形状和结构热容量,将弹体结构温度控制在一个合适的范围。

弹体内部隔热是指为了满足内部电气部件工作温度的环境要求,将某些舱段内壁气动加热温度控制在适当的范围以内。

3. 防热涂层要求

根据防空导弹的使用维护特点,导弹热防护涂层主要有以下要求。

(1)防热涂层不能对导弹弹体结构金属基体产生腐蚀。

(2)为了防止隔热层在气流冲刷下脱落,应提供一定的强度,以满足地面使用维护的要求,弹体外表面热防护涂层与弹体结构金属基体的结合力、内部隔热层与弹体结构的结合力不小于规定值。

（3）为了保护隔热层，弹体外表面热防护涂层应允许喷漆。

（4）裸弹（无包装）使用，导弹需要承受的环境条件包括高低温储存、温度冲击、振动冲击、淋雨、湿热、盐雾、吹沙和霉菌等。

（5）地面使用时，导弹结构上、气动面和各边缘上的热防护涂层可能会受到一定的刚性压强，要求应具有一定的抗压能力。

4.热防护结构的选择

选择热防护结构，应综合考虑导弹的外形、质量、成本以及导弹使用维护的方便等要素。图 3-54 所示是绝热弹体与非绝热弹体短时飞行的温度对比情况，该图以近距空空导弹为例，导弹发射马赫数为 0.9，发射高度为 3 km，导弹平飞，导弹发射后 2.5 s 发动机燃料耗尽，这时导弹速度马赫数为 4.0，从图中可以看出，没有采用外部隔热层的弹体结构温度为 480℃，在采用弹体外部绝热层后，绝热层结构的峰值温度只有 315℃，这样就可以在大马赫数短时飞行时采用铝合金结构，以降低导弹质量和制造成本。

图 3-55 所示是一种飞行时间比较长的空空导弹，采用弹体外部热防护和弹体内部隔热相结合的防热结构。在弹体外表面涂了 0.5 mm 厚的热防护涂层。在计算条件下，热防护涂层外表面的温度达到了 550℃，通过弹外热防护后，将弹体结构的温度控制在 280℃以下，由于降低了气动加热温度，所以增加了弹体结构材料选择的余地。为了进一步阻止气动加热能量向弹体内部传递，在弹体内部可加一定厚度的轻质隔热层，以保证弹内电子部件的正常工作。

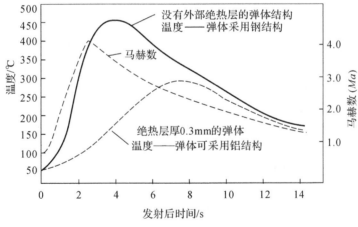

图 3-54　外部绝热对短时飞行弹体温度影响

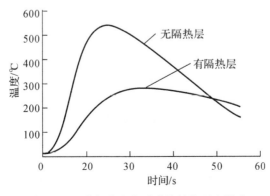

图 3-55　外部热防护后弹体结构温度影响

3.4.3　舱段分离面的连接形式

舱段分离面的连接形式对全弹自振频率有较大影响,也会影响导弹的气动阻力,常见的分离面的连接形式有外卡环连接形式(如美国的 AIM－9 系列导弹);间断梳齿连接(如意大利的 Aspide 导弹);楔块连接形式(如俄罗斯的 R－77 空空导弹);外法兰轴向螺钉连接(如以色列的"怪蛇"Ⅲ导弹)。

在保证工艺及维护使用要求的前提下,分离面数目少,不但对减重有利,而且可以减小全弹刚度的下降程度,表 3－7 表示了分离面数目与全弹刚度损失和一阶固有频率下降的关系。

表 3－7　导弹分离面数目与全弹刚度损失和固有频率的关系

导弹分离面数目	刚度损失系数 $K/(\%)$	一阶固有频率下降/(%)	备　注
4	13	7	$K=\dfrac{K_1-K_2}{K_1}\%$
6	31	17	K_1——无分离面时的一阶振型主刚度;
7	33	18	K_2——有分离面时的一阶振型主刚度
10	49	29	

3.4.4　与发射装置间的结构协调

防空导弹通过发射装置发射,导弹结构布局应与发射装置结构相协调,导弹与发射装置结构协调的内容包括导弹的发射(采用导轨发射、动力弹射或两者均可)或悬挂方式、导弹吊挂的数量及结构形式、弹架分离插座的结构形式及其相对于吊挂的位置、导弹质心相对于吊挂的位置、吊挂与其悬挂结构间的间隙控制、导轨发射时后吊挂与导轨间的干涉设计、吊挂的材料及表面硬度等。发射装置间的结构协调应主要考虑发射架的通用化,即一个发射架能够适应多种防空导弹的发射要求。

空空导弹在飞机上挂飞或地空导弹在发射架上滑动时,不仅要承受挂飞气动载荷和惯性载荷,还要承受严重的振动、冲击载荷,在这些载荷的作用下,弹架间必然会产生随机位移,分离插座作为弹架连接的结构件,也会感受到这个位移的影响,造成分离插座额外受力、磨损、电气瞬断的现象。一般应采用合适的弹架间电气连接方式,常用的方法有软连接和硬连接。

3.4.5　模态参数

导弹的模态设计、分析、测量主要用于导弹控制系统、导弹气动弹性以及导弹动力响应设计的分析。例如,空空导弹的扭转固有频率通常高于其弯曲频率,一般要求导弹的一阶弯曲频率应当在舵机带宽的 2 倍以上,舵机的通频带要求高于导弹角自振频率的 5～10 倍,导弹角自振频率一般不大于 3 Hz,考虑到导弹质量控制的要求,通常将导弹的一阶频率设计为 35～70 Hz 之间,为了避免耦合,含有舵面的舵传动系统的扭转/弯曲频率应与导弹的一、二阶固有频率错开。

1.弹体模态分析

导弹弹体的模态分析,可以采用连续体分析理论。防空导弹的长细比较大,在分析弹体固有特性时,可以将导弹看成一根梁,剪切变形与转动惯量对导弹模态的影响可以忽略不计。对导弹结构进行建模和模态分析,可以利用 NASTRAN,ANSYS 等工程软件,将弹体结构离散化后,利用传递矩阵法进行导弹的模态分析。传递矩阵法的思路是,将导弹的质量和刚度离散化,人为地把导弹划分为若干段,每段长度为 l_n,各段的质量(包括内部质量、气动面和进气道等)全部被集中到该段的两端成为等效质量,从而形成一连串的集中质量点,各质量点之间用无质量的等刚度的弹性元器件连接。质量点的数量、位置及质量大小应保证全弹及各舱段的质量、质心不变,而各弹性元件则应反映对应段结构的刚度,尽可能地使全弹的刚度及其分布状况不变,如图 3 - 56 所示。

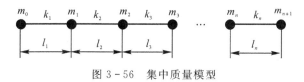

图 3 - 56　集中质量模型

作为整体模态,防空导弹一般只需进行前三阶模态的分析,以供控制系统设计分析和气动弹性设计分析使用,图 3 - 57 所示是采用传递矩阵法计算头部振幅归一化后某空空导弹的一、二阶模态,横坐标代表导弹长度,纵坐标代表振幅。可以采用改变导弹结构布局或改变弹体结构材料、壁厚的方法来进行导弹模态的调整,调整后的模态应平稳、光滑,以避免振幅突变。得到导弹的固有频率及主振型后,可以计算出导弹的模态质量,进一步得到弹体的传递函数,获得弹上任意一点在某个舵偏情况下的角速度和加速度的响应。

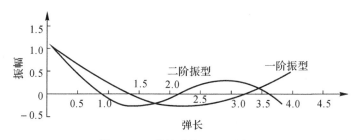

图 3 - 57　某导弹的一、二阶振型

2. 气动弹性稳定性要求

由于导弹在飞行过程中发生颤振等气动弹性不稳定的现象,将会造成弹体解体。因此,应充分重视导弹气动弹性稳定性的设计。

气动弹性稳定性包含三方面的内容:静气弹、颤振、气动伺服弹性稳定性。

静气弹是指弹体结构在承受气动载荷后发生结构失稳的现象,解决静气弹的措施是增加该结构的刚度。

颤振是气动面及其相关结构的一种自激振荡形式,是由所包含的结构部件的气动力、惯性力和弹性特性引起的。当导弹飞行速度小于颤振速度 V_L 时,振荡将衰减;当导弹飞行速度等于颤振速度时,振荡将以恒定的幅值持续;当导弹飞行速度大于颤振速度时,振荡将发散,并导致结构的解体破坏。在 GJB 1544 — 1992《战术导弹强度和刚度通用规范》中,规定了颤振余量的要求准则:“导弹及其部件在全部设计规定的飞行高度、机动和载荷条件下,在达到 1.15 倍极限速度的全部速度范围内都不应发生颤振。”“在所有允许的飞行高度和飞行速度直到

V_L，对于任一临界颤振模态或任一重要的动力响应模态阻尼系数至少为 0.03(见图 3-58)。"

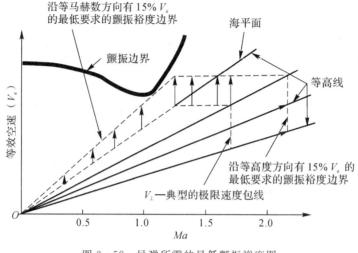

图 3-58　导弹所需的最低颤振裕度图

可以通过结构上限制控制面的间隙、合理分配控制面的刚度和频率等方法来避免颤振的发生。控制面的刚度和频率应满足以下要求。

(1)弯曲、扭转和旋转刚度应包括所有执行元件的刚度、安装执行元件的结构刚度和控制面的刚度；

(2)执行机构应尽可能靠近控制面和铰链轴安装，以减小连接件的柔度；

(3)应避免控制面的弯扭频率相互接近(一般应使控制面的弯扭频率之比小于 0.4)。

同时还应确保在导弹使用寿命内，在控制面的部件和执行机构的正常磨损后，其实际的自由间隙值不超过下面的规定值：

(1)对全动控制面，总的自由间隙应不大于 0.1°；

(2)对于延伸到主翼面 75%，翼展点外侧的后缘控制面，总的自由间隙应不大于 0.13°；

(3)对于从主翼面 50%翼展点延伸到 75%翼展点内侧的后缘控制面，总的自由间隙应不大于 0.57°；

(4)对于主翼面 50%翼展点内侧的后缘控制面，总的自由间隙应不大于 1.15°；

(5)对于折叠弹翼，折叠位置自由间隙应不大于 0.1°。

如果经分析，结构可能会发生颤振，可以改变气动力、惯性力和弹性特性中的任一项或其中几项的组合的方法来解决。例如，改变控制面的形状、控制面上加配重，也可以采用阻尼器来吸收气动能量，以抑制控制面的颤振。

气动伺服弹性是惯性力、弹性力、气动力和导弹控制系统的动力学的相互作用。在装有自动控制系统的导弹中，一定情况下控制系统与结构弹性、气动力的相互作用会使控制系统的工作受到严重干扰，对导弹的稳定性和操纵性产生不利影响。

应抑制导弹控制系统和导弹结构模态的相互作用，以防止出现伺服气动弹性的不稳定性。在控制系统的所有使用条件下，导弹应满足气动弹性稳定性规定的等效空速裕度和阻尼要求。

对任何单独飞行控制系统的反馈回路，在整个飞行包线中，应考虑气动弹性的影响，导弹一般应具有的稳定裕度是，至少 6 dB 的幅值裕度，至少±45°的相位裕度。

3．导弹稳定性和频率响应试验

导弹的模态分析和地面模态的测试数据可能存在误差，稳定回路结构滤波器的设计可能会存在缺陷，为了消除这些风险，需要在地面进行导弹稳定性和频率响应的试验。其试验方法是将导弹柔性悬挂，悬挂频率应小于导弹一阶频率的 1/3，导弹按主动段、被动段两种形式进行试验，导弹以程序控制模式走时序。同时，在弹体结构刚度比较大的地方施加振动激励，观察舵响应是否平稳。该试验不仅可以观察控制系统对弹体弯曲及扭转模态的响应，还能够测量出舵传动系统的扭转频率。

一般情况下，舵传动系统都会设计得比较紧凑、刚硬，但当舵传动系统的间隙比较大，或者刚度比较小时，其执行元件可能会发生自振，将引起稳定控制系统的发散振动，导致飞行失败。对这种情况，可在稳定控制回路中，附加适当的滤波器，或降低执行元件的反馈，或者增大作动器的力臂，也可用增加执行元件刚度的方法解决。

3.4.6　结构材料选择

防空导弹要求结构紧凑、质量轻，应根据导弹的弹道特点、结构功能、成本以及工艺性等因素来选择结构的材料。

弹体所用材料的品种多，性能各异，按材料的性质可分为金属材料、非金属材料和复合材料。按材料在弹体构造中的作用，可分为结构材料和功能性材料。

结构材料主要用于承受载荷、保证结构强度和刚度，或做设备的支架、框架用。它们常常是一些性能较高的金属材料，如铝合金、镁合金、高强度合金钢材、钛合金等。

功能性材料主要是指在密度、膨胀系数、导电、透无线电波、光波、耐磨、绝热、防锈、耐腐、弹性、吸振、黏结、涂敷及密封等方面有独特性能的材料，这些材料常常是非金属材料，如高温陶瓷、光学玻璃、橡胶、塑料、黏结剂和密封剂等。

1．材料的选用原则

选择材料要综合考虑各种因素，选用的主要原则是要求质量轻，有足够的强度、刚度和断裂韧性，具有良好的环境适应性、加工性和经济性。

（1）充分利用材料的机械及物理性能，使结构质量最轻。为满足这一要求，对有强度要求的构件可选用比强度大的材料，合金钢、铝合金和镁合金的比强度大致相当，而钛合金的比强度最大。

要求不失稳的构件应选用比刚度大的材料。

对非受力构件，由于它们的剖面尺寸一般由构造要求或工艺要求来决定，要减轻它们的质量则应选用密度小的材料，如镁合金，并尽量去除无用质量。

（2）材料应具有足够的环境适应性。也就是要求材料在规定的使用环境条件下具有保证正常的力学、物理、化学性能等能力，如耐腐蚀与不易脆化的能力等。

对镁合金、铝合金、合金钢一般应采用表面保护措施，以防止它们的表面被腐蚀。

对在使用中会有磨损的结构（例如导弹吊挂等），应采用不锈钢材料，或对其工作面采用渗透、涂膜等措施防磨、防腐。

（3）材料应有足够的断裂韧性。像压力容器、发动机壳体、焊接结构所用的材料，当选用高强度材料及进行热处理时，低温下工作易产生裂纹和脆裂，必须考虑材料的断裂韧性。

（4）材料应具有良好的加工性。如冷压加工要求材料的塑性要好，机械加工要求材料的切削性要好;焊接材料应具有可焊性,锻件要求材料要有热塑性,铸件要有热流动性,旋压件材料应具有良好的压延性等。

(5)选用的材料成本要低,来源充足,供应方便。应尽量选用国家已制定标准、已规格化的材料,同一产品中选用的材料品种应尽可能少,避免选用稀有的贵重材料。

(6)相容性设计。相互接触的不同非金属材料或金属与非金属材料间或不同金属材料间,应有良好的相容性,不应产生有损材料物理、力学性能的化学反应、渗透、溶胀、电化学腐蚀、氢脆、镉脆,当不可避免时,应采取材料表面工艺、隔离等防护措施。

2.常用结构材料

(1)镁合金。镁合金常用于对减轻质量要求比较高的弹内设备支架等零件,表面经严格防护后,也可以用于弹体结构。

镁合金的优点是密度小,比强度、比刚度高,机械加工和抛光性能良好,抗振能力强,能承受比铝合金大的冲击负荷,但抗腐蚀性差,一般地讲,与海水、盐雾接触的结构不宜用镁合金,即使在一般大气条件下,也要用化学防护或油漆防护,并且要避免与钢、铝、铜等合金零件直接接触。

(2)铝合金。铝合金主要用于舱段壳体、气动面及导弹内部设备支架等承力构件。

铝合金的优点是密度小、强度和比强度较高,力学性能、抗腐蚀性能较好,能用多种方法加工,是防空导弹中应用最广泛的材料。

常用的铝合金有硬铝(淬火后自然时效)和超硬铝(淬火后人工时效)。硬铝的硬度、强度高,淬火和冷作硬化状态切削性能好,适宜用点焊焊接,但采用气焊和氩弧焊有形成晶内裂纹的倾向,焊缝气密性尚好;超硬铝其强度高,屈服强度与抗拉强度接近,缺点是塑性低,有缺口敏感性,即有应力集中倾向,设计时厚度变化处应有适当的圆角过渡。

(3)高强度合金钢。高强度合金钢的优点是强度高、耐腐蚀、耐高温,缺点是密度大,一般用于受力大的舱段壳体、舱段接头零件和高温受力件等。常用的高强度合金钢有低合金高强度钢 4340(40CrNi2MoA)和高合金高强度钢 18Ni。

低合金高强度钢 4340(40CrNi2MoA),焊接性能较好,可用气焊和电弧焊工艺。依据使用要求可以处理在抗拉强度为 630~2 000 MPa 很宽的强度范围。当热处理到抗拉强度 σ_b=1 400 MPa、使用温度超过 300℃时的强度下降较明显,因此作为低温回火超高强度钢使用时不宜在 300℃以上使用。反之,随着温度的降低,4340 钢强度增加,塑性和韧性下降,但即使在 -70℃的低温下,仍具有较高的塑性和冲击韧性。4340 钢的缺点是耐腐蚀性能差,根据使用性能要求,可采用适当的防腐蚀保护处理。另外,同其他高强度钢一样,4340 钢有氢脆倾向,故在电镀后应做除氢处理。4340 钢常用作防空导弹壳体及分离面连接件的材料。

高合金高强度钢 18Ni,是一种马氏体时效钢,它具有一系列独特的优越性能。①有无限的淬透性,经过固溶处理后,可完全形成柔韧的马氏体;②有良好的成形性,在退火状态下可进行冷、热加工和机械加工;③有高的尺寸稳定性,在固溶和时效过程中,尺寸变化微小;④在高强度等级下(σ_b=1 500~2 500 MPa),仍具有较高的断裂韧性;⑤具有优越的焊接性能;⑥该钢属于超低碳钢,不存在脱碳问题。

(4)不锈钢。防空导弹弹体结构常用的不锈钢为 15-5PH,1Cr17Ni9Ti 等,15-5PH 为马氏体沉淀硬化不锈钢,其强度可达 σ_b=1 400 MPa。具有耐腐蚀、抗氧化性、强度和耐磨性高、良好的可焊性等优点。其主要用于火箭发动机壳体、设备舱壳体、舵接头及其连接螺钉等零部件。

(5)钛合金。钛合金的优点是比强度高,具有良好的抗腐蚀性,工作温度可达 500℃。缺点是弹性模量低,对应力集中较敏感,容易氢脆和镉脆,加工工艺复杂,成本高,随着导弹速度和性能的提高,钛合金应用迅速推广,常用的有 TC4,TB2 等。

TC4 及 $\alpha+\beta$ 型钛合金,在 500℃ 的温度范围内仍具有高的强度和组织稳定性、良好的塑性和可焊性,其 σ_b 大于 900 MPa。防空导弹上主要用于制造承受高应力的焊接结构件和在 500℃ 长期工作的零件,如设备舱壳体、舵翼面蒙皮和骨架,既保证了弹体质量轻又满足耐长时间气动加热的要求。

TB2,即 B 型钛合金,在淬火和时效状态的力学性能不低于 1 300 MPa,延伸率 δ 为 15%,冲击韧性值 $\alpha_k=1.5$ kg·m/cm^2,在 $-70℃$,100℃,300℃ 和 400℃ 时的 σ_b 依次为 1 630~1 710 MPa,1 360~1 370 MPa,1 280~1 290 MPa 和 1 190~1 220 MPa。同样可以用于制造高马赫数防空导弹的弹体结构、翼(舵)面蒙皮和骨架。

(6)复合材料。复合材料是由两种以上性能不同的材料所构成的,以高强度纤维做主体,由基体材料把高强度纤维固定在一起所构成的一种新型材料,它们之间既未发生化学反应,也不相互溶解或融合,故复合材料是一种多相材料,纤维通过基体材料承受主要载荷,而基体材料承受剪力,并向纤维施加负荷,纤维在复合材料中的方向可以是定向、无定向或选择定向的。基体材料是金属或非金属的,它们均有严格的适用温度,因此应规定各种复合材料的温度界限,复合材料可以用于制造导弹壳体,还可以用于制造导弹气动面、整流罩等结构件。

复合材料有下述特点。

1)比强度和比模量(比刚度)高:从表 3-8 所列的数据可以看出,复合材料的比强度、比模量一般都大于金属结构材料,而且二者兼优,是十分理想的飞行器结构材料。

表 3-8　材料的比强度、比刚度比较

材料名称	相对密度 d	拉伸强度 σ_b/MPa	弹性模量 E/MPa	比强度 (σ_b/d)/MPa	比模量 (E/d)/MPa
钢	7.8	1 078	205 800	138	26 385
铝合金	2.8	460	73 500	164	26 250
镁合金	1.78	235	40 180	132.3	22 573
钛合金	4.5	941	111 720	209	24 827
碳纤维-Ⅱ环氧(高强度)	1.45	1 470	137 200	1 014	94 621
碳纤维-Ⅰ环氧(高模量)	1.6	1 049	235 200	656	147 000
硼纤维/环氧	2.1	1 352	205 800	644	98 000

2)减振性能好:复合材料的纤维与基体界面均有吸振能力,因此其振动阻尼高。根据对相同形状和尺寸的梁进行试验得知,轻金属合金梁需 9 s 才能停止振动,碳纤维复合材料只需 2.5 s 就静止了。

3)高温性能好:一般铝合金在 400℃ 时,其弹性模量和强度大幅度下降并接近于零,而碳或硼纤维增强铝合金在这个温度下强度和模量基本不变,从而提高了铝的高温性能。同样,碳纤维增强的镍基合金比未增强的镍密度小、高温性能好。玻璃钢的导热系数只有金属的0.1%～1%,因此它的瞬时耐超高温性能相当好,适于做隔热、耐烧蚀材料。

4)破损安全性好:纤维增强复合材料每平方厘米的纤维数少至几千根,多至几万根,从力学观点看,是典型的静不定体系,当这类材料的构件超载并有少量的纤维断裂时,其载荷会迅速重新分配到未被破坏的纤维上,这样在短时间内不会使整个结构丧失承载能力。

5)成形工艺性好:制造复合材料构件的工艺简单,一般能用模具整体成形,从而可减少零构件、紧固件和接头数目,并可节省原材料和工时。

6)性能可设计性:复合材料的力学性能(强度和刚度)、电性能、热膨胀性能和抗腐蚀性能等是可以进行设计的,因此,复合材料结构可以通过"材料设计"来得到所需的性能。金属结构的设计步骤是先选材料,然后进行结构的具体设计,而复合材料结构设计是材料设计和结构设计同时或交互进行的。与金属结构设计相比,复合材料结构的设计需要解决更多的问题,这对结构的优化设计提供了更大的活动范围。

复合材料也存在缺点,如断裂伸长较小,抗冲击性差,复合材料的横向强度低(易引起分层),层间剪切强度较低以及树脂的吸湿性对结构性能的影响,构件制造手工劳动多,质量控制难度较高等。

第4章　导弹总体设计参数与选择

战术技术要求一经确定,不仅明确了对导弹飞行性能的要求(即根据战术技术要求可合理地选择飞行性能参数),而且也有了进行导弹设计的依据。本章将研究根据导弹的飞行性能参数来选择导弹的主要设计参数的问题。

4.1　主要设计参数

4.1.1　主要设计参数的选择

导弹的飞行速度、射程、飞行高度等参数,直接表征着导弹的性能,可以称之为"性能参数"或"特征参数"。

导弹的质量、直径、长度、弹翼面积、发动机的推力、推进剂的质量等参数,关系着导弹的结构特征,需要通过设计才能确定,故称之为"设计参数"。由于导弹系统是一个层次性系统,通常上一级系统的"设计参数"又是下一级系统(子系统)的性能参数。如发动机的推力或总冲量,在导弹设计中是"设计参数",而在发动机设计中却是一个"性能参数"或"特性参数"。

在导弹设计中,所谓主要设计参数,是指决定导弹战术飞行性能的那些参数,其中最主要的是导弹的质量 m、发动机的推力 P 和弹翼面积 S(或导弹的参考面积)。对于防空导弹,由于其对付的是高速、机动的目标,战术飞行性能中除射程 D、飞行高度 H、飞行速度 V 外,还有导弹的机动性,通常用导弹的可用过载 n_{ya} 表示。导弹的主要设计参数与导弹飞行性能的关系,通过导弹的纵向运动方程可以看出。

设 X 为导弹的阻力,θ 为弹道倾角,则导弹纵向运动方程为

$$m\frac{\mathrm{d}V}{\mathrm{d}t} = P\cos\alpha - X - mg\sin\theta \qquad (4-1)$$

通常导弹的冲角不大,$\cos\alpha \approx 1$,式(4-1)可简化为

$$\frac{\mathrm{d}V}{\mathrm{d}t} = \frac{P}{m} - \frac{X}{m} - g\sin\theta$$

则

$$V = \int_0^{V_k} \mathrm{d}V = \int_0^{t_k}\left(\frac{P}{m} - \frac{X}{m} - g\sin\theta\right)\mathrm{d}t \qquad (4-2)$$

式中,V_k,t_k 分别为导弹击中目标时的飞行速度和飞行时间。可以看出,导弹的速度变化在很大程度上取决于导弹的推力、阻力与质量之比值。又因为导弹的射程 $D = \int_0^{V_k} V\mathrm{d}t$,故上述比值也间接地在很大程度上决定了导弹的射程。

另外,导弹的可用过载是导弹机动性的重要指标,由可用过载的表达式

$$n_{yu} = \frac{\frac{1}{2}\rho V^2 C_y S + P \frac{\alpha}{57.3}}{mg}$$

(4 - 3)

可见,可用过载与导弹主要参数 m,P,S 之间的关系;当导弹质量 m 和推力 P 一定时,可用过载 n_{yu} 与弹翼面积 S、导弹飞行高度 H 及飞行速度 V 有关。

通过导弹的纵向运动方程可看出,导弹主要设计参数(m,P 和 S 等)与导弹飞行性能(D, H,V 和 n_{yu} 等)的关系非常密切,并在很大程度上决定了导弹的战术性能。因此,对导弹总体设计来说,在战术技术要求确定后,就应首先确定上述主要设计参数。但是,主要设计参数除与战术技术要求有关外,尚与气动参数等有关,同时主要设计参数彼此之间相互影响,密切相关,故确定主要设计参数的过程是一项反复迭代和逐次接近的过程。

导弹总体设计参数选择与气动外形设计,是防空导弹研制过程中首先遇到的问题,它的任务就是根据武器系统的战术技术指标,合理地选定导弹的主要总体参数,并基此设计出满足各方面要求的导弹空气动力外形。然而,导弹总体参数选择与气动外形设计之间的关系是非常复杂的,它是导弹设计任务中最重要的一个环节。图 4-1 所示为导弹总体设计中确定导弹的主要总体参数及气动布局的工作程序,其中,虚框部分表示参数选择与外形设计所涉及的内容、程序与相互关系。

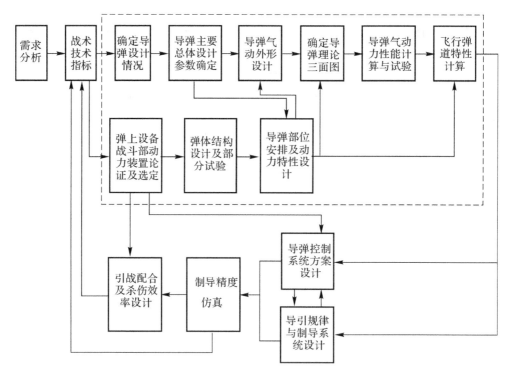

图 4-1　防空导弹总体参数与气动布局设计程序框图

4.1.2　设计情况的确定

1. 典型弹道

典型弹道是指代表典型设计情况的弹道,按它进行设计,则可以满足导弹在杀伤区(或攻击区）内所有可能弹道的要求。因此，典型弹道意味着某种设计指标的最严重情况。

（1）地对空导弹的典型弹道。

一般地对空导弹的典型弹道有 4 条，如图 4 - 2 所示，即

高近弹道（01）—— 最大高度，最小射程；

高远弹道（02）—— 最大高度，最大射程；

低远弹道（03）—— 最小高度，最大射程；

低近弹道（04）—— 最小高度，最小射程；

从消耗推进剂数量严重情况看，显然，02 与 03 是推进剂质量的设计情况。通常，依 02 进行设计计算，按 03 进行校核计算。

从弹翼面积看，一般 01 是弹翼面积的设计情况。

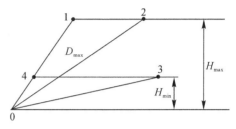

弹翼的主要功用是用来产生足够的法向力 Y，以实现导弹在攻击目标的过程中其可用过载 n_{yu} 大于需用过载 n_{yn}。由图 4 - 2 可以看出，在目标高度和速度一定条件下，导弹与目标的遭遇斜距越小，弹道越弯曲，导弹的需用过载越大，即

图 4 - 2　地空导弹的典型弹道

$$n_{yn1} > n_{yn2}, \quad n_{yn4} > n_{yn3}$$

另一方面，从可用过载来看，由于高空与低空的空气密度相差很大，而"1"点的导弹速度小于"2"点的速度，"1"点的导弹质量又大于"2"点的导弹质量，可用过载近似表达式为

$$n_{yu} \approx \frac{Y}{mg} = \frac{\frac{1}{2}\rho V^2 C_{ymax} S}{mg}$$

由此看出，一般来讲，"1"点的可用过载比高远弹道（02）和低远弹道（03）的可用过载要小，而低近弹道（04）采用较少。这样，统一来看，"1"点的需用过载大，而可用过载小，故高近弹道（01）是考虑导弹机动性（考虑弹翼面积 S）的主要设计情况。

由于防空导弹是在很大的作战空域内杀伤目标，总体参数的设计情况往往是不同的。为此，要根据战术技术指标要求，对导弹作战过程进行全面分析，从中找出各种最严重的作战条件，最后综合出导弹起飞质量、发动机推力和弹翼面积等主要总体参数的设计情况。

（2）空空导弹的典型弹道。

1）考虑推进剂消耗量的严重情况。 这时，导弹应取最低作战高度（一般可取高度为 3 km）、最大射击距离 D_{max}、尾追攻击、目标以最大速度 V_{Tmax} 直线飞行的状态作为考虑推进剂消耗的设计情况。如图 4 - 3 所示，图中，t_{max} 为导弹从发射至命中目标的最大飞行时间，M_0，T_0 为发射时导弹与目标的位置，V_M 为导弹速度。

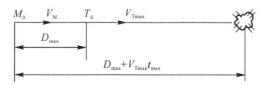

图 4 - 3　空空导弹尾追攻击弹道

2)弹翼面积的设计情况。当导弹只具有对目标尾追攻击能力时,应选取最大作战高度 H_{max}、最小射击距离 D_{min}、最大攻击角 q_{max} 和目标以最大机动飞行作为考虑弹翼面积的主要设计情况,如图 4-4 所示,图中 R_{Tmin} 为目标最小转弯半径。

当导弹具有迎面攻击和离轴发射能力时,应该选取最大作战高度 H_{max}、最小射击距离 D_{min}、最大离轴角 β_{max}、导弹与目标迎击时的情况作为考虑弹翼面积的主要设计情况,如图 4-5 所示。

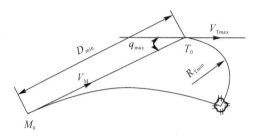

图 4-4　空空导弹尾追攻击机动目标的弹道

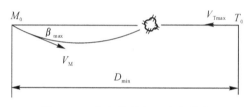

图 4-5　空空导弹迎面攻击弹道

2. 导弹起飞质量 m_0 与推力 P 设计情况

（1）对全程主动段攻击目标的导弹。

1）作战距离 R:对主动段攻击目标的导弹来说,R 越远,其火箭推进剂消耗量也越大,m_0 也越大,为此杀伤区最大距离(即杀伤区远界)是 m_0 与 P 的设计情况。

2）作战高度 H:由于 H 越低,空气密度越大,导弹所受的空气阻力越大,为达到相同的速度值,所消耗的推进剂自然越多。从这个意义上讲,在相同 R 下,最低高度是 m_0 与 P 的设计情况。

3）目标机动过载 n_y:n_y 越大,导弹要付出的动力越大,相应导弹攻角大,空气阻力大,在最大距离处达到要求速度,其消耗推进剂量也大,故目标最大机动过载也是 m_0 与 P 的一种设计情况。

（2）对非全程主动段攻击目标的导弹。

目前,大部分防空导弹设计,为充分利用火箭发动机能量,减轻导弹质量,采用非全程主动段攻击目标的设计方案,即在一部分作战空域内(如作战空域中的中近界),采用主动段攻击目标,在大部分作战空域内(中远界),利用导弹惯性飞行,被动段攻击目标。

对这类导弹 m_0 与 P 的设计情况,原则上与上述设计条件一致,但在具体的条件上有所差别,如在考虑推进剂质量与发动机工作时间时,既要满足不大于最大轴向过载的要求,又要在杀伤区远界满足飞行时间和导弹最大可用过载的要求。

由上述条件知,m_0 与 P 的设计情况主要取决于导弹最大的作战距离与最大作战距离处的最低作战高度和目标最大机动过载。

　　3. 弹翼面积 S 的设计情况

　　对于装有弹翼的防空导弹,如正常式布局、鸭式布局、全动弹翼式布局等,导弹所需机动过载主要是靠弹翼提供的,为此,确定弹翼面积是设计情况研究工作的一个主要内容。

　　(1) 最小可用过载设计情况。

　　1) 对全程主动段攻击目标的中远程防空导弹。通常作战高度越高,空气密度越小,飞行速度越大,升力系数越小,其综合结果,往往能提供机动的升力较小。在同样高度下,高近弹道又较高中、高远弹道为弯曲,需用过载较大,此时质量又大,故高近弹道是确定弹翼面积的一种设计情况。

　　2) 对非全程主动段攻击目标的低空近程防空导弹。由于被动段攻击目标时,作战距离增加而速度下降,同样在作战高界,其远界的可用过载要比近界低,尽管高近弹道需用过载要大些,但综合结果,仍可能高远弹道是确定弹翼面积的一种设计情况。

　　(2) 最大需用过载设计情况。

　　下列几种情况,可以考虑作为确定弹翼面积的设计情况。

　　1) 同样高度下,作战距离越近,其飞行弹道越弯曲,需用过载也较大。

　　2) 同样作战斜距下,航路捷径越大,其弹道也越弯曲,需用过载也越大。

　　3) 当目标作最大机动时,飞行弹道也越弯曲,需用过载也越大。

　　依上述分析,要分别找出最大需用过载设计情况和最小可用过载设计情况,经综合后找出所需弹翼面积的设计情况。

　　对大部分防空导弹的气动外形设计,主要机动过载是由弹翼提供的,采用上述设计情况来确定弹翼面积是合适的。但对近代发展起来的大攻角飞行的气动布局,如条状翼布局或无翼式布局,弹翼提供的机动过载越来越小,甚至发展到零。在此情况下,就要综合考虑弹身与舵面提供的机动过载。

　　4. 舵面设计情况

　　通常在线性化设计范畴内,舵面面积确定常和弹翼面积一样,取决于可用过载设计情况。亦即在弹翼面积确定后,依最大使用攻角和静稳定度来确定舵面面积和舵偏角。

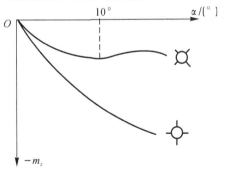

　　在空气动力特性出现较大非线性时,往往出现确定弹翼面积设计情况与舵面设计情况不一致,需要通过分析计算,找出舵面设计情况,如对某全程主动段攻击的防空导弹,其纵向力矩系数随攻角出现明显的非线性,且随 X 字形与十字形不同。图 4 - 6 所示为此类导弹在高远界,两种不同配置(X 字形与十字形)的力矩系数随攻角的变化曲线。从中看出在较大攻角范围,两者差别尤为明显,X 字形飞行较十字形出现更大的非线性。由曲线得出在同一攻角下,十字形静稳定度大,说明在同一攻角下,需要舵面付出控制力矩要大。为此,舵面的设计情况就要

图 4 - 6　某地空导弹两种飞行姿态下的
力矩系数变化曲线

选在高远界十字形飞行状态(即斜平面飞行)。如在高远界速度最大,则这种非线性差别将会变得更严重,有的按十字形设计的舵面积甚至将会比按 X 字形设计的要大一倍。

若控制面采用燃气舵,尽管所提供控制力的形式不一样,但对燃气舵的设计要求与空气舵是一样的。

5.副翼设计情况

(1)对常规布局的副翼设计情况。通常在导弹气动外形设计时,不单独研究副翼设计情况,而在大攻角使用情况下,非线性空气动力对副翼面积确定起决定作用。依空气动力理论,在线性空气动力范围内,轴向对称布局的导弹(如X字形配置),在任意滚动角 γ 的情况下,其滚动力矩为零,为此,不需要副翼付出控制力矩,来克服空气动力不对称产生的滚动力矩。实际上,空气动力性能不是线性的,特别是随着飞行攻角的增加,导弹头部气流分离形成的旋涡,对后部翼面处产生不对称的下洗流,这种不对称下洗流会产生非线性滚动力矩。图4-7所示为X字形配置在不同滚动角下的滚动力矩系数,从中看出在 $\gamma=22.5°$ 附近,将出现较大的滚动力矩。

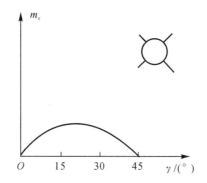

图4-7 X字形配置在不同滚动角下的滚动力矩系数(正常式布局)

在杀伤区高远界,所需攻角大,飞行速度也大,非线性滚动力矩自然大,而此时因空气密度小,副翼法向力系数小,控制力矩小。为平衡非线性滚动力矩与其他不对称带来的滚动力矩,需要付出很大的控制力矩,这可能成为确定副翼面积(或偏角)的设计情况。

(2)非常规布局的副翼设计情况。对于采用与飞机类似的"一"字形配置翼面的导弹,当攻击目标时,可采用BTT(倾斜转弯)技术,控制导弹快速滚转到需用过载方向。这种先进的控制方式与布局将给导弹性能带来明显的好处。对这种布局的导弹,其副翼的功能已不再局限于滚动稳定的需要,而要作为控制手段,快速产生控制力矩来满足滚动角速度的要求,故对这类非常规布局的导弹,要根据全空域内飞行控制的特点,来寻求确定副翼面积及其偏角的设计情况。

6.铰链力矩设计情况

在控制面设计中,铰链力矩设计不但直接影响舵机功率大小,而且,如果设计不当,在飞行过程中,控制面将会出现较大的反操纵。而反操纵对某些以气压舵机组成的舵系统,将是灾难性的,有时甚至会引起系统发散,造成导弹空中解体的严重事故,故在控制面设计时,要考虑到控制面弦向压力中心变化尽可能小。对不同的防空导弹,铰链力矩的设计情况不完全一致,通过对全空域飞行控制弹道的分析,综合出铰链力矩最大设计点作为设计情况,再加上控制系统对舵面偏转速率要求,来确定舵机功率。

4.1.3　主要设计参数的评价准则

主要设计参数是与战术飞行特性密切相关的参数。在选择确定主要设计参数时,必须保证满足战术飞行特性,但满足导弹飞行性能的参数可能有一组或多组,究竟选择哪组好呢? 这些参数怎么组合最有利呢? 这里有一个确定准则问题,在优化设计中是选择目标函数的问题。也就是说,根据战术性能的要求,目标函数可以有一个或多个。例如,在地对空导弹设计中,可以把"脱靶量最小"作为优化准则,也可以把"导弹起飞质量最小"作为优化准则;反坦克导弹设计中,把"飞行时间最短"作为优化准则;地对地导弹设计中,把"射程最大"作为优化准则。

在确定防空导弹主要设计参数时,一般认为把导弹的最低成本作为优化准则是较为合理的,因为随着导弹武器性能日益先进,成本势必增加。因此,成本往往成为研制导弹武器系统方案成败的关键。但是,导弹的成本只有在导弹定型生产出来后才能完全确定,因此,在没有足够成本资料时,通常以导弹的最小起飞质量为优化准则,因为导弹的起飞质量不仅在一定程度上反映导弹的成本(对大型火箭更是如此),而且也是衡量导弹武器系统优劣的一个重要指标。

确定主要设计参数的准则,应使导弹的性能达到"最优"。所谓性能"最优",就是指导弹最好地满足战术技术性能要求。具体地说,即在规定战术技术的条件下,选择的主要设计参数,应使消耗的资源最少、成本最低。因此在防空导弹初步设计中,常把"导弹起飞质量最小"作为评价准则。

4.2　导弹起飞质量设计模型

质量方程是表征导弹发射质量、有效载荷、结构特性、主要设计参数和推进剂相对质量系数之间关系的数学表达式。设计初始阶段估算导弹的质量比较困难,在没有原型弹做参考的情况下,要确定各种设备及结构质量困难就更大。但是总体布局设计开始就应有质量的数值,不确定各部分的质量,发射质量就无法确定。因此,就必须找出一种妥善的方法先解决这个问题。因此,求解导弹质量的方法只能是逐步近似逼近的。

导弹的起飞质量是由其各部分质量组成的。每一部分质量都与导弹的战术技术性能及其某些主要设计参数有密切的联系。为此,将导弹各部分质量用其性能参数和主要设计参数来表示,并将各部分质量综合在一起,组成导弹的质量方程,以求得它们与导弹起飞质量的关系。

由于导弹上所采用的发动机有液体火箭发动机、固体火箭发动机和空气喷气发动机等,而动力装置的类型决定了其结构质量和推进剂的质量,因此,下面分别就以两级地空导弹为例建立其质量方程。

4.2.1　装有液体火箭发动机的二级导弹质量方程式的建立

一种典型的两级地对空导弹由第一级固体助推器和第二级液体火箭发动机(主级)组成,故其起飞质量 m_0 可表示为

$$m_0 = m_1 + m_2 \qquad (4-4)$$

式中，m_1 为导弹助推器质量；m_2 为导弹第二级（主级）质量。

现在分别建立导弹各级的质量方程。

1. 助推器质量方程式的建立

助推器（采用固体火箭发动机时）的质量 m_1 一般可以表示为

$$m_1 = m_{F1} + m_{cb} \tag{4-5}$$

式中，m_{F1} 为助推器推进剂质量；m_{cb} 为助推器壳体质量。

在工程设计上，常采用结构比 A（助推器壳体质量与推进剂质量之比）这个参数表示助推器质量指标，即

$$A = \frac{m_{cb}}{m_{F1}}$$

对于一定的生产技术条件，A 的数值对同一类型的助推器已接近于某一稳定值。将结构比 A 值代入式（4-5）则得

$$m_1 = m_{F1}(1 + 1.2A) \tag{4-6}$$

式（4-6）称为助推器质量方程，式中系数 1.2 是考虑助推器上分离机构及稳定设备等附件的质量后选取的。

2. 导弹主级质量方程式的建立

防空导弹主级的质量通常由导弹的有效载荷 m_P（包括战斗部和控制系统的质量）、弹体结构质量 m_S（包括弹身、弹翼、舵面和操纵机构的质量）、动力装置质量 m_{PP}（包括推进剂、推力室和输送系统的质量）等几部分组成。则可表示为

$$m_2 = m_P + m_S + m_{PP}$$

或

$$m_2 = (m_A + m_{cs}) + (m_B + m_w + m_R + m_{cs1}) + (m_F + m_{es} + m_{ts}) \tag{4-7}$$

式中，m_A 为战斗部质量；m_{cs} 为控制系统质量；m_B 为弹身质量；m_w 为弹翼质量；m_R 为舵面质量；m_{cs1} 为操纵机构质量；m_F 为推进剂质量；m_{es} 为发动机壳体（推力室）质量；m_{ts} 为推进剂输送系统质量。

将式（4-7）的左右两边各除以 m_2，则得相对量的表达式为

$$1 = \bar{m}_A + \bar{m}_{cs} + \bar{m}_B + \bar{m}_w + \bar{m}_R + \bar{m}_{cs1} + \bar{m}_F + \bar{m}_{es} + \bar{m}_{ts} \tag{4-8}$$

式中，$\bar{m}_i$ 为相应导弹各部分质量与主级总重 m_2 的比值。

上述各项相对量与导弹战术飞行性能、所采用的各部分设备的类型和特性以及某些主要参数有关系，为此，做如下变换：

（1）推进剂相对质量系数为

$$\bar{m}_F = \frac{m_F}{m_2} = k_F K_F$$

其中，K_F 为由导弹的战术飞行性能决定的推进剂相对质量系数，是一个很重要的参数，后面专门讨论；k_F 为由于在计算推进剂相对质量系数 K_F 过程中，进行了一些假设，考虑到这些假设及计算误差等因素后所必需的推进剂储备系数，一般由经验决定。

（2）发动机壳体相对质量系数为

$$\bar{m}_{es} = \frac{m_{es}}{m_2} = \frac{m_{es}}{P} \frac{Pg}{m_2 g} = r_{es} \bar{P} g = K_{es}$$

式中，r_{es} 为产生单位推力所需推力室的质量，它与发动的类型、性能、材料及工作条件等有关；

$\overline{P} = \dfrac{P}{m_2 g}$ 为推重比。它与导弹战术飞行性能有关,是一个主要参数,后面将讨论如何确定。

(3) 推进剂输送系统相对质量系数为

$$\overline{m}_{ts} = \frac{m_{ts}}{m_2} = \frac{m_{ts}}{P} \frac{Pg}{m_2 g} = r_{ts} \overline{P} g = K_{ts}$$

式中,r_{ts} 为产生单位推力所需的推进剂输送系统质量,它与输送系统类型、流量和推进剂比冲等有关。

(4) 弹身结构相对质量系数为

$$\overline{m}_B = \frac{m_B}{m_2} = K_B$$

式中,K_B 与导弹的过载、弹身结构形式等有关。

(5) 弹翼结构相对质量系数为

$$\overline{m}_w = \frac{m_w}{m_2} = \frac{m_w g}{S} \frac{S}{m_2 g} = \frac{q_w}{p_0} = K_w$$

式中,q_w 为每平方米翼面上的结构自重,与弹翼的结构形式、材料及要求承受的最大载荷有关;$p_0 = \dfrac{m_2 g}{S}$ 为每平方米翼面上的载荷,一般称为翼载(或翼负荷),也是后面将专门讨论的一个主要参数。

(6) 舵面结构相对质量系数为

$$\overline{m}_R = \frac{m_R}{m_2} = \frac{m_R g}{S_R} \frac{S}{m_2 g} \frac{S_R}{S} = q_R \frac{\overline{S}_R}{p_0} = K_R$$

式中,q_R 为单位舵面面积上的结构自重;$\overline{S}_R = \dfrac{S_R}{S}$ 为舵面的相对面积。它与导弹外形及操纵性和稳定性有关。

(7) 操纵机构相对质量系数为

$$\overline{m}_{cs1} = \frac{m_{cs1}}{m_2} = K_{cs1}$$

将以上各项代入式(4-8),整理可得

$$m_2 = \frac{m_P}{1 - (k_F K_F + K_{cs} + K_{ts} + K_B + K_w + K_R + K_{cs1})} \tag{4-9}$$

或 $$m_2 = \frac{m_P}{1 - (K_{PP} + K_S)} = \frac{m_P}{1 - K_2} \tag{4-10}$$

式中　　$K_{PP} = k_F K_F + K_{es} + K_{ts}$, 　$K_s = K_w + K_B + K_R + K_{cs1}$, 　$K_2 = K_{PP} + K_s$

式(4-9)称为导弹主级的质量方程式。它表明了导弹主级总质量与导弹各部分质量及主要参数之间的关系。在决定了战斗部及控制系统质量和上述各项相对质量之后,即可求出导弹主级总质量。

由上述建立质量方程式的过程可以看出,采用相对质量系数 $K_i = m_i/m_2$ 为解决问题带来很多方便。相对质量系数不仅反映某些部件的性能,而且在一定技术条件下 K_i 值比较有规律,便于统计经验数据,容易找到 K_i 与主要参数之间的关系。由此可见,设计过程中积累和收集统计数据是十分重要的工作。

3. 全弹起飞质量方程的建立

由式(4-4),有

$$m_0 = m_1 + m_2$$

将上式两边各除以起飞质量 m_0 可得

$$1 = \frac{m_1}{m_0} + \frac{m_2}{m_0} \qquad (4-11)$$

令

$$K_1 = \frac{m_1}{m_0} = \frac{m_{F1}}{m_0}(1 + 1.2A) = K_{F1}(1 + 1.2A)$$

式中，$K_{F1} = \dfrac{m_{F1}}{m_0}$ 为助推器推进剂相对质量系数。

将 K_1 代入式（4-11）有

$$1 = K_1 + \frac{m_2}{m_0}$$

故

$$m_0 = \frac{m_2}{1 - K_1} \qquad (4-12)$$

将主级质量方程式（4-9）代入式（4-12），得

$$m_0 = \frac{m_P}{(1 - K_1)(1 - K_2)} \qquad (4-13)$$

式（4-13）为全弹起飞质量方程。对于起飞质量来说，主级总重 m_2 则为其第一级的有效载荷。

由质量方程式（4-6），式（4-9）和式（4-13）可以看出，在确定了各项相对质量系数之后，即可求出导弹主级质量 m_2，助推器质量 m_1 和导弹的起飞质量 m_0。

实践表明，在导弹的各项相对质量系数中，推进剂相对质量系数所占比例最大，而且它与很多参数及导弹飞行性能有密切关系，因此，将在 4.3 节首先讨论它的计算方法。

4.2.2 两级固体火箭发动机导弹质量方程式的建立

设防空导弹的动力系统由两级独立固体火箭发动机组成，一级燃烧完毕后脱落。

以 m_2 表示二级发动机开始工作时导弹的质量，m_1 表示一级发动机开始工作时导弹的质量，则

$$m_2 = m_P + m_{S2} + m_{F2} = m_P + m_{en2} + m_{ta2} + m_{F2} \qquad (4-14)$$

$$m_1 = m_2 + m_{S1} + m_{F1} = m_2 + m_{en1} + m_{ta1} + m_{F1} \qquad (4-15)$$

式中，m_P 为导弹的有效载荷质量；$m_{S2} = m_{en2} + m_{ta2}$ 为导弹第二级弹体的结构质量；m_{en2} 为导弹第二级发动机结构质量；m_{ta2} 为导弹第二级尾段（含级间段等）的质量；m_{F2} 为导弹第二级推进剂质量；$m_{S1} = m_{en1} + m_{ta1}$ 为导弹第一级弹体的结构质量；m_{en1} 为导弹第一级发动机结构质量；m_{ta1} 为导弹第一级尾段的质量；m_{F1} 为导弹第一级推进剂质量。

引入导弹第二级尾段结构质量系数 $K_{ta2} = \dfrac{m_{ta2}}{m_2}$，导弹第二级推进剂质量系数 $K_{F2} = \dfrac{m_{F2}}{m_2}$，导弹第二级发动机结构系数 $K_{en2} = \dfrac{m_{en2}}{m_{F2}}$，则

$$m_2 = \frac{m_P}{1 - K_{ta2} - K_{F2}(1 + K_{cn2})} \qquad (4-16)$$

引入导弹第一级尾段结构质量系数 $K_{ta1} = \dfrac{m_{ta1}}{m_1}$，导弹第一级推进剂质量系数 $K_{F1} = \dfrac{m_{F1}}{m_1}$，导

弹第一级发动机结构系数 $K_{en1} = \dfrac{m_{en1}}{m_{F1}}$，则

$$m_1 = \frac{m_2}{1 - K_{ta1} - K_{F1}(1 + K_{en1})} \tag{4-17}$$

因此，导弹的总质量（起飞质量）

$$m_0 = m_1 = \frac{m_2}{1 - K_{ta1} - K_{F1}(1 + K_{en1})} = \frac{m_P}{[1 - K_{ta1} - K_{F1}(1 + K_{en1})][1 - K_{ta2} - K_{F2}(1 + K_{en2})]} =$$

$$\frac{m_P}{\displaystyle\prod_{i=1}^{2}[1 - K_{tai} - K_{Fi}(1 + K_{eni})]} \tag{4-18}$$

从式(4-18)可以看出，当有效载荷的质量给定时，导弹的总质量将由 3 组系数 K_{tai}，K_{eni}，K_{Fi} 确定。因数 K_{tai}，K_{eni} 可以根据统计数据确定，K_{Fi} 是射程（或速度）的函数，可由弹道设计来确定。

4.3 导弹主级推进剂相对质量系数的计算

4.3.1 推进剂质量的一般表达式

导弹携带大量推进剂的目的是供给动力装置产生推力，从而使导弹获得一定的冲量，使其满足一定的战术要求。因此，在计算推进剂质量时，可以从研究推力冲量与导弹运动参数之间的关系入手。

导弹在铅垂面的运动如图 4-8 所示。由图 4-8 可知，导弹沿飞行方向的纵向运动方程式为

$$m \frac{dV}{dt} = P\cos\alpha - X - mg\sin\theta \tag{4-19}$$

一般导弹在飞行中，冲角较小，故可近似地认为 $\cos\alpha \approx 1$，上式便可写成

$$P = m \frac{dV}{dt} + X + mg\sin\theta$$

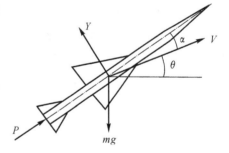

图 4-8 导弹在铅垂面的运动

积分求解上述微分方程可得

$$\int_{t_0}^{t_1} P dt = \int_{V_0}^{V_1} m dV + \int_{t_0}^{t_1} X dt + \int_{t_0}^{t_1} mg\sin\theta dt \tag{4-20}$$

式中，t_0，V_0 分别为第一级助推器工作结束时所对应的时间和速度；t_1，V_1 分别为第二级发动机工作结束时所对应的时间和速度。

对于火箭发动机，其推力可用下式表示为

$$P = \dot{m}_{sec} I_s \tag{4-21}$$

式中，I_s 为发动机的比冲；$\dot{m}_{sec}$ 为发动机的推进剂秒流量（或推进剂秒消耗量）。

如果近似地将比冲 I_s 沿全弹道取平均值（对于火箭发动机来说是很符合的），则

$$\int_{t_0}^{t_1} P dt = \int_{t_0}^{t_1} \dot{m}_{sec} I_s dt = m_F I_s$$

于是式（4-20）可以改写为

$$m_{\text{F}} = \frac{1}{I_s} \left(\int_{V_0}^{V_1} m\mathrm{d}V + \int_{t_0}^{t_1} X\mathrm{d}t + \int_{t_0}^{t_1} mg\sin\theta\mathrm{d}t \right) \qquad (4-22)$$

式(4-22)的物理意义为:第一项表示导弹在飞行中所获得的动量,第二项表示导弹在飞行过程中克服阻力所消耗的冲量,第三项表示重力在速度方向的分量所消耗的冲量。由此可见,由于导弹在飞行过程中受有空气阻力和重力的作用,因而用来产生推力所消耗的全部推进剂 m_{F},分别消耗于增加导弹的有效动量,克服所受空气阻力的冲量和克服重力分量的冲量三部分。所以,要求得导弹在飞行中消耗的全部推进剂质量,就必须求解上述三部分。它们可以由导弹的运动微分方程式求解获得。由此求出的推进剂质量 m_{F} 未包括保证可靠性所需的推进剂储备量,计算总质量时必须把这部分储备量加上去。

在工程上通常采用数值积分法、解析法和近似估算法来求解推进剂质量比 K_{F}。利用数值积分法求解导弹运动微分方程,不仅可以满足需要的精度,而且可利用最优化方法选择主要设计参数。

4.3.2 导弹相对量运动方程式的建立

在导弹飞行力学课程中介绍了导弹运动微分方程式及其求解方法,但在导弹总体设计未完成之前难以确切地知道各项技术参数,因此,用上述微分方程进行导弹总体设计仍有困难。这就需要寻求一些能表征导弹运动特征的相对参量来取代方程中的绝对参量,将只适合于特定导弹运动的微分方程转化为一系列相对参量表示的运动微分方程,从而结合具体需要找出符合特定设计要求的参数。

1. 相对量运动微分方程式的建立

防空导弹在攻击目标的过程中,是在空间按一定导引规律做曲线运动的,然而,实际上在导弹初步设计阶段并无必要做这样复杂的考虑,通常只研究导弹在垂直平面内的质心运动(或水平平面内的质心运动)。导弹在垂直平面内的运动方程组为

$$\left. \begin{aligned} & m\frac{\mathrm{d}V}{\mathrm{d}t} = P\cos\alpha - \frac{1}{2}C_x\rho V^2 S - mg\sin\theta \\[4pt] & mV\frac{\mathrm{d}\theta}{\mathrm{d}t} = P\sin\alpha + \frac{1}{2}C_y\rho V^2 S - mg\cos\theta \\[4pt] & \frac{\mathrm{d}y}{\mathrm{d}t} = V\sin\theta \\[4pt] & \frac{\mathrm{d}x}{\mathrm{d}t} = V\cos\theta \\[4pt] & D_R = \sqrt{x^2 + y^2} \\[4pt] & \theta = \theta(t) \\[4pt] & m = m_2 - \int_{t_0}^{t} \dot{m}_{\sec}\mathrm{d}t = m_2 - m_{\text{F}}(t) \end{aligned} \right\} \qquad (4-23)$$

式中,C_x,C_y 分别为导弹的空气阻力系数和升力系数;S 为导弹的弹翼面积;D_R 为导弹的斜射程;ρ 为空气密度;$m_{\text{F}}(t) = \int_{t_0}^{t} \dot{m}_{\sec}\mathrm{d}t$ 为任一时刻 t 导弹所消耗的推进剂质量。

显然,如果一个导弹第二级质量 m_2、发动机推力值 P、弹翼面积 S 和空气动力系数数据皆已知时,方程式(4-23)可用数值积分的办法解出导弹某一时刻的推进剂质量 $m_{\text{F}}(t)$。但是,

在导弹设计之初,这是难以实现的。为此,既要积分式(4-23),又要不涉及上述某些未知参数,这就需要引入一些相对量参数。令

$$\mu = \frac{m_F(t)}{m_2} = \frac{\int_{t_0}^{t} \dot{m}_{sec} \, dt}{m_2} \tag{4-24}$$

由式(4-24)看出,参数 μ 表示导弹在某一瞬时 t 所消耗的推进剂相对质量。

根据比冲 I_s 定义:

$$I_s = \frac{P}{\dot{m}_{sec}}$$

式中, $\dot{m}_{sec}$ 为导弹的推进剂质量随时间的变化率,也就是单位时间内消耗的推进剂质量。

由式(4-24)可得

$$d\mu = \frac{\dot{m}_{sec} dt}{m_2} = \frac{P dt}{m_2 I_s} = \frac{\bar{P} g}{I_s} dt$$

因此

$$dt = \frac{I_s}{\bar{P} g} d\mu \tag{4-25}$$

又因为

$$m = m_2 - \int_{t_0}^{t} \dot{m}_{sec} \, dt$$

所以

$$m = m_2 - m_2 \mu = m_2(1 - \mu)$$

由前文可知,翼载 $p_0 = \dfrac{m_2 g}{S}$,推重比 $\bar{P} = \dfrac{P}{m_2 g}$,并考虑到导弹在弹道上的冲角较小,因此,近似取 $\cos\alpha \approx 1, \sin\alpha \approx \alpha$ 。

将以上各相对量参数 $\bar{P}, p_0, \mu$ 等代入到式(4-23)中,于是得到相对量运动微分方程组为

$$\left.\begin{aligned}
&\frac{dV}{d\mu} = \frac{I_s}{1-\mu} - \frac{I_s C_x \rho V^2}{2 \bar{P} p_0 (1-\mu)} - \frac{I_s \sin\theta}{\bar{P}} \\
&V \frac{d\theta}{d\mu} = \left(\frac{I_s}{1-\mu}\right) \alpha + \frac{I_s C_y \rho V^2}{2 \bar{P} p_0 (1-\mu)} - \frac{I_s \cos\theta}{\bar{P}} \\
&\frac{dy}{d\mu} = \frac{I_s}{\bar{P} g} V \sin\theta \\
&\frac{dx}{d\mu} = \frac{I_s}{\bar{P} g} V \cos\theta \\
&D_R = \sqrt{x^2 + y^2} \\
&\theta = \theta(\mu) \\
&Ma = \frac{V}{a}
\end{aligned}\right\} \tag{4-26}$$

式(4-26)中,推重比 $\bar{P}$ 、翼载 p_0 等相对量参数是可以通过分析的办法选择确定的,空气动力系数在初步设计之初,在导弹外形未确定之前,通常是采用相类似导弹的数据,然后再加以修正。弹道倾角 $\theta = \theta(\mu)$ 对于不同的导引规律,选用不同的关系式。然后,利用数值积分法解上述方程组,则相应的 μ 即为推进剂相对质量系数,继而根据质量方程求出导弹的起飞质量。

4.3.3　求解相对量运动微分方程式的步骤

根据数值积分法解上述的各微分方程组的一般步骤:

1. 选择参数

解方程时需要选择的参数主要有空气动力参数、大气参数、发动机比冲、其他主要参数(翼载、推重比、助推器参数)等。

(1) 空气动力参数。主要有 C_x,C_y,可参考原准弹或根据相类似的导弹外形进行选择;

(2) 大气参数。主要有空气密度、声速、大气压力等,可根据标准大气表输入或按下列公式计算:

(a) 海平面:温度为 $T_0=288.15$ K,密度为 $\rho_0=0.124\ 95$ kg/m³

(b) 高度:

当 $H=0\sim11$ km 时,则有 $T=(288.15-0.006\ 5H)$ K

$$\rho=\rho_0\left(\frac{T}{T_0}\right)^{4.255\ 88}\ \text{kg/m}^3$$

当 $H=11\sim20$ km 时,则有 $T=216.65$ K

$$\rho=\left[0.363\ 92/\exp\left(\frac{H-11\ 000}{6\ 341.62}\right)\right]\ \text{kg/m}^3$$

当 $H=20\sim32$ km 时,则有 $T=[216.65+0.01(H-20\ 000)]$ K

$$\rho=0.088\ 035\times\left(\frac{216.65}{T}\right)^{35.163\ 2}\ \text{kg/m}^3$$

当 $H=32\sim47$ km 时,则有 $T=[228.65+0.002\ 8(H-32\ 000)]$ K

$$\rho=0.013\ 225\times\left(\frac{228.65}{T}\right)^{13.201\ 1}\ \text{kg/m}^3$$

当 $H=47\sim51$ km 时,则有 $T=270.65$ K

$$\rho=\left[0.001\ 427\ 54/\exp\left(\frac{H-47\ 000}{7\ 922.27}\right)\right]\ \text{kg/m}^3$$

当 $H=51\sim71$ km 时,则有 $T=[270.65-0.002\ 8(H-51\ 000)]$ K

$$\rho=0.000\ 861\ 6\times\left(\frac{T}{270.65}\right)^{11.201\ 1}\ \text{kg/m}^3$$

当 $H=71\sim86$ km 时,则有 $T=[214.65-0.002\ 8(H-71\ 000)]$ K

$$\rho=0.000\ 064\ 211\times\left(\frac{T}{214.65}\right)^{16.081\ 8}\ \text{kg/m}^3$$

在 $H=86$ km 以上,ρ 无公式计算,可查表获得。

根据理想气体公式 $p=\rho RT$ 可以求出大气压力。

(3) 发动机比冲。根据推进剂类型及性能和导弹飞行环境条件,依据发动机理论比冲计算方法,由推进剂的标准比冲,计算出设计状态的发动机比冲、真空比冲,最后得到任意高度上的比冲。

若防空导弹飞行高度变化不大,在求解导弹相对量运动方程时,发动机比冲在全弹道上取平均值即可达到足够精度。

(4) 其他主要参数选择。其他参数包括翼载、推重比、助推器脱落时的速度和时间等,可按后面讲的方法选择。

2. 计算确定导弹(助推器)分离点的坐标参数及弹道参数

对于两级导弹应先估算出助推器分离点的坐标参数,此时,可假设在助推段导弹作等加速度直线运动,则有

$$x_0 = \frac{1}{2} V_0 t_0 \cos\theta_0 \left.\vphantom{\begin{array}{c}1\\1\end{array}}\right\}$$
$$y_0 = \frac{1}{2} V_0 t_0 \sin\theta_0$$

$$(4-27)$$

式中，t_0 为助推器工作时间；V_0 为助推器脱落时的速度；θ_0 为导弹起始发射角，对于垂直发射的导弹 $\theta_0 = 90°$，对于倾斜发射的导弹，θ_0 的选择取决于所采用的导引方法以及作战空域。中低空、中近程情况 $\theta_0 = 25° \sim 40°$，中高空、中远程情况 $\theta_0 = 40° \sim 55°$。

3. 选择飞行程序

根据防空导弹所采用的导引方法（规律）确定 $\theta = \theta(\mu)$ 的表达式，例如，三点法、前置法、比例导引法等。

4. 根据导弹相对量运动微分方程求参数 μ 值

编制程序，在求解推进剂相对质量系数时，不需要对每条弹道进行计算，只需对典型弹道点计算即可，当计算到满足战术技术指标（射程、高度、速度）时，所对应的 μ 值即为所要求的推进剂相对质量系数值。

4.3.4　推进剂相对质量系数 K_F 的近似计算

利用数值积分法解微分方程能够得到足够精确的结果，但有时不便于明显地剖析各有关参数间的相互关系，为此，在某些场合有必要研究一些简化了的近似关系。

由式（4-22），有

$$m_F = \frac{1}{I_s} \left(\int_{V_0}^{V_1} m\,\mathrm{d}V + \int_{t_0}^{t_1} X\,\mathrm{d}t + \int_{t_0}^{t_1} mg\sin\theta\,\mathrm{d}t \right)$$

令

$$m_{FV} = \frac{1}{I_s} \int_{V_0}^{V_1} m\,\mathrm{d}V$$

$$m_{Fx} = \frac{1}{I_s} \int_{t_0}^{t_1} X\,\mathrm{d}t$$

$$m_{Fg} = \frac{1}{I_s} \int_{t_0}^{t_1} mg\sin\theta\,\mathrm{d}t$$

式中，m_{FV}，m_{Fx}，m_{Fg} 分别为增加导弹的速度、克服阻力和平衡重力切向分量的推进剂消耗量。因此，有

$$m_F = m_{FV} + m_{Fx} + m_{Fg} \qquad (4-28)$$

将式（4-28）变成相对量形式，等式两边同除以导弹第二级总重 m_2，得到

$$K_F = K_{FV} + K_{Fx} + K_{Fg} \qquad (4-29)$$

为了求得推进剂相对质量系数 K_F，则必须分别求解上述各部分的积分之值。

近似计算 K_F 值的条件：已知近似的速度规律 $V(t)$（见图 4-9）或导弹飞行性能的特征参数。

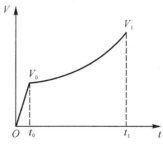

图 4-9　速度随时间变化规律

1. 用于增加导弹动量的推进剂量 m_{FV}

由

$$m_{FV} = \frac{1}{I_s} \int_{V_0}^{V_1} m \mathrm{d}V$$

当推进剂秒消耗量 $\dot{m}_{sec} = $ 常量时，有

$$m = m_2 \left(1 - \frac{\dot{m}_{sec} t}{m_2}\right)$$

故得

$$m_{FV} = \frac{1}{I_s} \int_{V_0}^{V_1} m_2 \left(1 - \frac{\dot{m}_{sec} t}{m_2}\right) \mathrm{d}V = \frac{1}{I_s} \left[m_2 (V_1 - V_0) - \dot{m}_{sec} \int_{V_0}^{V_1} t \mathrm{d}V \right]$$

利用数学中分部积分法 $\int u \mathrm{d}V = uV - \int V \mathrm{d}u$，同时，为方便计算令 $t_0 = 0$。则上式积分结果为

$$m_{FV} = \frac{1}{I_s} \left[m_2 (V_1 - V_0) - m_F (V_1 - V'_{av}) \right] \qquad (4-30)$$

式中，导弹第二级平均速度 V'_{av} 为

$$V'_{av} = \frac{1}{t_1} \int_0^{t_1} V \mathrm{d}t = \frac{D_{R1}}{t_1}$$

式中，D_{R1} 为导弹第二级最大斜射程。

令

$$\frac{V_1 - V'_{av}}{V_1 - V_0} = k_m$$

k_m 称为变质量修正系数。得

$$m_{FV} = \frac{m_2 - k_m m_F}{I_s} (V_1 - V_0) \qquad (4-31)$$

式（4-31）两边均除以第二级导弹总重 m_2，化成相对量形式为

$$K_{FV} = \frac{1 - k_m K_F}{I_s} (V_1 - V_0) \qquad (4-32)$$

在设计计算中，如果已经选择了速度规律 $V(t)$，则平均速度 V'_{av} 很容易求出；如果未选择 $V(t)$ 规律，可以采用下列近似公式进行计算，而后再进行修正，则

$$V'_{av} = k_V (V_0 + V_1)$$

式中，系数 k_V 为表征速度规律 $V(t)$ 非线性的影响。经验表明：对于低空弹道 $k_V \approx 0.5$；对于高空弹道 $k_V \approx 0.43 \sim 0.48$。

2. 用于克服导弹阻力的推进剂 m_{Fx}

$$m_{Fx} = \frac{1}{I_s} \int_{t_0}^{t_1} X \mathrm{d}t = \frac{1}{I_s} \int_{t_0}^{t_1} \frac{C_x \rho V^2 S}{2} \mathrm{d}t$$

由于上式中，函数 C_x, ρ, V 变化较复杂，为使问题简化，做如下近似假设处理。

对于速度不是很高的超声速导弹及等速平飞的导弹，可以近似认为其阻力系数与飞行马赫数的乘积接近于常数，即

$$C_x Ma = \sigma_0 = 常数 \qquad (4-33)$$

沿全弹道上取声速的平均值为 a_{av}。

大气密度变化规律为 $\rho_h = \rho_0 \mathrm{e}^{-\beta H}$，式中 $\beta = \frac{1}{6\,800}$ 或 $\beta = \left(1 - \frac{2\,000}{H_{max}}\right) / 6\,800$。

将上述假设代入到 m_{Fx} 式中，则得

$$m_{Fx} = \frac{1}{I_s}\int_{t_0}^{t_1} X\mathrm{d}t = \frac{1}{I_s}\int_{t_0}^{t_1}\frac{C_x\rho V^2 S}{2}\mathrm{d}t = \frac{\rho_0 a_{av}\sigma_0 S}{2I_s}\int_0^{t_1} V\mathrm{e}^{-\beta H}\mathrm{d}t$$

另外,在全弹道上,弹道倾角取平均值 θ_{av},则有

$$V\mathrm{d}t = \frac{\mathrm{d}H}{\sin\theta_{av}}$$

得

$$m_{Fx} = \frac{\rho_0 a_{av}\sigma_0 S}{2I_s\sin\theta_{av}}(\mathrm{e}^{-\beta H_0} - \mathrm{e}^{-\beta H_1}) \tag{4-34}$$

式中,H_1 为导弹第二级发动机工作结束时的飞行高度;H_0 为导弹助推器脱落时导弹的飞行高度;令 $\mathrm{e}^{-\beta H} = \Delta(H)$,将式(4-34)两边均除以 m_2,化成相对量形式,故得

$$K_{Fx} = \frac{\rho_0 a_{av}\sigma_0}{2\beta I_s p_0 \sin\theta_{av}}\big[\Delta(H_0) - \Delta(H_1)\big] \tag{4-35}$$

3. 用于平衡导弹质量切向分量的推进剂量 m_{Fg}

将导弹的全弹道近似认为是一直线弹道来处理,或者分为几段,而后每段当成直线弹道来处理。经验证明,这样做不致使计算有很大误差,且可使计算大为简化,于是

$$\sin\theta = \sin\theta_{av} = 常数$$

则

$$m_{Fg} = \frac{\sin\theta_{av} m_2}{I_s}\int_0^{t_1}\left(1 - \frac{\overline{\dot{m}_{sec}}t}{m_2}\right)\mathrm{d}t = \frac{\sin\theta_{av} m_2 t_1}{I_s}\left(1 - \frac{\dot{m}_{sec}t_1}{2m_2}\right)$$

又因为

$$\dot{m}_{sec}t_1 = m_F$$

所以

$$m_{Fg} = \frac{\sin\theta_{av} m_2 t_1}{I_s}\left(1 - \frac{K_F}{2}\right) \tag{4-36}$$

化成相对量的形式,得

$$K_{Fg} = \frac{\sin\theta_{av} t_1}{I_s}\left(1 - \frac{K_F}{2}\right) \tag{4-37}$$

综合上述,将式(4-32)、式(4-35)、式(4-37)三式相加,即得

$$K_F = \frac{1 - k_m K_F}{I_s}(V_1 - V_0) + \frac{\rho_0 a_{av}\sigma_0}{2\beta I_s p_0 \sin\theta_{av}}\big[\Delta(H_0) - \Delta(H_1)\big] + \frac{\sin\theta_{av} t_1}{I_s}\left(1 - \frac{K_F}{2}\right)$$

经整理后,可得

$$K_F = \frac{(V_1 - V_0) + \dfrac{\rho_0 a_{av}\sigma_0}{2\beta I_s p_0 \sin\theta_{av}}\big[\Delta(H_0) - \Delta(H_1)\big] + g t_1\sin\theta_{av}}{I_s + k_m(V_1 - V_0) + \dfrac{1}{2}t_1\sin\theta_{av}} \tag{4-38}$$

利用式(4-38),则可求得导弹主级推进剂相对质量系数 K_F 值。

4.3.5　几种特殊情况下 K_F 的近似计算

由上述讨论可知,式(4-38)是在普遍情况下得出来的,对于特殊情况,式(4-38)则可大为简化。

1. 当导弹作等速平飞时

因为导弹平飞,则弹道倾角 $\theta = 0$,$\sin\theta = 0$;又因为是等速飞行,则 $V_1 - V_0 = 0$;此时,阻力系数 $C_x = 常数$。因此

$$K_{FV} = 0$$

$$K_{Fg} = 0$$

$$K_{Fx} = \frac{1}{I_s m_2 g}\int_0^{t_1}\frac{C_x\rho V^2 S}{2}\mathrm{d}t = \frac{C_x\rho_H V^2}{2I_s p_0}t_1$$

又因为
$$t_1 = \frac{D}{V}$$

所以
$$K_F = K_{Fx} = \frac{C_x \rho_H V}{2 I_s p_0} D \tag{4-39}$$

式中,D 为导弹平飞段的飞行距离。

式(4-39)亦可由下述方法推导出来。若要保证导弹等速平飞,则须使导弹的阻力等于推力,即

$$P = \frac{C_x \rho_H V^2 S}{2} \tag{4-40}$$

两边均除以 $m_2 g$,可得

$$\bar{P} = \frac{P}{m_2 g} = \frac{C_x \rho_H V^2 S}{2 m_2 g} \tag{4-41}$$

由于
$$\frac{m_2 g}{S} = p_0, \quad \bar{P} = \frac{K_F I_s}{t_1}, \quad D = V t_1$$

代入式(4-41)整理后则得

$$K_F = \frac{C_x \rho_H V}{2 I_s p_0} D$$

2. 当导弹作变速平飞时

在此情况下,$K_{Fg} = 0$;$\rho_H = $ 常数;声速 $a = a_H = $ 常值,则有
$$K_F = K_{FV} + K_{Fx} \tag{4-42}$$

考虑到 $C_x M = \sigma_0 = $ 常数,$V = M a_H$,则

$$m_{Fx} = \frac{1}{I_s} \int_{t_0}^{t_1} X \mathrm{d}t = \frac{1}{I_s} \int_{t_0}^{t_1} \frac{C_x \rho V^2 S}{2} \mathrm{d}t$$

上式两边同除以 m_2 后

$$K_{Fx} = \frac{1}{m_2 I_s} \int_0^t \frac{C_x \rho_H V a_H M S}{2} \mathrm{d}t = \frac{\rho_H \sigma_0 a_H D}{2 p_0 I_s}$$

把上式和 K_{FV}(取式(4-32))代入式(4-42),得

$$K_F = \frac{1 - k_m K_F}{I_s}(V_1 - V_0) + \frac{\rho_H \sigma_0 a_H D}{2 p_0 I_s}$$

经整理可得

$$K_F = \frac{\dfrac{\rho_H a_H \sigma_0 D}{2 p_0} + (V_1 - V_0)}{I_s + k_m(V_1 - V_0)} \tag{4-43}$$

3. 当不考虑导弹的阻力和重力影响时

此时,有
$$K_{Fx} = K_{Fg} = 0$$

所以
$$K_F = K_{FV} = \frac{1 - k_m K_F}{I_s}(V_1 - V_0)$$

化简整理即得

$$K_F = \frac{1}{k_m + \dfrac{I_s}{V_1 - V_0}} \tag{4-44}$$

以上侧重于地对空导弹讨论了导弹主级推进剂相对质量系数的计算方法,显然这种解决

问题的方法对于其他类型的导弹均是适用的,这里需要指出的是,对于计算推进剂相对质量系数的解析法,由于作了许多简化假设,所以这种方法的计算结果是近似的。解析法由于采用的简化条件不同而所获得的计算公式的形式也是各式各样的,但不论其公式形式如何变化,其物理实质是一样的。因此,若使用解析法进行计算,可以根据具体情况,灵活运用。

4.4　导弹主要参数对推进剂相对质量系数的影响

由导弹的质量方程知道,影响导弹第二级总质量的因素是动力装置、弹体结构等各部分质量的相对值。这些相对量除了与给定的战术技术要求、导弹各部分的类型和结构形式有关外,尚与一系列参数有密切联系。例如推进剂相对质量系数,由前述内容可知:

$$K_F = f(\overline{P}, p_0, V_0, I_s, V_1, \theta, \alpha, \cdots)$$

因此,当讨论这些参数对 m_2 的影响时,应当从讨论上述参数对导弹各部分相对质量系数的影响开始。但实际表明,在导弹各部分相对质量系数中,推进剂相对质量系数 K_F 值比其他值要大得多,而且导弹的射程愈远,K_F 值所占比例愈大。另外,由实际计算得知,上述各参数对弹体结构、推力室等相对质量系数的影响比对 K_F 值的影响也小得多。根据上述理由,通常在分析参数对 m_2 的影响时,只需分析这些参数对 K_F 值的影响即可。

由推进剂相对质量 K_F 的关系式可以看出,影响 K_F 的参数很多,可以将它们大致分为以下三类。

(1)飞行特性参数,如导弹的平均速度 V_{av}、飞行高度 H 和最大射程等。它们主要由战术技术要求决定,是必须保证的。

(2)弹道特性参数,如弹道倾角 θ,冲角 α 等,它们取决于导弹飞行特性、导引规律及导弹外形等,它们是不能任意选择的。其选择的原则和方法将在有关章节和有关课程中讨论。

(3)推重比 $\overline{P}$、翼载 p_0、助推器末速 V_0 和比冲 I_s 等参数,这些参数是与导弹战术技术性能密切相关的。同时,在导弹初步设计中,这些参数是可以由设计者进行合理选择的,因此有时也称它们为主要设计参数。当然正确选择这些参数是建立在正确地分析这些参数对 K_F 值的影响基础之上的,下面分析上述参数对 K_F 的影响。

在计算推进剂相对质量系数的两种方法的关系式中,要想直接看出这些参数值的影响是比较困难的,为了能够得到推重比 $\overline{P}$、翼载 p_0、助推器末速 V_0 和比冲 I_s 对 K_F 的影响关系,可通过计算机采用数值积分法,在求解推进剂相对质量系数 K_F 的时候,对同一参数选择不同的参数值,逐个代入计算,以求得不同的结果。然后,通过图表分析来确定此参数对 K_F 值的影响,最后作适当的选择。例如,对某地对空导弹采用上述方法得到下列一组曲线,如图 4-10 所示。

由图 4-10 看出,参数推重比 $\overline{P}$、翼载 p_0 和助推器的末速 V_0、比冲 I_s 等对推进剂相对质量系数 K_F 都是有影响的,但影响的程度不同。通过对曲线斜率的分析,即可求出各参数的微量变化所引起 K_F 值变化的关系。

图 4-10 曲线表明,当其他条件和要求不变时,增大动力装置的比冲 I_s 或增大导弹助推级末速 V_0 或增大翼载 p_0,均将导致 K_F 值的减小。增大导弹推重比 P,将导致 K_F 值的增加。如何从物理概念上理解这些现象呢?

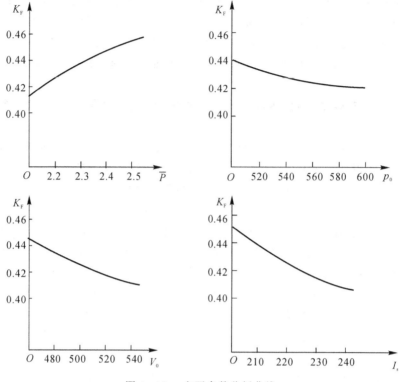

图 4-10　主要参数分析曲线

4.4.1　比冲 I_s 对 K_F 的影响

比冲 I_s 的定义为单位时间消耗单位质量的推进剂所产生的推力大小。它可由下式表示：

$$I_s = \frac{Pt_1}{m_F g}$$

由此看出，当要求动力装置提供的总冲量 Pt_1 不变时，比冲 I_s 增加，则消耗的推进剂量 m_F 要减小。推进剂量减小，又会引起第二级总质量的减小，重力损失、阻力消耗也都有相应下降，因而，反过来又会导致所要求的总冲量下降，这样，就降低了所需的推进剂量。

4.4.2　翼载 p_0 对 K_F 的影响

翼载 $p_0 = m_2 g / S$，增加导弹翼载 p_0 之值，就意味着在导弹主级总质量 m_2 不变的情况下，弹翼面积 S 的减小，因而阻力损耗的推进剂量减小，所以 K_F 值下降。

4.4.3　助推器末速 V_0 对 K_F 的影响

当导弹射程一定时，二级推力 P 不变，助推器末速（二级初速）V_0 增大，二级火箭飞行时间减小，m_F 下降，从而使 K_F 下降。

4.4.4　推重比 $\overline{P}$ 对 K_F 的影响

导弹推重比 $\overline{P}$ 增加，为什么会导致推进剂相对质量系数 K_F 值的增加呢？这是因为当要求动力装置提供的总冲不变时,推力 P 增加,则导弹的加速度大;在保证一定射程条件下,导弹发动机工作结束时的速度 V'_1 和平均速度 V'_{av} 均增加,如图 4-11 所示。由于导弹的阻力与速度的二次方成正比,所以,当推力增大时,克服阻力所消耗的推进剂量亦增大。因此,对于发动机全程工作的导弹来讲,要保证导弹战术技术要求的最大射程 D_R,推力大者,导弹需要的推进剂量也大。也就是说,当导弹推进剂量一定时,采用大推力的导弹,其射程要小于采用小推力的导弹。这一点,在选择推力规律 $P(t)$ 和速度规律 $V(t)$ 时是要注意的。

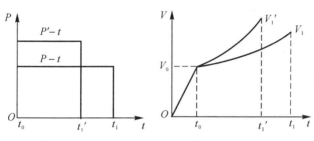

图 4-11 推力和速度随时间变化曲线

4.5 导弹速度规律和推重比的选择与确定

选择导弹推力质量比 $\overline{P}$ 的重要条件之一是保证实现预先要求的速度随时间变化规律 $V(t)$。而导弹的速度规律 $V(t)$ 应由推力规律 $P(t)$ 来确定。因此,$V(t)$ 与 $P(t)$ 二者是互相制约,密切联系的。

4.5.1 导弹典型速度变化规律

为了保证导弹的战术技术要求,导弹必须满足一定的飞行高度 H、一定的射程 D_R 和一定的平均速度 V_{av}。在此基础上即可求出导弹的最大飞行时间 t_2,即

$$t_2=\frac{D_R}{V_{av}} \tag{4-45}$$

为了实现上述飞行性能,就应确定满足要求的速度随时间的变化规律 $V(t)$ 图,故令 $V(t)$ 规律满足下列条件:

$$\int_0^t V(t)\mathrm{d}t=V_{av}t_2=D_R \tag{4-46}$$

即要求 $V(t)$ 图所包含的面积与导弹的射程相等。

显然,符合上述条件的 $V(t)$ 规律有很多,每一条 $V(t)$ 曲线都对应一定的推力 $P(t)$ 变化规律。而实际上发动机系统无法保证此条件,故 $V(t)$ 规律是不能任意选择的。对不同用途的导弹,$V(t)$ 规律也不同。常见形式的的 $V(t)$ 规律如图 4-12 所示。

图 4-12(a)、图 4-12(b) 和图 4-12(g) 主要用于地对空导弹。其中图 4-12(a) 为内级地对空导弹主级发动机全程工作情况;图 4-12(b) 为双推力、被动段拦截情况;图 4-12(g) 为单级地空导弹被动段拦截典型的 $V(t)$ 图。

图 4-12(c) 和图 4-12(d) 为巡航导弹典型的 $V(t)$ 图。其中图 4-12(c) 为助推级加单推力主发动机、主动段攻击情况;图 4-12(d) 为助推级加双推力续航发动机、主动段攻击情况。

图 4-12(e) 和图 4-12(f) 为空空导弹典型的 $V(t)$ 图。其中图 4-12(e) 为单推力、被动段攻击情况;图 4-12(f) 为两级推力、被动段攻击目标情况。图中, V_1 为导弹发射时的瞬时速度,即发射导弹时载机的速度; V_2 为导弹被动段的飞行速度,其他符号同上。

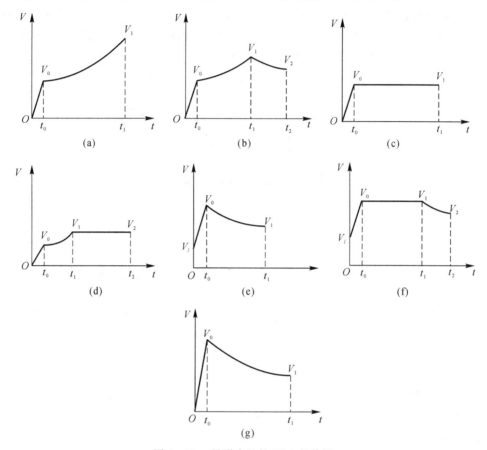

图 4-12   导弹常见的 $V(t)$ 规律图

图中: t_0 为第一级发动机工作时间; $t_1 \sim t_0$ 为第二级发动机工作时间; V_0 为第一级发动机工作结束时导弹的飞行速度; V_1 为第二级发动机工作结束时导弹的飞行速度,即导弹的最大飞行速度。

4.5.2   推重比 $\overline{P}$ 的确定

为了讨论问题简单,以利于正确地了解和阐明有关的基本概念,只讨论当 $V(t)$ 规律线性变化时,所对应的 $P(t)$ 规律,至于其他形式的规律,均可按分段方法,在简化成线性变化的条件下予以解决。

设已给出的 $V(t)$ 规律为直线变化,求推重比 $\overline{P}$ 的变化规律。

由铅垂平面导弹运动微分方程:

$$m \frac{\mathrm{d}V}{\mathrm{d}t} = P - X - mg\sin\theta$$

$$\frac{1}{g} \frac{\mathrm{d}V}{\mathrm{d}t} = \frac{P}{m_2 g(1-\mu)} - \frac{C_x \rho V^2 S}{2 m_2 g(1-\mu)} - \sin\theta$$

引入以下关系式

$$\mu = \frac{\int_0^t \dot{m}_{sec}\,\mathrm{d}t}{m_2} = \frac{\dot{m}_{sec}t}{m_2} = \frac{\bar{P}tg}{I_s}$$

即

$$\frac{1}{g}\frac{\mathrm{d}V}{\mathrm{d}t} = \frac{\bar{P}}{1 - \dfrac{\bar{P}tg}{I_s}} - \frac{C_x\rho V^2}{2p_0\left(1 - \dfrac{\bar{P}tg}{I_s}\right)} - \sin\theta$$

化简整理得

$$\bar{P} = \frac{\dfrac{\mathrm{d}V}{\mathrm{d}t} + \dfrac{C_x\rho V^2 g}{2p_0} + g\sin\theta}{\dfrac{tg}{I_s}\dfrac{\mathrm{d}V}{\mathrm{d}t} + g\left(1 + \sin\theta\dfrac{t}{I_s}\right)} \tag{4-47}$$

由式(4-47)可知：

(1) 因 $V(t)$ 规律是线性的，所以 $\dfrac{\mathrm{d}V}{\mathrm{d}t} = \dfrac{V_1 - V_0}{t_1 - t_0} =$ 常数。又因假设弹道为直线弹道；则 $\sin\theta$ = 常数；阻力系数 C_x 仍然根据相类似的导弹或统计数据给出。因此，要确定 $\bar{P}(t)$ 规律，尚需具体地决定速压 $q = \dfrac{1}{2}\rho V^2$ 之值，而空气密度 ρ 是导弹飞行高度 H 的函数，对于等加速运动的导弹，有如下关系，如图 4-13 所示。

$$\left.\begin{array}{l} V = V_0 + \dfrac{\mathrm{d}V}{\mathrm{d}t}t \\[2mm] D = V_0 t + \dfrac{1}{2}\dfrac{\mathrm{d}V}{\mathrm{d}t}t^2 \\[2mm] H = H_0 + D\sin\theta \\[2mm] H_0 = \dfrac{1}{2}V_0 t_0 \sin\theta \end{array}\right\} \tag{4-48}$$

根据式(4-48)，空气密度 ρ 和速压 q 均可求出。

(2) 由于阻力系数和速压是时间 t 的函数，因此，与线性 $V(t)$ 规律相应的推重比 $\bar{P}(t)$ 也是随时间 t 变化的。根据式(4-47)求得的 $\bar{P}(t)$ 规律如图 4-14 所示。

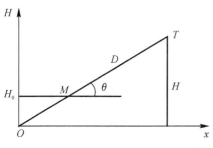
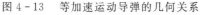

图 4-13　等加速运动导弹的几何关系

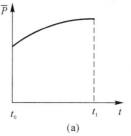

(a)　　　　　　　(b)

图 4-14　$\bar{P}$ 随时间变化规律

图 4-14(a) 表示当导弹的平均弹道倾角很小时(低弹道)的推力规律 $\bar{P}(t)$。由于当 θ_{av} 值小时，导弹在飞行过程中，高度的变化不大，即空气密度变化不大，而导弹的速度是增加的，因此，所要求的推重比随时间的增加而增大。

图 4-14(b) 表示当平均弹道斜角 θ_{av} 较大(高弹道)时的 $\bar{P}(t)$ 规律。此时，随着导弹速度

的增加,飞行高度变化较大,空气密度急剧下降,导致阻力项 $\frac{1}{2}\rho V^2 C_x S$ 降低,因此,所要求的

推重比 $\overline{P}(t)$ 随时间的增加而减小。

(3)若发动机能够任意调节,才能得到上述的 $\overline{P}(t)$ 变化规律,但是,这样会给发动机设计带来很大的困难。对于战术导弹,通常使推力保持一常值,即将 $\overline{P}(t)$ 规律在 $t_0 \sim t_1$ 范围内取平均值 $\overline{P}_{av}$,其方法为

$$\overline{P}_{av} = \frac{\int_{t_0}^{t_1} \overline{P} dt}{t_1 - t_0} \tag{4-49}$$

式中,$\int_{t_0}^{t_1} \overline{P} dt$ 为根据式(4-47)求出的 $\overline{P}(t)$ 图的面积,符合上述条件,即可保证发动机提供相等的总冲量值。

(4)根据式(4-47)和式(4-49)所确定的平均推重比 $\overline{P}_{av}$,利用数值积分法由导弹运动微分方程可以求出相应的速度变化规律 $V(t)$ 图。显然,此时的 $V(t)$ 图不再是线性的了,如图 4-15 所示。图中曲线 ① 为等推力情况,曲线 ② 为变推力情况。

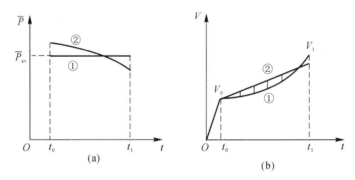

图 4-15 $\overline{P}(t)$ 规律和相应的 $V(t)$ 规律图

值得注意的是:在高弹道 ② 情况下求出的 $V(t)$ 图,与按线性变化的 $V(t)$ 图相比,出现了前者的射程比后者要小的现象,如图 4-15(b)所示,即不能满足导弹射程的要求。之所以会出现上述现象,可以作如下解释。

由于导弹的推进剂主要用来增加导弹的速度、克服导弹在飞行过程中的阻力和重力分量,因此,在导弹的飞行高度和弹道倾角相同情况下,可以认为空气密度及重力损失是大致相同的。所不同的主要是推力在各瞬间都具有不同的数值,从而在各点加速度及速度值不同。从图 4-15(a)中看出,当采用常推力时,前半段的平均推力 $\overline{P}_{av} < \overline{P}$,所以其对应的加速度和速度值均比用变推力时的小。此时,阻力消耗的推进剂少些,但损失了一部分射程(见图 4-15(b)中的凹阴影部分)。在后半段,由于 $\overline{P}_{av} > \overline{P}$,因此,其对应的速度比变推力时的大,而阻力与速度二次方成正比,所以,此时克服阻力多消耗的推进剂要比前半段克服阻力少消耗的那一部分推进剂要大得多。这样,就使得在图 4-15(b)上凹的阴影大于凸的阴影面积,因而,导致在采用常值推力后不能满足射程和平均速度的要求。在一般情况下,通常根据经验数据将求得的平均推重比 $\overline{P}_{av}$ 适当地增大一些,例如:当 $H \geqslant 20$ km 时,$\overline{P} \approx 1.05 \overline{P}_{av}$。

【例 4-1】 假设某地对空导弹速度变化规律及阻力系数已选定(见表 4-1),其弹道近似为一直线弹道,$\theta_{av} = 45°$,$p_0 = 5\ 700$ N/m²,动力装置的比冲 $I_s = 225$ s,助推器工作时间 $t_0 =$

3 s。试求满足该 $V(t)$ 图的推重比 $\bar{P}$。

表 4 - 1　某导弹的速度和阻力系数

t/s	3	10	20	30	40	53
$V/(\mathrm{m \cdot s^{-1}})$	520	608	734	860	987	1 149
C_x	0.042 6	0.039 7	0.035 4	0.032 6	0.030 9	0.030 3

解　(1) 由 $V(t)$ 图求出 $\dfrac{\mathrm{d}V}{\mathrm{d}t} = \dfrac{1\ 149 - 520}{53 - 3} = 12.56 \ \mathrm{m/s^2}$。

(2) 求 $H(t)$

$$H = H_0 + \frac{V^2 - V_0^2}{2\dfrac{\mathrm{d}V}{\mathrm{d}t}}\sin\theta_{\mathrm{av}}$$

其中

$$H_0 = \frac{V_0 t_0 \sin\theta_{\mathrm{av}}}{2} = 552 \ \mathrm{m}$$

(3) 求出 $\bar{P}(t)$

将以上各式代入式(4 - 47)得

$$\bar{P} = \frac{\dfrac{\mathrm{d}V}{\mathrm{d}t} + \dfrac{C_x \rho V^2 g}{2 p_0} + g\sin\theta_{\mathrm{av}}}{\dfrac{\Delta t g}{I_\mathrm{s}}\dfrac{\mathrm{d}V}{\mathrm{d}t} + g\left(1 + \dfrac{\Delta t}{I_\mathrm{s}}\sin\theta_{\mathrm{av}}\right)}$$

其中 $\Delta t = t - t_0$，计算结果如表 4 - 2 所示。

表 4 - 2　某导弹的 $\bar{P}(t)$ 规律

t	3	10	20	30	40	53
$\bar{P}$	3.187	2.966	2.502	2.021	1.677	1.431

(4) 绘制 $\bar{P}(t)$ 曲线,按总冲量相等的条件用作图法求出平均推重比 $\bar{P}_{\mathrm{av}} = 2.23$,如图 4 - 16 所示。

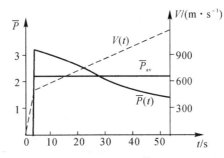

图 4 - 16　某地对空导弹的 $\bar{P}(t)$ 和 $V(t)$ 规律

4.5.3 导弹等速平飞时推重比 $\bar{P}$ 的确定

此时：

因为 $V =$ 常数，所以 $\dfrac{\mathrm{d}V}{\mathrm{d}t} = 0$

因为 $\theta = 0°$，所以 $\sin\theta = 0$

因为 $\rho = \rho_H =$ 常数，所以 $q = \dfrac{1}{2}\rho V^2 =$ 常数

把以上条件代入式(4-47)，可得

$$\bar{P} = \frac{C_x \rho V^2}{2 p_0} \tag{4-50}$$

式中，$C_x = C_{x0} + C_{xi}$；C_{x0} 为导弹的零升阻力系数；C_{xi} 为导弹的诱导阻力系数，在一般情况下，$C_{xi} = A C_y^2$。

另外，当导弹做等速平飞时，有以下关系：

$$C_y = \frac{Y}{\dfrac{1}{2}\rho V^2 S} \approx \frac{mg}{\dfrac{1}{2}\rho V^2 S}$$

将以上关系式代入式(4-50)，则得

$$\bar{P} = \frac{\rho V^2}{2 p_0}\left[C_{x0} + \frac{A (mg)^2}{\left(\dfrac{1}{2}\rho V^2 S\right)^2}\right] \tag{4-51}$$

由式(4-51)看出，由于导弹在飞行过程中，推进剂不断地消耗，故导弹质量 m 是一变数，因此，严格地讲，推重比 $\bar{P}$ 也是时间的函数。但因导弹处于平飞状态下，导弹的阻力主要取决于零升阻力，当质量变化不大时，可以选取推重比 $\bar{P}$ 为常值，近似地保证导弹等速平飞条件。

【例4-2】 设某导弹的 $V(t)$ 规律及其阻力系数见表4-3。导弹沿 $H = 300$ m 水平飞行；第二级(主级)总质量 $m_2 = 1\ 600$ kg；$p_0 = 3\ 750$ N/m^2；$I_s = 223$ s；试求其推力规律 $P(t)$。

表4-3 某飞航导弹的速度和阻力系数

t	1.5	10	18.6	26.5	36.7	72	137
V	155	203	239	278	310	310	310
C_x	0.019 4	0.019 3	0.020	0.020 6	0.021	0.021	0.021

解 (1) 由于导弹从时间 $t = 36.7$ s 以后，参数 V，ρ 和 C_x 均不变，故由式(4-50)计算：

$$\bar{P} = \frac{C_x \rho V^2}{2 p_0} = 0.323$$

(2) 由式(4-47)，按前例办法求出 $t = (1.5 \sim 36.7)$ s 时的 $P(t)$ 规律，如表4-4所示。

表4-4 某导弹的 $P(t)$ 规律

t/s	1.5	10	26.5	36.7
P/N	9 673	10 399	12 998	13 342

（3）绘出推力曲线 $P(t)$，按总冲量相等的原则，求出变速平飞段的平均推力，如图 4 - 17 所示。

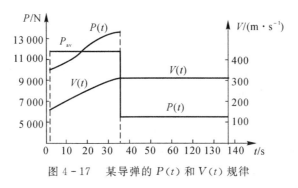

图 4 - 17　某导弹的 $P(t)$ 和 $V(t)$ 规律

$$P_{av} = \frac{\int_0^t P dt}{t_1 - t_0} = 11\ 800\ \mathrm{N}$$

4.5.4　供油系统和控制系统对 P 的限制

如果导弹采用液体火箭发动机，供油系统的某些元件不希望随正的或负的加速度不断改变跳动，否则将导致控制系统元件更大的误差和供油系统可能取不到油的现象，如图 4 - 18 所示。

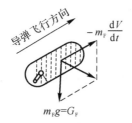

图 4 - 18　供油系统在减速飞行中的状态

为了避免导弹产生负加速度值，一般可适当地选择推重比 $\bar{P}$ 值予以保证。下面研究保证导弹纵向加速度不产生负值，限制 $\bar{P}$ 的条件。

由导弹运动方程可知

$$\frac{dV}{dt} = \frac{P}{m_2(1-\mu)} - \frac{C_x \rho V^2 S}{2m_2(1-\mu)} - g\sin\theta$$

令

$$a_P = \frac{P}{m_2(1-\mu)} = \frac{\bar{P}g}{1-\mu}$$

$$a_x = \frac{C_x \rho V^2 S}{2m_2(1-\mu)} = \frac{gC_x \rho V^2}{2p_0(1-\mu)}$$

$$a_g = g\sin\theta$$

式中，a_P 为推力加速度值；a_x 为阻力加速度值；a_g 为重力分量加速度值。

由上式看出：要保证导弹纵向加速度不出现负值，必须使推力加速度大于阻力加速度与重

力分量加速度之和,即

$$a_P \geqslant a_x + a_g \tag{4-52}$$

故

$$\bar{P} \geqslant \frac{C_x \rho V^2}{2 p_0} + (1-\mu) \sin\theta \tag{4-53}$$

对于地对空导弹来说,一般当助推器刚刚脱落时,由于高度低,速度 V_0 较大,此时,主级刚开始工作,推进剂消耗量很小,故相对量 μ 值很小。因此,此时满足上述条件的值 $\bar{P}$ 最大,即

$$\bar{P} \geqslant \frac{C_x \rho V^2}{2 p_0} + \sin\theta \tag{4-54}$$

式中,阻力系数 C_x 值,应考虑到因助推器脱落所造成的扰动角增加的因素。

如果利用式(4-54)计算低弹道,则可能会有例外,需加以校正。

对于水平飞行的导弹,一般当导弹刚达到最大速度时,要求 $\bar{P}$ 最大,即

$$\bar{P} \geqslant \frac{C_x \rho V_{\max}^2}{2 p_0} \tag{4-55}$$

【例 4-3】 假设某地对空导弹,其初始弹道倾角 $\theta_0 = 45°$;$V_0 = 520 \text{ m/s}$,$p_0 = 5700 \text{ N/m}^2$,助推器脱落时的高度 $H_0 = 552 \text{ m}$,$C_x = 0.0452$。试求满足不出现负加速度条件的 $\bar{P}$ 值。

解 由式(4-54)可得

$$\bar{P} \geqslant \frac{0.0452 \times 0.1183 \times (520)^2}{2 \times 570} + 0.707 = 1.98$$

以上讨论了推力规律确定的方法,它基本满足了导弹飞行特性的要求,但计算方法是近似的。同时,从中可以看出,确定 $\bar{P}(t)$ 与选择 $V(t)$ 规律是紧密联系的,二者要相互反复进行修正,最后才能确定其适当的结果。

4.6 翼载的确定

由上述讨论可知,翼载 p_0 对推进剂相对质量系数的影响是一个单调函数,即 p_0 值愈大,则达到同样战术飞行性能所需的 K_F 值愈小。因此,当选择确定 p_0 值时,在满足其他条件下,应尽可能取得大些。

4.6.1 翼载选择时需考虑的因素

1.翼面积对阻力和质量的影响

翼面积 S 对阻力的影响在于弹翼面积越大,则导弹的零升阻力也越大;反之,就越小。

为使升力平衡导弹的重力,弹翼面积越小,所需的攻角 α 就越大,从而使诱导阻力增大。为使总的阻力最小,弹翼面积并非越小越好,也非越大越好,而是要选择一适当的面积,使升阻比最大。即在获得所需升力条件下,使总阻力最小。

弹翼面积对质量的影响在于面积越小,即翼载越大,弹翼质量越小。但是翼载增大到一定程度后,弹翼结构设计将发生困难。

对于远程巡航导弹,从其战术性能而言,弹翼结构质量的影响不是主要的,而阻力的影响是主要的,关系到航程。因此这类导弹通常是采用最大升阻比选择弹翼面积的。

对于射程较大的防空导弹,其大部分弹道无须提供大的升力作机动飞行,仅仅在某些局部

飞行段,如导引段、末制导启控和交会段才要求导弹提供大的升力作机动飞行。这类导引通常选择较小的弹翼面积即较大的翼载,以减小弹翼的质量和阻力。

当需要大机动过载时,可依靠增大攻角以提供大的升力。如美国的 PAC-3 防空导弹甚至取消弹翼,主要依靠大攻角下(30°)弹身的升力和主动段发动机推力的法向分量,或者脉冲发动机提供直接侧向力,产生法向机动过载。

2.翼载受弹翼结构承载能力和工艺水平的限制

由翼载定义可知:

$$p_0 = \frac{m_2 g}{S}$$

p_0 值表示每平方米弹翼上负担的导弹质量。p_0 值愈大,在一定弹翼面积下,导弹重力愈大,因此,导弹在作机动飞行的过程中,弹翼承受的载荷就愈大,这就要求弹翼有足够的结构强度和刚度。而高速导弹一般要求采用气动性能好的薄翼以减小阻力,这样,就给提高结构强度、刚度以及在工艺上造成较大的困难。因此,实际上在目前技术条件下,对允许使用的翼载值有所限制。据统计资料表明:

地空导弹:　　　　　　$p_0 \leqslant 5\,000 \sim 6\,000 \ \text{N/m}^2$

空空导弹:　　　　　　$p_0 \leqslant 2\,500 \sim 6\,500 \ \text{N/m}^2$

反坦克导弹:　　　　　$p_0 \leqslant 2\,500 \sim 3\,000 \ \text{N/m}^2$

4.6.2　翼载与导弹机动性的关系

导弹的机动性通常由导弹可以提供的法向可用过载来表示,由可用过载定义,有

$$n_{ya} = \frac{Y + P\sin\alpha}{mg} \tag{4-56}$$

因为 $m = m_2(1-\mu)$,在小攻角下,令 $\sin\alpha \approx \alpha$,则

$$n_{ya} = \frac{C_y^\alpha \alpha_{\max} \rho V^2 S}{2 m_2 g (1-\mu)} + \frac{P\alpha_{\max}}{57.3 m_2 g (1-\mu)}$$

因此

$$n_{ya} = \frac{C_y^\alpha \alpha_{\max} \rho V^2}{2 p_0 (1-\mu)} + \frac{\overline{P}\alpha_{\max}}{57.3(1-\mu)}$$

为使导弹在攻击目标过程中正常飞行,必须保证导弹的可用过载大于需用过载,否则,导弹将由于机动能力不足而造成脱靶,即导弹必须满足下述条件

$$n_{ya} = \frac{C_y^\alpha \alpha_{\max} \rho V^2}{2 p_0 (1-\mu)} + \frac{\overline{P}\alpha_{\max}}{57.3(1-\mu)} \geqslant n_{yn}$$

故

$$p_0 \leqslant \frac{57.3 C_y^\alpha \alpha_{\max} \rho V^2}{2g\left[57.3(1-\mu)n_{yn} - \overline{P}\alpha_{\max}\right]} \tag{4-57}$$

式中,导弹最大冲角受导弹外形的空气动力特性限制,当缺乏数据时,可取 $\alpha_{\max} = 12° \sim 15°$。若设计中要求 $\alpha_{\max}$ 大于15°,为减小计算误差,则不能再令 $\sin\alpha \approx \alpha$,而直接用 $\sin\alpha$ 代入上述翼载的关系式。对于式(4-57)中的导弹,在某一瞬时 t 所消耗的推进剂相对质量 μ 值,应按不同类型导弹的主要设计情况的典型弹道确定。至于参数 ρ, V, C_y^α 等亦是如此。式(4-57)中的需用过载将在本节后面讨论。

4.6.3 需用过载的近似计算

确定翼载值的关键问题之一是如何确定需用过载的大小。

1. 由理想弹道计算需用过载 n_{yn}

由导弹飞行力学中知道,当导弹在铅垂平面内飞行时,导弹的需用过载表达式为

$$n_{yn} = \frac{V\dfrac{\mathrm{d}\theta}{\mathrm{d}t} + g\cos\theta}{g} \tag{4-58}$$

式中,$\dfrac{\mathrm{d}\theta}{\mathrm{d}t}$ 和 θ 由不同的导引规律所决定。根据式(4-58)即可求得弹道上各点的需用过载。它是导弹为了实现预定的导引规律所需要的法向过载。考虑到实际弹道的波动、干扰等因素,尚须加一安全系数 K,K 值按统计经验给出,一般 $K=1.2\sim1.5$,则

$$n_{yn} = K\left[\frac{V\dfrac{\mathrm{d}\theta}{\mathrm{d}t}}{g} + \cos\theta\right] \tag{4-59}$$

2. 由导引误差估算需用过载

导弹在攻击目标过程中,实际弹道与理想弹道总会有一定的偏差,这个偏差产生有下述原因。

(1)导弹的发射偏差或导弹发射后进入导引弹道所造成的偏差;

(2)当两种导引方法转换时,由于前置角不同而造成的偏差;

(3)推力偏心造成的偏差等。

由于上述偏差,将使实际导弹速度方向与理想弹道方向有偏差角产生,为消除该误差角,将导致导弹法向加速度的增大。

(1)地对空导弹。如图4-19所示,设导弹在垂直平面内飞行,导弹位于 A 点,预计在 B 点与目标遭遇,导引误差角为 δ。为了命中目标,导弹必须作机动飞行,以便消除这个误差角 δ。在极端情况下,导弹沿圆弧线段飞行。在图4-19中,令 D_{AB} 为要求纠偏的距离,例如当两种导引法转换时,导引头的作用距离;R 为纠偏段弹道的曲率半径。

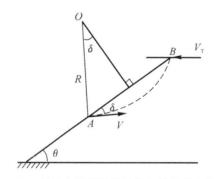

图 4-19 地对空导弹需用过载与导引误差的关系

由图中的几何关系可知

$$R = \frac{D_{AB}}{2\sin\delta} \approx \frac{57.3 D_{AB}}{2\delta} \tag{4-60}$$

导弹沿圆弧 AB 段飞行的法向加速度为

$$W_y = \frac{V^2}{R} = \frac{2V^2\delta}{57.3D_{AB}} \tag{4-61}$$

根据过载定义可得

$$n_{yn} = \frac{W_y}{g} + \cos\theta \tag{4-62}$$

将式(4-61)代入式(4-62),并考虑安全系数 K,则得

$$n_{yn} = \left[\frac{2V^2\delta}{57.3D_{AB}g} + \cos\theta\right]K \tag{4-63}$$

式中,K 值可取 1.5。

(2) 空对空导弹。空对空导弹在进行迎头攻击时,所需过载大。在迎击目标时,导弹的速度如严格地对准不机动的目标,其弹道应为直线。但实际上。由于种种原因,总是有一定的偏差存在。如图 4-20(a) 所示,设发射时导弹在点 A、速度为 V、平均速度为 V_{av},目标在点 B,速度为 V_t,发射偏差为 δ,为了命中目标,导弹必须作机动飞行以消除误差角 δ。在极坏情况下,导弹沿弧线飞行,在点 C 与目标交会,由图 4-20(b) 所示几何关系可知

$$R = d_m/2\sin\delta$$

则导弹沿弧 AC 飞行的平均法向加速度为

$$a_y = \frac{V_{av}^2}{R} = \frac{2V_{av}^2\sin\delta}{d_m} \tag{4-64}$$

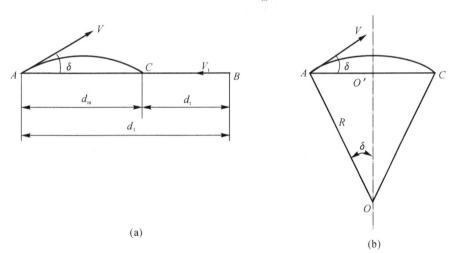

(a)

(b)

图 4-20　空空导弹迎头交战需用过载计算

在迎击情况下,导弹的飞行距离 d_m 是发射距离 d_1 与目标飞行距离 d_t 之差,即

$$d_m = d_1 - d_t = d_1 - V_t t = d_1 - V_t\frac{d_m}{V_{av}}$$

$$d_m = \frac{d_1 V_{av}}{V_{av} + V_t} \tag{4-65}$$

代入式(4-64),有

$$a_y = \frac{V_{av}^2}{R} = \frac{2V_{av}^2\sin\delta}{d_m} = \frac{2V_{av}\sin\delta}{d_1}(V_{av} + V_t) \tag{4-66}$$

导弹的需用过载为

$$n_{yn} = \frac{a_y}{g} = \frac{2V_{av}\sin\delta}{d_1 g}(V_{av} + V_t) \approx \frac{2V_{av}\delta}{57.3°d_1 g}(V_{av} + V_t) \qquad (4-67)$$

因为导弹的速度变化规律 $V(t)$ 及目标速度 V_t 是已知的，因此可以求得导弹及目标的飞行距离随时间的变化规律 $d_m(t)$ 及 $d_t(t)$，因 $d_1 = d_m + d_t$，不难找到导弹命中目标时的飞行时间 t_e 和导弹的飞行距离 d_m，这样导弹的平均速度为

$$V_{av} = \frac{d_m}{t_e} \qquad (4-68)$$

上述估算公式是假设目标不作机动，即目标作直线飞行时得出的。如考虑目标作机动飞行，则应作一些修正。

4.7　助推器主要参数的确定

防空导弹采用大推力助推器其目的有二：一是为了使导弹获得一定的初速 V_0（助推器末速），以提高导弹的平均速度，缩短攻击目标的时间，同时，当导弹达到初速 V_0 时，抛掉助推器以减轻导弹质量；二是利用助推器可以保证发射离轨时，获得所需的速度及推力，使导弹不致坠地。

对于助推器，其主要参数有助推器末速 V_0、工作时间 t_0 和推进剂相对质量系数 K_{F1}（或 $\bar{P}$）。实际上，在 V_0，t_0 确定以后，K_{F1} 值也就相应确定了。因此，主要设计变量为 V_0 和 t_0。

4.7.1　助推器末速 V_0 的选择与确定

1. V_0 对导弹起飞质量 m_0 的影响

一般导弹的起飞质量 m_0 由助推器与主级两部分质量组成。即

$$m_0 = m_1 + m_2$$

当导弹其他战术载荷等已确定时，m_2 主要取决于 K_F 值，而 K_F 值又与 V_0 有关。同样，m_1 也与 V_0 有关。若给出不同的 V_0 值，可求出对应的 m_1，m_2，m_0 曲线，如图 4-21 所示。

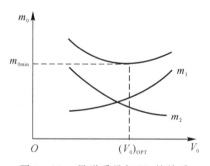

图 4-21　导弹质量与 V_0 的关系

从理论上讲，当 V_0 值改变时，m_1 与 m_2 的变化趋势正好相反，故导弹的起飞质量 m_0 会因 V_0 的不同而发生变化，必有一个最优的 V_0 值，即 $(V_0)_{OPT}$ 对应一个极值 m_{0min}。

计算表明：$(V_0)_{OPT} \approx (0.7 \sim 0.8)V_{av}$。

$(V_0)_{OPT}$ 的大小应经过计算而定。但它主要取决于第一级与第二级的比冲 I_s 的大小，若

$I_{s1} < I_{s2}$，则 $(V_0)_{OPT}$ 值偏小；若 $I_{s1} > I_{s2}$，则 $(V_0)_{OPT}$ 值偏大。

2. 对助推器最小末速 $(V_0)_{min}$ 的限制

(1) 保证当导弹开始操纵时，舵面正常工作。导弹是依靠舵面偏转来完成操纵飞行的。只有舵面的空气动力特性变化平稳(即尽量避开跨声速段操纵飞行)，才能保证导弹在攻击目标过程中舵面正常工作。

对于地对空导弹，一般以超声速开始操纵控制。由空气动力学知，当飞行 $Ma_{min} \geqslant 1.4$ 时，才能达到上述要求，即

$$V_{0min} \geqslant Ma_{min} a = 1.4a \qquad (4-69)$$

当声速 $a = 330$ m/s 时，$V_{0min} \geqslant 462$ m/s。

(2) 当导弹飞行 $Ma < 1$ 时的要求。对于飞行 $Ma < 1$ 的导弹，在助推器脱落后，为了保证导弹沿着弹道正常飞行而不坠落，必须使导弹的推力分量与升力之和大于重力分量，即

$$P\sin a + Y \geqslant mg\cos\theta$$

一般攻角 α 较小，可令 $P\sin\alpha = 0$(这对求 V_0 值是偏于安全考虑)，则有

$$\frac{C_y \rho V^2 S}{2} \geqslant mg\cos\theta$$

$$V = \sqrt{\frac{2mg\cos\theta}{C_y \rho S}}$$

若导弹助推器的质量 $m_1 \ll m_2$，可视为 $m \approx m_2$，得

$$\frac{mg}{S} \approx \frac{m_2 g}{S} = p_0$$

故

$$V_{0min} \geqslant \sqrt{\frac{2p_0 \cos\theta}{C_y \rho}} \qquad (4-70)$$

4.7.2　助推器推进剂相对质量系数 K_{F1} 计算

讨论方法与导弹的主级一样，由式(4-22)知

$$m_{F_1} = \frac{1}{I_{s1}} \left(\int_0^{V_0} m dV + \int_0^{t_0} X dt + \int_0^{t_0} G\sin\theta dt \right) \qquad (4-71)$$

或

$$m_{F_1} = m_{FV_1} + m_{Fx_1} + m_{Fg_1}$$

上式两边均除以导弹的发射质量 m_0，则可变成相对量的形式为

$$K_{F1} = K_{FV_1} + K_{Fx_1} + K_{Fg_1} \qquad (4-72)$$

式中，符号及物理意义与主级一样。

为积分式(4-71)，作如下假设：

(1) 当推进剂秒流量不变时，认为推力值基本不变。

(2) 助推段的速度规律 $V(t)$ 曲线实际上很接近一直线，故认为

$$V = \left(\frac{V_0}{t_0} \right) t, \quad V_{av} = \frac{V_0}{2}$$

(3) 因为助推段速度变化很大(尤其地对空导弹更是如此)，阻力系数变化很复杂。同时，助推段阻力与推力相比差距很大，故允许用经验数据粗略估算阻力系数 C_x 值。可取 C_x 为此阶段的平均值 C_{xav}，或取

$$\sigma_1 = \frac{C_{x\mathrm{av}}S}{m_0 g}$$

σ_1 可由统计经验数据得到。

（4）由于助推段导弹飞行高度变化不大，因此，空气密度可取该段的平均值，甚至可取发射点高度的空气密度。

在以上假设条件下，计算式（4-71）中的各分量。

1. 用于增加导弹速度的推进剂量

由式（4-32）知，此时 $k_m = \frac{1}{2}$，则

$$K_{FV_1} = \frac{\left(1 - \frac{1}{2}K_{F1}\right)V_0}{I_{s1}} \tag{4-73}$$

2. 用于平衡导弹重力切向分量的推进剂量

由式（4-37）知，此时有

$$K_{F_{K_1}} = \frac{\sin\theta_{\mathrm{av}} t_0}{I_{s1}}\left[1 - \frac{K_{F1}}{2}\right] \tag{4-74}$$

3. 用于克服阻力的推进剂

$$m_{Fx1} = \frac{1}{I_{s1}}\int_0^{t_0} X \mathrm{d}t = \frac{1}{I_{s1}}\int_0^{t_0}\frac{1}{2}\frac{C_x S\rho_0}{m_0 g}m_0 g\left(\frac{V_0}{t_0}t\right)^2 \mathrm{d}t = \frac{1}{6I_{s1}}m_0 g\sigma_1\rho_0 V_0^2 t_0$$

故得
$$K_{Fx_1} = \frac{1}{6I_{s1}}\sigma_1\rho_0 V_0^2 t_0 g \tag{4-75}$$

把式（4-73）、式（4-74）、式（4-75）三式相加整理，则得助推器推进剂相对质量系数 K_{F1} 的表达式为

$$K_{F1} = \frac{\dfrac{V_0}{g} + \dfrac{1}{6}\sigma_1\rho_0 V_0^2 t_0 + t_0\sin\theta_{\mathrm{av}}}{I_{s1} + \dfrac{V_0}{2} + \dfrac{t_0\sin\theta_{\mathrm{av}}}{2}} \tag{4-76}$$

在求得了助推器推进剂相对质量系数 K_{F1} 以及导弹总质量之后，就可得出助推器的推力 P_1 为

$$P_1 = \frac{I_{s1}K_{F1}m_0}{t_0} \quad \text{或} \quad \overline{P}_1 = \frac{P_1}{m_0 g} = \frac{I_{s1}K_{F1}m_0}{t_0 g}$$

4.7.3　助推器工作时间 t_0 的确定

采用固体推进剂助推器，其工作时间不能太长，否则燃烧室因被加热太厉害，发动机壳体承受不了，一般 $t_0 \leqslant 5 \sim 6 \mathrm{~s}$。另外，还要考虑最大轴向过载对弹上设备的影响。

现在讨论在给定助推段末速 V_0 和最大轴向过载 $n_{x\max}$ 条件下，确定 $t_{0\min}$。

根据导弹纵向运动方程：

$$m\frac{\mathrm{d}V}{\mathrm{d}t} = P_1 - X - mg\sin\theta$$

$$\int_0^{V_0} \mathrm{d}V = \int_0^{t_0} g\left[\frac{P_1 - X}{mg} - \sin\theta\right]\mathrm{d}t$$

$$V_0 = g\int_0^{t_0} n_x \mathrm{d}t - g\sin\theta t_0$$

令

$$\int_0^{t_0} n_x \, \mathrm{d}t = t_0 n_{xav}$$

式中，n_{xav} 为平均轴向过载。所以

$$V_0 = g t_0 (n_{xav} - \sin\theta)$$

因此

$$t_0 \geqslant \frac{V_0}{g(n_{xav} - \sin\theta)} \tag{4-77}$$

现在来研究平均轴向过载 n_{xav} 与最大轴向过载 $n_{x\max}$ 之间的关系。

考虑到当过载偏大时，t_0 值偏于安全，故阻力项忽略不计，则轴向过载近似为

$$n_x \approx \frac{P_1}{mg}$$

因此

$$n_{xav} = \frac{P_1}{m_{av}} = \frac{P_1}{g(m_0 - 0.5m_{F1})} = \frac{P_1}{m_0 g(1 - 0.5K_{F1})}$$

所以

$$n_{xav} = \frac{\overline{P}_1}{1 - 0.5K_{F1}} \tag{4-78}$$

同理

$$n_{x\max} = \frac{\overline{P}_1}{1 - K_{F1}} \tag{4-79}$$

所以

$$\frac{n_{xav}}{n_{x\max}} = \frac{1 - K_{F1}}{1 - 0.5K_{F1}} \tag{4-80}$$

又因为助推器推进剂质量比 K_{F1} 为

$$K_{F1} = \frac{\overline{P}_1 t_0 g}{I_{s1}}$$

将式 (4-78) 代入上式得

$$K_{F1} = \frac{n_{xav}(1 - 0.5K_{F1}) t_0 g}{I_{s1}}$$

经整理得

$$K_{F1} = \frac{n_{xav} \dfrac{t_0 g}{I_{s1}}}{1 + 0.5 \dfrac{n_{xav} t_0 g}{I_{s1}}} \tag{4-81}$$

将 K_{F_1} 与 n_{xav} 的关系式 (4-81) 代入式 (4-80)，经整理得

$$n_{xav} = n_{x\max}\left[1 - \frac{n_{xav} t_0 g}{2 I_{s1}}\right]$$

将 t_0 的表达式 (4-77) 代入上式，因 $n_{xav} \gg \sin\theta$，故近似视为 $(n_{xav} - \sin\theta) \approx n_{xav}$，则得平均轴向过载与最大轴向过载之间的关系

$$n_{xav} = n_{x\max}\left[1 - \frac{V_0}{2 I_{s1}}\right] \tag{4-82}$$

将平均轴向过载与最大轴向过载之间的关系式 (4-82) 代入式 (4-77)，得

$$t_0 \geqslant \frac{V_0}{g\left[n_{x\max}\left(1 - \dfrac{V_0}{2 I_{s1}}\right) - \sin\theta\right]} \tag{4-83}$$

应用式 (4-83) 作计算，需要考虑固体火箭发动机在点火的短时间内，会产生压力急升现象，如图 4-22 所示。此时，推力比预定的最大推力要大些。为避免短时间内出现超负荷，最大轴向过载可取小些。在实际应用时，通常取 $n'_{x\max} = 0.9 n_{x\max}$ 为宜。

故
$$t_0 \geqslant \frac{V_0}{g\left[0.9n_{x\max}\left(1-\dfrac{V_0}{2gI_{s1}}\right)-\sin\theta\right]} \tag{4-84}$$

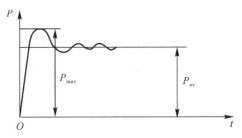

图 4-22 发动机点火的压力急升现象

【例 4-4】 假设某地对空导弹 $V_0 = 520$ m/s, $\theta_0 = 45°$, $I_{s1} = 235$ s, 最大许用轴向过载 $n_{x\max} = 30$。试求助推器起始推力质量比 $\bar{P}_{1\max}$ 和工作时间 t_0。

解 取实际应用的最大轴向过载为
$$n'_{x\max} = 0.9n_{x\max} = 0.9 \times 30 = 27$$

由式（4-84）

$$t_0 \geqslant \frac{V_0}{g\left[0.9n_{x\max}\left(1-\dfrac{V_0}{2gI_{s1}}\right)-\sin\theta\right]} = \frac{520}{9.8\left[0.9 \times 30\left(1-\dfrac{520}{2 \times 9.81 \times 235}\right)-\sin45°\right]} = 2.28 \text{ s}$$

而助推器起始推力质量比则为
$$\bar{P}_{1\max} = n'_{x\max} = 27$$

4.8 导弹其他部分相对质量系数的确定

前面讨论了导弹主级和助推器推进剂相对质量系数、推重比、翼载、助推器末速和工作时间等参数的计算与选择。在此基础上，再利用设计经验和统计的方法，就可以确定除 K_F 值以外的其他各部分的相对质量系数，从而最后决定导弹的总重。

由质量方程
$$m_2 = \frac{m_P}{1-[k_F K_F + K_{es} + K_{ts} + K_w + K_B + K_R + K_{cs1}]}$$

知道，前面仅讨论了 K_F 的算法，下面讨论其他值的确定，其中介绍的多半是统计经验公式，使用范围是有局限性的。在实际工作中应根据工程设计实际，整理、总结修整质量公式。

4.8.1 动力装置的相对质量系数

动力装置的质量 m_{PP} 是由推进剂质量 m_F、发动机壳体质量 m_{es} 和推进剂输送系统质量 m_{ts} 组成，即
$$K_{PP} = K_F + K_{es} + K_{ts}$$

1. 发动机壳体的相对质量系数

（1）对于液体火箭发动机。液体火箭发动机壳体由头部、喷管及筒壳三部分组成，而这三部分的质量均与推进剂秒流量 $\dot{m}_{sec}$ 成正比，即

$$m_{es} = A\dot{m}_{sec}$$

式中，系数 A 取决于材料、工艺、强度和设计水平等方面因素。可由统计数据给出，通常取 $A = 2$ 左右。将上式变成相对量形式，有

$$K_{es} = \frac{A\dot{m}_{sec}}{m_2}$$

又因为

$$\dot{m}_{sec} = \frac{P}{I_s}$$

所以

$$K_{es} = A\frac{\overline{P}}{I_s}g \qquad\qquad (4-85)$$

或

$$K_{es} = A\frac{K_F}{t_1}$$

式中，t_1 为发动机工作时间。

在 4.2 节中曾指出：

$$K_{es} = r_{es}\overline{P}$$

显然，此时

$$r_{es} = \frac{A}{I_s}$$

（2）对于固体火箭发动机。由于其燃烧室里充满了固体火药，燃烧室相当一个推进剂储箱，其质量 m_{es} 与推进剂质量有密切关系。故通常用结构比 α_{es} 来表达这两个质量之间的关系：

$$a_{es} = \frac{m_{es}}{m_F}$$

按我国目前的技术水平，α_{es} 值比较稳定，其统计值一般为 $0.6 \sim 0.7$。比较先进的固体火箭发动机（如复合材料壳体），α_{es} 值可接近 0.5。因此，在确定 α_{es} 值的时候，应考虑到新材料、新工艺的发展。由此可得

$$K_{es} = \frac{m_{es}}{m_2} = \frac{m_{es}}{m_F}\frac{m_F}{m_2} = a_{es}K_F \qquad\qquad (4-86)$$

2. 推进剂输送系统的相对质量系数

导弹推进剂输送系统，通常可分为两类，即挤压式和泵压式。下面分别予以讨论。

（1）泵压式。它一般包括推进剂储箱、涡轮泵、增压储箱用的气瓶、辅助推进剂、导管及附件等部分。这些部分的质量可以按下述经验统计公式确定。

推进剂储箱质量为
$$K_{TA} = 0.072K_F + 1.88\sqrt{\frac{K_F}{m_2}}$$

涡轮泵质量为
$$K_{tp} = 1.3\left(\frac{\overline{P}}{I_s}\right) + 17.2\sqrt{\frac{Pg}{I_s m_2}}$$

气瓶质量（包括冷气）为
$$K_{gb} = 0.062K_F$$

管道及附件质量为
$$K_{0T} = 0.6\sqrt{\frac{K_F}{m_2}}$$

辅助推进剂质量为
$$K_t = 0.035K_F$$

综合上述推进剂输送系统的各部分质量，即得

$$K_{ts} = 0.169K_F + 1.3\left(\frac{\overline{P}g}{I_s}\right) + 5.5\sqrt{\frac{\overline{P}g}{I_s m_2}} + 1.2\sqrt{\frac{K_F}{m_2}} \qquad\qquad (4-87)$$

（2）挤压式。它一般包括推进剂储箱、空气蓄压器（气瓶）、管路及附件和压缩冷气等部分。如果采用固体火箭作为蓄压器，则没有气瓶和压缩冷气存在，代之以火药及火药储箱。

对带有空气蓄压器的挤压式输送系统的质量，可按下面统计公式确定。

推进剂储箱：
$$K_{TA} = 0.144K_F + 3.76\sqrt{\frac{K_F}{m_2}}$$

冷气：
$$K_g = 0.042K_F$$

气瓶：
$$K_{gb} = 0.124K_F + 1.2\sqrt{\frac{K_F}{m_2}}$$

导管及附件：
$$K_{0T} = 0.8\sqrt{\frac{K_F}{m_2}} - 0.1\frac{\overline{P}g}{I_s}$$

综合上述各部分质量，则得挤压式推进剂输送系统质量：

$$K_{ts} = 0.31K_F + 3.2\sqrt{\frac{K_F}{m_2}} - 0.1\frac{\overline{P}g}{I_s} \tag{4-88}$$

由上述内容看出，在挤压式推进剂输送系统中，气瓶和推进剂储箱的质量比泵压式的质量大得多。这是因为采用了高压储箱所造成的，在一般情况下，高压储箱的压力大于 3 MPa。

4.8.2 弹体结构部分的相对质量系数

导弹弹体结构通常由弹身壳体、翼面和操纵系统组成，即
$$K_s = K_R + K_w + K_R + K_{cs1}$$

对于地对空导弹和空对空导弹来说，一般其弹体结构部分的相对质量系数 $K_s = 0.16 \sim 0.2$；对于飞航式导弹，一般 $K_s = 0.17 \sim 0.3$（对于航程大的飞航式导弹，其 K_s 值靠近下限）。在第一次近似计算时，可按下述方法进行估算。

1. 翼面质量

（1）主翼和舵面的质量。在 4.2 节中已指出，主翼和舵面相对质量系数分别为
$$K_w = \frac{q_w}{p_0}; \quad K_R = \frac{q_R}{p_0}\overline{S}_R$$

式中，q_w 为主翼单位面积质量；q_R 为舵面单位面积质量；$\overline{S}_R$ 为舵面的相对面积（与参考面积之比）。

据目前统计，弹翼、舵面的单位面积质量分别为

地对空和空对空导弹：
$$q_w = \frac{m_w}{S} = 90 \sim 150 \text{ N/m}^2$$

$$q_R = \frac{m_R}{S_R} = 100 \sim 130 \text{ N/m}^2$$

飞航式导弹：
对单块式结构的弹翼 $\quad q_w = 90 \sim 100 \text{ N/m}^2$
对单梁式结构的弹翼 $\quad q_w = 150 \sim 180 \text{ N/m}^2$

这里，翼面积是指包括弹身那一部分在内的弹翼面积。在一般情况下，舵面相对弹翼的面积为 $\overline{S}_R \approx 0.05 \sim 0.15$。

当计算舵面相对质量系数时，由于该部分所占比例很小，所以可在以下范围内选取 K_R：

$$K_R = 0.004 \sim 0.04$$

（2）助推器上安定面的相对质量系数。当导弹采用串联式助推器形式时，其助推器上安定面的质量进行近似计算时，可以用以下经验数据：

$$K_{w1} = \frac{m_{w1}}{m'_1} \approx 0.08$$

式中，m'_1 为不包括安定面的助推器质量；m_{w1} 为安定面的质量。

2. 弹身壳体的相对质量系数

大部分导弹均采用受力式储箱结构，在此情况下，推进剂储箱就被当成壳体的一部分，因此，弹身壳体的质量可写成如下形式：

$$m_B = m'_B + m_{TA}$$

式中，m'_B 为除去推进剂储箱以外的弹身壳体的质量；m_{TA} 为推进剂储箱的质量。

故弹身壳体的相对质量系数为

$$K_B = K'_B + K_{TA}$$

K_{TA} 之值可根据不同动力装置的推进剂输送系统类型，如前所述进行估算。K'_B 值在目前广泛使用铝合金材料情况下，其变化范围不大，它与壳体内部装载质量、弹身最大使用过载及弹体长细比有直接关系，可用下式进行估算：

$$K'_B = K_{Bg}\left[0.18 + 5 \times 10^{-5} n_B (\lambda_B)^{5/3}\right]$$

式中，λ_B 为弹身壳体长细比（不包括油箱）；n_B 为弹身最大使用过载；

$$K_{Bg} = \frac{m_{Bg}}{m_2}$$

m_{Bg} 为弹身内部的载荷质量，包括战斗部、弹上仪器设备质量和动力装置质量（不计推进剂和推进剂箱的质量）。显然，当战斗部及固体火箭发动机亦为弹身壳体的一部分时，m_{Bg} 也不包括此部分质量。

当第一次近似估算弹身壳体相对质量系数 K'_B 时，亦可参考下列统计数据：

地对空导弹　　　　　　　　　　$K'_B = 0.1 \sim 0.12$

空对空导弹　　　　　　　　　　$K'_B = 0.05 \sim 0.1$

飞航式导弹　　　　　　　　　　$K'_B = 0.09 \sim 0.15$

3. 操纵机构的相对质量系数

操纵机构的质量所占比例很小，可用以下统计数据进行粗略计算：

地对空导弹　　　　　　　　　　$K'_{cs1} = 0.02 \sim 0.03$

空对空导弹　　　　　　　　　　$K'_{cs1} = 0.005 \sim 0.02$

飞航式导弹　　　　　　　$K'_{cs1} = 0.01 \sim 0.7 \times 10^{-4} t$

式中，t 为操纵机构的工作时间（s）。

第5章　推进系统设计

推进系统(又称动力系统)是导弹系统的一个重要分系统,它的主要作用是为导弹提供飞行动力,以保证导弹获得所需的速度和射程,另外也参与导弹的控制。防空导弹所攻击的主要目标是飞机或导弹,要求防空导弹应具有加速快、高速和远程飞行的能力,通常选择的推进系统有固体火箭发动机、固体火箭冲压发动机和液体火箭发动机等。

本章将重点从导弹总体设计的角度,介绍推进系统设计的任务与要求、固体火箭发动机设计、固体火箭冲压发动机设计、液体火箭发动机设计、发动机选择的原则与方法等内容。

5.1　推进系统设计的任务与要求

5.1.1　推进系统设计的总体技术要求和依据

1.设计的总体技术要求

导弹推进系统是为导弹飞行提供推力的装置,保证导弹获得所需要的作战射程和飞行速度特性。或者说推进系统决定了导弹的性能,而推进系统的各种新方案也极大地改进了导弹的作战性能。导弹总体设计部门根据导弹的作战任务、战术技术指标和总体设计方案,对推进系统提出的具体设计要求有以下几项。

(1)发动机的性能指标。对不同类型的发动机,其性能指标略有不同。对火箭发动机,应规定其推力、总冲、比冲等;对空气喷气发动机,应规定其推力和推力系数、耗油率、工作时间、发动机的工作范围、有攻角飞行时发动机的特性等。

(2)发动机质量和体积。导弹总体部门通常对推进系统提出尺寸限度和总质量要求。发动机进行总体设计时,再对其各部件分配尺寸和质量指标。

(3)发动机在导弹上的配置要求。这一点对空气喷气发动机尤为重要。发动机本体一般作为一个舱段,配置于导弹尾部;进气道也是发动机的一个部件,但一般单独安装并用整流罩使其"流线化",对进气道的位置和安装应有明确的要求;属于配置要求的还有发动机油箱、燃油输送系统、发动机外连接件及电缆敷设的要求等。

(4)生产价格。导弹是一次使用而又批量生产的产品,要求生产价格尽可能低。

(5)使用环境要求。包括发动机使用的环境温度范围、外场装配和检测要求、运输要求和储存要求等。

(6)隐身要求。导弹总体设计对发动机提出排气特征和散射特性的要求,要求改进进气道和喷管的设计及进气道在弹体上的布置形式,并要求采取措施减少红外辐射和噪声。固体推进剂要采用无烟或少烟的配方等。

(7)其他特殊要求。根据导弹的作战使命和总体设计特点,可以对推进系统提出一些特殊要求。

总之,设计推进系统时,在满足总冲量、推力等能量特性的基本技术要求的同时,还应兼顾前述的各项技术要求。

2.设计依据

设计依据包括使用部门提出的要求、设计部门提出的要求、国家通用的规范及标准要求等。

3.设计的主要任务

设计的主要任务是确定推进剂的基本形式,进行发动机性能设计、结构设计和材料选择,确定发动机的主要参数。一般推进系统的设计需要和导弹总体设计反复迭代进行。

5.1.2　推进系统的类型与特点

1.推进系统分类

导弹的推进系统主要由发动机、发动机架、推进剂和推进剂输送系统所组成。其中发动机是核心部分,一般来说,导弹推进系统的分类实际是按发动机来划分的。导弹上使用的发动机都是喷气发动机。目前的喷气发动机都是利用化学能,其他以核能、电磁能、太阳能或激光能为能源的喷气发动机尚未在导弹上使用。喷气发动机一般可分为火箭发动机、空气喷气发动机和组合发动机,如图 5-1 所示。

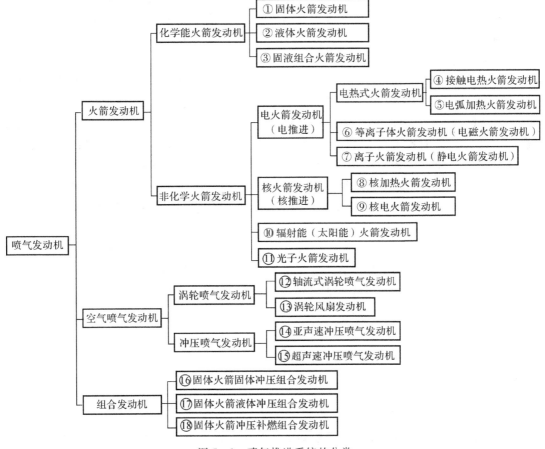

图 5-1　喷气推进系统的分类

火箭发动机自身携带燃烧剂和氧化剂,它不需周围大气的氧化剂也能工作,因此火箭发动机既可在大气层内工作,也可在大气层以外的太空中工作。另外其工作不受飞行速度的影响。

空气喷气发动机是利用周围大气作为氧化剂而自身只携带燃烧剂的喷气发动机,也称为航空发动机,这种发动机只能在大气层中工作。其工作受飞行速度的影响比较大。

组合发动机指两种或两种以上不同类型发动机的组合,包括空气喷气发动机之间的组合,以及空气喷气发动机与火箭发动机之间的组合等。

2.防空导弹上常用的发动机及特点

防空导弹上常用的发动机主要有固体火箭发动机、液体火箭发动机、固体火箭冲压发动机等。

(1)固体火箭发动机。采用固体推进剂的火箭发动机称为固体火箭发动机。

固体火箭发动机的主要优点:

1)结构简单、可靠性高。因为推进剂装填在燃烧室内,不需要专用的推进剂储箱和复杂的推进剂输送调节系统,以及发动机冷却系统。给导弹的装配和结构布局带来较大的方便。同时发动机的零部件数量少,结构简单,可靠性相应提高。

2)使用方便、安全。固体火箭发动机通常是免维护的,一般只进行定期检查;可以随时用于作战和发射,长期保持在战备状态,不像液体火箭发动机要在发射前进行推进剂加注;固体火箭发动机的使用不受高度限制,性能与飞行速度、迎角无关,对于导弹控制系统的设计来说比较简单。固体推进剂挥发性小,并存放在燃烧室内,不易挥发出有毒、易燃气体。

3)固体推进剂的密度大,密度比冲高,从而可减小导弹的体积。

固体火箭发动机的主要缺点:

1)比冲较低。固体火箭发动机的比冲低于液体火箭发动机、固体火箭冲压发动机,当前固体火箭发动机的比冲为 2 000~3 000 N·s/kg,而液体火箭发动机的比冲为 2 500~4 000 N·s/kg。

2)发动机性能受环境温度影响较大。由于固体推进剂燃烧前的初始温度不同,燃速和能量(总焓)也会变化,对推力和工作时间有较大影响。高温时燃速高、推力大、工作时间短、药柱弹性模量下降;而低温时燃速变低、推力下降、药柱弹性模量增大、变脆。

3)可控性较差。固体火箭发动机一经点燃,就只能燃烧到工作结束,难以实现多次熄火和再点燃。虽然,近年来固体发动机技术也发展了多级推力、多次启动技术,但实现起来难度较大。

4)发动机工作时间比较短。一是受热部件没有冷却,特别是喷管受高温、高压、高速气流作用,工作时间不能长。另一是受装药尺寸和燃速的限制,燃烧时间也不能太长。

(2)液体火箭发动机。采用液体推进剂的火箭发动机称为液体火箭发动机。

液体火箭发动机的主要优点:

1)比冲较高。

2)可控性好。发动机的启动、关机和推力大小的控制可通过活门的打开、关闭和调节来实现,可以多次启动和脉动工作。

3)工作时间长。

液体火箭发动机的主要缺点:

1)结构复杂、可靠性低。液体火箭发动机零部件数量多,需要专用的推进剂储箱和推进剂输送调节系统,与固体火箭发动机相比,结构要复杂得多,可靠性偏低。

2)使用维护复杂。液体推进剂不易在储箱中长期储存,采用液体火箭发动机的导弹多数情况下需要在发射前临时加注推进剂,发射准备时间长、维护使用不便。另外,液体推进剂毒性也比较大。

3)生产成本高。

(3)固体火箭冲压发动机。它是把固体火箭发动机与冲压发动机组合起来的喷气发动机,具有两者的优点,也具有两者的缺点。

固体火箭冲压发动机的主要优点:

1)比冲较高。固体火箭冲压发动机采用富燃料固体推进剂,它比固体火箭发动机的比冲高,但不及冲压发动机,一般固体火箭发动机比冲为 2 000~3 000 N·s/kg,冲压发动机比冲为 17 000~20 000 N·s/kg,而固体火箭冲压发动机的比冲可达 6 000 N·s/kg 以上。

2)结构较简单。在结构上仍然是一种比较简单的发动机,在火箭发动机中,固体发动机最简单,在空气喷气发动机中,冲压发动机最简单,它兼具两者的优点。

3)使用条件不严。在使用条件上,受到飞行器的飞行高度和速度的限制,不及固体火箭发动机具有在短时间发出巨大推力的能力及良好的速度和高度特性,但它兼具有火箭发动机的优点,比冲压发动机使用的高度范围更宽广,适用的飞行速度范围更大。

4)使用较方便。固体火箭冲压发动机平常也是免维护的,一般只进行定期检查;可以随时用于作战和发射,长期保持在战备状态。

固体火箭冲压发动机的主要缺点:

1)结构稍复杂,消极质量较大,可靠性低。固体火箭冲压发动机具有进气道、两个燃烧室、流量调节装置、转级装置等,导致结构稍复杂,消极质量较大,可靠性略低。

2)截面面积大、阻力大、反射面积大。进气道导致导弹截面面积增大,阻力增加,雷达反射面积大。

3)控制复杂。固体火箭冲压发动机性能与飞行速度、高度、迎角、侧滑角有很大关系,通常需要进行流量的调节控制,使用空域、速度范围稍小,对导弹的迎角、侧滑角有较大限制,一般要求导弹采用倾斜转弯控制,对于导弹控制系统的设计来说比较复杂。

几种发动机的特点比较见表 5 - 1。

表 5 - 1 四种发动机特点比较

	固　体	液　体	冲　压	固　冲
推力质量比	>100	75:1	(12~25):1	
比冲/(m·s^{-1})	200~300	250~450	1 700~2 000	>600
推进剂耗率/(kg·kg^{-1}(推力))	>15	8~14	2.5~3.5	
推力受飞行姿态影响	无	无	较大	有
适用速度范围	不限	不限	$Ma>2$ 时性能好	不限
结构复杂性	最简单	复杂	较简单	较复杂
使用维护	简单	较繁	简单	简单
发展潜力	有一定潜力	不很大	潜力较大	大

5.1.3 推进系统的设计流程

推进系统的设计要综合考虑工作范围、推力特性、能量特性、结构完整性、热防护、结构质量、可靠性和工艺性等方面,需要和导弹总体共同综合优化来选择发动机的类型、推力、工作时间、尺寸和质量等参数,以使导弹性能最优。因此,推进系统方案设计是多轮迭代优化的过程。

(1)设计输入。导弹总体提出发动机的初步要求,包括发动机类型、典型设计高度、推力、工作时间、直径、长度、质量,推力矢量装置类型,转级马赫数、进气道限制条件等要求。

(2)根据导弹总体布局,初步选择喷管类型(普通喷管、长尾喷管、潜入喷管、无喷管等)。

(3)根据对比冲和推力的要求,确定大致的工作压强、喉径;根据结构限制、气动阻力确定大致的喷管面积扩张比。

(4)进行初步结构设计、推力矢量装置设计、可调喷管设计、进气道设计和流量调节装置设计。

(5)根据装药长径比、工作时间、直径和燃速范围,选择药形,进而选择固体推进剂。

(6)进行装药设计和内弹道性能仿真,得到推力、压强、比冲随时间、高度、速度、迎角、侧滑角的变化规律,推力矢量随装置状态和时间的变化规律,质量、质心、转动惯量随时间的变化规律。

(7)进行结构完整性分析、热防护分析和强度/刚度分析。

(8)进行导弹弹道仿真,判断弹道是否优化(射程、平均速度、最大速度或气动热限制等)。如果达不到优化要求,再迭代进行设计;如果达到了优化要求,就完成了发动机方案设计。

5.2 固体火箭发动机设计

固体火箭发动机是一种采用固体推进剂的化学火箭动力装置,由于结构简单、工作可靠、维护简单、使用方便、启动迅速、储存时间长、成本相对较低,故在防空导弹中得到广泛应用。

5.2.1 组成和原理

1.基本组成

固体火箭发动机主要由固体推进剂装药、燃烧室、喷管和点火装置4部分组成,如图5-2所示。

固体推进剂装药是安装在燃烧室中具有一定尺寸、形状的固体推进剂药柱的总称,是发动机的能源部分,按照安装形式可分为自由装填和贴壁浇注两种。

燃烧室是推进剂装药储存并使之在其中进行燃烧的压力容器。对于防空导弹而言它还是弹体的一部分,承受复杂的外力和环境条件引起的载荷。燃烧室形状一般为两端带有封头的圆柱形或圆形。燃烧室内壁衬有绝热层,以保护壳体免受高温燃气的烧蚀。燃烧室壳体材料可分为金属材料和纤维复合材料。

喷管的作用是将燃烧室内燃烧产生的燃气加速,从而使燃烧产物的热能变成动能。由于喷管在工作中要承受大量高温燃烧产物的烧蚀和冲刷,在其结构上要采用一定的耐烧蚀材料,一般用高硅氧酚醛、碳纤维、多晶石墨、钨渗铜、碳/碳等材料。

点火装置在固体火箭发动机中的功能:一方面是保证安全,主要由钝感点火器和滤波装置组成;另一方面产生点火初始能量以便点燃主装药并使之稳定燃烧,主要由发火系统和能量释放系统组成。

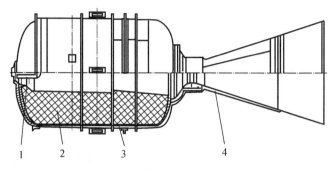

图 5-2　固体火箭发动机结构简图

1—点火装置;　2—推进剂装药;　3—燃烧室壳体;　4—喷管

2. 工作原理

固体火箭发动机通过本身所携带的推进剂在燃烧室内燃烧,将推进剂的化学能转化为燃烧产物的热能,燃烧产物在喷管中膨胀并加速流动,将热能转化为动能,燃烧产物的动能作用于发动机后产生推力。

5.2.2　发动机的结构形式及选择

1. 结构形式

发动机的结构形式直接影响导弹的性能,它与导弹总体布局有着密切的关系,常常是总体设计部门与发动机设计部门共同协商确定的。

固体火箭发动机的结构形式很多,可以按照药柱种类、药柱装填方式、喷管数量、喷管形式和推力级数等来分类。图 5-3 列出了发动机结构形式的分类情况。

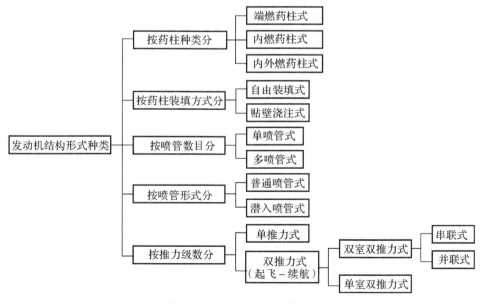

图 5-3　发动机结构形式分类

对于防空导弹而言,目前可选择的发动机类型有单级推力固体火箭发动机、单室双推力固体火箭发动机、多脉冲固体火箭发动机和固体火箭冲压发动机等。

(1)单级推力固体火箭发动机。多数近程防空导弹发动机和部分中程防空导弹发动机采用单级推力固体火箭发动机,其推力大,比冲高,工作时间较短,导弹的最大速度较高,结构简单可靠。

(2)单室双推力固体火箭发动机。单室双推力固体火箭发动机是利用一个燃烧室产生两级推力,结构简单,环境适应性强,能较好地满足防空导弹的需要。典型的单室双推力固体火箭发动机如图 5-4 所示,导弹推力和速度曲线如图 5-5 所示。

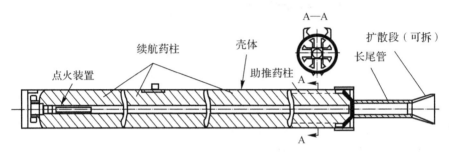

图 5-4　某导弹单室双推力固体火箭发动机

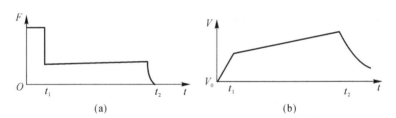

图 5-5　单室双推力固体火箭发动机的推力和速度曲线

采用单室双推力固体火箭发动机也会带来一些问题:①为增加射程需要加大一二级推力比,增长二级工作时间,但进一步增加推力比必然造成二级压强较低,比冲下降;②为增加射程需要提高总冲,在发动机工作时间内导弹持续加速,当导弹飞行马赫数超过 5 时,将会遇到严重的气动加热问题,需要增加热防护。另外,过高的速度会使得导弹阻力急增,不利于导弹增程。这两个问题限制了单室双推力固体火箭发动机在中远程防空导弹上的进一步应用和发展。

(3)多脉冲固体火箭发动机。多脉冲固体火箭发动机是防空导弹增加射程、提高机动能力的一种有效可行的方案。与单室双推力发动机相比,多脉冲固体火箭发动机可以为防空导弹提供间歇推力,降低导弹飞行过程中的最大速度,减少能量损失,使导弹具有更远的射程;由于发动机可以在导弹距目标较近距离时再次提供动力,从而可提高导弹末端机动能力;多脉冲发动机还可以减小导弹气动加热和最大动压,大大降低全弹结构设计和热防护设计的难度。

多脉冲固体火箭发动机与传统固体火箭发动机相比,在装药中间增加了级间隔离装置和点火系统,其他的燃烧室、喷管等部件基本相同,其典型的构造如图 5-6 所示,导弹推力和速度曲线如图 5-7 所示。

目前,多脉冲固体火箭发动机的技术难点主要有:①级间隔离技术,需要设计安全、可靠、质量轻、体积小的级间隔离装置和点火装置;②系统综合优化技术,需要综合考虑发动机总体性能、一二级能量的分配、药形、热防护等因素,进行系统优化设计。

多脉冲固体火箭发动机结构比较简单,具有降低导弹最大速度、增程和末速高的优势,在中远程防空导弹上应用和发展潜力很大。

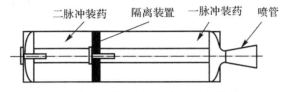

图 5-6　典型双脉冲固体火箭发动机结构形式

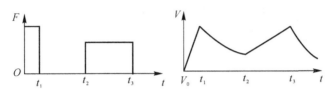

图 5-7　双脉冲固体火箭发动机推力和速度曲线

(4)双室双推力固体火箭发动机。双室双推力固体火箭发动机实际是两个发动机,两级发动机均可在高压强下工作,有利于能量发挥,可以得到较大的推力比、较高的总冲和较长的工作时间。但两个燃烧室、两套喷管、两套点火装置,结构较复杂,消极质量较重,也增加了全弹,尤其是气动外形、控制系统等的设计难度。双室双推力固体火箭发动机如图 5-8 所示,有并联和串联两种类型。

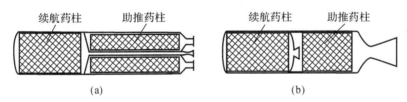

图 5-8　双室双推力固体火箭发动机
(a)并联双室双推力固体火箭发动机;　(b)串联双室双推力固体火箭发动机

上述几种防空导弹发动机的比较见表 5-2,典型的推力和速度曲线比较如图 5-9 所示,从表中可见其增程效果(速度对时间的积分为导弹飞行的距离)。

表 5-2　几种防空导弹发动机的比较

发动机类型	优　点	缺　点
单级推力固体火箭发动机	结构简单; 技术成熟; 导弹加速能力强	最大速度高; 最大射程近
单室双推力固体 火箭发动机	结构简单; 技术成熟; 导弹加速能力强	最大速度较高; 最大射程较近

续 表

发动机类型	优 点	缺 点
多脉冲固体火箭发动机	结构比较简单; 推力和速度曲线比较理想,能明显增加导弹最大射程,可提高末端机动能力,降低最大速度	技术比较复杂
双室双推力固体火箭发动机	推力和速度曲线比较理想,能明显增加导弹射程,可提高末端机动能力,降低最大速度	结构较复杂,消极质量较重; 全弹设计难度较大
固体火箭冲压发动机	总冲高; 推力和速度曲线理想,能大幅度增加导弹射程	技术复杂; 飞行速度相对较低; 全空域飞行包线有一定限制

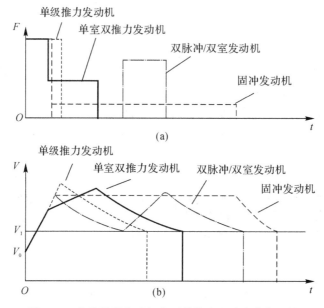

图 5-9 几种导弹发动机典型的推力和速度曲线比较

(a)推力曲线比较; (b)V_0—导弹发射时的初始速度;V_1—被动段允许的最小速度

2.选择原则

主要根据发动机的用途和战术技术性能要求及全弹的布局来选择发动机的结构形式,一般应遵循以下几项原则。

(1)适应发动机的用途和战术技术要求。例如,要求推力大、工作时间短的助推器和小型及野战导弹上的火箭发动机,一般采用内外燃药柱和自由装填式结构,因为内外表面同时燃烧的药柱可以产生很大推力,工作时间可以很短;要求推力较大,工作时间较长的中、大型发动机上,适合采用内燃药柱和浇铸式结构,其特点是药柱与壳体黏结成一体,燃烧沿药柱内孔表面进行,燃烧时间较长并可解决壳体受热问题和大直径药柱的支撑问题;要求小推力、长时间工作的发动机,可以采用端燃药柱,端燃药柱只有药柱端面燃烧,产生推力较小且可长时间工作。

（2）使发动机的结构紧凑、质量轻。当导弹对发动机的质量比要求高时，可采用内燃药柱和浇铸式结构，还可采用玻璃纤维缠绕壳体和轻合金壳体。采用潜入喷管也能使发动机总体结构紧凑、体积小。双推力发动机的两级推力比不是很大时，采用单室双推力发动机具有结构简单、质量轻的优点。但是，由于两级共用一个喷管，两级的工作特性必然相互影响，其推力比不能过大。

（3）使发动机具有良好的工艺性、研制费用低、周期短。例如，内外燃药柱和自由装填式结构形式，具有工艺性好、能连续大量生产、研制费用低等特点，适用于质量比要求不高、工作时间又短的小型发动机。

5.2.2　主要性能参数

1. 推力（单位：N）

当发动机工作时，作用于发动机所有表面上的力的合力定义为火箭发动机的推力。推力是发动机的一个主要性能参数。导弹依靠发动机的推力起飞、加速、克服各种阻力，完成预定的飞行任务。推力的通用公式为

$$P = \dot{m}_F u_e + (p_e - p_a)S_e \qquad (5-1)$$

式中，$\dot{m}_F$ 为每秒推进剂的消耗量；u_e 为喷管出口处燃气流速度；S_e 为喷管出口截面积；p_e 为喷管出口气体压强；p_a 为外界大气压强。

2. 总冲（单位：N·s）

总冲指发动机推力的冲量，即推力对工作时间的积分，表达式为

$$I = \int_0^t P(t)\,\mathrm{d}t \qquad (5-2)$$

如果推力为常数，则总冲等于推力与工作时间的乘积

$$I = Pt$$

总冲是火箭发动机的重要性能参数之一，综合反映了发动机工作能力的大小。要达到同样的总冲，可以采用不同的推力与工作时间的组合，例如，助推级宜用大推力、短工作时间；续航级宜用小推力、长工作时间。

3. 比冲（单位：N·s/kg 或 m/s）

发动机比冲是指消耗 1 kg 推进剂所产生的冲量，也称推进剂比冲。比冲的国际单位为N·s/kg 或 m/s，比冲的工程单位为 s。

发动机在整个工作阶段的平均比冲可用下式计算：

$$I_s = \frac{I}{m_F} \qquad (5-3)$$

式中，m_F 为推进剂质量。

发动机的瞬时比冲（比推力）是指每秒消耗 1 kg 推进剂所产生的推力，即推力与推进剂质量流量之比，其公式为

$$I_s = \frac{P}{\dot{m}_F} \qquad (5-4)$$

式中，$\dot{m}_F$ 为推进剂的质量流量，单位 kg/s。

比冲是衡量推进剂能量大小和发动机性能优劣的重要指标之一，取决于推进剂本身的能量和发动机工作过程的完善程度，对导弹性能有重要影响。若发动机的总冲已给定，比冲越

高,所需要的推进剂质量越少;若推进剂的质量已给定,比冲越高,则发动机的总冲越大。目前战术导弹固体火箭发动机的比冲范围在 2 000～3 200 N·s/kg 之间。液体火箭发动机的比推力在 2 500～5 000 N·s/kg 之间。

火箭发动机的比冲与比推力在物理意义上是有所区别的,但在数值上相同,它们可以取瞬时值,也可以取发动机工作过程中某一时间间隔内的平均值。在固体火箭发动机试验中,精确测量推进剂流量较困难,通常是利用试验中记录的推力-时间曲线计算出总冲值,再除以推进剂质量求得平均比冲,因此用比冲表示固体火箭发动机的性能参数比较合适;而液体火箭发动机易于从试验中测得推进剂的每秒流量,故用比推力表示性能参数。

目前,火箭发动机的比冲(比推力)值见表 5-3。

表 5-3 火箭发动机的比冲

发动机类型	应用的推进剂	比冲(比推力)/(N·s·kg^{-1})
液体火箭发动机	液氧和煤油	2 940
	液氧和液氢	3 832
	偏二甲肼和四氧化二氮	2 803
固体火箭发动机	双基火药	2 200～2 300
	改性双基火药	2 400～2 500
	复合药粉(加铝粉)	2 600～2 650

4. 质量比

质量比指推进剂质量与动力装置总质量(含装药)之比,意即装药质量占动力装置总质量的百分比。它反映发动机结构的设计质量,体现了发动机的综合设计水平。大型固体火箭发动机质量比目前已达 0.85。对于任何固体推进剂来说,其装药质量反映总冲的大小,故质量比实际上反映了总冲与发动机总质量的比值。此比值目前已达 1 000 N·s/kg,先进的可达 1 750 N·s/kg。

5. 推重比

发动机的推力与发动机在当地所受重力之比称为发动机的推重比。它反映了动力装置的质量特性,对导弹的飞行性能和承载有效载荷的能力都有直接影响。以 $Ma=2～3$ 飞行的冲压发动机的推重比在 20 左右;不同特点、不同推力等级的液体火箭发动机的推重比最大可达 70～100。推重比是无量纲参数,国际使用比较方便。

6. 工作时间

初始 10% 最大推力(或压力)至最终推力下降至 10% 最大推力(或压力)之间的时间间隔称为工作时间。有时,以 5% 作为工作时间的开始与终止标志。

一般在发动机研制任务书中,对总冲、推力、工作时间的指标要求为海平面、常温时的数据,大气压强为 101 325 Pa,环境温度为 20℃。通常,将地面(即在不同的大气压强和环境温度条件下)试车测得的数据通过换算求出海平面推力值。

5.2.3 总体方案设计

作为防空导弹动力装置的固体火箭发动机其总体方案设计包括以下内容:发动机总体设

计、发动机装药设计、发动机的燃烧室设计、发动机喷管设计、点火装置设计等。

1. 发动机总体设计

发动机总体设计包括总体方案的确定、发动机的结构形式选择、推进剂的选择、壳体材料的选择,总体参数的选择与计算。

(1)总体方案的确定。在固体火箭发动机设计的开始阶段,要根据战术技术性能要求对总体方案进行确定,战术技术性能主要有以下几点:

1)发动机的用途,如发动机用在何种导弹上,是主发动机还是助推器等;

2)发动机需要的总冲;

3)发动机的平均推力,一般给出常温下的平均推力 P,有时还提出最大推力 P_{max} 和最小推力 P_{min} 的限制;

4)发动机的工作时间,一般给出常温下的工作时间 t,有时还提出最长工作时间 t_{max} 和最短工作时间 t_{min} 的限制;

5)发动机的推力方案,如发动机是等推力的,还是变推力的;

6)发动机的质量和外形的限制,如对发动机的总质量和外形的要求。

因此,在设计总体方案时主要考虑以下几个方面:战术技术性能的要求;发动机应质量小、体积小;发动机能正常而可靠地工作;发动机应有良好的储存特性和运输特性;发动机应有良好的安全性;应能在规定的研制期内完成预定的研制任务;应尽量减少研制费用。

(2)发动机结构形式的确定。前面介绍了防空导弹上固体火箭发动机的多种结构形式,为了选择一种符合技术指标要求的发动机,需要遵循以下原则:

1)能适应发动机的用途和战术技术性能要求;

2)使发动机的质量小、结构紧凑;

3)使发动机具有良好的工艺性,且研制费用低、研制周期短。

(3)推进剂的选择。固体推进剂包括双基推进剂、复合推进剂等。选择推进剂时要按照以下原则进行:

1)推进剂应具有所需要的能量特性,即体积比冲大;

2)推进剂应具有所要求的内弹道性能;

3)推进剂应具有良好的燃烧特性,即燃速、压强指数和温度敏感系数,燃烧稳定,临界压强低;

4)推进剂应具有足够的力学特性;

5)推进剂应具有良好的物理、化学安定性;

6)推进剂应具有最小的危险性;

7)推进剂的生产经济性好。

目前常用的推进剂有丁羟(HTPB)推进剂、叠氮(GAP)推进剂、硝酸酯增塑聚醚(NEPE)推进剂、端羟基聚醚(HTPE)推进剂、双基推进剂等。一些推进剂的性能对比见表 5 - 4。

表 5 - 4　HTPB 推进剂、GAP 推进剂、NEPE 推进剂的性能对比

序　号	项　　目	单　位	HTPB 推进剂	GAP 推进剂	NEPE 推进剂	备　注
1	实测比冲	m/s	2 410	2 460~2 480	2 460~2 480	标准发动机
2	动态压强指数	—	≤0.35	≤0.4	≤0.4	3~18 MPa,23℃

续 表

3	密度	g/cm³	≥1.8	≥1.81	≥1.81	23℃
4	最大拉伸强度	MPa	≥0.6	≥0.45	≥0.4	71℃
5	伸长率	—	≥45%	≥40%	≥40%	−50℃
6	玻璃化温度	℃	≤−65	−53～−50	−59～−52	—
7	燃速	mm/s	4.5～30	8～20	5.5～20	6 MPa 静态

注:适用于端燃药柱的 GAP 推进剂(低温伸长率≤20%),玻璃化温度可以做到更低。

(4)壳体材料的选择。发动机壳体材料包括燃烧室壳体材料和喷管壳体材料。目前常用的发动机壳体材料主要分为金属材料和非金属复合材料两大类,如图 5-10 所示。壳体材料按以下原则选择:

1)材料的比强度高。比强度值越大,发动机的结构质量越小,导弹的结构质量也就越小;

2)材料的冲击韧性和断裂韧性好;

3)足够的刚度和工艺可能性。当材料比强度高时,壳体的壁厚可能很小,其刚性较差,在外载荷作用下壳体可能失稳。为此,在选择材料时,必须保证壳体不失稳和工艺上能形成的最小壁厚;

4)良好的工艺性;

5)在长时间高温工作条件下其工作可靠;

6)成本低。

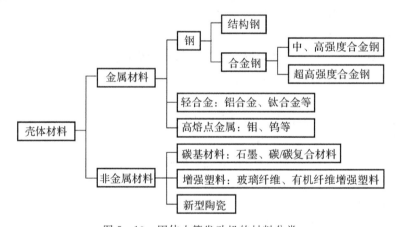

图 5-10　固体火箭发动机的材料分类

表征材料特性的主要参量有强度极限 σ_b、屈服极限 σ_s、延伸率 δ_s(%)、冲击韧性 α_k、断裂韧性 K_e、密度 ρ_m、比强度 σ_b/ρ_m、导热系数 λ 等,这些特性参数是选择材料的依据。

目前国内外常采用极限强度为 1 300～1 800 MPa 的超高强度钢作为燃烧室壳体材料。另外,由于复合材料的比强度高,用它做燃烧室壳体,发动机的结构质量轻,在远程防空导弹发动机上正得到广泛的应用。

喷管材料的选择与工作条件关系密切,一般为多种材料的复合结构,如金属壳体,高熔点金属或石墨喉衬,碳/碳复合材料烧蚀层,玻璃纤维增强塑料,石棉橡胶绝热层或陶瓷绝热等。对于工作时间短的小型发动机或助推器,也可采用低碳钢等散热材料作为喷管材料。

表 5－5 所示为常用的燃烧室结构材料,表 5－6 所示为常用的喷管材料。

表 5－5　几种燃烧室结构材料特性

材料型号 \ 参量	$\dfrac{\sigma_b}{\text{MPa}}$	$\dfrac{\sigma_s}{\text{MPa}}$	$\dfrac{\delta_s}{\%}$	$\dfrac{\varphi}{\%}$	$\dfrac{\alpha_k}{\text{MN}\cdot\text{m}\cdot\text{m}^{-2}}$	$\dfrac{K_{1k}}{\text{MN}\cdot\text{m}\cdot\text{m}^{-\frac{3}{2}}}$	$\dfrac{\rho_m}{\text{g}\cdot\text{cm}^{-2}}$
45 号钢	≥589	≥294	≥15	≥38	≥0.29		7.81
50 号钢	≥648	≥363	≥15	≥40	≥0.69		7.81
55 号钢	≥687	≥383	≥13	≥35			7.81
40Mn2	≥834	≥687	≥12	≥45	≥0.69		7.81
40MnB	≥981	≥785	≥11	≥45	≥0.69		7.8
25CrMnSiA	≥1 079	≥932	≥10	≥40	≥0.49		7.76
30CrMnSiA	≥1 079	≥883	≥10	≥45	≥0.49	≥112	7.75
28Cr3SiNiMoWVA	1 490～1 506	1 270	14.4～16	≥61	0.54		7.81
32SiMnMoV	1 805	1 470～1 550	12	56	≥0.57	66	7.81
40SiMnCrMoV	1 815	1 620	≥8	≥35	≥0.49	70.4	7.81
D6AC	1 344～1 521	1 240	≥8	≥25		≥97.7	7.81
AISI4130	1 236	1 060	15	57			7.81
50SiMnMoV	1 815	1 619	≥9		0.49	66	7.81
18Ni 马氏体时效钢	1 962	1 670				99.2	8.01
铝合金(LC4)	530	402	6				2.85
钛合金(BT—6)	1 177		8				4.7
钛合金(6Al—4V)	1 207	1 138	20				4.7
玻璃纤维增强塑料	515						1.8
凯夫拉纤维	1 000～2 000						1.36

表 5－6(a)　几种喷管结构喷管材料(喉衬材料)

特征(室温下) \ 材料	钼		钨		热解石墨	多晶石墨	碳/碳复合材料
	锻压	烧结	锻压	烧结			
密度/(g·cm⁻³)	10.2		19.0	17.4	2.2		
熔化或升华温度/℃	2 625	2 625	3 410	3 410	3 649		
比热容/(J·kg⁻¹·K⁻¹)			140	140	921		
导热系数 $\dfrac{}{\text{W}\cdot\text{m}^{-1}\cdot\text{K}^{-1}}$　顺晶面　垂直晶面			166	94	346 2.1		
线膨胀系数 $\dfrac{}{℃^{-1}}$　顺晶面　垂直晶面	4.9×10^{-6}		4.5×10^{-6}	4.1×10^{-6}	2.4×10^{-6} 36×10^{-6}	2.7×10^{-6} 4.0×10^{-6}	0.9×10^{-6} 2.5×10^{-6}

续 表

特征(室温下) \ 材料		钼 锻压	钼 烧结	钨 锻压	钨 烧结	热解石墨	多晶石墨	碳/碳复合材料
拉伸极限强度 MPa	顺晶面	824~1 373		1 130	379	69		
	垂直晶面					2.8		
拉伸模量 MPa	顺晶面			407×10³	276	27.6×10³	5.2×10³	15.9×10³
	垂直晶面					11.7×10³	6.2×10³	11.0×10³
抗压极限强度 MPa	顺晶面					69	62.1	93.1
	垂直晶面					310	69	44.8
压缩模量 MPa	顺晶面					33.1×10³	6.2×10³	17.2×10³
	垂直晶面					13.1×10³	5.5×10³	10.3×10³
烧蚀速度 mm·s⁻¹						0.013~0.015	0.059~0.087	0.15

表 5 - 6(b)　几种喷管结构喷管材料(耐烧蚀层材料)

特征(室温下) \ 材料		碳 布	石墨布	高硅氧布	石棉毡	玻璃布
密度/(g·cm⁻³)		1.43	1.45	1.75	1.73	1.94
比热室/(J·kg⁻¹·K⁻¹)		840	1 005	1 005	1 796	921
导温系数/(m²·s⁻¹)		0.278×10⁻⁶	0.325×10⁻⁶	0.206×10⁻⁶	0.108×10⁻⁶	0.178×10⁻⁶
导热系数 W·m⁻¹·K⁻¹	顺层面	1.44	3.96	0.61	0.35	0.28
	垂直层面	0.83	1.19	0.52		
线膨胀系数 ℃⁻¹	顺层面	6.8×10⁻⁶	9.5×10⁻⁶	7.0×10⁻⁶	13×10⁻⁶	8.3×10⁻⁶
	垂直层面	9.5×10⁻⁶	32×10⁻⁶	30×10⁻⁶	45×10⁻⁶	38×10⁻⁶
拉伸极限强度 MPa	顺层面	124	72.4	82.7	248	414
	垂直层面	6.2	5.1	5.0		
拉伸模量 MPa	顺层面	18.2×10³	10.8×10³	18.1×10³	20.7×10³	31.7×10³
	垂直层面	12.4×10³	3.03×10³	3.31×10³		
抗压强度 MPa	顺层面	249	89.6	111.7	137.9	348.9
	垂直层面	434	228	339		
压缩模量 MPa	顺层面	16.1	10.3	24.1	15.9	25.5
	垂直层面	12.8	7.24	14.3		
烧蚀速度/(mm·s⁻¹)		0.325~0.472	0.199~0.270			

(5)总体参数的选择。发动机的主要设计参数包括发动机直径、工作压强和喷管膨胀比等。

1)发动机直径的选择。对于防空导弹,一般发动机直径,即燃烧室直径,亦即弹体直径。

导弹总体根据全弹的综合性能,对发动机直径往往限制在某一范围内。从这个意义上说,发动机直径基本上是确定了的。但是,在所限定的范围内,发动机还可以根据最优设计的原则选择直径,即根据发动机结构质量最小原则来选择。

2)发动机工作压力的选择。发动机的工作压力,即燃烧室压力。压力的高低不仅影响发动机工作是否正常与稳定,而且影响发动机比冲的大小、发动机工作时间、装药尺寸及发动机的结构质量等。通常按以下原则来选择:

(a)要保证推进剂能正常燃烧。保证装药在燃烧室内正常燃烧是基本要求,为此发动机工作时可能出现的最小平衡压强应高于或等于推进剂在最低温度下的临界压强。通常,双基推进剂的临界压强较高,为 4~6 MPa;复合推进剂的临界压强较低,为 2~3 MPa。

(b)要使质量比冲尽可能大。质量比冲(或称冲质比)是单位质量的发动机所能提供的冲量。提高燃烧室工作压强,一方面可以提高推进剂的比冲,这在满足总冲要求的条件下,会使推进剂质量减小,从而使发动机的质量比冲增加;另一方面,工作压强增大,使燃烧室壳体壁厚增加,又使发动机壳体质量增大,质量比冲下降。因此,必然存在一压强值,在该压强下发动机的质量最小,质量比冲最大。

(c)要保证工作时间的要求。对一些低空近程导弹的发动机往往要求工作时间很短,这时,除了选用高燃速推进剂和薄肉厚药柱外,还采取提高工作压强来缩短工作时间。

3)喷管膨胀比的选择。喷管膨胀比指喷管出口面积 S_e 与喷管临界截面积 S_t 的比值,即 $\varepsilon_A = S_e/S_t$,或喷管出口直径 d_e 与临界截面直径 d_t 之比,即 $\varepsilon_d = d_e/d_t$。由喷管理论可知,只要在喷管扩张段内不产生激波和气流分离,则当膨胀比一定时,压力比 p_e/p_c 是一定的。因此膨胀比的选择,实质上也是在某一工作压力 p_c 下确定喷管出口压力 p_e 的问题。膨胀比影响着发动机的比冲及其结构质量。选择膨胀比应按以下原则:①发动机推力或比冲最大;②发动机质量比冲最大;③在低空和低温工作条件下,喷管内不出现激波和气流的分离现象。

2.药柱设计

药柱设计包括选择装药药形,确定药柱几何尺寸,计算发动机的热力,计算内弹道性能。

装药设计主要依据发动机的推力、总冲量、推进剂的燃速、比冲、发动机的工作时间、燃烧室中压力或推力-时间曲线。据此计算出装药量,以及燃面面积随时间的变化规律,从而确定装药的具体形状。另外,装药形状最终还需满足燃烧产物对燃烧室壳体的热作用最小、装填密度最大、后效冲量最小等。

(1)药柱几何形状及选择。药柱几何形状的选择首先根据该发动机的使用和内弹道性能要求进行,在满足发动机的使命、内弹道性能要求和保证药柱结构完整的前提下,力求简单,以缩短研制周期。图 5-11 给出了目前使用较多的一些药柱几何形状。另外,还可根据具体任务,选择一种或者数种药型的组合。

其次是根据具体的任务进行选择:

1)对于工作时间长、质量比要求高的发动机,可优先选用翼柱、锥柱或星型药柱。这类药型的特点是肉厚分数大,体积装填分数高,而平均燃面又不大。

2)对于要求工作时间短、大推力的发动机,优先选用车轮型和树枝型药柱,星型药柱能满足要求者也可选用。这类药柱肉厚分数小,体积装填分数不高,但是平均燃面大。

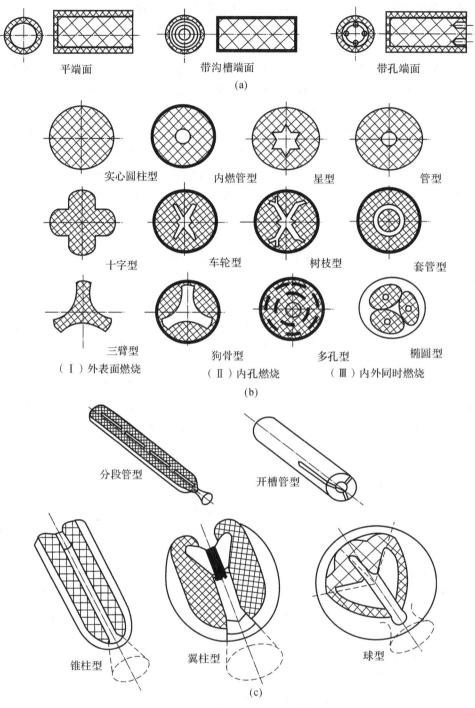

平端面　　　　　　　带沟槽端面　　　　　　　带孔端面

(a)

实心圆柱型　　　　内燃管型　　　　星型　　　　管型

十字型　　　　车轮型　　　　树枝型　　　　套管型

三臂型　　　　　狗骨型　　　　　多孔型　　　　椭圆型

（Ⅰ）外表面燃烧　（Ⅱ）内孔燃烧　（Ⅲ）内外同时燃烧

(b)

分段管型　　　　　开槽管型

锥柱型　　　　翼柱型　　　　球型

(c)

图 5-11　典型药柱的几何形状

(a)端燃药柱(一维药柱)；　(b)侧燃药柱(二维药柱)；　(c)三维药柱

3)对于单室双推力的发动机,要根据两级推力要求选用图 5-12 所示的内外分层浇铸的双燃速药柱,前后串联不同燃速的药柱,或者改变燃面的单燃速药柱。设计时应根据所要求的两级或多级推力比和工艺实现的可能性来选择。一般分层浇铸的双燃速药柱,要解决好两层药柱的界面的黏结问题;前后串联分段浇铸的不同燃速药柱,则需要准确地控制每段浇铸的药柱质量,并解决好两段药柱界面的黏结问题。改变始面的单燃速药柱,只能提供较小的助推/续航推力比。

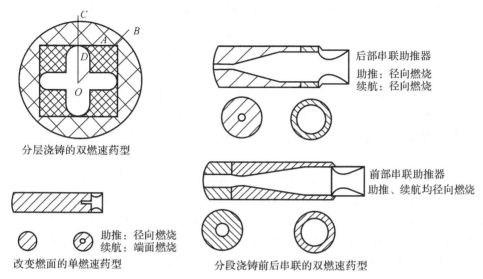

图 5-12 典型的单室双推力药柱

(2)药柱设计应遵循的原则。

1)药柱设计的根本任务是满足总体对发动机的性能要求和内弹道性能要求,其中包括有足够的药量、合理的长度、符合内弹道性能要求的燃面、质(量)心变化规律等。设计的药量应该留有余地,同时还要考虑实际内腔由于固化收缩减少的药量,一般可按药柱质量的 1.005～1.02 倍考虑。要在推进剂能达到的力学性能、燃烧性能、能量特性、物理性能和安全性能下选择设计药柱,以保证发动机在使用条件下,其药柱结构的完整性。

2)装药工艺简单、芯模制造装配和拆卸方便。

3)在选择推进剂时,要综合考虑其燃烧特性、力学性能、能量特性、储存特性、价格、安全性能和研制周期等因素。

4)根据燃烧室壳体在燃气中暴露时间的长短和绝热材料的烧蚀特性,对燃烧室各部位绝热层的厚度进行设计。要选择质量烧蚀率小、工艺过程简便、质量可靠和较为经济的绝热材料。

5)选用与推进剂绝热层相容性好、黏结性能满足要求和使用期长的衬层材料。

6)壳体-绝热层-衬层-药柱各界面要有足够的黏结强度,可根据计算或者已有的试验结果确定。还要考虑储存期各界面之间的组分迁移,并采取相应的措施,如使各界面两侧的材料中的增塑剂浓度相近等。

7)根据发动机的使用要求,确定是否采用脱黏措施,其中包括脱黏深度、盖层和底层的厚度分布等。

8)在满足导弹总体指标的前提下,尽量选用现有的配方原材料和工装以节省经费,加快研制进度。

（3）药柱参数的计算。药柱参数的估算是药型选择的基础,其目的是预先估算出所需的药量、燃烧室的长度和(容积)药柱肉厚,并选择计算所需的燃速,估算药柱的平均燃面,为药型选择提供依据。具体内容包括:①根据总冲和发动机的设计比冲计算药量;②根据所选推进剂的密度确定药柱体积;③根据发动机的任务和工作时间,选择合适的药型和肉厚;④根据所选的药型,计算燃烧室容积;⑤燃烧室长度的估算;⑥药柱平均燃烧面的估算等。

药柱设计的计算方法有以下两种:燃面解析计算方法和作图计算法。可参考有关书籍。

（4）推力曲线及设计实现。导弹总体根据作战空域内拦截目标要求提出的速度特性要求,即速度随时间的变化曲线是制定固体火箭发动机推力程序,即推力曲线的基本依据。

一般来说,实现等加速度曲线,可用单级等推力;实现助推加续航速度曲线,可用两级变推力(一级推力加速,二级推力续航),也可用可分离的两个发动机来实现。

推力曲线的设计实现可通过推进剂装药几何形状、燃烧方式、燃速大小的适当选择来完成。

图 5-13 所示为几何形状相同的药柱,当燃烧表面不同时,其推力随时间的不同变化规律。由图可见,端面燃烧的药柱,可实现等推力(仅在推力很小、工作时间长的发动机中选用);通过改变侧燃药柱的横截面形状可以实现不同的推力及推力变化要求(在侧面燃烧药柱的外表面燃烧情况下,要解决燃烧室壳体的防热问题);在药柱的内外表面部分采取限燃覆盖和增燃开槽方法来减少或增加燃烧面积,可实现预定的推力变化规律。

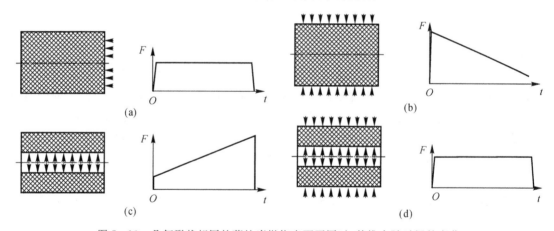

图 5-13　几何形状相同的药柱当燃烧表面不同时,其推力随时间的变化

(a)端面燃烧的药柱;　(b)外表面燃烧的药柱;　(c)内表面燃烧的药柱;　(d)外表面与内表面同时燃烧的药柱

两级推力(多级推力)可依靠燃速不同的推进剂组合式药型设计来实现。例如,在助推加速飞行段,首先燃烧的是快燃速推进剂,而后在续航段,是慢燃速推进剂燃烧。

关于推力的初始快速建立和推力下降段,任何一种发动机的推力建立和结束都不可能在瞬间完成,而有其实际的建立和消失过程。为了保证导弹的快速反应和发射起飞,单级发动机或助推发动机的点火建压过程要满足快速启动要求(一般为几十毫秒)。为了保证两级导弹的分离过程干扰小,主发动机应快速点火启动。为了满足有推力矢量控制的发动机在推力末段的工作并减少推力后效段可能出现的干扰,对推力下降段的时间应予以控制(一般应小于 0.5 s)。

3.燃烧室设计

（1）燃烧室设计的任务与要求。燃烧室是固体火箭发动机的重要部件之一,它既是装填固体推进剂的储箱,又是推进剂的燃烧场所。燃烧室内燃气的压力和温度可分别高达几十兆帕和三千摄氏度以上。同时,燃烧室又是弹体结构的一部分,弹上的许多零部件都要和其相连接,故其还要承受其他一些机械载荷的作用。为了保证燃烧室在上述恶劣的工作条件下仍能可靠地工作,燃烧室设计应满足如下基本要求:

1)燃烧室在各种条件下应有足够的强度和刚度;

2)结构质量小;

3)连接和密封可靠;

4)工艺性好;

5)经济性好。

燃烧室壳体包括燃烧室筒体、封头及其连接和密封结构。

燃烧室设计的任务是根据总体设计所确定的发动机结构形式和主要设计参量,对燃烧室进行详细而具体的设计工作。其主要内容包括:

1)合理选择壳体的结构形式,根据受载情况估算壳体的壁厚;

2)用经典的或近似的理论和方法进行壳体的应力分析和强度验算,确定壳体的强度储备量;

3)对壳体的可靠性概率做出评价;

4)判别壳体是否会发生脆性爆破;

5)进行壳体的受热分析;

6)进行壳体的热防护设计。

燃烧室主要由燃烧室壳体和内绝热层组成。工作时间短的发动机,有时没有绝热层,其燃烧室就是燃烧室壳体。

燃烧室设计包括燃烧室的壳体设计和内绝热层设计。

(2)燃烧室壳体结构。燃烧室壳体通常由圆筒体和前、后封头组成,圆筒体是主要部分,封头通常是以不可拆的连接形式与圆筒体制成一体的。一些小型发动机的前封头常用可拆连接件与圆筒连接,通常把这种封头称为燃烧室盖或连接底,其后封头则常用喷管的收敛段来代替。

1)圆筒体。燃烧室筒体一般为圆筒形,两端有前后裙部和接头,以便与导弹的其他舱段和喷管相连。有的燃烧室为了安装弹翼或吊挂,还设计有附加的接头。典型的燃烧室筒体如图5-14所示。

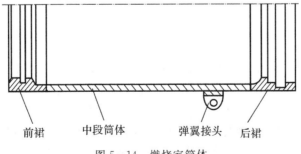

前裙　　中段筒体　　弹翼接头　　后裙

图 5-14　燃烧室筒体

圆筒体的结构与材料和制造方法有关。它可分为金属筒体结构、玻璃纤维缠绕结构和双层材料结构。

金属筒体可采用热轧型材或热冲压毛坯经机械加工制成,筒体两端有连接螺纹,小型发动机多为此种结构,如图 5 - 15 所示。金属筒体还可采用旋压成型,如图 5 - 16 所示,封头与圆筒体可制成一体,但必须有一端开口。直径较大或形状较复杂的金属筒体,常采用焊接结构,如图 5 - 17 所示。采用焊接结构时,圆筒体与前、后封头一般也用焊接连接。

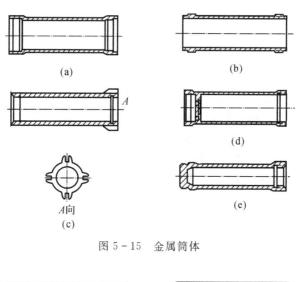

图 5 - 15 金属筒体

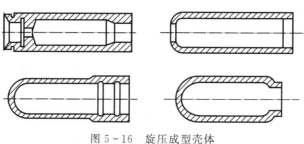

图 5 - 16 旋压成型壳体

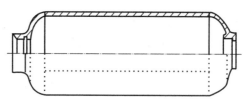

图 5 - 17 焊接成型壳体

玻璃纤维缠绕结构,通常采用周向缠绕和螺旋缠绕两种方法,如图 5 - 18 所示。周向缠绕是按照与旋转轴成 90°角的方向,绕丝头以某一确定的速度沿旋转芯模的周向做相对运动,将玻璃纤维丝缠绕到芯模上。周向缠绕能提供最大的周向强度。

螺旋缠绕是以 25°~85°的缠绕角将纤维丝依次缠到芯模上,它能提供所需的轴向强度和部分周向强度。目前一般采用螺旋缠绕与周向缠绕联合的复合绕型。缠绕结构的连接是一个重要问题,它不能采用一般的机械加工方法在壳体上直接车螺纹,一般采用嵌接在壳体上的金属段环做连接件。

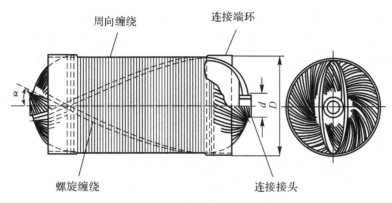

图 5 - 18　玻璃纤维缠绕壳体

双层材料结构,这种筒体(包括封头)是由两种材料组成的,外层为壁厚很薄的金属壳,内层为玻璃纤维缠绕的增强塑料。双层材料结构既解决了纤维缠绕结构的连接问题,也解决了金属结构的受热问题,从而有效地提高了发动机的质量比,如图 5 - 19 所示。在选用这种结构时,应合理确定两层材料的厚度比。

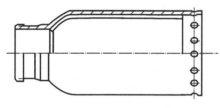

图 5 - 19　双层材料壳体

2)封头。圆筒形燃烧室的封头一般采用半球、椭球、蝶形和平底封头,如图 5 - 20 所示。封头选择应考虑以下因素:质量小,包络容积大,轴向深度小,制造简便和成本低。

平底封头结构最简单,加工容易,但受力情况最差,厚度大,质量大,小型防空导弹发动机的封头常采用此种结构。

球形封头的强度高,壁厚薄,质量小,但封头的轴向深度大,制造困难,很少采用。

椭球形封头与球形封头不同,椭球封头上的应力在不同经线位置上都是变化的,但应力变化是连续的,只在封头与圆筒段连接处会出现高的局部弯曲应力。椭球封头的受力状态虽不如球形好,但轴向深度短,加工比球形容易,从而成为目前广泛采用的封头形式。椭球封头的长短轴之比的选取十分重要,一般取椭球比为 2,可以使封头的壁厚与圆筒段壁厚相等,若椭球比大于 2,则封头强度弱于筒体。

蝶形封头是由于椭圆曲面磨具制造困难而采用的,一般蝶形封头的尺寸应与椭球等深度、等强度。

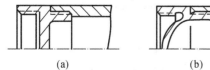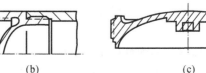

(a)　　　　　　　　　(b)　　　　　　　　　(c)

图 5 - 20　封头结构形状

(a)平底封头;　(b)球形封头;　(c)蝶形封头

3)连接结构。连接结构是为了保证燃烧室与喷管和点火器等附件连接的构件,应保证连接可靠,有良好的密封性、同轴性、装填或浇铸药柱方便,壳体质量轻,装配方便等。

金属壳体的连接方式有可拆和不可拆两种。不可拆连接有铆接、过盈连接、胶结、滚压等,可拆连接有螺纹、螺柱、销钉和卡环等。

螺纹连接的优点是结构紧凑、连接可靠、小尺寸螺纹制造容易和装配方便,但大尺寸螺纹加工较困难,因此,这种连接方式常用于中、小型发动机上(筒体直径小于25.4 cm)。

螺柱连接的优点是连接可靠,同轴性和密封性好,大尺寸连接结构的制造和装配方便,缺点是连接部位的结构质量大,故适用于大型发动机(筒体直径大于36.5 cm)。

销钉连接的结构简单,质量较小,但制造精度要求较高,装配麻烦。

卡环连接的优点是结构简单、质量轻、工艺性好。缺点是要开一定深度的环形槽,使筒体的局部壁厚不得不加大,它适用于中、小型发机(筒体径小于25.4 cm)的连接。

过盈连接是采用热胀冷缩的原理以紧配合方式连接成一体的。为保证连接的可靠性,可在配合柱面的径向加制动螺钉或采用喷管端面滚边的方式予以保证。

4)密封。燃烧室密封的作用是防止发动机工作时高温高压燃气外泄以及在储存、勤务处理时防潮防腐蚀等。若连接处漏气,会破坏发动机的内弹道性能,烧穿接头甚至引起爆炸。若储存时密封不可靠,低温下装药表面可能结霜,点火不可靠。在多雨潮湿地区,水蒸气进入燃烧室可能引起装药变质等。

固体火箭发动机常采用的密封结构有预紧式端面密封和自紧式"O"形环密封两种。

预紧式端面密封采用平垫圈,其密封性与垫圈材料的弹性、接触面的形状以及预紧力的大小有关。垫圈材料常用退火紫铜、橡胶石棉板等。

"O"形环密封不需要大的预紧力,而是由于装在密封沟槽中,依靠它在安装和受载后的压缩产生的弹力和燃气压强作用下压紧来达到密封。密封环的材料有硅橡胶、氟橡胶、丁腈橡胶、聚四氟乙烯塑料等。

(3)燃烧室壳体的热防护。在自由装填式发动机中,高温燃气与燃烧室壳体内壁直接接触,燃气对壳体的热交换十分强烈,工作时间愈长,壳体受热愈严重。壳体受热后,室壁内具有一定的温度梯度,这不仅在壳体内产生热应力,更严重的是使壳体材料的机械强度明显下降。当室壁温度太高时,必须采用绝热措施对壳体进行热防护。

对于浇铸式发动机,虽然药柱有绝热作用,但燃烧室壳体的封头内表面不断地暴露在燃气中,而且圆筒体的内壁在燃烧后期也暴露于燃气中,因此,也应考虑壳体的热防护。

一般的热防护措施是在燃烧时壳体内表面增加一层绝热层。绝热层可用耐热材料或消融材料制成。前者的绝热功能是基于材料的热传导系数小,自身熔点高来抵御高温燃气对室壁的作用的。后者的绝热功能是基于温度升高时,改变了材料的化学或物理状态而吸收热量,从而保护了壳体不过热的。

1)对绝热材料的基本要求。

(a)绝热性能好,导热系数小。耐热材料自身熔点要高;消融材料应溶化热、蒸发热大,要有吸热的热解反应。

(b)力学性能好,即材料的弹性模量低,延伸率高,抗张强度大。

(c)与壳体黏结性能好,浇铸式发动机绝热层还应与推进剂的相容性好。

(d)材料的工艺性好,成本低。

（e）耐热涂料应耐震动和冲击。

2）绝热材料的选择。自由装填式发动机,采用喷涂一层耐热涂层。耐热材料常用金属的氧化物、碘化物、硼化物和氮化物,如三氧化二铝、碳化硼、氧化锆、氧化镁、氮化钛、碳化铁、碳化钨等。黏结剂常用有机硅树脂、酚醛树脂等。

浇铸式发动机常采用黏结绝热层片的方法,所用材料常以石棉、二氧化硅做填料,以丁腈橡胶、丁苯橡胶、三元乙丙橡胶和硅酮橡胶做基体的弹性材料。这种绝热层的厚度一般是不等厚的,厚度随壳体在燃气中暴露的时间不同而不同。初步设计时,可用绝热层的烧蚀速度与暴露时间来确定各部位的厚度。

4. 喷管设计

喷管设计包括喷管的型面设计、结构设计和热防护设计。

喷管是固体火箭发动机的能量转换装置,它使高温燃气的热能转化成为燃气的动能,从而产生推力。喷管的作用主要有 3 个：①通过喷管喉部面积的大小控制燃气的质量流率,使燃烧室内的燃气压强保持在预定水平,并确保推进剂的正常燃烧；②将燃气膨胀加速,以产生尽量大的推力；③对用于推力控制的发动机,通过喷管实施推力大小的控制。

最常用的喷管是截面面积先收敛后扩张的拉瓦尔喷管,如图 5－21 所示。当喷管前后压强比超过一定程度,燃气在这种喷管收敛段中是亚声速流动的,并不断加速,在喉部达到声速,之后在扩张段是超声速流动,也不断加速。

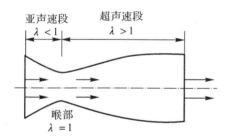

图 5－21　拉瓦尔喷管(λ 为速度系数)

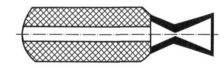

图 5－22　普通喷管

（1）喷管类型的选择。喷管可分为普通喷管、潜入喷管、长尾喷管和无喷管等。

普通喷管的收敛段与燃烧室相连接,喉部和扩张段伸到燃烧室外面,如图 5－22 所示。

潜入喷管与燃烧室相连接的部位在喉部之后,部分或全部潜入燃烧室内,可以缩短发动机的长度,或在发动机长度一定的条件下加长燃烧室的长度,增加装药量。图 5－23 所示为潜入喷管。潜入喷管使得燃气在燃烧室内产生涡流区,造成能量损失,潜入深度(L_s)超过 1/4 药柱长度(L_c)的情况下,潜入损失达 1%。

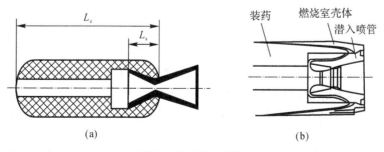

图 5－23　潜入喷管

(a)有收敛段的潜入喷管；　(b)无收敛段的潜入喷管

长尾喷管带有细长导管(尾管),可以在尾管外安装舵机、数据链或环形发动机。如果尾管在燃烧室和喉部之间,管内气流是亚声速的,称为亚声速长尾喷管;如果尾管处于喉部下游,管内气流是超声速的,称为超声速长尾喷管。图 5-24 所示为亚声速长尾喷管。亚声速长尾喷管通气直径(d_P)与喉径(d_t)的比值应在合理的范围内,比值减小,可以缩小尾喷管的外径,但尾管内速度增大,尾管烧蚀严重,摩擦损失增大。亚声速长尾喷管通气直径(d_P)与喉径(d_t)的比值通常为 1.5。超声速长尾喷管内气流速度高,烧蚀、冲刷严重,需要更厚的抗烧蚀层,而且摩擦损失大,因此一般不采用超声速长尾喷管。

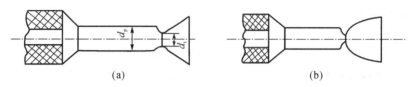

图 5-24　某导弹基本型与改进型亚声速长尾喷管

(a)基本型；　(b)改进型

为了减轻结构质量或简化结构,还可以取消喷管,而利用药柱通道的燃烧表面代替喷管型面的作用,如图 5-25 所示。整体式固体火箭冲压发动机的助推器常采用无喷管固体火箭发动机,但比冲有所下降。

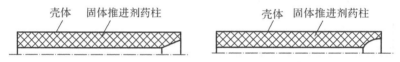

图 5-25　无喷管固体火箭发动机

根据扩张段型面,喷管可分为锥形喷管和特型喷管。锥形喷管形状简单,工艺性好;特型喷管效率高、长度短,但外形占用的空间比锥形喷管大。在相同长度下,特型喷管的实际比冲比锥形喷管提高了 0.5%~1%,如图 5-26 所示。

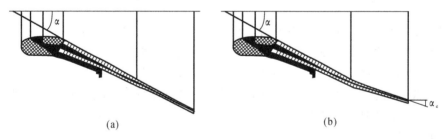

图 5-26　锥形与特型喷管

(a)锥形扩张段；　(b)特型扩张段

锥形喷管扩张段的主要几何参数是扩张半角和长度。在扩张比一定的情况下,扩张半角越小,长度越大,结构质量有所增加,散热损失和摩擦损失加大,但气流的径向速度分量小,扩张损失小。通常锥形扩张段的扩张半角取 15°~20°。

特型喷管扩张段的主要几何参数有初始扩张半角 α、出口扩张半角 α_e 和长度。通常 α 取 20°~26°,且($\alpha-\alpha_e$)≤12°。

(2)喷管的型面。喷管的型面会影响喷管效率、结构质量、耐烧蚀等。型面设计就是要确定收敛段、临界段和扩张段的几何形状。

1) 收敛段。对于非潜入喷管,其收敛段一般位于燃烧室后面,而潜入喷管则伸入燃烧室内。图 5-27 所示为两种喷管收敛段的型面及各段的尺寸。

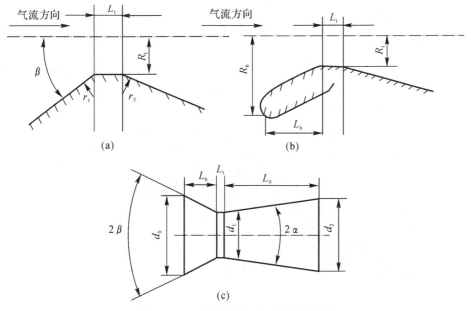

图 5-27　喷管收敛段型面及各段尺寸
(a)非潜入喷管收敛段;　(b)潜入喷管收敛段;　(c)喷管尺寸

非潜入喷管收敛段的主要几何参量为收敛半角 β。β 小,喷管烧蚀和凝相沉积小,但收敛长度大,结构质量大;β 大,长度短,质量小,但喉部附近附面层厚度增加,产生颈缩现象,造成较大的流动损失,此外,喷管的烧蚀和凝相沉积也较严重。一般取 $\beta=3°\sim60°$,经常采用 $45°$。为了改善燃气流动情况,收敛段与临界段衔接处常有过渡圆弧 r_1。

2) 收缩比。潜入式喷管的收敛段的主要几何参量是收缩比 ε_b(前缘入口面积与喉部面积之比)和收敛段长度 L_b 及形状。实用的潜入喷管其收缩比为 $\varepsilon_b=1.5\sim8.8$,收敛段长度 $L_b=(0.42\sim5.4)R_t$,收敛段轴向截面形状可以是椭圆,也可以是一系列相切弧线和双曲线。

3) 临界段(喉部)。喉部通常是在喉径处由上游过渡圆弧 r_1 和下游过渡圆弧 r_2 相切而成的,如图 5-27 所示。常取 $r_1=(1\sim1.2)R_t$,$r_2=(1\sim1.2)R_t$,近年来倾向于采用比较小的过渡圆弧半径,以减小喷管总长和质量,且不影响喷管的性能。

大多数喷管的喉部有一段圆柱段 L_t,其优点是可改善喉部的加工性,临界尺寸精度容易保证;装配时有助于喷管的对准;能显著降低喷管后部烧蚀等。常取 $L_t=(0.5\sim1.0)R_t$。

4) 扩张段。拉瓦尔喷管的扩张段有锥形和特型两种,通常应通过对性能、结构质量和成本的综合分析来选定。两种喷管扩张段的结构见图 5-26。

锥形扩张段的主要几何参量是扩张半角 α。α 小,扩张损失小,但扩张长度大,结构质量人,且散热损失和摩擦损失增人。当 $\alpha\leqslant20°$ 时,损失不超过 3%,一般取 $\alpha=6°\sim28°$,常用 $\alpha=15°\sim17.5°$。

(3)喷管热防护。喷管热防护的作用是使所设计的喷管结构在工作过程中尽可能保持设计所确定的型面,特别是保持喷管喉部的尺寸;同时把构件温度限制在允许的范围内,保持足够的强度和刚度,故热防护层必须耐烧蚀和绝热。

一些工作时间短且推进剂能量较低的小型发动机或助推器,可以采用单一的金属材料制成的喷管。这种喷管结构简单,制造较容易,成本也低。

当发动机工作时间稍长,又采用能量较高的复合推进剂时,喷管都要采取热防护措施。小尺寸喷管比大尺寸喷管的热防护更重要。

最简单的喷管热防护措施是采取喉部镶嵌耐烧蚀层,如热解石墨喉衬、钼喉衬、局部喷钨等。对于工作时间很长和大型发动机的喷管,这种复合结构是根据喷管不同部位的要求,并考虑所用材料的价格而选择不同的烧蚀层和绝热层,如图 5-28 所示。

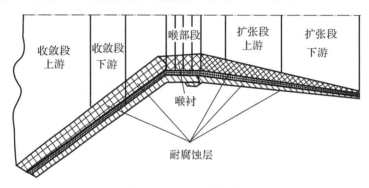

图 5-28　复合喷管结构

喷管喉部受热最严重,温度最高,为保持喉部尺寸,要用既耐高温又耐烧蚀的材料制造。靠近喉部的上游和下游,受热较严重,为保持型面,也需用耐烧蚀材料制造。扩张段下游受热较轻,可用一般烧蚀材料。在烧蚀层的背面应有绝热层起隔热作用,防止外壳过热,最外层结构件,起承载、支撑和连接作用。

适合做喉衬及烧蚀层的材料见表 5-6,典型的复合喷管是具有热解石墨的喉衬和碳/碳复合材料的烧蚀层,这种结构减轻了喉衬烧蚀的不连续性和表面粗糙度,提高了喷管效率。但这些新型材料的成本较高,仅用于喷管喉部附近的上下游段,在收敛段上游和扩张段下游则可采用成本较低的高硅氧布/酚醛或玻璃布/酚醛做烧蚀层。绝热层可用石棉/酚醛,玻璃纤维/酚醛或石棉橡胶等。除此之外,喷管的结构件一般采用金属或复合材料。

(4)喷管设计的基本要求。喷管既是能量转换装置,又是燃气流量的控制装置。由于喷管内有高温燃气逐渐加速流动,因此,它的工作条件十分恶劣。喷管在设计时要求在外形尺寸和质量受限制的条件下,使燃气获得最佳的膨胀,从而获得最大的推力。这样,必须尽量减少喷管中能量的各种损失,以提高发动机的效率。喷管设计主要是根据导弹的气动布局进行类型的选择、型面设计和热防护等。

设计喷管时,应该保证以下的基本要求。

1)效率要高。为此,喷管要有适当的膨胀比,要有良好的型面,使摩擦损失、散热损失、气流扩张损失和两相流损失等小。

2)工作过程中能保持喷管喉部尺寸和型面完整。为此,喷管应有良好的热保护。

3)有足够的强度和刚度。为此,喷管外壳要有足够的厚度,要有绝热层防护。

4)结构质量要小。为此,喷管要有适当的膨胀比,选用合适的材料和结构。

5）推力偏心小。

6）结构工艺性好和经济性好。

其中，要特别着重解决好喷管效率和热防护的问题。

5．点火装置设计

点火装置能在极短的时间内可靠地点燃发动机的主装药，使发动机开始稳定工作。它是固体火箭发动机工作的启动装置，是最危险的部件，也是最易发生故障的部件。点火装置设计包括选择点火装置的类型和结构，点火药选择设计。

（1）点火装置的种类。目前固体火箭发动机常用的点火装置为热能点火装置，有烟火剂点火器和点火发动机两大类。

烟火剂点火器多用于小型的、装药为自由装填式的发动机点火；大型固体火箭发动机的直径可达数米，长度达十多米，装药量为几十吨甚至几百吨，它所需的点火药量在几十千克左右，在这种条件下，若采用烟火剂点火器，必然会在点火时产生很大的震动与冲击，燃烧室会出现局部高压，甚至引起爆震，使发动机遭到破坏。为了有效和安全地点燃大型固体火箭发动机的装药，常采用点火发动机作为点火装置。

（2）点火装置的基本组成。点火装置主要由发火系统（主要是发火管）、能量释放系统（主要是点火药）和连接件组成，点火药能在极短时间内产生大量的炽热燃气，包围并加热主装药表面，从而点燃主装药；发火管则产生初始热冲量来引燃能量，释放系统的点火药；连接件是用于保证发火管和点火药工作的。

电发火管如图 5-29 所示。它由电桥丝、热敏火药、防潮保护漆和引线组成。在电源接通后，电桥丝加热，使涂在电桥丝上的热敏火药发火，从而引燃点火药。

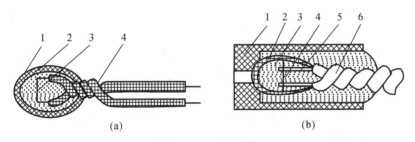

图 5-29　电发火管

（a）1—防潮保护漆；　2—热敏火药；　3—电桥丝；　4—导线

（b）1—保护外套；　2—防潮保护漆；　3—热敏火药；　4—电桥丝；　5—脚线；　6—密封胶

对于分装式和组合式点火器的发火管，由于发火管与点火药相距较远，热敏火药的热量还不足以引燃点火药，需要强化火焰，所以在发火管内经常装有火焰加强药块。如图 5-29 所示的发火管，亦可用做分装式点火器的发火管。加强药块能产生较强的火焰，烧穿点火药盒并引燃点火药，加强药块常用黑火药压制而成。药块愈大，压得愈紧，火焰愈长，燃烧时间也愈长。组合式点火器的发火管加强药块常用高能烟火剂（如 B - KNO_3）制成。

选择或设计发火管时，应使之具有规定的特性参量，如电阻、发火电流、最小发火电流、安全电流等。同时应在运输和勤务处理的加速、冲击、震动载荷作用下保持性能稳定，此外还应经受高、低温和潮湿环境条件试验并保持性能稳定。

点火药的特点：①较高的能量特性，即燃烧温度高并含有适当比例的固体粒子；②良好的燃烧特性,即发火温度低,易于点燃;③较高的安全性,即储存、运输、勤务处理时不易破坏发火,温度敏感性和吸湿性低,不易氧化、变质;④生产成本低,原料来源丰富。

常用的点火药有黑火药、烟火剂和固体推进剂三类。

黑火药的优点是点燃温度较低,约为300℃;燃烧产物有大量固体粒子,气体含量亦适量;安全性好;价格低。其缺点是能量特性较低,容易吸潮等。

烟火剂的优点是能量特性高,燃烧产物中含有大量的固体粒子,有利于增大燃气对装药表面的热交换。其缺点是点燃温度高,发火管需要有火焰加强药块,并需要用黑火药做引燃药;吸湿性强;价格高。

固体推进剂作为点火发动机的点火药,其成分可与主装药相同,也可用特制的点火推进剂。

点火药盒的作用是存放点火药,并保护点火药不受损坏,还起密封防潮作用;点火药盒使点火药燃烧时能保持一定的压强,并控制点火药燃气的流向。

对点火药盒的要求是密封性应好;有足够的强度;有适当的装填密度;药盒破裂后,不产生过大的碎片,以免冲坏主装药盒堵塞喷管。

点火药盒的材料可用铝板、赛璐珞片、镀锡铁皮和塑料制成。药盒的形状是根据装药的形状和点火器在发动机上的安装位置来确定的,多根管形药柱常用圆形环点火药盒,内孔燃烧药柱则常用长管形点火药盒。

(3)点火装置设计的基本要求。点火装置设计时应该保证如下的基本要求:

1)具有良好的点火性能,即点火装置能够在规定的工作温度和工作高度下迅速地点燃主装药,使发动机的点火性能,如点火延期、压力(或推力)上升速率和过渡特性(点火阶段的压力或推力曲线)等均能满足战术技术要求。为此,必须合理设计点火装置能量释放系统和发火系统。制造时,要对点火系统进行严格检验。

2)工作可靠性高,即点火装置不失败、不瞎火。为此,设计点火装置时,要保证它们有足够的强度,能够承受运输、勤务时的加速度、冲击和振动载荷;还要求它们能在可能遇到的高温、低温、潮湿和腐蚀环境中保持其点火性能。制造时,要经过严格的受载检验和环境检验。

3)使用安全性好,即承受规定的杂散电流、静电感应和射频的电磁感应时不引起发火系统发火。为此,发火系统设计时,应保证它有足够大的安全发火电流,或安装安全保险装置。制造时,要对每批发火管进行严格的安全性检查。

4)点火装置的安装尺寸要和发动机结构相适应,质量要满足规定的要求。

5)检修方便。点火装置中最易发生损坏的部分是发火系统,要对它进行定期检验,对于损坏的部件需要进行更换或修理。为此,设计时应保证检修方便。

6)经济性好。

以上各项要求中,点火性能好、工作可靠性高和使用安全性好是最基本的要求,必须着重解决。

评定固体火箭发动机的优劣主要应从可靠性、先进性、经济性等方面考虑。

可靠性:所设计的发动机应具有规定的战术技术性能,满足导弹总体的要求;制造过程中的各种偏差的累积值不得超过允许的偏差值;发动机能迅速可靠地点火启动,推进剂能正常稳定燃烧,点火装置和推进剂的安定性好,不允许发生自燃、自炸或自点火的失控情况;发动机各零部件有足够的强度和刚度,即在各种储存使用环境和运输条件下,推进剂药柱不发生裂纹,脱黏和过大变形;壳体不生锈,不变形,不产生破坏性裂纹等。

先进性:在满足相同的战术要求的条件下,发动机的质量小、体积小是标志设计先进性的重要指标。通常用比冲、质量比冲等性能参数来表征设计先进性指标。

体积比冲:表示每单位发动机体积所能产生的冲量大小。体积比冲愈高,发出规定总冲所需发动机的体积就愈小。它表明发动机空间的利用程度,这也是一个评定发动机先进性的重要指标。

经济性:经济成本的高低应是发动机优劣的指标之一,其生产成本愈低,则竞争力愈强。

此外,还应考虑储存性、运输性、安全性等。

5.2.4　发动机试验

固体火箭发动机试验是为了验证研制发动机的安全性、可靠性、环境适应性及与导弹的匹配性,也是检验能否满足总体技术要求的一种技术手段,主要分发动机结构和性能试验、发动机环境适应性试验和导弹匹配性试验,其目的在于验证结构载荷和热载荷设计的合理性,以及理论计算中的性能参数所能达到的实际水平。

1. 结构与性能试验

固体火箭发动机结构和性能试验,是在发动机研制初期需要开展的重要工作,主要包括发动机成品、组件的单项试验和发动机性能考核的地面点火试验。

(1)发动机单项试验。包括燃烧室壳体单项试验;推进剂单项试验;喷管单项试验;点火装置单项试验等。

(2)发动机性能考核试验。包括发动机结构完整性地面点火试验;发动机高温性能地面点火试验;发动机常温地面点火试验;发动机低温地面点火试验等。

2. 环境适应性试验

固体火箭发动机安装在导弹上要面临各种不同的环境条件,这些必须要通过不同的试验来验证和考核。固体火箭发动机的环境适应性试验主要有电磁兼容性试验;安全性跌落试验;振动试验;冲击试验;运输试验;温度循环试验;温度冲击试验;储存试验;加速度试验;"三防"试验等。

3. 匹配性试验

固体火箭发动机是安装在导弹上的一个重要装置,与导弹的匹配性是导弹研制工作中的一个重要环节,主要参与以下全弹试验。

1)静力试验。考核全弹结构在各种设计载荷工况作用下的强度和刚度;

2)电网络试验。验证各分系统之间的配合性,电气系统设计的合理性,各系统供电逻辑、火工品点火信号执行及电源转换的正确性;

3)对接试验。验证全系统通信、导弹发控流程、测试流程的正确性、合理性;

4)互换性试验等。

另外,发动机上有外挂件和吊挂装置的还要进行以下试验。

1)外挂件对接试验;

2)外挂件互换性试验;

3)适挂性试验等。

通过完成上述试验项目,基本上可以明确固体火箭发动机的技术状态,发动机的最终试验考核是参加导弹的飞行试验。

5.3 固体火箭冲压发动机设计

固体火箭冲压发动机是一种新型动力装置,这种新型的动力装置把火箭发动机与冲压发动机有机地组合在一起,它利用空气中的氧作为一部分氧化剂,可大大提高推进剂的比冲,利用其高速巡航可以大大增加射程,是飞行器增程的一个重要手段。

5.3.1 组成和原理

1. 组成

冲压发动机的核心在于"冲压"两字。冲压发动机由进气道(也称扩压器)、燃烧室、推进喷管三部分组成,比涡轮喷气发动机简单得多。冲压是利用迎面气流进入发动机后减速、提高静压的过程。这一过程不需要高速旋转且结构复杂的压气机,是冲压喷气发动机最大的优势。进气速度为 3 倍声速时,理论上可使空气压力提高 37 倍,效率很高。高速气流经扩压减速,气压和温度升高后,进入燃烧室与燃料混合燃烧。燃烧后温度为 2 000~2 200℃ ,甚至更高,经膨胀加速,由喷口高速排出,产生推力。

固体火箭冲压发动机基本组成如图 5-30 所示。

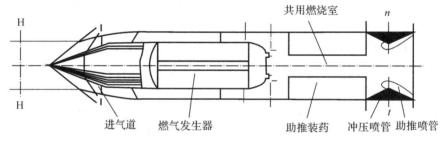

图 5-30 固体火箭冲压发动机

(1)超声速进气道。这是实现冲压发动机压缩过程的部件。

(2)燃气发生器。燃气发生器也是一个固体发动机,只是燃气发生器采用固体贫氧推进剂。为改善导弹及发动机的工作包络,可在燃气发生器上安装流量调节机构。

(3)补燃室。补燃室也就是冲压发动机的燃烧室,在这里实现引射增压过程和二次燃烧过程及补燃过程。

(4)尾喷管。实现燃气膨胀过程的装置。

2. 原理

由助推器在较短的时间内将导弹加速至固体火箭冲压发动机能够正常工作的马赫数,并通过转级机构,将进气道堵盖打开,空气通过进气道减速增压后进入冲压补燃室(如采用可抛助推喷管则同时将可抛助推喷管抛掉)与燃气发生器的富燃料固体推进剂燃烧产生的富燃气体在冲压补燃室内掺混并进行二次燃烧,燃烧后的气体通过冲压喷管加速后排出产生续航推力,使导弹保持一定的飞行速度。

5.3.2　主要技术参数

固体火箭冲压发动机主要技术指标包括推力、比冲、发动机调节能力、工作包络等。

1. 推力

固体火箭冲压发动机的推力可分为名义推力(额定推力)、有效推力、净推力,不同的推力概念有其不同的用途。

名义推力比较容易计算,当分析发动机的内流参数对推力的影响时,采用名义推力比较方便。有效推力的概念与一般喷气发动机的推力概念是一致的。从有效推力中减去发动机本身的外部阻力后所获得的推力,称为净推力。因此当需要综合衡量发动机设计的推力性能时,就要用到净推力的概念。因为冲压发动机和火箭(即冲压组合发动机)与飞行器的关系十分密切,目前已出现这样的布局,发动机和飞行器从结构上已结合为一体,有些结构部件既属于飞行器,也属于发动机。因此在设计发动机时,不仅要考虑发动机的有效推力,且应考虑外部流动状况以及阻力的大小,只有把发动机的性能与飞行器的性能综合考虑并协调起来,才能得到更合理的设计。

固体火箭冲压发动机的工作可以分为两个过程:固体助推段和转级后将进气道堵盖打开的冲压段。前段的推力计算公式与 5.2 节中公式(5-1)相同,后段计算公式为

$$P = \dot{m}_F u_e + (p_e - p_a) S_e - \dot{m}_s V \tag{5-5}$$

式中,$\dot{m}_F$ 为每秒推进剂的消耗量;u_e 为喷管出口处燃气流速度;S_e 为喷管出口截面积;p 为压力,下标 e 和 a 分别表示出口气流和自由流的状态;$\dot{m}_s$ 为每秒进入发动机的空气质量;V 为导弹的飞行速度。

2. 比冲

比冲是固体火箭冲压发动机消耗单位质量流率推进剂所能产生的推力,是衡量推进剂能量水平和发动机水平的重要指标。比冲是推进剂热值、固体火箭冲压发动机设计参数以及部件性能的函数,又与飞行状态、飞行姿态以及空燃比有关。因此,应规定典型飞行状态下的固体火箭冲压发动机的比冲。

3. 助推器性能参数

助推器性能参数主要包括总冲、推力、工作时间和比冲等。对于空空导弹,助推器总冲和推力的确定要以载机的发射条件(高度、马赫数)和固体火箭冲压发动机的转级马赫数来确定。

4. 工作包络

它描述了固体火箭冲压发动机的正常工作范围(速度与空域)。

5.3.3　总体方案设计

整体式固体火箭冲压发动机总体设计的优劣,对整个发动机(两级组合动力装置)的性能和质量指标有着决定性的影响,总体设计的任务是,进行任务分析,选择和确定发动机总体方案并与导弹总体方案协调;对推进剂、各部件和各分系统提出设计要求并进行技术协调;进行性能计算和系统优化,完成总体设计。

1. 设计原则

(1)固体火箭冲压发动机的工作特性与导弹的气动布局、飞行状态、飞行姿态等有关,当进行固体火箭冲压发动机设计时,须统一考虑导弹总体的要求和固体火箭冲压发动机性能指标

的可实现性。

（2）固体火箭冲压发动机允许的工作高度范围应略大于导弹的工作高度范围。由于高、低空的空气密度相差很大,对要求在高空(15 km以上)工作的固体火箭冲压发动机,应重视低压稳定燃烧问题,对低空超声速工作的固体火箭冲压发动机,应重视结构强度问题。

（3）对需要攻击大机动目标的防空导弹,应综合考虑导弹的平均飞行速度和末速度、助推级总冲、转级速度和主级富裕推力、迎角和侧滑角的使用范围,选择合适的进气道类型。

（4）若需要导弹在大空域作战,应注意固体火箭冲压发动机进气道进气量和燃气发生器燃气流量的适应性问题。

由于导弹—进气道—发动机相互的依赖关系,须通过导弹—进气道—发动机一体化设计,并经多次迭代和协调,才能完成固体火箭冲压发动机的方案设计。

2.进气道的选择与设计

超声速进气道的类型及其在导弹上的布局如图5-31所示,进气道的主要类型有带中心锥的轴对称进气道、带楔面的二元进气道、半轴对称进气道和月牙形进气道。

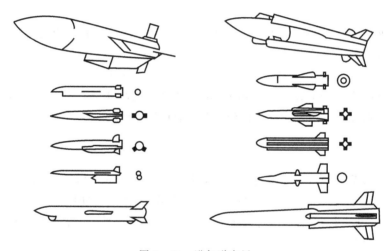

图5-31　进气道布局

超声速进气道在导弹上的布局方案有四管(个)十字形布局、四管(个)X形布局(可以前置或后置)、双侧布局、双下侧布局、颚下布局和腹部布局等。此外,二元进气道的安装可分正常安置、倒置(也称风斗状)和垂直安置3种。

选择超声速进气道的主要依据:

1)进气形式对导弹使用方式的影响;

2)导弹机动作战对迎角及侧滑角的极限要求;

3)导弹安装的空间限制。

超声速进气道的设计首先是内型面的设计,根据内型面的设计结果考虑弹体的气动布局,再进行进气道的结构设计。超声速进气道设计的一般步骤为:

1)确定设计马赫数。设计马赫数的确定一般遵循如下原则:如果强调发动机接力点的性能,应将设计马赫数取得低一些,因为低马赫数设计的进气道能为发动机提供较大的推力,且在高的马赫数下,不太影响发动机性能。而如果要强调发动机的高速飞行性能,则可将设计马赫数取得高些。

2)确定超声速进气道的大小,以捕获特定推力条件下发动机自由空气流量。

3)确定了进气道入口面积大小以后,尚需确定入口的形状。入口形状的选择一般分为两种情况。对称轴类型的进气道,采用圆形,其截面积由捕获自由流管面积决定;对二元进气道宜选用方形,且方形的高宽比取为 1 或小于 1,这样可减少进气道的长度、质量、附加侧表面面积等。

4)确定进气道的结构形式。在进行这部分工作之前,必须先明确各种不同类型进气道的特点。

内压式进气道:阻力较大,而且存在严重的启动问题,在此不作深入讨论。

外压式进气道:先经过若干道斜激波将来流的马赫数降低,再通过一道正激波使其变为亚声速,这样就使得总压恢复提高了。由于外压式进气道的超声速压缩全部在唇口之外进行,因此不存在内压式进气道的不启动问题。但是,由于外压式进气道的外罩位置角较大,因而阻力较大,这是它不容忽视的缺点。

混压式进气道:为了解决纯外压式进气道阻力大的缺点,可采用混压式进气道。由于固体火箭冲压发动机进气道采用固定几何型面,因而外压式和混压式进气道常被采用,以防止进气道发生不启动问题。

5)进气道临界裕度的选择。在相同飞行状态下,受燃烧室反压的影响,进气道分为亚临界、临界和超临界 3 种流态。为了防止进气道在亚临界流态下发生喘振,在设计时应使其在靠近临界的超临界工况下工作。采用超临界裕度来定量描述超临界的程度。按照工程的经验,一般取超临界裕度的范围为 $2\% \sim 10\%$。

3. 燃气发生器设计

燃气发生器是固体火箭冲压发动机的一个重要部件。贫氧推进剂在燃气发生器中进行一次燃烧,富燃料的高温燃气通过特殊的喷管,按一定流量要求提供给冲压补燃室。

燃气发生器的工作原理、装药设计和结构设计与固体火箭发动机相似,在很多方面可以借鉴它的设计经验。

4. 助推补燃室设计

助推补燃室实质上是一个双用途燃烧室,它既是冲压补燃室,又是整体式助推发动机的燃烧室。固体火箭冲压组合发动机补燃室应将助推和补燃设计同时考虑。补燃室应有足够的容积容纳助推装药,应有合理的进气和补燃长度保证补燃效率。设计内容包括助推装药设计和补燃室设计。

对于一体化的固体火箭冲压发动机,其冲压燃烧室(即补燃室)的尺寸就是助推器装药的尺寸。既然尺寸大致已定,为满足助推器的推力等要求,只能在选择推进剂和确定装药型面等方面进行工作。

5. 内弹道计算

内弹道计算是对发动机工作状态进行的一种定点计算。发动机的内外工作状态不同时,内弹道计算的结果也不同。

内在因素与外界条件协调配合决定了发动机的有效推力,因而也决定了飞行器的飞行性能。按指定飞行高度,根据飞行任务、配合方案及发动机形式,经全面考虑选择设计马赫数,并结合发动机工作的内在因素,决定发动机的设计状态,而这正是内弹道计算的根据。

在设计状态下,通过内弹道计算可求得气流通道各主要截面气流参数及相应尺寸,因而也就决定了发动机的性能指标,如推力系数和比冲的数值。

6. 一体化设计

冲压发动机与全弹的耦合性较一般吸气式发动机更紧密,需与导弹总体、气动及弹道进行一体化设计。此时将冲压发动机作为动力系统考虑,由进气道、助推器及冲压发动机本体三部分组成。

一体化设计时应考虑的主要因素:

(1)导弹的控制模式、外形和飞行状态等对进气道形式和布局的影响;

(2)导弹飞行高度、速度、迎角、侧滑角等对固体火箭冲压发动机性能的影响;

(3)固体火箭冲压发动机外形对导弹总体气动布局和结构布局的影响;

(4)固体火箭冲压发动机的推力、进气道形式和布局等对导弹气动性能和机动性能的影响。

一体化设计的约束条件:

(1)固体火箭冲压发动机的形式和性能指标;

(2)导弹各组件的位置安排和质量,弹头、弹身的外形和尺寸;

(3)射程、巡航段末速度和过载等要求。

一体化设计的流程和工作内容:

固体火箭冲压发动机与导弹总体一体化设计的流程如图 5-32 所示。

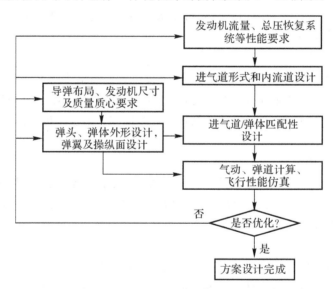

图 5-32 一体化设计流程示意图

工作内容如下:

(1)根据确定的固体火箭冲压发动机总体技术方案和主要技术指标,进行一体化初步设计,初步选定空气阻力尽量小的导弹外形和几种可行的进气道形式和布局,并通过吹风试验确定进气道的形式和布局以及导弹的外形。

(2)根据确定的导弹外形和进气道形式、布局,进行流场计算和理论研究,分析导弹在不同飞行状态下对进气道和固体火箭冲压发动机性能参数的影响。再通过吹风试验确定在几个典型飞行状态下的空气阻力以及导弹对进气道和固体火箭冲压发动机性能参数的影响;并对计算模型、初始参数及边界条件等进行修正,结合全尺寸样机完善一体化设计结果。

(3)通过固体火箭冲压发动机总体性能计算模型和导弹弹道模型,进行导弹-发动机联合弹道性能仿真;通过分析导弹发射条件、飞行状态等因素对固体火箭冲压发动机飞行特性的影响,确定固体火箭冲压发动机的飞行包络线是否满足导弹飞行任务要求;另一方面分析固体火箭冲压发动机主要技术参数对导弹总体性能的影响,并确定固体火箭冲压发动机的设计参数。

5.3.4　发动机试验

按照研制的阶段性和试验空间环境,可以把试验分成两大类,即发动机地面模拟试验和飞行试验。

1.飞行试验

(1)弹道式飞行试验:装有组合发动机的飞行器从母机上向下投放俯冲加速或由助推火箭加速,然后发动机点火,沿弹道飞行工作,工作停止后,飞行器沿弹道下落。一般仅要求稳定飞行。考核点火和一定飞行条件下的发动机性能,不需要专门的飞行控制系统。

(2)无人驾驶飞行试验:不同于上述弹道式飞行试验,无人驾驶飞行试验具有一定的飞行轨迹要求,如爬高、转弯、下滑等机动飞行要求。因飞行器上带有自动驾驶仪、自动控制系统和遥控等设备,可对飞行过程进行控制;记录各试验参数可用自动记录仪和遥测等设备;试验完成后利用降落伞回收。

2.地面试验

(1)连接管道式进气模拟。连接管道式模拟试验是模拟发动机的亚声速内流,由于发动机进气是通过一个亚声速进气管路直接连接于发动机的进气道出口的,所以其所需流量即为发动机的工作流量,流量上较为节省。因为是亚声速进口,仅模拟发动机补燃室内的气流温度、压力和速度,故进气所需的总压也较低(无进气道激波损失),这种试验不反映燃烧室与前方进气道的共同工作,没有模拟进气道的超临界和亚临界等工况,虽然是地面模拟试验中最为简单经济的,但在模拟效果上是较差的。这种模拟试验方案适用于发动机研制的初期阶段,主要是研究补燃室的燃烧。如需要进行低压条件下的试验,在设备出口一般安置有引射或抽气机的高空模拟系统。

连接管道式进气模拟是将发动机的进气道或其头部与试车台稳定段的空气管道直接相连,通过模拟来流的总温、总压实现对飞行状态的模拟要求。

(2)自由射流式进气模拟。自由射流式模拟试验中,发动机的进气是由超声速风洞(也称之为自由射流喷管)吹风进入的。由于发动机的超声进气道口流场部分全部置于超声流场内,所以能完全模拟进气道的波系状态。因发动机各部件,如进气道、燃烧室和尾喷管等的共同工作方面有着良好的模拟效果,可完全模拟发动机的内流状态。自由射流式方案示意图如图 5 - 33 所示。由图可知,自由射流试验还是不能模拟发动机的外流状态,但能完全模拟发动机的内流,而发动机的试验主要是对内流进行研究,因此自由射流试验在模拟问题上抓住了主要方面。在研制发动机时,自由射流式试验得到了较广泛的应用。

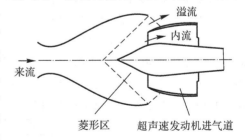

图 5 - 33　自由射流式试验方案

半自由射流试验方案,由于后置侧面多进气道布局的导弹前部很长,在自由射流风洞中进行试验时,如按上述的常规方案考虑,则为了避开头波反射的干扰,要求自由射流风洞面积很大,也就要求气源系统和试验设备相应增大,这将花费大量的人力和物力,建设周期也较长。半自由射流是在每个侧旁进气道前分别装有小型自由射流喷管。其优点是喷管加工简单,试验耗气量少、成本低,可基本上模拟进气道流场的条件。缺点是不能模拟弹体对流场的影响,特别是在大迎角下的强烈影响,如图5-34所示。

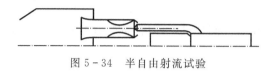

图5-34   半自由射流试验

为了节省试验设备的投资,美国阿诺德工程发展中心采用了隔流罩的方案,其进口流场的模拟如图5-35所示。由于头波在自由边界上反射下来后,其干扰被隔流罩所挡住,因而对发动机的内流无影响;这样条件下试验发动机所需的自由射流风洞面积可缩小很多,隔流罩的设计应使罩内流动完全模拟弹体在超声速飞行时的流动状况,而对于弹体型面所产生的波系(一般为膨胀波系)均不能有反射;因此,隔流罩型面基本上是由气流流线所确定的,隔流罩的大小,要考虑到后罩进气道的波系情况以及气流的溢流流量等因素,其计算原则基本上与一般常规的自由射流试验相同。

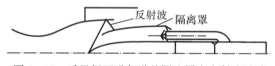

图5-35   后置侧面进气道的隔流罩自由射流试验

隔流罩方案可适用于低迎角的条件下进行试验,迎角过大时,对弹体的气流绕流状态变化较大,原设计的隔流罩就不能完全适应从而会破坏模拟效果。一般迎角不大于4°时,原设计的隔流罩还可以使用。当迎角大于4°时,则要求按迎角条件下的流面状态设计隔流罩。在这种情况下,隔流罩将是立体不对称的复杂型面,加工费时且成本较高。

(3)直连式进气模拟。管道喷管式模拟试验方案中发动机的进气是通过与收敛扩散形成的超声速喷管相连而输送的,如图5-36所示,进气喷管中最小截面处为临界截面,最小截面处的流速为临界声速,因发动机的进气为超声速的,由于是连接进气,设备气流量与发动机的工作流量是相同的,但超声流进气过程中有激波损失,所以进气总压较连接管道式方案要高。

这种试验方法的模拟效果较连接管道式要好,可以模拟发动机的超临界工况,如能控制模拟超声进气道的出口流场,则可以模拟超临界条件下燃烧室、尾喷管和进气道的共同工作,因此直连式基本上模拟发动机的内流问题,而设备功率、建立周期等方面和连接管道式方案相差不多。由以上分析可知,这种方案在兼顾模拟效果和经济性方面是较好的,所以通常研制组合发动机时,将管道喷管式设备作为开展科研试验的基本设备。

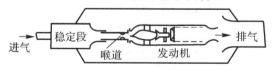

图5-36   直连式进气模拟示意图

(4)火箭橇滑轨试验。火箭橇滑轨试验是将试验件置于滑轨的滑橇上,通过滑橇尾部固体火箭发动机对滑橇的推进,模拟试验件高速运行的工作特性及空中姿态,从而考核试验件的工作性能,并通过遥测、光测等测试系统测试试验的有关参数,测量、记录和分析试验件的运行轨迹和工作过程。该方案是将整体动力放在火箭橇上以火箭推动在轨道上滑行,可模拟高度 $H=0$,飞行速度马赫数为 2~3 的工作状况。

5.4　液体火箭发动机设计

液体火箭发动机是使用液体推进剂的化学火箭发动机。液体推进剂一般由燃烧剂和氧化剂组成,由导弹(火箭)自身携带。液体推进剂在燃烧室内进行燃烧或分解反应,将推进剂的化学能转化为热能,产生高温、高压燃气,通过喷管膨胀加速,将热能转变为动能,并高速从喷管后喷出,产生推力,为导弹(火箭)或航天器提供动力。

5.4.1　类型与组成

1. 类型

随着导弹和航天事业的迅猛发展,液体火箭发动机的应用范围和种类越来越多,可按照不同的方法对液体火箭发动机进行分类,如图 5-37 所示。

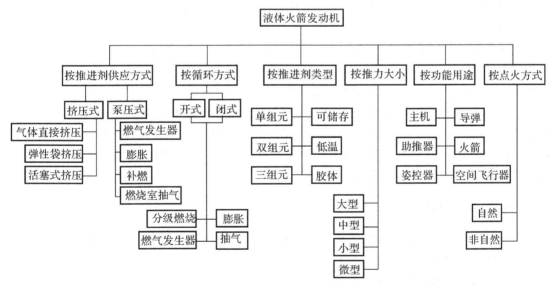

图 5-37　液体火箭发动机分类

2. 组成

各种不同类型的液体火箭发动机其结构有一定的差别,但基本组成都有推力室、推进剂储箱、推进剂供应系统、涡轮工质供应系统、增压系统和自动器等几部分。

推力室是将推进剂的化学能转化为喷气动能并产生推力的组件,它由喷注器、燃烧室和喷管组成。如果采用非自燃推进剂,在推力室内还装有点火装置;为了提高燃烧稳定性,防止破坏性不稳定燃烧,还装有防震隔板或声腔等稳定装置。液体推进剂通过喷注器喷入燃烧室,经雾化、蒸发、混合和燃烧过程生成高温高压燃气,经喷管膨胀加速以形成超声速气体排出而产生推力。

推进剂储箱的功用是储存发动机工作期间所消耗的大量推进剂。对于大型液体火箭发动机,储箱体积占整个发动机或导弹体积的绝大部分,为 $60\%\sim90\%$。

推进剂供应系统的功用是在发动机启动和正常工作过程中,不间断地将储箱中的推进剂按照设计的压力和流量输送到推力室中去。因为推力室中为高压高温气体,所以进入推力室的推进剂本身的压力必须超过燃烧室中的压力。按提高推进剂压力的方法不同,一般可以分为两种主要输送形式:挤压式和泵压式。

(1)挤压式系统。利用储存在专门气瓶中的高压气体,将储箱中的推进剂挤出,顺管道进入推力室。由于挤压压力较高,工作时间长,使得储箱和气瓶的壁厚很厚,体积很大,导致整个发动机的结构质量增加。目前,这种系统多在推力较小、工作时间较短的小型双组元或单组元液体火箭发动机上使用。

(2)泵压式系统。推进剂组元在很低的压力下进入高速旋转的泵(燃烧剂泵或氧化剂泵)增压,压力升高后,进入推力室。带动泵旋转的动力通常采用体积较小,但能产生大功率的冲击式燃气涡轮。在结构上常把涡轮和泵做成一个整体,称为"涡轮泵联动装置"。

涡轮工质供应系统的功用是提供泵压式输送系统中涡轮所需要的工质(高温高压燃气或其他气体)。发动机启动时,常用固体火药启动器为涡轮提供初始工质,发动机在持续稳定工作期间,则用和燃烧室相类似的燃气发生器作为提供涡轮工质的组件,工作介质可以和主推力室工作的推进剂组元一样,也可以是另外引进的其他一种或两种组元。

增压系统是利用压缩空气、氮气或氦气减压后给推进剂储箱增压,为了提高增压效果,减少气体质量,还可以将气体加温后送入储箱。有的可以利用低沸点组元加温蒸发成气体后送入储箱,有的将高温燃气降温后送入储箱增压。

自动器是为保证发动机按照一定的程序启动、关机、稳定工作和转变工作状态而设置在系统中的自动活门和自动调节器等组件。自动活门有启动活门、关机活门、保险活门、加泄活门、溢出活门和单向活门等;自动调节器有气体减压器、推力调节器和组元比调节器等,另外还有电爆管和发动机电缆、机架和导管等装置。

5.4.2　工作原理

对于挤压式液体火箭发动机和泵压式液体火箭发动机来说,它们的工作原理是一样的,只是推进剂的增压方式和输送过程不同。

1.挤压式液体火箭发动机的工作过程与特点

图 5-38 为挤压式液体火箭发动机的示意图。从图中可以看出,导弹除了带有燃烧剂和氧化剂储箱之外,还带有一高压气瓶,里面装有高压气体。它的工作过程是,当发动机工作时,首先给启动电爆活门 2 通电,使活门打开,储存在高压气瓶 1 中的高压气体经过启动电爆活门 2 进入减压器 3,经过减压的高压气体再经过电动活门 4 进入燃烧剂储箱 5 和氧化剂储箱 6,挤压燃烧剂与氧化剂,使燃烧剂与氧化剂经过取液器 9、单向活门 7 进入燃烧室。燃烧剂与氧化剂在燃烧室内混合后进行燃烧产生高温高压燃气,经喷管膨胀加速以高速排出,从而产生反作用推力,推动导弹前进。

挤压式输送系统所用的高压气体,可以是空气、氮气或氦气,也可以是液体或固体的燃料在专门的燃烧室内燃烧所产生的气体。但是不论用哪一种,都必须是惰性的,即与容器和推进剂等不起化学反应。

这种系统较简单,工作可靠。但随着输送系统所需压力的增高、推进剂储量增加(即为了增加发动机推力或增加发动机工作时间),都必然导致高压气瓶及推进剂储箱质量的增加,因而也就增大了动力装置的结构质量。一般推力较小的发动机采用这种输送系统是具有优越性的。

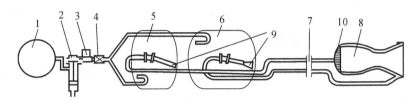

图 5 - 38　挤压式液体火箭发动机示意图

1—高压气瓶;　2—启动电爆活门;　3—减压器;　4—电动活门;　5—燃烧剂储箱;　6—氧化剂储箱;

7—单向活门;　8—发动机;　9—取液器;　10—喷注器

2. 涡轮泵式液体火箭发动机的工作过程与特点

图 5 - 39 所示为涡轮泵式液体火箭发动机示意图。当发动机启动时,首先给启动电爆活门 7 通电,储存在高压气瓶 8 中的高压气体(约数百个大气压)经过减压器 9 降到所需要的工作压力(约 5 个大气压),通过管路分别到燃烧剂、氧化剂储箱的增压口 2 ,4 处。这时另一路的高压气体冲开增压口处 2,4 的膜片,使等待在增压口处压力为 5 个大气压的气体进入燃烧剂和氧化剂储箱 1,5。冲开增压口处膜片的高压气体,可以是第一级固体火箭发动机的高压燃气,也可以是高压气瓶中的气体经过第一级减压的高压气体。在"I"箱 10 中储存有液体的异丙基硝酸盐($N_3H_7NO_3$),它是一种单组元的推进剂。在高压气瓶的另一路,经减压的高压气体,一方面打开燃烧剂、氧化剂与泵之间的通路,一方面进入"I"箱,把异丙基硝酸盐挤进燃气发生器 11。在燃气发生器中,异丙基硝酸盐借助固体点火药盒的高温高压燃气进行分解。分解产物(也就是燃气)从燃气发生器沿着导管经过喷嘴冲到涡轮叶片上,推动涡轮并带动燃烧剂泵和氧化剂泵高速转动,使燃烧剂和氧化剂增压。推进剂经过喷注器在燃烧室内雾化、混合、燃烧,所产生的高温高压燃气经过喷管膨胀加速产生反作用推力,推动导弹向前运动。

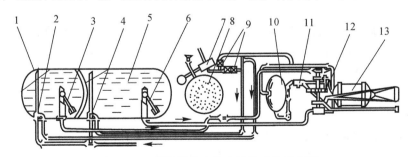

图 5 - 39　涡轮泵式液体火箭发动机示意图

1—燃烧剂储箱;　2—增压口;　3—取液器;　4—增压口;　5—氧化剂储箱;　6—取液器;　7—启动电爆活门;

8—高压气瓶;　9—减压器;　10—"I"箱;　11—燃气发生器;　12—涡轮泵组;　13—发动机

这种系统与挤压式相比,储箱承受的压力小,输送系统要轻得多、工作可靠。适用于推力大、工作时间长的液体火箭发动机。

5.4.3 主要技术(性能)参数

对于液体火箭发动机来说,表示发动机性能的指标与固体火箭发动机基本一致,主要有比推力、总冲、推重比、工作时间、质量比、推力-质量比等。在这里特别说明的是,在固体火箭发动机中用比冲表示消耗单位推进剂所产生的冲量,它是一个平均值,而在液体火箭发动机中用比推力表示消耗单位推进剂所产生的冲量,它是一个瞬时值,这两者在数值上是相等的。

5.4.4 液体推进剂及性能要求

液体推进剂包括燃烧剂和氧化剂,以及改善推进剂某些性能的添加剂。它是火箭发动机的能源和工质。

1.液体推进剂分类

液体推进剂按组元数可分为单组元和多组元两种,按使用方式可分为可储存推进剂和低温推进剂两种。

单组元推进剂可以是氧化剂与可燃物质的混合物,也可以是单一的化合物。在常温下是稳定的。但加压、加热或经过催化剂时,产生热的燃烧气体或分解成气体。单组元推进剂的优点是输送系统简单,但性能较差,主要用于发动机系统的辅助能源,如涡轮泵用气体发生器的燃料及火箭姿态控制的喷气源。

多组元推进剂采用两种或两种以上的组元,常用的是双组元推进剂。双组元推进剂又分为自燃和非自燃两种。双组元液体推进剂通常由氧化剂和燃烧剂两个组元组成,两组元分别储存,进入燃烧室后才混合,混合后或自行燃烧或需点火燃烧。由于双组元推进剂的性能高、安全性好,目前导弹上常用的推进剂多为双组元推进剂。

低温推进剂在环境温度下是气体,只有在低温条件下才能保持为液态,常温下具有很低的沸点($-182℃\sim-252℃$)。优点是能量高,缺点是使用不方便,有些低温推进剂组元(如液氢)价格昂贵。目前常用的有液氧(O_3)、液氢(H_2)、液氟(F_2)和二氟化氧(OF_2)等。

可储存推进剂在一个相当宽的温度和压力范围内是稳定的,并与结构材料反应少,允许在封闭容器内储存较长的时间(大于1年)。用这种推进剂可缩短导弹发射准备的时间,且安全性好。

另外,按氧化剂与燃料直接接触时的化学反应能力可分为非自燃推进剂和自燃推进剂。非自燃推进剂需要点火装置。自燃推进剂的组元在使用温度和使用压力范围内以液态相接触时,就能进行放热的化学反应。使用自燃推进剂时,点火问题大大简化了,但也增加了泄漏故障的危险性。

2.对液体推进剂的要求

(1)具有较高的比推力(比冲)。要想得到较高的比推力,要求推进剂具有高的焓值,因燃气温度一般限定在一定的范围内,所以希望燃气分子量尽可能小。

(2)具有较大的密度。推进剂组元的密度大,就意味着单位容积内所储存的推进剂质量增大,可以减小储箱的几何尺寸,减轻导弹结构质量。

(3)液态范围大。推进剂在尽可能宽的范围内是液态,理想的范围是$-50℃\sim70℃$。

(4)传热性能好。大部分液体火箭发动机推力室采用再生冷却方式,即一种或两种推进剂组元在进入燃烧室之前,先通过推力室冷却套夹层,带走燃气传给推力室壁的热量。这就要求推进剂有高的沸点,液态热容量大(即比热要大)。

(5)黏度小。推进剂组元的黏度应尽可能小,以减少推进剂输送过程中的流阻损失,减小输送系统的功率。

(6)毒性和腐蚀性小。推进剂和燃烧产物最好是无毒的、无腐蚀性的。

(7)点火容易,燃烧稳定。最好采用自燃推进剂,这样可不需要另外的点火源。尤其在高空条件下,压力很低,靠另外的点火源点燃推进剂很困难,采用能够自燃的推进剂较为适宜;若为非自燃推进剂,则着火温度尽可能低,以便减少点火能量。

(8)着火延迟期要短。着火延迟期短可以避免大量混合物在燃烧室内的积存而引起大的爆燃。

3.常用的液体推进剂的主要性能

推进剂的性能与液体火箭发动机的性能及结构有密切的关系,应该选择良好的推进剂,使导弹的质量小,且能达到战术技术要求中所规定的飞行性能(如飞行速度、射程、高度等),同时还应考虑保证在不同条件下工作的可靠性。常用的双组元和单组元液体推进剂的主要性能数据见表 5-8 和表 5-9。

表 5-8　常用的双组元液体推进剂的主要性能

推进剂		理论混合比	余氧系数	密度 kg/cm³	燃烧室压力 kg/cm²	喷口压力 kg/cm²	燃烧室温度 K	比推力 s	燃烧室气体常数 (kg·m)/(kg·K)	绝热系数
	氧化剂	燃烧剂								
可储存	红烟硝酸 20L	煤油	5.4	0.70	1.33	45	1	2 870	242	35.9	1.21
	红烟硝酸 20L	油肼	4.6	0.70	1.28	45	0.7	2 990	247	36.0	1.20
	红烟硝酸 20L	混胺-02	4.79	0.70	1.45	45	0.7	3 000	250	35.5	1.19
	红烟硝酸 20L	偏二甲肼	3.4	0.70	1.25	45	1	2 990	257	39.0	1.20
	四氧化二氮	偏二甲肼	3.1	0.70	1.20	45	1	3 300	269	37.0	1.16
	四氧化二氮	混肼	2.3	0.70	1.21	45	1	3 200	271	40.9	1.20
冷冻	液氧	煤油	2.4	0.70	1.0	45	1	2 500	282	37.3	1.14
	液氧	偏二甲肼	2.2	0.70	0.96	45	1	3 500	290	39.6	1.15
	液氧	液氢	8.0	0.42	0.26	70	1	2 700	288	47.0	1.26

表 5-9　常用的单组元液体推进剂的主要性能

推进剂	比冲/(N·s·kg⁻¹)	密度比冲/(N·s·L⁻¹)	用　途
过氧化氢(H_2O_2)	1 400	1 980	涡轮泵辅助动力的气体发生器,小型火箭或导弹
肼(N_2H_4)	2 050	2 070	气体发生器,小型火箭
硝基甲烷(HC_3NO_2)	1 800	2 048	小型火箭
甲基乙炔	1 600	1 086	气体发生器,小型火箭

5.4.5 总体方案设计

1. 发动机总体设计任务、要求与内容

(1)任务。液体火箭发动机的总体设计任务,就是在飞行器总体设计所给定的空间和要求的尺寸范围内,按发动机各组件在系统中的功能和作用,进行其结构与性能的协调,并按照设计要求,把它们组合成发动机之后能够完成规定的功能。

(2)要求。发动机设计应遵循飞行器总体对发动机提出的技术要求,主要包括用途、工作性能、质量和结构尺寸、环境条件及经济性等,它们是发动机设计的主要依据。

发动机用途:根据飞行器不同的任务形式给出发动机设计的具体要求,如助推发动机工作时间短、推力大,而主发动机工作时间往往比较长。

性能参数指标:包括发动机总冲及其允许的偏差、发动机平均推力或推力变化规律、发动机工作时间及其允许的变化范围。这3个参数之间具有一定的函数关系,一般只给出其中两个参数即可。推力量级是发动机的基本参数,是飞行器推进系统所要求的总推力,主要取决于飞行器的起飞总质量以及所允许的最小和最大加速度,采用的发动机数目决定了单台发动机的推力量级。此外,还要考虑所设计发动机的先进性,飞行器总体对发动机比冲提出的明确要求。

约束条件:为保证飞行器总体的性能和布局,对发动机长度、直径这些外廓尺寸以及质量和质心位置等提出要求与限制。发动机的外廓尺寸是指它的最大长度和直径,它直接影响发动机的质量和飞行器结构、储存、运输等方面,通常受到飞行器总体布局和外径的限制。在各组件完成初步设计后,就要对发动机总质量、外廓尺寸进行初步审核,以判断是否满足总体任务要求。当发动机的质量和尺寸等均能满足总体在任务书中所规定的指标时,就可给出系统和各组件的设计任务书。

环境条件及其他:主要指储存环境、运输环境、使用环境、飞行条件以及维护性和经济性等方面的要求。

(3)内容。液体火箭发动机系统设计主要包括系统方案论证、系统方案设计、系统试验和系统定型四个阶段。

系统方案论证应在尽可能降低发动机研制和使用成本的基础上,确保各分系统方案合理和发动机性能最高。主要包括选择推进剂,确定推进剂供应系统方案和参数调节方案,确定点火、启动和关机方式,确定各组件的主要参数以保证发动机的性能要求,提出试验室和试车台的建设要求,对研制进度进行预测,对研制经费做出测算。

系统方案设计是在通过方案论证确定的发动机系统和各分系统方案基础上进行的具体设计过程。主要包括绘制发动机系统图;确定系统参数,编写系统说明书;初步确定发动机的工作程序;提出对各组件的设计要求,编制发动机各组件的设计任务书;编制试验方案,提出试验和试车总任务书等。

系统试验贯穿在模样、初样和试样的各个研制阶段。在各阶段的试验中,主要工作内容包括对系统方案进行可行性试验;编写各阶段的系统试验任务书;制定参数调整计算方法,对发动机参数进行调整;对试验结果进行分析,编写试车日志;编写飞行试验所需要的文件,进行飞行试验。

系统定型,若所设计的发动机已经全面满足《发动机设计任务书》提出的要求,发动机便可定型。在发动机定型之前,主要工作内容是解决研制过程中的遗留问题;完善有关系统的图纸和技术文件,并进行定型归档;编写系统研制总结和系统定型报告。

在飞行器总体方案论证过程中,发动机系统设计与飞行器总体设计常常是重叠、交错和反复进行的过程。

发动机系统方案论证和方案设计是发动机研制过程中的前期工作,主要围绕总体对发动机的要求进行。通常在尽可能降低研制成本和使用成本的基础上,确保各分系统方案合理和发动机性能最高。发动机系统方案论证不仅涉及供应系统方案选择和主要参数的确定,还包括各分系统(如启动点火系统、吹除系统、增压系统、抽真空和预冷系统、调节系统)方案的选择。这里着重介绍发动机推进剂供应系统方案的选择和主要参数的确定。

2. 发动机推进剂供应系统方案的选择

在液体火箭发动机中,将储箱中的推进剂按照要求的流量和压力输送到推力室的系统称为推进剂供应系统。一般分为挤压式供应系统(简称挤压式系统)和泵压式供应系统(简称泵压式系统)两大类。在发动机系统参数选择确定之前,首先要选择的是推进剂供应系统方案。

(1)挤压式供应系统方案。挤压式供应系统是利用高压气体将推进剂组元从储箱挤压到推力室中。挤压式系统多用于小推力发动机。这种系统结构简单,可长时间或以脉冲方式工作,且寿命长、可靠性高。

在选择挤压物质时,要遵循以下几项原则。

1)挤压物质与推进剂和储箱材料要有良好的相容性。

2)挤压系统的质量和尺寸尽可能小。挤压物质密度要大,从而只需要较小体积的容器。

3)挤压气体的挤压能力要大。挤压能力定义为储箱挤压气体压力与挤压气体体积的乘积。由气体状态方程可知,挤压气体的分子量越小,温度越高,则一定质量气体的挤压能力就越大。

按照挤压气体的来源,通常将挤压式系统分为储气系统、液体汽化系统和化学反应系统 3 种主要类型。

储气系统的气源来自高压气瓶,气瓶储气压力一般为 20～35 MPa。在飞行器起飞前,须通过气瓶上的充气阀将压缩气体充入气瓶中。可供选择的挤压气体有空气、氮气和氦气。空气价格便宜,挤压能力与氮气相当。当空气与推进剂发生化学反应时,从安全考虑,可选用氮气。对低温推进剂,空气和氮气遇冷后会发生凝结,这时应选用氦气。氦气分子量小,在相同条件下其挤压能力约是空气和氮气的 7 倍。此外,氦气经节流之后有温度升高的特点,这又提高了它的挤压能力,因而氦气是一种优良的挤压气体。缺点是价格昂贵。

液体汽化系统将容易汽化的推进剂组元或液化气体通过换热器加热、汽化后挤压储箱中的推进剂。挤压物质应选用沸点低、热稳定性好的液体,如液氢、液氧、液氮、液氯和四氧化二氮等。液体汽化系统包括推进剂汽化系统和非推进剂汽化系统两类。推进剂汽化系统主要应用在泵压式供应系统中,通常使用的推进剂取自泵的下游,并在换热器中汽化,随后用这些气体返回来增压储箱中的推进剂。对于挤压式供应系统,其发动机还需要单独的储气系统去挤压液体,然后液体在换热器中汽化,这些使得整个增压系统会更加复杂化。

化学反应系统是利用化学反应产生挤压气体。产生挤压气体的方法主要有三种,即利用固体推进剂燃气发生器、液体推进剂燃气发生器以及在储箱中直接反应产生挤压气体。

对固体推进剂燃气发生器系统,要求固体火药在低温低压下燃烧稳定,燃气中不含固体颗粒,燃烧速率在不同环境温度下变化小;对液体推进剂燃气发生器中的单组元液体推进剂燃气发生器系统,要求单组元液体容易催化分解,可供选择的有肼、氨和过氧化氢等,其中肼分解生成的气体分子量小,化学特性好;对储箱中直接反应的系统是将少量燃料喷注到氧化剂储箱中,或将少量氧化剂喷注到燃料储箱中。在储箱中,喷注组元与主推进剂组元发生自燃反应,从而产生挤压气体。

对双组元液体推进剂燃气发生器和在储箱中直接进行化学反应的系统,两种组元最好能自燃,从燃气和推进剂的相容性考虑,一般用富氧燃气挤压氧化剂储箱,用富燃燃气挤压燃料储箱。

在挤压能力满足设计要求的条件下,应对结构质量、组件数目、可靠性、继承性、研制经费、生产和发射成本等方面进行分析比较,依据飞行任务要求、相容性、可靠性和系统性能等四个指标进行选择。

各类挤压式系统的比较见表5-10。

表5-10 各类挤压式系统的比较

类别 特点	储气系统	液体汽化系统	化学反应系统
优点	结构简单,可靠性高	辅助气瓶和辅助储箱尺寸小,系统结构质量小	辅助气瓶和辅助储箱尺寸小,系统结构质量小,固体推进剂燃气发生器结构简单
缺点	气瓶容积大,系统质量大	需要辅助气瓶、辅助储箱和换热器,结构较复杂	对于液体推进剂燃气发生器系统和在储箱中直接发生化学反应的系统,结构复杂;固体推进剂燃气发生器系统不能多次启动
适用范围	适用于总冲量小的发动机	适用于热稳定、低沸点的推进剂组元;若推进剂组元都不易汽化,则可选用液化气体作为汽化物质	适用于常温推进剂

(2)泵压式供应系统方案。泵压式供应系统包括以下基本组件:推进剂泵、驱动泵的涡轮、涡轮动力源(在发动机启动和主级工作期间)、调节器和阀门以及推进剂进、出口管路及其他附件等。按照涡轮工质的排放方式可分为开式循环和闭式循环两大类。

开式循环主要有燃气发生器循环和推力室抽气循环两类,它们的共同特点是经涡轮工作后的工质直接排出发动机外或排入推力室喷管扩散段内,不再燃烧。这部分推进剂能量释放不充分,导致性能损失。由排气管直接排出时,常在排气装置的尾部装上拉瓦尔喷管,这样可利用废气与外界环境间的压差产生一定的推力。尽管各种开式系统在具体的系统方案上有很大差别,但在驱动涡轮泵方面都具有一定的比冲损失。

闭式循环主要有膨胀循环和补燃循环两类,经涡轮工作后的工质直接进入燃烧室,与燃烧室中的推进剂组元进一步燃烧。由于没有涡轮排气造成的能量损失,所以从热力学上分析闭式循环是最合理的循环方式,发动机比冲能得到很大提高。

各类泵压式系统之间的主要区别是性能和结构复杂性。性能包括比冲、混合比和结构质量,它决定了飞行器的运载能力。结构复杂性包括组件数目和技术成熟程度等,结构复杂性又决定研制经费、生产成本和研制周期。因此在选择泵压式系统时应对其性能和结构复杂性进行全面分析比较。

各类泵压式系统的特点与使用范围,见表 5 - 11。

表 5 - 11　各类泵压式系统的特点与使用范围

类别 特性	燃气发生器循环	推力室抽气循环	膨胀循环	补燃循环
推进剂	推进剂种类不受限制,燃气发生器和推力室可以使用相同的推进剂	推进剂种类不受限制	主推进剂的一种组元必须容易汽化,且分子量很小	推进剂种类不受限制
推力和室压	单组元燃气发生器系统适用于低推力和低室压;双组元燃气发生器系统推力不受限制;室压高时比冲损失大,室压有不高的上限	推力不受限制,室压有限制	适用于较低的推力和室压	推力不受限制,适用于高室压
比冲	低	低	较高	高
泵出口压力	约为室压的 1.5 倍	约为室压的 1.5 倍	为室压的 2～2.5 倍	为室压的 2～3.5 倍
涡轮工质温度	合理选择燃气发生器混合比或喷注冷却来满足涡轮工质温度	正确选择燃烧室的抽气部位来满足涡轮工质温度	蒸汽温度低,涡轮功率较小	合理选择预燃室混合比或喷注冷却来满足涡轮工质温度

(3)推进剂供应系统方案对比。液体火箭发动机的结构与性能在很大程度上取决于供应系统的类型。

采用挤压式供应系统时,储箱内的压力要比发动机燃烧室内的压力高。这一方面使得只能选取较低的燃烧室压力,导致比冲较低并使推力室尺寸加大;另一方面推进剂储箱的结构质量也较大。因此,挤压式供应系统的应用范围受到限制,仅限于用在对比冲值要求不高和总冲较小的发动机上。

采用泵压式供应系统时,储箱内的压力一般不超过 0.5 MPa。因此,与挤压式供应系统相比,储箱的壁厚相对较小,而燃烧室压力则可选取很高的值,这就明显减小了推力室的尺寸,同时提高了发动机的比冲,且具有相当高的推质比。但是,对于泵压式供应系统,由于有涡轮泵组件,故使系统和结构都比较复杂。为了达到所要求的可靠性,相应地增大了这种系统的研制成本和风险。

对于挤压式供应系统,燃烧室压力一般不超过 2.6 MPa。对于泵压式供应系统,燃烧室压力的最佳值取决于所选定的发动机系统。在补燃循环发动机中,能够采用高的燃烧室压力,如 $20\sim26$ MPa 或更高;在燃气发生器循环发动机中,燃烧室压力一般不超过 15 MPa。

推进剂供应系统的选择取决于飞行器的加速度、机动性、质量、推力和工作时间以及推进剂种类等。推进剂总量小的系统通常采用挤压式系统,因为这时高压推进剂储箱带来的损失与涡轮泵复杂性相比是不显著的。然而对于大的系统,从质量上考虑应采用低压推进剂储箱,在储箱下游由泵来提高推进剂的压力。随着高强度储箱材料和小型可靠的涡轮泵技术水平的发展,提高了挤压式供应系统的使用上限,降低了泵压式供应系统的使用下限,结果使这两类供应系统的应用范围出现明显的重叠。

挤压式和泵压式供应系统各有优、缺点,在选择时,应在满足飞行器对发动机要求的前提下,尽量发挥其优点,两类发动机供应系统的对比见表 5-12。

表 5-12　挤压式与泵压式供应系统的对比

类别 特点	挤压式供应系统	泵压式供应系统
优点	结构简单; 总冲量小时,具有较小的结构质量和结构尺寸; 容易实现多次启动; 供应压力比较稳定	储箱压力低,储箱及增压系统质量小,尺寸也小; 发动机质量几乎与工作时间长短无关; 燃烧室压力高,因而比冲高; 涡轮排气可用来控制飞行器姿态
缺点	总冲量大时,储箱及增压系统结构质量大,尺寸也大; 燃烧室压力低,因而比冲低	结构复杂

3. 主要参数的选择

在发动机供应系统方案确定后,可以通过设计计算来选择发动机的主要参数,包括推进剂、燃烧室压力、混合比、喷管扩张比和推进剂的质量等。

(1)推进剂的选择。推进剂的种类很多,性能各异,选择的基本原则是推进剂具有高的能量特性和大的质量密度。由总冲的计算可知,当推进剂体积一定时,密度比冲越大,总冲量越大;当总冲量一定时,密度比冲越大,则推进剂体积越小,即储箱体积减小,质量减小。

在满足火箭所需要的末速度为前提条件下,按不同评价指标可以得到不同的推进剂选择结果,一般用密度比冲作为评价推进剂的参数较为合适。选择推进剂时要考虑以下几点。

1)采用理论比冲高且平均密度大的推进剂;

2)对于多级火箭来说,第一级发动机选择密度比冲大的推进剂,上面级选用比冲尽可能大的推进剂;

3)在有效载荷一定的情况下,应尽可能使火箭和发动机结构设计合理,以提高结构完善系数(即消耗的推进剂体积与火箭结构质量之比,表示火箭结构设计的完善程度)。

此外,还要考虑推进剂的适用性和使用性方面的特点,以及具有大量的来源和经济性等要求,尽量选用高性能、无毒和无污染的推进剂。

(2) 混合比的选择。在推进剂选定后,比冲或密度比冲就与推进剂的混合比及推进剂的平均密度有很大关系。一般来讲,除了燃气温度这个主要影响因素外,气体常数越大,则排气速度越大。而排气速度越大,则比冲也越大。气体常数与燃气分子量有关,分子量越小,气体常数越大。因此,混合比的选择应以满足所获得的大排气速度为主。

通常为获得飞行器的最佳飞行性能,选择的混合比不是对应于最大比冲的数值,而是根据末速度与混合比或余氧系数的关系,从提高运载能力考虑,一般选择混合比稍大于最大比冲所对应的混合比数值,即从对应于提高末速度最有利的混合比值选取。这种现象在两种组元的密度相差很大时(如液氧/液氢)更为突出。此外,混合比的选择也要适当考虑发动机推力室的冷却问题。

(3) 燃烧室压力的选择。燃烧室压力对发动机的系统性能和飞行器性能都有很大影响。可以从满足总体性能要求方面来选择燃烧室压力,也可以从发动机系统优化设计方面来进行燃烧室压力的选择。在选择燃烧室压力时要考虑诸多影响因素,如飞行器的飞行性能、发动机系统方案、推力室强度和冷却问题等。在条件允许的情况下,尽量选择较高的燃烧室压力,以提高发动机的性能。另外,也要兼顾飞行器与发动机的性能、研制成本和工作可靠性之间的关系。

(4) 喷管扩张比的选择。液体火箭发动机喷管扩张比的选择与燃烧室压力和发动机工作高度有关。对于助推级的推力室喷管扩张比,主要是根据发动机工作高度和喷管冷却等问题来选择出口压力和确定喷管扩张比。一般情况下,在低空或地面时,由于外界环境压力相对较高,第一级和助推级的推力室喷管扩张比不大。对于高空工作的发动机,外界环境压力低,增加喷管扩张比可提高推力室的理论比冲,但会增加推力室的外廓尺寸、结构质量和喷管的气流摩擦损失。因此,需要综合考虑提高理论比冲和由此带来的不利影响。

(5) 推进剂质量的确定。可按照第 4 章的方法计算确定。

4. 推力室设计

(1) 组成与设计内容。液体火箭发动机推力室的基本组成与固体火箭发动机相同,主要由头部、燃烧室和喷管组成。但是,由于液体火箭发动机采用液体推进剂的特殊性,其头部、燃烧室和喷管的构造相对比较复杂。

液体火箭发动机推力室的设计主要包括下述内容。

1) 根据所要求的海平面或真空推力和比冲、推进剂混合比,以及推力室的最大外廓尺寸和结构质量限制等,选择燃烧室压力和喷管出口压力。

2) 根据热力气动计算结果,给出推力室的地面或真空理论比冲、理论质量流量、喉部面积和喷管扩张比等。

3) 根据典型推力室的性能数据,选择燃烧室效率和喷管效率,确定推力室的实际地面或真空比冲、实际流量和喉部面积等。

4) 根据选择的燃烧室特征长度、流量密度和收缩比,确定燃烧室直径和长度,根据喷管扩张比,设计喷管型面。

5) 进行喷注器、燃烧室和喷管的具体结构设计,其中包括再生冷却剂的选择,结构材料的选用,加工方法和检验方法的确定。

6) 根据推力室的初步结构方案,进行传热、流阻损失和强度等各项计算。

7) 绘制推力室图纸,编写生产和试验技术文件以及设计和计算说明书,根据发动机的研制进度要求,制定推力室及其零组件的试验大纲等。

一种新型推力室不仅要能满足飞行器总体性能要求,而且应具有突出的特点和先进性。

(2)推力室型面设计。推力室型面设计是对推力室轮廓进行初步设计,包括燃烧室型面设计和喷管型面设计两部分。

1)燃烧室型面设计。

燃烧室型面设计要求:①选取合理的燃烧室形状和尺寸,解决减小燃烧室容积与提高燃烧效率的矛盾;②组织可靠的燃烧室内、外冷却,防止内壁烧蚀;③减小燃气的压力损失;④结构简单,质量小,工作可靠。

燃烧室型面的设计过程也就是选择燃烧室形状和尺寸的过程,并在尽可能小的燃烧室容积内保证较高的燃烧效率(燃烧完全程度)。影响燃烧完全程度的主要因素:①推进剂雾化和混合气形成的质量。它取决于喷嘴的形式、喷嘴在推力室头部的位置、推力室头部的形状及燃烧室的形状。推进剂雾化和混合气形成的质量越差,燃烧完全所需的时间也越长,对燃烧效率会产生不利影响。②可用于燃烧的化学反应历程的时间。它取决于燃气在燃烧室中的流速、燃烧室压力和燃烧室容积等。③推进剂的物理、化学性质。例如,作为低温推进剂的氢和氧,由于容易汽化和化学反应过程简单,所以相对于其他推进剂更容易获得高的燃烧效率。

通过型面设计确定燃气停留时间、燃烧室特征长度、燃烧室形状。

液体火箭发动机燃烧室形状如图 5-40 所示。

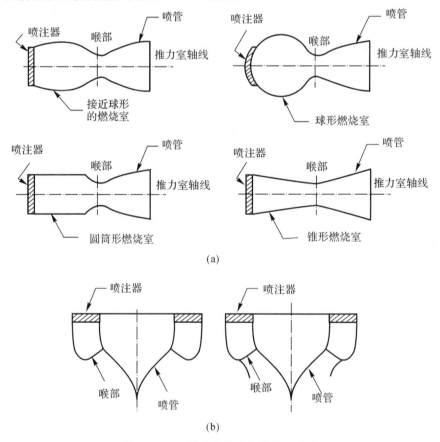

(a)

(b)

图 5-40　液体火箭发动机燃烧室形状

(a)球形、圆筒形和锥形燃烧室简图;　(b)环形燃烧室简图

2)喷管型面设计。喷管由收敛段(亚声速喷管段)和扩张段(超声速喷管段)组成。在喷管型面设计过程中,主要考虑不同喷管形状和型面设计方法对喷管损失(主要是摩擦损失、非轴向流动损失和喷管入口损失)的影响。合理的喷管型面,应使燃气在喷管中流动时的能量损失最小,并且在一定的喷管扩张比条件下,根据这一型面设计加工出的喷管应具有长度短、结构质量小、造型简单、加工方便和便于冷却等优点。

按照几何形状的不同,液体火箭发动机喷管主要有锥形、钟形和环形 3 种类型。

锥形喷管的优点是制造方便,在需要改变喷管扩张比时,只需要进行相应的截短或加长。在多数早期的火箭发动机上采用了锥形喷管。它的主要缺点是非轴向流动损失大。

钟形喷管也称为特型喷管,是目前最常用的喷管形状,可以得到较高的喷管效率和缩短喷管的长度。

环形喷管具有可随外界环境压力变化而变化的气动边界(也称为自由射流边界),是具有自动高度补偿特性的喷管。环形喷管包括气动塞式喷管和膨胀偏转喷管两种类型。

喷管收敛段设计,其内容为确定喷管收敛段的形式(主要有双圆弧和双圆弧加直线段),喷管亚声速收敛段的形状应能保证气流均匀地加速,使喉部截面处的流场均匀,流动不发生分离,符合几何声学的要求,保证燃烧过程的稳定性。同时,应使外廓尺寸最小,减小喷管收敛段结构质量,降低摩擦损失。

喷管扩张段设计,一般情况下,对喷管性能和尺寸影响最大的是扩张段,因为气流在扩张段的流动是超声速流动,如果扩张段型面设计不合理,就会对喷管效率产生明显的不利影响。喷管扩张段型面的设计方法有锥形造型法、抛物线造型法、双圆弧造型法和最大推力喷管造型法等。当对性能要求不高时,可采用简单的锥形喷管。扩张比相对较小的大推力发动机喷管可采用双圆弧造型法来设计型面,对于喷管扩张比大的上面级发动机和小推力发动机,通常采用最大推力喷管造型法。

(3)推力室头部设计。推力室头部是液体火箭发动机推力室中将推进剂组元进行雾化和混合的主要部件,头部的工作过程在很大程度上决定了推进剂的燃烧完全程度、推力室工作过程的稳定性及推力室壁热防护的可靠性,因此头部结构的设计工作对于液体火箭发动机来说是一项非常重要的任务。

推力室头部(见图 5 - 41)通常由顶盖、喷注器、隔板和测压零部件等组成。对于采用双组元推进剂的推力室,顶盖和喷注器通常形成三底(上底、中底、下底)两腔(氧化剂腔、燃料腔)结构。从冷却通道流出的冷却剂和另一种组元分别进入各自的腔。推力室头部各组成部分通常用焊接的方式连接成一个整体构件,再与推力室身部采用焊接方式连接。

液体火箭发动机推力室头部具有以下主要功能:①向喷注器合理分配供应推进剂组元;②实现推进剂组元的雾化和掺混;③承受内压并传递推力。

推力室头部的设计应该满足以下基本要求。

1)保证推进剂组元良好的雾化质量。良好的雾化质量可加快液滴蒸发过程,缩短混气形成时间,以减小为完成混合过程所需的燃烧室容积,减小燃烧室尺寸和结构质量。

2)保证燃烧室横截面上的质量流量密度和余氧系数分布符合设计要求。

3)在燃烧室壁内表面附近形成温度较低的边界层。这是为了减少由高温燃气传给室壁的热流,以满足推力室壁的热防护要求。近壁层的余氧系数应能保证室壁可靠工作,同时保证发动机比冲不会明显降低。

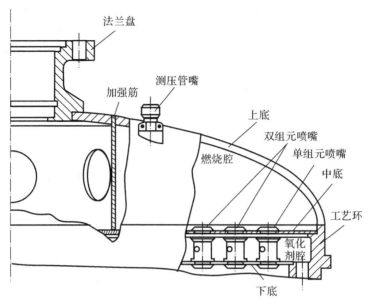

图 5 - 41　典型推力室头部基本结构

4)混气形成区长度尽可能短,这样可以缩短燃烧室长度,减小推力室结构质量。

5)如果采用低余氧系数(富燃料)的近壁保护层,则需要防止氧化剂组元喷射到室壁上,破坏近壁保护层,导致推力室烧蚀。

6)在选择喷嘴压降时,既要保证燃烧稳定和安全,又要保证合理的喷嘴前压力。喷嘴压降过低会造成雾化和混气形成过程恶化,燃烧效率降低;喷嘴压降过高会需要更高的喷嘴前压力,这样会增加推进剂供应系统的功率和结构质量。

7)头部构造简单,质量小,工艺性良好,生产成本低。

推力室头部的初步设计主要包括以下内容。

1)选择喷嘴类型(离心式、直流式,单组元、双组元);

2)确定头部结构方案、喷注器形状、集液腔和喷嘴排列形式。

3)根据排列后的燃料与氧化剂喷嘴的数目及不同区内流量的分配,确定每个喷嘴的流量,根据此流量及选定压降,计算喷嘴尺寸。

4)确定喷嘴的构造形式及固定方式和头部构造等。

(4)推力室身部设计。主要考虑推力室身部热环境、结构和热防护方法。

1)推力室身部热环境。推力室燃烧产物的温度很高,远远超出了推力室结构材料所能承受的温度;同时,燃气流速高(喉部流速高达 1 000～1 500 m/s),经过推力室壁面的热流密度大(10～160 MW/m²),因此热防护是推力室身部设计需要解决的关键问题。

推力室身部还承受很高的燃烧室压力和冷却剂压力的作用。为了提高结构强度,减轻结构质量,液体火箭发动机推力室身部一般是制造成一个不可拆卸的整体焊接件结构。中等推力和大推力发动机的推力室身部一般采用再生冷却,内壁材料选用导热性能好的材料,如铜锆合金,外壁材料为不锈钢,推力室的内壁和外壁通常分别厚 1 mm 左右和 2～3 mm,两壁之间为冷却通道。对于大推力发动机,为了提高强度,在圆筒段(即燃烧室部分)外壁通常增加了加强肋。小推力液体火箭发动机多采用耐热合金,如铌、钨、钼、钽合金以及碳—碳复合材料等。

2)推力室身部热防护方法。为了保证推力室结构的热强度和提高结构可靠性,需要采取热防护措施。常用的有外冷却、内冷却、容热式冷却、隔热防护和烧蚀冷却等。

外冷却:在采用外冷却的推力室中,燃气传递给推力室壁的热量,由推力室壁传递给液体或气体冷却剂,或者直接向周围空间辐射。外冷却中的对流冷却是靠流经冷却通道的冷却剂通过对流换热进行冷却,主要包括再生冷却和排放冷却两种。

内冷却:在组织推力室内冷却时,是通过在推力室内壁表面建立温度相对较低的液体或气体保护层,以减少传给推力室壁的热流,降低壁面温度,实现冷却。内冷却主要分为头部组织的内冷却(屏蔽冷却)、膜冷却和发汗冷却 3 种方法。推力室采用内冷却措施后,由于需要降低保护层的温度,所以燃烧室壁面附近的混合比不同于中心区域的最佳混合比(多数情况下采用富燃料的近壁层),造成混合比沿燃烧室横截面分布不均匀,使燃烧效率有一定程度的降低。

容热式冷却:通过推力室壁材料的吸热来实现热防护。随着吸收热量的增加,推力室壁温度逐渐升高。在采用容热式冷却的推力室中,希望材料的导热系数高,热阻小。

隔热防护:利用高热阻和高表面容许温度的隔热涂层来减小热流密度。在工程实践中,液体火箭发动机广泛采用 0.02～0.15 mm 厚的隔热涂层喷涂在燃烧室的内壁面上。使用的材料有氧化锆、氧化铌及其他材料。对涂层材料性能的基本要求是表面容许温度高和导热系数低。表面容许温度高可以使涂层工作在更高的燃气温度条件下,降低对推力室内冷却的要求,提高推力室比冲。导热系数低可以降低热流密度,减小金属壁面的温度。此外,要求涂层对基体材料有良好的附着性,具有抗振动载荷、抗机械冲击和热冲击的能力。

烧蚀冷却:在烧蚀冷却推力室中,推力室壁材料由于熔化、蒸发或化学反应吸收热量,在内壁面上覆盖了一层相对较冷的燃气流,从而降低了边界层的温度。此外,烧蚀材料通常是很好的隔热材料。烧蚀冷却最初主要是用于固体火箭发动机,但后来同样也成功地用于工作时间短或燃烧室压力较低的液体火箭发动机推力室的冷却。

3)推力室身部结构。与推力室身部冷却相关的有冷却通道结构、内冷却带结构和冷却通道入口集液器。

冷却通道结构:中等推力和大推力液体火箭发动机推力室通常都采用再生冷却,冷却剂沿着由推力室身部内、外壁组成的冷却通道流过,吸收高温燃气传出的热流,对推力室身部进行冷却。冷却通道主要有缝隙式冷却通道、压坑点焊式结构、铣槽式结构、波纹板结构、管束式结构等。

内冷却带结构:对于某些推力室受热情况严重的液体火箭发动机(如高压补燃液氧/煤油发动机),可以通过在燃烧室内壁加工内冷却带,形成冷却液膜,来保护燃烧室圆筒段离头部较远的部分、喷管收敛段和喉部,以降低对屏蔽冷却和再生冷却的要求。

冷却通道入口集液器:为了保证推力室再生冷却的可靠,需要保证冷却剂均匀流入冷却通道,为此需设置专用的冷却剂入口集液器。根据用于再生冷却的冷却剂流动方向的不同,冷却剂入口集液器可安置在推力室身部的不同截面上。这样的布置一方面可以减小集液器的结构质量,另一方面,喷管后段燃气传出的热流密度相对较小,用一部分冷却剂流量就能够满足再生冷却的要求,且可以降低冷却剂在冷却通道内的压力损失。

推力室身部再生冷却计算包括原始数据准备和计算。

冷却计算的原始数据准备:推力室的几何参数;内壁的厚度,不同温度下内壁材料的导热系数和强度;推力室中心燃气流和近壁区燃气流的热力参数;冷却剂参数(包括冷却剂入口温度,冷却剂压力和速度在流道中的分布,冷却剂的导热系数、黏度、密度、临界压力、临界温度和沸点等);对于推力可调的推力室,还应知道最大推力和最小推力状态下的上述数据。

冷却计算顺序:通常冷却计算为检验性的,首先给定气壁温度沿整个推力室冷却通道的分布,然后进行验算,以检验能否保证可靠的再生冷却。包括:①将整个冷却通道分段,给出气壁温度,计算热流密度分布;②检验最小燃烧室压力工作状态下的冷却剂温升;②计算冷却剂侧壁温(液体壁面温度);④计算冷却通道截面尺寸;⑤按结构和工艺要求定出冷却通道的截面后,验算所取的气壁温度;⑥确定冷却通道内的压力损失。

(5)推力室点火装置。对于采用液氧/烃、液氧/液氢等非自燃双组元推进剂的发动机来说,需要提供初始点火热源使非自燃推进剂点火燃烧,随后依靠自身燃烧释放出的热量来维持推进剂的燃烧过程。常用的点火器类型有自燃液体点火器、固体火药点火器和电点火器。除此之外,还有气动谐振点火器和爆震波点火器等。

自燃液体点火也称为化学点火。在采用自燃液体点火的发动机启动过程中,首先喷入启动燃料,启动燃料与氧化剂或燃料发生自燃反应后供入另一种组元,实现点火。化学点火在多种液氧/煤油发动机中得到了应用。大多数用于自燃液体点火的液体都是有毒的,需要对储存条件进行控制和非常小心地维护。

固体火药点火器通常是装有一个或几个固体推进剂的装药柱,利用电爆管起爆,也称为烟火点火器。在发动机启动过程中,在燃烧室和燃气发生器内,由烟火药燃烧产物形成能量很大的火炬,点燃经过头部进入燃烧室或燃气发生器的主推进剂混合物。其优点是适合于各种非自燃推进剂的点火;点火可靠;点火装置结构简单,可选用的火药品种较多;与发动机供应系统无关,对喷注器结构影响小;使用维护方便。主要缺点是不能多次点火,只适用于一次点火或两次点火的发动机。

电点火装置是直接利用电能来点燃推进剂。在液体火箭发动机上通常采用火花塞进行点火(电火花点火)。电火花点火装置主要由点火线圈和火花塞组成。点火线圈将较低的直流电压变为万伏以上的输出电压,在火花塞上产生电火花。火花塞可以直接用于推力较小的发动机点火,对于大推力发动机,为了提高点火能量和可靠性,通常先利用火花塞点燃一个专门设置的点火室,再利用点火室产生的火炬点燃推力室,这种点火方式也称为火炬式点火。点火装置装在头部中央的孔座上,也可以安装在燃烧室和燃气发生器的侧面。

气动谐振点火的基本原理是气体从声速喷嘴上游的高压压力源膨胀进入混合室,并引入谐振腔,当满足特定的起振条件时,气体在腔中产生高频激波谐振,周期性地压缩和膨胀,使谐振腔底部的气体温度升高,喷入氧气,与底部高温氢气接触燃烧,形成点火火炬。气动谐振点火器的特点是无污染,结构简单、紧凑,质量小,点火装置不需防射频、防静电,不会产生高频电火花,无须外部能量输入即可进行多次重复点火。

爆震波点火器一般由预混点火室、爆震波导管、点火单元和火花塞组成。例如,利用爆震波点火器点燃氢氧发动机推力室,气相组元在预混点火室以及爆震波导管中混合,火花塞打火点燃预混点火室气体,形成爆燃波,在爆震波导管中发展成为爆震波,爆震波在管路中迅速传播到点火位置,实现主推进剂点火。爆震波点火简单可靠,使用方便,爆震波温度高(可达到3000 K以上),所需的能量输入低。

5.5　发动机的选择

5.5.1　一般原则

选择发动机的类型,通常需要综合评比性能(比冲、推重比、单位迎面推力、工作时间、调节特性等)、费用、进度和风险等才能确定。

固体火箭发动机具有结构简单、工作可靠、使用操作简便、安全性好、成本低、可长期储存、迅速启动等优点。并且在总质量相同的条件下,最大推力大,导弹的加速性能好。耐烧蚀喷管研制成功后,其工作时间可达数百秒,更增大了固体火箭发动机的使用范围。虽然固体火箭发动机在战术导弹上使用具有很多优点,但它的比冲低,环境温度对发动机的特性影响大,推力难调节,特别在比冲、密度、燃速、机械性能等方面受到限制,一般多在中、近程导弹上使用。

液体火箭发动机的优点是发动机本身的质量较小,具有大推力、长时间工作的特性;它的比推力高;可多次启动、关机及调节推力;但其系统结构比固体火箭发动机复杂得多,成本较高,使用不方便,燃料毒性大,不便于长期储存,因此在战术导弹上使用受到一定的限制。

根据固体和液体火箭发动机的特点,一般来说,对大型运载火箭宜采用液体火箭发动机,对于有翼导弹和战术导弹,宜采用固体火箭发动机,以提高导弹的作战使用性能。

火箭-冲压组合发动机同时具有火箭发动机和冲压发动机的特性,可完成导弹起飞、加速和续航飞行。它结构紧凑、质量小、推力大、比冲高,是导弹动力装置中很有优势的一种发动机。

一般来说,发动机类型的选择可考虑下述几方面的因素。

(1)工作时间 t_0。发动机的工作时间受导弹工作要求的限制。时间不易太长或太短,否则在技术上将难于实现。若工作时间太长,采用火箭发动机会使质量增加很多。因此,工作时间 $t_0 > 5$ min 时宜用空气喷气发动机;$t_0 < 1 \sim 2$ min 时宜采用火箭发动机或采用固体冲压发动机;$t_0 = 2 \sim 5$ min 时均可采用。对于固体火箭发动机,目前,t_0 一般能达到 20 s,最多可达 1 min。若 t_0 要求更长,则只能采用液体火箭发动机。

(2)对全弹质量的影响。发动机系统(含推进剂)对导弹质量有很大的影响,一般是通过以下三方面来影响全弹质量的:发动机本身的质量;发动机的迎面阻力;推进剂消耗量。

空气喷气发动机的质量特性可用其推力与发动机质量之比(P/G_e)来表示(见图 5-42),可见当马赫数越大时,冲压式喷气发动机的优点越显著,同样固体火箭冲压发动机也具有此优点。

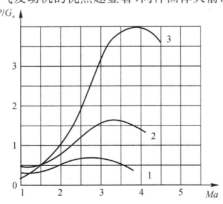

图 5-42　空气喷气发动机的质量特性

1—涡轮喷气发动机;　2—带加力的涡轮喷气发动机;　3—冲压发动机

发动机的迎面阻力可用其横截面面积 S_c 来表示，又因发动机推力系数 C_R 中包含此参数，故可用 C_R 来表示发动机的迎面阻力性能。C_R 越大，表示 S_c 越小，也即迎面阻力越小，由图 5-43 可见，冲压发动机在高速下的阻力性能是较好的。同理固体火箭冲压发动机也具有此特点。

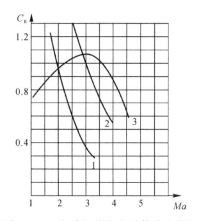

图 5-43 发动机的推力系数速度特性

1—涡轮喷气发动机； 2—带加力的涡轮喷气发动机； 3—冲压发动机

各类空气喷气发动机的单位推进剂消耗量 $\dot{m}_F$、比冲 I_s、推力质量比等随马赫数变化的性能曲线见图 5-44。当飞行时间较长时，$\dot{m}_F$ 对导弹起飞质量起决定性作用；当 $Ma \leqslant 3$ 时，采用涡轮喷气发动机可得到较小的 $\dot{m}_F$。当飞行时间较短时，发动机本身质量和尺寸将起主要作用。从 $Ma = 1.5 \sim 2$ 开始，冲压喷气发动机较有利。

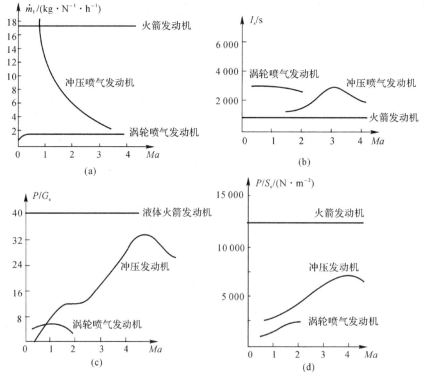

图 5-44 各类发动机的性能曲线

(3)性能影响。从可靠性看,因固体火箭发动机无活动部件,其可靠性比液体火箭发动机要高;从使用方便性看,固体火箭发动机比液体火箭发动机使用方便,因前者发射前准备工作少;从推力调节看,固体火箭发动机比液体火箭发动机推力调节困难,因前者只能在有限范围内调整;从推力矢量控制看,液体火箭发动机比固体火箭发动机操纵容易。因前者用摆动推力室或燃气舵等方式能较方便地操纵。从生产成本看,冲压发动机成本比涡轮喷气发动机小,因前者构造简单,但它需要有强大的助推器以获得必要的初速。

(4)对发动机的技术掌握程度。此因素取决于国防科技与工业部门的研发和技术水平,它有时会起到决定性作用。

5.5.2　发动机的选择方法

在设计过程中,应从使导弹的起飞质量最小或其他原则作为出发点,进行综合的分析比较,从而得到各种发动机大致使用范围的曲线(见图 5-45)。由性能曲线和使用范围曲线就能做出初步选择。

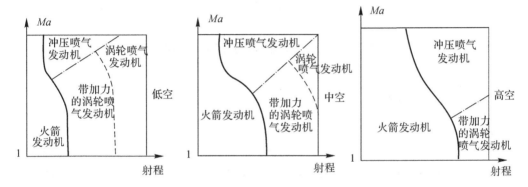

图 5-45　各类发动机的使用范围示意图

第6章　引战系统设计

引战系统又称战斗部系统,它是导弹的有效载荷,保证战斗部适时引爆并有效地毁伤目标。从广义来说,引战系统是由战斗部、引信和安全引爆装置组成的;就狭义来说,引战系统是由壳体、装填物和引爆装置等组成的。

防空导弹对付的目标种类多、速度大,弹目相对速度的变化范围很大,这就使得实现引战配合的难度越来越大。研究试验证明,引战系统的好坏往往是影响整个武器系统成败的关键技术之一,不少导弹在最后定型靶试时出现的引信早炸、拒炸、不适时起爆,导致起爆后未毁伤目标的故障,大多是引战配合性能不好引起的。

本章将重点从导弹总体设计的角度,介绍引战系统的设计内容、要求、原则和方法。

6.1　引战系统设计要求

6.1.1　工作特点与流程

1. 引战系统工作特点

引战系统总体方案可分为定向引战系统和非定向引战系统,一般具有下述性能特点。

(1)为了提高导弹的单发杀伤概率,充分利用导引头和飞行控制系统提供的信息,实现引信最佳可变延时,达到精确引炸,提高杀伤概率的目的。

(2)引信应具有技术先进、小型化和安全、可靠的特点,对各种有人驾驶和无人驾驶飞机、巡航导弹、第四代隐身飞机等目标具有良好的探测启动特性,启动点散布小,应具有良好的抗干扰性能和全天候工作性能。

(3)引战系统是一次性瞬时工作系统,通常要在毫秒级时间内完成对目标探测、识别、起爆杀伤的全过程,近炸引信在目标的近距离或超近距离工作,工作的动态性和瞬时性强,引爆指令具有高精确性,引信启动必须具有适时性。

(4)安全和解除保险装置一般采用成熟技术,配合战斗部方案对以往的成熟技术进行适应性改进,如果是定向引战系统,可采用全电子安全和解除保险装置设计方案。

(5)战斗部主要采用杀伤型战斗部,重点从提高破片数量、初速和飞散角上设计,优化起爆点的位置和装药结构,以满足对各种有人驾驶和无人驾驶飞机、巡航导弹目标的高效毁伤性能要求。

2. 引战系统设计依据

引战系统设计应以导弹系统总体的要求为依据,其主要内容包括以下几方面。

(1)攻击目标类型、典型目标、靶试目标;

(2)目标飞行高度、速度范围、机动特性等;

(3)目标易损性:包括目标制导散布中心数据库、目标几何模型、目标结构舱段易损性和目

标要害舱段易损性,目标雷达、激光反射特性,目标干扰特性等;

(4)导弹飞行高度、速度范围;

(5)导弹最小、最大攻击距离;

(6)导弹纵向、横向过载指标;

(7)导弹作战环境条件;

(8)单发导弹杀伤概率指标;

(9)制导精度指标;

(10)弹径、质量指标要求;

(11)结构舱段布局;

(12)结构接口要求;

(13)质量、质心要求;

(14)电气接口要求;

(15)制导系统数字仿真、半实物仿真的制导精度统计结果;

(16)导弹与目标遭遇时的姿态:脱靶量、脱靶方位、交会角、导弹速度矢量与弹轴夹角等;

(17)制导控制系统根据载机或制导站装定的目标参数和导引头测试参数获得的估值:目标速度、导弹目标相对速度、目标加速度、目标机动等参数;

(18)导弹抗干扰指标要求;

(19)制导站或载机提供的有关目标信息;

(20)可靠性、维修性、安全性、电磁兼容性、可测性指标;

(21)寿命、储存条件及包装要求;

(22)验收要求;

(23)完成形式及设计文件完整性要求等。

3.引战系统设计内容

引战系统设计过程中要明确用户研制要求中对引战系统的设计要求,协调导弹总体性能、总体结构、接口等对引战系统的要求,确定引战系统的设计输入;进行引战系统类型、指标的论证,进行引战系统指标与导弹总体指标匹配性的论证及引战系统总体方案的论证;进行引战系统总体方案详细设计与引战配合设计和计算机仿真,完成引战系统总体设计方案;完成引战系统总体指标验证和试验鉴定、引战配合和杀伤效能仿真及评估等。

引战系统设计的内容包括战斗部、近炸引信、触发装置、自炸装置、安全和解除保险装置、引战配合、接口设计等。

引战系统设计一般采用工程设计、计算机仿真等方法。

通过工程设计,可以初步确定引战系统指标的参数范围,但主要技术指标的详细设计需要通过计算机仿真方法,在计算机仿真中进行分析、求解,如引信作用距离、启动概率、作用区特性、引战配合自适应延时参数、战斗部威力指标等。

引战系统计算涉及制导精度、引信特性、引战配合性能、战斗部和目标特性等多个系统的性能。整个状态形成了一系列相互关联的系统,任一系统都不能从其他系统中分离出来单独研究。

6.1.2 战斗部设计要求

1. 功能要求

战斗部应在安全和解除保险装置作用下可靠爆炸,完成对目标的杀伤。

2. 战斗部类型

防空导弹战斗部一般有非定向和定向式战斗部,按照杀伤元素类型又可以分为破片式、离散杆式、连续杆式等。应根据杀伤目标的特性,在保证满足对目标杀伤效能的要求下,综合技术成熟程度、经费、进度、用户需求等因素选定,并进行多方案论证和设计。

3. 质量、体积

战斗部的质量、直径、长度等指标应满足导弹系统的总体要求。

4. 杀伤元素

杀伤元素包括杀伤元素材料、形状、尺寸、质量、飞散中的完整率要求等。

5. 杀伤元素的静态空间分布

杀伤元素的静态空间分布包括杀伤元素的静态飞散方位角、飞散角等参数。

6. 杀伤元素的飞散速度分布

杀伤元素的飞散速度分布包括杀伤元素的静态飞散初速、不同方位角度内的静态初速等。

7. 杀伤元素的飞行姿态分布

对于可控姿态离散杆破片有飞行姿态的要求。

8. 杀伤元素对等效靶板的穿透能力

杀伤元素对等效靶板的穿透能力包括等效考核靶板的材料、厚度选择,在地面静爆试验时的考核半径(一般为杀伤半径)。有效杀伤元素的分布密度,穿透等效靶板的穿甲率等。

9. 杀伤元素的引爆能力

当有反导要求时,提出杀伤元素引爆能力的指标要求。

10. 杀伤元素的引燃能力

当有引燃要求时,提出杀伤元素的引燃能力指标要求。

11. 战斗部应满足全弹气动载荷、热载荷及动载荷的要求

6.1.3 引信设计要求

1. 近炸引信设计要求

(1)功能要求。近炸引信应保证导弹在最大脱靶量内遭遇目标时,适时可靠引爆战斗部。

(2)体制选择。防空导弹近炸引信以主动雷达引信、主动激光引信等类型为主,由于信号调制等方式的不同,又有许多不同的体制,应根据目标特性、使用环境、抗干扰特性要求,在保证满足对目标的启动特性要求下,综合技术成熟程度、经费、进度、用户需求等因素选定,并进行多种方案的论证和设计。

(3)探测场指标。防空导弹近炸引信探测场一般为绕导弹弹轴形成对称的空心圆锥体,且一般要求弹截面探测场绕弹轴为均匀分布。对于特殊类型的目标,在保证没有作用死区的要求下,也可设计为离散分布的非连续探测场。

探测场与弹轴之间的夹角(探测场倾角 γ)应满足引战配合的要求,当弹目相对速度为 $100\sim3\,000$ m/s时,探测场倾角的设计范围一般为 $50°\sim90°$。

探测场倾角主要与下列参数有关:弹目相对速度、破片静态初速、破片静态飞散方向角、导弹脱靶量、目标尺寸因子、引信惯性等。

(4)引信作用距离。通常引信作用距离的选择应在导引精度指标条件下,保证引信对典型目标的启动概率不小于 0.995,且对典型目标作用无死区。引信的最大作用距离与探测场倾角、弹目交会角、脱靶方位以及最大脱靶量等因素有关。

(5)引信作用区特性。其与目标性能、引信灵敏度和信号处理特性等有关。

近炸引信对目标的作用区特性参数用包括沿主探测场方向的引信作用距离及其散布、引信对目标的卷入深度来表示。引信对目标的卷入深度是指引信主探测场探测到目标到引信给出报警信号时,引信沿弹目相对速度方向经过的距离。卷入深度是一个统计数据,用卷入深度均值 ΔX 和均方差 $\sigma_{\Delta X}$ 表示。

(6)抗干扰设计要求。近炸引信应具有良好的抗背景干扰、无源干扰和有源干扰能力。

在规定的干扰模式和指标要求下,在制导精度满足要求时导弹遭遇目标,近炸引信应能适时给出过门限信号,满足对目标卷入深度指标的要求,保证引信不早炸、不晚炸、不拒炸。

干扰主要有以下一些类型,具体参数根据研制要求确定。

1)雷达干扰。雷达干扰分类很多,一般有压制性干扰,如瞄准式噪声调频(窄带)干扰、阻塞式噪声调频(宽带)干扰、函数调制扫频干扰、间断干扰、杂乱脉冲干扰等;欺骗性干扰,如距离拖引干扰、速度拖引干扰、角度欺骗干扰、回答式假目标等。

2)红外干扰器和欺骗器。

3)激光干扰技术。

4)激光致盲与激光摧毁技术。

5)空投干扰器。主要有箔条、拖曳诱饵和红外曳光弹等。

6)背景干扰。防空导弹的背景干扰包括地面、海面、阳光、雨、雾、烟、雪、风等。

(7)近炸引信的抗干扰技术。雷达引信采取的抗干扰措施包括提高引信工作的隐蔽性,迫使干扰源降低干扰功率,提高引信发射功率和天线增益,方位选择抗干扰技术,噪声对消抗干扰技术等。

提高引信工作的隐蔽性措施包括采用弹道封闭措施使引信接近目标时才开机,以避免过早暴露自己。选择对抗干扰有利的频段,采用随机噪声或非周期调制信号和自适应频率调制技术等。

迫使干扰源功率降低可采用调频或频率捷变技术,迫使干扰机工作在较宽的频带范围内,从而降低干扰机的功率谱密度等。

提高引信发射功率和天线增益,这种抗干扰方法叫作功率对抗。如利用功率合成技术提高发射机功率;采用频谱扩展技术,利用提高平均功率的方法获得大的信干比;采用脉冲和脉冲多普勒体制,获得较大的峰值功率;采用低旁瓣高效率的窄波束锐方向性天线技术等。

方位选择抗干扰技术,如窄波束、旁瓣抑制天线、比相测角技术等。

方位和距离选择相结合,采用距离选通技术,如锐距离截止特性;与空间的方位选择相结合;与频率(速度)选择相结合;这种三维特性的使用可有效提高抗干扰性能。

对消技术,如通过对消技术使干扰信号、噪声信号降低,同时提高对目标回波信号的提取。

激光引信对无线电射频干扰具有天然且优越的性能,且上述弹道封闭,窄探测场的空间方位选择、距离截止特性等抗干扰技术在激光引信中也同样适用。

2.触发装置设计要求

(1)功能要求。触发装置应保证导弹直接命中目标时可靠地引爆战斗部,触发装置点火电路应含有储能元件,在碰撞断电条件下仍能可靠启动执行级。

(2)触发过载。不同型号导弹的触发过载指标要求应根据目标强度特性、弹目相对速度范围、触发传感器在导弹的安装部位等参数进行设计。

(3)瞬态响应特性。一般包括从触发过载建立到给出触发脉冲时间、触发装置电路产生的触发脉冲宽度、从触发脉冲前沿到电雷管引爆的时间、电雷管引爆的延迟时间等要求。

(4)触发优先设计。当有特殊要求时,应保证触发优先(相对近炸引信)功能。

3.自炸装置设计要求

(1)功能要求。自炸装置应保证导弹脱靶或遇靶未炸时,在规定的时间可靠地引爆战斗部,将导弹引爆自毁。

(2)自炸时间。自炸装置一般采用电子式计时引信。对于非复合制导模式,自炸时间应大于等于导弹发射后的有效工作时间。对于复合制导模式,自炸时间从末制导工作开始为计时起点,自炸时间应不小于末制导时间。

6.1.4 安全保险机构设计要求

1.功能要求

安全和解除保险装置是防空导弹战斗部的主要安全装置,必须保证导弹在勤务处理,导弹地面测试、发射架、载机挂弹飞行及导弹发射后的安全距离内处于安全保险状态,以确保人员和装备的安全。

在导弹发射后的安全距离外,安全和解除保险装置要保证在引信输出的引爆脉冲作用下,及时可靠地起爆战斗部。

2.解除保险距离和时间

安全和解除保险装置的解除保险时间和解除保险距离相对应。例如,对空空导弹,解除保险距离要满足载机安全距离和典型发射条件下最小发射距离的要求,即

$$载机安全距离 \leqslant 解除保险距离 \leqslant 最小发射距离$$

最小发射距离要求通常有两个典型指标,即迎头攻击最小发射距离和尾追攻击最小发射距离。

解除保险时间为

$$t = \sqrt{\frac{2s}{a}} \qquad\qquad (6-1)$$

式中,s 为解除保险距离;a 为加速度。

3.其他要求

安全和解除保险装置起爆战斗部的位置应满足战斗部起爆方式的要求。抗横向过载指标满足导弹横向过载的指标要求,且具有故障保险功能。另外,还要满足国军标对安全和解除保险装置的要求。

6.2 引信方案

6.2.1 引信的作用及分类

导弹引信是一种利用目标信息和环境信息,在预定条件下引爆或引燃战斗部装药的装置或系统。引信包含两大功能,即起爆控制——在相对目标最有利位置或时机引爆或引燃战斗部装药,提高对目标的命中概率和毁伤概率;安全控制——保证勤务处理与发射时战斗部的安全,在导弹与目标相遇时保证其可靠地工作。

引信有各种分类方法。按作用方式可分为触发引信、非触发引信等;按作用原理可分为机械引信、电引信等;按配用弹种可分为导弹引信、炮弹引信、航弹引信等;按弹药用途可分为穿甲弹引信、破甲弹引信等;按装配部位可分为弹头引信、弹底引信等;还可按配用弹丸的口径、引信的输出特性等方面来分;等等。防空导弹上使用的引信一般为非触发引信中的近炸引信、触发引信和时间引信(完成自毁功能)。

6.2.2 无线电引信

无线电引信是利用无线电波获取目标信息而作用的近炸引信,其中多数原理如同雷达,俗称雷达引信。根据引信工作波段可分为米波式、微波式和毫米波式等;按其作用原理可分为多普勒式、调频式、脉冲调制式、噪声调制式和编码式等。

无线电引信总体设计包含体制选择和工作频段确定、引信灵敏度设计、引信探测场、作用距离等内容。

1.体制选择和工作频段的确定

在选择目标探测装置体制和工作频段时,必须考虑最有利于实现研制任务对引信提出的战术技术要求,电路和结构应尽可能简单、实用、可靠。探测体制设计时,应注意以下几个方面:①为满足引战配合需求,选择能获取较多的弹目交会信息的探测体制和信息快速处理技术以满足实时性的要求;②探测波形应含有较多的特征参数,利于目标的检测识别和抗干扰性能的提高;③无线电引信有锐截止的距离特性;④尽量避免探测盲区,尽可能减小收、发信道间的泄漏。

随着固态微波器件、单片微波、毫米波集成电路的发展和应用,无线电引信工作频率可以在很宽的频段上选择。目标探测装置选取工作频段时,应考虑弹上天线尺寸、形状、方向图的要求,尽量避开雷达窗口的频率,并应满足全弹电磁兼容性和抗干扰性能的要求。

2.无线电引信灵敏度设计

无线电引信灵敏度定义:引信启动时,接收机接收的最小可检测信号的功率电平。引信灵敏度通常又称为引信启动灵敏度,它受发射回路参数(天线增益、发射功率)、接收回路噪声(内部噪声、发射泄漏、振动噪声)、引信启动时要求的信噪比等因素的限制。

雷达作用距离方程描述了无线电引信主要性能参数与目标特性参数的相互关系,是引信灵敏度计算的理论公式。接收机输出端信噪比 S_0/N_0 为

$$\frac{S_0}{N_0} = \frac{p_t\lambda_0^2 G_t G_r \sigma_n}{(4\pi)^3 R_m^4 KT_0 \Delta f L_s F_n} \tag{6-2}$$

式中，P_t 为发射机输出功率，W；λ_0 为无线电引信自由空间工作波长，m；G_t 为发射天线增益系数，dB；G_τ 为接收天线增益系数，dB；σ_n 为目标最小反射面积，m^2；R_m 为引信最大作用距离，m；K 为波尔兹曼常数，其值为 1.38×10^{-23}，J/K；T_0 为接收机工作热力学温度，K；Δf 为接收机等效噪声带宽，Hz；L_S 为收发回路损耗，dB；F_n 为接收机噪声系数，dB。

因此，接收机的最小可检测功率电平（灵敏度）为

$$S_{min} = KT_0 \Delta f L_S F_n \left(\frac{S_0}{N_0}\right) = \frac{p_t \lambda_0^2 G_t G_\tau \sigma_n}{(4\pi)^3 R_m^4 L_S} \qquad (6-3)$$

为了保证引信有足够高的探测概率和小的虚警率，通常要求引信启动时，接收机输出端的信噪比 $S_0/N_0 \geqslant 14$ dB。

接收机灵敏度的设计实质上是无线电引信发射、接收回路的参数（如发射功率 P_t，收发天线增益 G_t、接收机噪声系数 F_n）反复调整的过程。

3. 探测场宽度应适应对目标可靠启动的要求

从信息处理所需处理时间的要求出发，天线波束需要有一定的宽度，特别是对于小目标、高速目标，天线波束宽度必须保证目标穿越波束的时间大于信息处理系统所需要的时间（惯性＋目标识别所需的积累时间）。

4. 引信的作用距离

引信的作用距离应保证对目标有很高的启动概率，引信的最大作用距离，应保证导弹在最大制导误差情况下，引信仍能可靠启动。引信的最大作用距离应满足

$$R_{max} \geqslant \rho_m = \rho_0 + 3\sigma_m \qquad (6-4)$$

式中，ρ_0 为制导系统的系统误差；σ_m 为制导系统的随机均方差；ρ_m 为导弹的最大脱靶量。

从引信保密和抗干扰角度分析，在满足启动概率的情况下，引信作用距离越小越好。

对于有前倾角度的引信，引信的最大作用距离应满足

$$R_{max} = \frac{\rho_m}{\sin\gamma} \qquad (6-5)$$

式中，γ 为弹轴与天线倾线之间的夹角。

6.2.3 光学引信

光学引信主要指红外引信和激光引信。

1. 红外引信

红外引信是指依据目标本身的红外辐射特性而工作的光近炸引信，通常特指被动红外引信。红外引信主要由光学接收组件（包括光学窗口、光学组镜、红外滤光片和探测器等）、电子组件（包括光电转换、放大、信号处理和执行等模块以及安全系统和电源）组成。

近红外引信使用 PbS 探测器，引信工作波段在 $2.5 \sim 3.0~\mu m$，为消除太阳光对引信的干扰，近红外引信必须采用双通道体制。中红外引信使用 InSb 探测器，引信工作波段在 $4.2 \sim 5.5~\mu m$，而太阳光能量主要集中在 $4.2~\mu m$ 以下，故中红外引信可采用单通道体制。

红外引信的优点是不易受外界电磁场和静电场的影响，方向性强，视场可以做得很宽，采用光谱、频率、极性和时序选择可以提高引信抗干扰能力。其缺点是易受恶劣气象条件的影响，对目标红外辐射的依赖性较大，例如防空导弹近红外引信只能在飞机目标后半球一定范围内探测发动机喷口的红外辐射，使用条件和应用范围受到限制。中红外引信能在后半球较大

范围内探测发动机喷口的红外辐射以及高速飞行的飞机蒙皮气动加热产生的红外辐射。近年出现的红外成像引信的目标探测识别能力显著提高,发展前景很好。

2. 激光引信

激光引信是指利用激光束探测目标的光引信。激光引信是一种主动型引信,它发射出激光束,其波长范围一般在红外辐射区域,但也有在可见光区域的,通常以重复脉冲形式发送,激光束遇到目标后发生漫反射,有一部分反射的激光为引信接收器所接收,转变成电信号,并经过适当的信号处理,使引信在离目标的适当距离上引爆战斗部。

激光引信具有全向探测目标的能力,良好的距离截止特性,对于周视探测的激光引信(主要配用于空对空导弹和地对空导弹)和前视探测的激光引信(主要配用于反坦克导弹)都可采用光学交叉的原理实现距离截止。配用于空对空导弹、地对空导弹的多象限激光引信,与定向战斗部相匹配,对提高导弹对目标的毁伤效能具有重要作用。激光引信配用于反坦克导弹,可进一步提高定距精度,并避免与目标碰撞引起弹体变形。激光引信对电磁干扰不敏感,因此也广泛配用于反辐射导弹。总的来讲,激光引信的抗干扰性远比无线电引信强,作用距离散布小,定距精度高。但是,由于光电转换效率低,这给引信电源选择带来一定的困难,整个激光引信的结构尺寸较大,在中、小弹径战斗部上使用受到限制。

激光引信主要总体设计参数有探测距离、阳光背景下引信的信噪比、激光脉冲宽度、前沿宽度、发射重复频率、回波脉冲累计数等。

6.2.4　制导引信一体化方案

制导引信一体化设计技术主要有信息利用一体化和制导引信两类,前者主要是引战系统利用制导系统中的制导信息资源,以弹载计算机为核心,把导弹发射前和发射后的各个阶段的信息联系起来,构成一个完整的信息系统,用于辅助设计引信启动特性和引战配合性能。

现代空空导弹对付的空中威胁目标包括各种飞机、巡航导弹、反舰导弹和战术弹道导弹。对导弹类目标,特别是战术弹道导弹(TBM)目标,由于目标尺寸小、弹目相对速度高、目标最要害舱段(战斗部舱)通常位于弹头,因此,对导弹的近炸引信、战斗部和引战配合技术都提出了新的要求。

反战术弹道导弹目标时的弹目相对速度可达 3 000～5 000 m/s,有时会更高。战斗部静态飞散初速一般为 1 800～3 000 m/s 。一般要求单锥旁视引信探测场倾角小于等于 45°,引信惯性小于等于 0.5 ms,引信还需具有测距能力。由于反 TBM 目标时的弹目相对速度非常高,导弹引信必须及时地把引爆信号传递至安全和解除保险装置。TBM 上的易损元件很短小,位于目标顶部附近,引信启动及延时的误差必须足够小才能使破片击中目标。这些苛刻的要求已超过当今旁视引信的能力。对于一定的相对速度,这些引信已不能很快地探测到目标并使破片作用在目标弹头附近,即使破片能击中目标,碰撞角度也很大,不能有效地摧毁目标。替代旁视引信的一种引信就是制导引信,制导引信能较早地探测到目标,可提供较好的炸点。

当使用制导引信时,确定最佳的爆炸时间(剩余时间)必须研究以下相关参数:①导弹到目标的距离;②相对速度;③脱靶距离;④脱靶距离的方向;⑤破片速度;⑥视线角;⑦目标易损面积的位置等。

这 7 个参数对于采用制导引信的战斗部确定爆炸时间的算法都是必需的(所有这 7 个参数都必须考虑其误差,并在末段分析中反映出来)。

6.3　战斗部方案

战斗部是直接用来摧毁目标的毁伤单元。由于防空导弹所要对付的目标多种多样,每一种目标其作战使命、结构特征也不尽相同,为了对目标造成最大的毁伤,不同的目标就需要选用不同类型的战斗部方案。

6.3.1　常见战斗部类型及其特点

1. 战斗部类型

战斗部类型的选择与导弹对目标的杀伤效能和对战斗部炸点控制精度要求密切相关。关于战斗部的大致构造、作用原理及其详细特性等基本知识,这里不再叙述。此处仅简要归纳主要类型的特点及应用情况,见图6-1、表6-1,以供总体设计时参考。

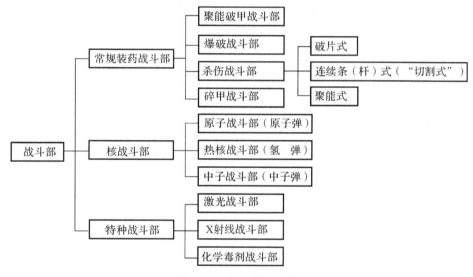

图6-1　战斗部的分类

表6-1　常用战斗部类型及其特点

项　目	爆破战斗部	杀伤战斗部		聚能战斗部
		破片式	连续杆式	
破坏机理	在介质中形成强烈冲击波摧毁目标	形成高速破片群杀伤目标	形成高速杀伤环切割目标	形成高温高压聚能金属射流击毁
特　点	受介质密度影响大,高空威力下降;结构简单;成本低	高空破片速度下降慢,高空威力大;杀伤范围大,但必须有多个破片击中目标要害	高空杀伤威力大,但要求制导精度高;在同样杀伤半径下,比破片式质量大	穿透装甲能力强,要求直接命中目标
应用情况	攻击低空与地面目标	攻击空中目标(飞机、导弹)	攻击空中目标(飞机、导弹)	攻击带装甲目标(军舰、坦克)

2.防空导弹常用战斗部及特点

从现有世界导弹的统计中,发现在地对空、空对空导弹中,90%以上采用了杀伤式战斗部,尤为多的是采用破片式杀伤战斗部,约占77%,连续杆式占16%左右。因此,研究和掌握破片式杀伤战斗部的特点有很大意义。防空导弹常用战斗部见表6-2和表6-3。

表 6-2 防空导弹常用战斗部类型

类 型	初速/(m·s⁻¹)	主要杀伤机理	常配引信
外爆式战斗部		冲击波、破片	近炸引信 触发引信
连续杆战斗部	连续杆环 1 200~1 500	切割	近炸引信
破片杀伤式战斗部	破片 1 800~3 200	洞穿、引燃等	近炸引信
破片聚焦式战斗部	密集破片流 1 700~2 000	切割、洞穿、引燃等	近炸引信
聚能装药战斗部	高温金属射流 3 300~6 600	熔化、洞穿等	近炸引信 触发引信

表 6-3 各种类型防空导弹战斗部的性能分析

比较项目	爆破式	连续杆式	聚能式	集束式	破片式
主要破坏手段	冲击波	连续杆环	高速破片流	冲击波、聚能射流、破片等	破片
破坏作用随距离的衰减	很快	高空慢,低空快	高空较慢,低空较快	随子弹药类型不同而异	高空慢,低空快
高空作战效率	很差	好	对减小破片流速度衰减有利,而对引燃作用不利	随子弹药类型不同而异	好
对导引精度的要求	很高	较高	很高	不高	一般
对引战配合的要求	很低	很高	较高	一般	一般
各种作战条件下的适应性	较差	较差	较差	较好	好
等质量情况下的杀伤半径	小	较大	较大	质量小时不使用,质量大时杀伤半径很大	较大
摧毁目标能力	稍差	最强	较好	随子弹药类型不同而异	较好

续 表

比较项目	爆破式	连续杆式	聚能式	集束式	破片式
技术发展前景	不大	不大	可向定向战斗部方面发展	不大	可向定向战斗部方面发展
结构工艺性	结构简单,工艺性好	结构较复杂,工艺性尚好	结构复杂,工艺性差	结构复杂,工艺性差	结构较简单,工艺性较好
制造成本	低	较高	较高	很高	较低
应用情况	很少采用	有采用	个别采用	较多采用	较多采用
装备该战斗部的典型导弹	长剑	麻雀-Ⅱ,海标枪	罗兰特	波马克奈基-Ⅱ	萨姆-2系列,萨姆-6,霍克,爱国者,响尾蛇

战斗部设计中的一个关键因素是战斗部将其具有的能量转化成对目标破坏的效率。要想使现有破坏机理的效率达到最佳和开发破坏目标的新方法,需要深入研究目标的破坏机理,比如燃烧过程。有了更加有效的战斗部才能开发新型导弹,新型导弹将比目前的导弹小和轻,并且能对目标实施更强的致命打击,导弹体积小了,武器平台就能携带更多的导弹。

6.3.2 破片杀伤战斗部

1. 分类

破片式杀伤战斗部是靠炸药爆炸后产生的高速破片群直接打击目标,使目标损伤或破坏。根据破片的生成途径,破片杀伤战斗部可分为自然、半预制(预控)和预制破片战斗部三种类型。

自然破片战斗部的破片是在爆轰产物作用下,壳体膨胀、断裂破碎而成的,该类战斗部的特点是壳体既充当了容器又形成杀伤元素,材料的利用率较高,壳体较厚,爆轰产物泄漏之前,驱动加速时间长,形成的破片初速高,但破片的大小不均匀,形状不规则,在空气中飞行时速度衰减快。

预控破片战斗部采用壳体刻槽、炸药刻槽或增加内衬等技术措施,使壳体局部强度减弱,控制爆炸时的破裂部位,从而形成破片。这类战斗部的特点是形成的破片大小比较均匀,形状基本规则。

预制破片战斗部的破片预先加工成型,嵌埋在壳体基体材料中或黏结在炸药周围的薄蒙皮上,炸药爆炸将其抛射出去,破片的形状有瓦片形、立方体、球形、短杆等,这类战斗部的特点是杀伤破片大小和形状规则,而且炸药的爆炸能量不用于分裂形成破片,能量利用率高,杀伤效果较好。

2. 战斗部对目标的杀伤作用

破片的破坏作用可归纳为击穿作用、引燃作用和引爆作用。

战斗部对目标的毁伤机理主要包括导弹直接命中毁伤目标、战斗部爆炸后形成的毁伤元素(破片或杆条)对目标结构以及要害部件的毁伤和冲击波对目标的毁伤。

(1)导弹直接命中目标。当导弹的相对弹道经过目标在脱靶平面的投影时,认为导弹直接命中目标。

(2)爆炸冲击波对目标的毁伤。当炸点和目标表面的距离很小时,爆炸形成的气体产物以及压缩空气形成的冲击波对目标具有一定的杀伤作用。一般认为冲击波传到目标表面时的超压大于该面所能承受的临界超压时,目标可被毁伤。

(3)破片流对目标结构的毁伤。破片流对目标的作用取决于落在目标上的破片数、遭遇速度和破片流的进入角。如果给出确定破片流在相对运动中的导弹接近目标的条件以及战斗部相对目标炸点的坐标,则可以计算破片流对目标结构的毁伤。

(4)破片对目标要害部件的毁伤。当战斗部在远距离处爆炸时,有些穿透外蒙皮进入飞机内部的破片对某些要害部件(发动机、飞行控制系统、电源系统、燃料系统、武器控制系统等)可能造成损伤使其不能工作。如果至少有一枚破片落在舱段的易损部件上,并具有足够的杀伤作用能量时,该舱段将失去工作能力。

3. 主要性能参数

为了保证对目标的杀伤破坏作用,破片式杀伤战斗部必须具有足够数量和足够大小的破片,且每块破片必须具有足够的动能。即要求破片在目标附近应有一定的散布密集度,并具有足够大的动能飞向目标。

破片式杀伤战斗部的主要性能参数包括破片飞散初速 V_c、破片飞散角 Ω、破片飞散方向角 φ、单个破片质量 q_f、有效杀伤破片总数 N 和破片分布密度。

(1)破片飞散初速:战斗部爆炸时,破片获得能量后达到的最大飞行速度。

破片的飞散初速度常用格尼(Gurney)公式计算,有

$$V_c = \sqrt{2E} \left[\frac{\mu}{1 + 0.5\mu} \right]^{\frac{1}{2}} \tag{6-6}$$

式中, V_c 为破片初速(m/s); μ 为装填系数, $\mu = C/M$, C 为单位长度的炸药质量, M 为单位长度的战斗部外壳质量; $\sqrt{2E}$ 为格尼参数,或称格尼速度,对不同的炸药具有不同的值,见表6-4。

表6-4　几种炸药的格尼参数

炸药名称	格尼参数 $\sqrt{2E}$ m/s	炸药密度 ρ_e kg/m³
TNT	2 316.5	1 590
复合炸药 B	2 682.2	1 680
Octol	2 895.6	1 800

格尼公式是在瞬时爆轰、不考虑轴向稀疏波的影响,并且假定所有破片具有相同初速前提下得到的,适用于计算等壁厚、长径比较大(>2),并且装药质量比为 $0.2 \leqslant \beta \leqslant 3.0$ 的圆柱形战斗部的破片初速。但由于在推导此公式时做了很多假设,因而存在着一定的不足之处(只反映了炸药的性能和装药、壳体的质量比对破片初速的影响,战斗部的其他参数没有反应出来),应根据实际情况加以修正,则

$$V_0 = c_1 V_c \tag{6-7}$$

式中，c_1 为修正系数。

由试验统计可知，对于 $\mu \geqslant 0.8$ 的薄型整体壳，$c_1 = 0.98$；对于 $\mu \leqslant 0.4$ 厚型整体壳，$c_1 = 0.96$；对于两端同时起爆全预制壳体，$c_1 = 1.05$；对于中心一点起爆全预制壳体，$c_1 = 0.85$。

（2）破片飞散角：破片的飞散角是指战斗部爆炸后，在战斗部轴线所在的平面内，90％ 有效破片所占的角度，用 Ω 表示。在飞散角内，破片密度的分布通常是不均匀的，实验表明，在静态飞散区内，破片密度近似服从正态分布。破片飞散角可分为静态飞散角和动态飞散角。

战斗部在静止条件下爆炸时，有 80％ ~ 90％ 的破片沿其侧向飞散，而有 5％ ~ 10％ 的破片向前后方向飞散，如图 6-2(a) 所示，把 90％ 的破片飞散所形成的角度称之为静态飞散角。破片的静态飞散特性完全取决于战斗部的结构、形状、装药性能及启爆传爆方式。在三维空间中，战斗部的静态飞散区是一个对称于战斗部纵轴的空心锥。

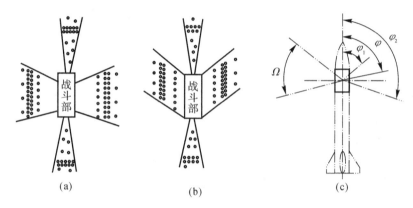

图 6-2 战斗部破片的飞散
（a）破片静态飞散； （b）破片动态飞散； （c）破片飞散方向角

战斗部在动态条件下爆炸时，由于导弹速度、破片速度、目标速度的叠加关系，因而使静态飞散角发生了倾斜，如图 6-2(b) 所示，这时的飞散角称之为动态飞散角。破片的动态飞散特性取决于导弹的速度、目标的速度及破片的静态飞散特性。

（3）破片飞散方向角：破片飞散方向与战斗部轴线正向（即弹轴方向）所成的夹角称为破片飞散方向角，由于破片分散具有一定的张角，因此，分散方向角按张角的中心线计，记为 φ。飞散方向角也可分为静态和动态两种。

飞散角的方向是根据引战配合的要求设计的，可以前倾或后倾，但为了使工程上易于实现，通常设计成与弹轴正向成 90°。图 6-2(c) 所示的 φ_1，φ_2 为破片群的静态飞散范围角。静态飞散范围角是飞散角的两个边界值，它们是由战斗部金属壳体两端底部破片的飞散方向决定的。而两端底部破片的飞散方向主要取决于战斗部的长细比（即长度与直径之比）、炸药性能、装填系数、两端金属壳体的厚度和起爆管在战斗部中的位置等。

图 6-3 所示为战斗部动态飞散角、分散方向角，以及空间分布情况。

（4）单枚破片质量：破片式杀伤战斗部一枚破片炸前的设计质量，它是由破片的速度和目标的易损特性决定的。对付一定的目标，可以确定相应的杀伤准则，给定一个初速，就可以确定一枚破片的质量。

（5）杀伤破片总数：指战斗部在威力半径处对目标有杀伤作用的有效破片的总和。

杀伤破片总数根据威力半径、破片飞散角和设计的破片密度确定，即

$$N = 2\pi R \frac{R\Omega\gamma}{57.3 \times 0.9} = 0.121\,8R^2\Omega\gamma \tag{6-8}$$

式中, N 为杀伤破片总数(块); R 为战斗部威力半径(m); γ 为要求的 Ω 内的平均破片密度(块 $/\text{m}^2$)。

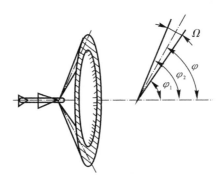

图 6-3　战斗部破片的动态飞散

表 6-5 所示为破片式杀伤战斗部的主要性能参数。

表 6-5　破片式杀伤战斗部主要总体指标

战斗部类型	战斗部质量 /kg	破片质量 /g	破片初速 /(km·s⁻¹)	破片飞散角 /(°)
地空导弹战斗部	>100	$9 \sim 20$	$3 \sim 3.6$	$10 \sim 40$
	>11	$2 \sim 3$	$1.8 \sim 2.5$	
空空导弹战斗部	>11	$2 \sim 3$	$1.8 \sim 2.3$	$10 \sim 22$
超低空防空导弹战斗部	$1.5 \sim 3.0$	$2 \sim 2.5$	$1.3 \sim 1.8$	$9 \sim 14$

4. 战斗部飞散角的近似估算

飞散角是指集中 90% 以上破片的角度范围。它关系到命中目标的准确度与战斗部的质量。当导弹接近目标时是靠引信接收目标信号来适时引爆战斗部的,为了杀伤目标要害部位,战斗部必须具有一定的飞散角,其大小与导弹相对目标的速度、交会情况、目标要害尺寸,以及引信精度等因素有关。现假设已知条件:

导弹的速度范围　　　　V_{Mmax},　V_{Mmin}

目标的速度范围　　　　V_{Tmax},　V_{Tmin}

导弹与目标的交会角　　θ

破片静止飞散速度　　　V_c

战斗部杀伤半径　　　　R

目标要害部位长度　　　l_T

引信天线方向性误差　　$\Delta\varphi$

引信工作时差　　　　　Δt

导弹平均速度　　　　　V_{Mav}

目标平均速度　　　　　V_{Tav}

为求杀伤目标要害所需最小飞散角 β 值。可取一基准轴 y 垂直导弹速度方向,然后分别求出 3 种情况下破片中心线相对目标的相对速度 V_R 的方向，以 φ 表示，如图 6-4 所示。

(1) 在 V_{Tmin}，V_{Mmin} 情况下，V_{Rmin} 为 φ_1；

(2) 在 V_{Tav}，V_{Mav} 情况下，V_{Rav} 为 φ_{av}；

(3) 在 V_{Tmax}，V_{Mmax} 情况下，V_{Rmax} 为 φ_2；

其表达式为

$$\varphi_1 = \arctan\left[\frac{V_{Mmin} + V_{Tmin}\cos\theta}{V_c - V_{Tmin}\sin\theta}\right] \tag{6-9}$$

$$\varphi_2 = \arctan\left[\frac{V_{Mmax} + V_{Tmax}\cos\theta}{V_c - V_{Tmax}\sin\theta}\right] \tag{6-10}$$

$$\varphi_{av} = \arctan\left[\frac{V_{Mav} + V_{Tav}\cos\theta}{V_c - V_{Tav}\sin\theta}\right] \tag{6-11}$$

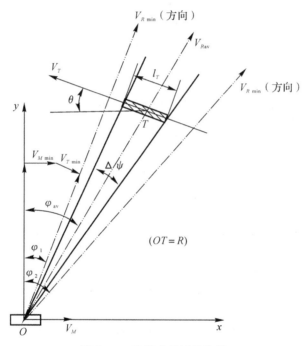

图 6-4　飞散角的近似估算

假设在引信无天线方向性误差，导弹与目标取平均速度情况下，破片(中心线)相对目标的速度 V_{Rav} 正好击中目标要害中心，如图 6-4 所示。此时目标要害尺寸在战斗部杀伤半径 R 内所覆盖的角度 $\Delta\psi$ 为

$$\Delta\psi = \frac{l_T\cos(\varphi_{av} - \theta)}{R} \times 57.3(°) \tag{6-12}$$

因此，为保证导弹与目标处于极限速度情况下，战斗部仍能杀伤目标要害部位，则战斗部所需理想最小飞散角 β_t 为

$$\beta_t = (\varphi_2 - \varphi_1) - \Delta\psi \tag{6-13}$$

由于引信存在实际工作时差与天线方向性误差，故 β_t 需加以修正。

先求出导弹相对目标的平均速度 V_{MTav}

$$V_{MTav} = \sqrt{(V_{Mav} + V_{Tav}\cos\theta)^2 + V_{Tav}^2\sin^2\theta} \tag{6-14}$$

V_{MTav} 与 V_{Mav} 之间的夹角 θ_1 为

$$\theta_1 = \arctan\left[\frac{V_{Tav}\sin\theta}{V_{Mav} + V_{Tav}\cos\theta}\right] \tag{6-15}$$

所以,由引信工作时差将引起 V_{Rav} 方向的角误差为

$$\Delta\varphi_1 = \frac{V_{MTav}\cos(\varphi_{av} - \theta_1)\Delta t}{R} \times 57.3(°) \tag{6-16}$$

最后,综合考虑引信天线方向性误差及安全系数 f 后,战斗部实际飞散角 β 应为

$$\beta = f(\beta_t + 2\Delta\varphi_1 + 2\Delta\varphi) \tag{6-17}$$

【例 6-1】 给定

$$V_M = 350 \sim 1\,000 \text{ m/s}, \quad V_T = 200 \sim 500 \text{ m/s}$$

$$V_c = 1\,800 \text{ m/s}, \quad \theta = 15°, \quad l_T = 3.5 \text{ m}$$

$$R = 11 \text{ m}, \quad \Delta\varphi = 1°, \quad \Delta t = 0.5 \times 10^{-3} \text{ s}, \quad f = 1.2$$

求飞散角 β。

解

$$\varphi_1 = \arctan\left[\frac{350 + 200\cos 15°}{1\,800 - 200\sin 15°}\right] = 17.26°$$

$$\varphi_2 = \arctan\left[\frac{1\,000 + 500\cos 15°}{1\,800 - 500\sin 15°}\right] = 41.6°$$

$$\varphi_{av} = \arctan\left[\frac{675 + 350\cos 15°}{1\,800 - 350\sin 15°}\right] = 30.65°$$

$$\Delta\psi = \frac{3.5\cos(30.65 - 15)}{11} \times 57.3 = 17.56°$$

$$\beta_t = (41.6 - 17.26) - 17.56 = 6.78°$$

$$V_{MTav} = \sqrt{(675 + 350\cos 15°)^2 + (350\sin 15°)^2} = 1\,017.12 \text{ m/s}$$

$$\theta_1 = \arctan\left[\frac{350\sin 15°}{675 + 350\cos 15°}\right] = 5.11°$$

$$\Delta\varphi_1 = \frac{1\,017.12\cos(30.65 - 5.11) \times 0.5 \times 10^{-3}}{11} \times 57.3 = 2.39°$$

$$\beta \geqslant 1.2(6.78° + 2 \times 2.39° + 2 \times 1°) = 16.272°$$

6.3.3　连续杆式战斗部

连续杆式战斗部又称链条式战斗部,因其外壳由钢条焊接而成,战斗部爆炸后又形成一个不断扩张的链条状金属环而得名。连续杆环以一定的速度与飞机等目标碰撞时,可以切割机翼或机身,对飞机造成严重的结构损伤,对目标的破坏属于线切割型杀伤作用。连续杆式战斗部是目前防空导弹上常用战斗部类型之一。

连续杆式战斗部的典型结构如图 6-5 所示,战斗部由壳体、波形控制器、切断环、传爆管及前后端盖组成。壳体是由许多金属杆在其端部交错焊接并经整形而成的圆柱体杆束,杆条可以是单层或双层。单层时,每根杆条的两端分别与相临两根杆条的一端焊接;双层时,每层的一根杆条的两端分别与另一层相邻的两根杆条的一端焊接,如图 6-6 所示。这样,整个壳体就是一个压缩和折叠了的链,即连续杆环。切断环也称释放环,是铜质空心环形圆管,直径约为 10 mm,安装在壳体两端的内侧。波形控制器与壳体的内侧紧密相配,其内壁通常为一曲面。波形控制器采用的材料有镁铝合金、尼龙或与装药相容的惰性材料。传爆管内装有传

爆药柱,用于起爆炸药。装药爆炸后,一方面由于切断环的聚能作用把杆束从两端的连接件上释放出来,另一方面,爆炸作用力通过波形控制器均匀地施加到杆束上,使杆逐渐膨胀,形成直径不断扩大的圆环,直到断裂成离散的杆。

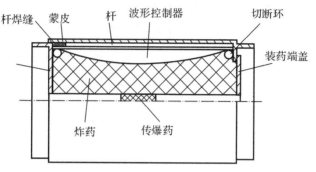

图 6-5 连续杆式战斗部构造图

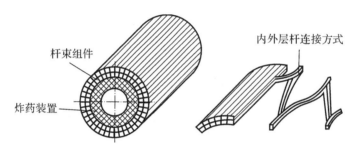

图 6-6 杆束结合示意图

在战斗部壳体两端有前后端盖,用于连接前后舱段。战斗部的外表面覆盖导弹蒙皮,其作用是为了与其他舱段外形协调一致,保证全弹良好的气动外形。

连续杆战斗部作用原理:当战斗部装药由中心管内的传爆药柱和扩爆药引爆时,在战斗部中心处产生球面爆轰波传播,遇上波形控制器,使爆炸作用力线发生偏转,得到一个力作用线互相平行的作用场,并垂直于杆条束的内壁,波形控制器起到了使球面波转化为柱面波的作用。杆束组件在爆炸冲击力的作用下,向外抛射,靠近杆端部的焊缝处发生弯曲,展开成为一个扩张的圆环。环在周长达到总杆长度之前不会断开。经验表明,这个环的直径扩张至理论最大圆周长度的80%时不会被拉断。扩张半径继续增大时,至最后焊点断裂,圆环被分裂成若干段。

连续杆战斗部杆的扩张速度可达 1 200~1 600 m/s,和较重的杆条扩张圆环配合,就像一把轮形的切刀,用于切割与其遭遇的飞机结构,使飞机的主要组件遭到毁伤。毁伤程度不仅与杆速有关,而且与飞机的航速、导弹的速度和制导精度等有关。战斗部对飞机的作用原理如图6-7所示。

试验表明,连续杆的速度衰减和飞行距离成正比关系。杆条速度的下降主要由空气阻力引起,而杆束扩张焊缝弯曲剪切所吸收的能量对其影响很小。杆环直径增大,断裂后,杆条将发生向不同方向转动和翻滚,这时,连续杆环的杀伤能力就会大幅度下降。连续杆效应就转变成破片效应。因连续杆断裂生成破片数量相当少,所以对目标毁伤效率会急速下降。由此可知,这种结构形式的战斗部,适宜于脱靶量小的导弹。

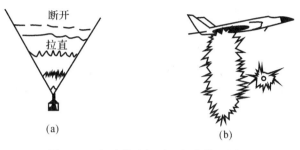

图 6-7　杆式战斗部对飞机的作用原理

(a)钢条扩展过程；　(b)杀伤效果

6.3.4　离散杆战斗部

离散杆杀伤战斗部的杀伤元素是许多金属杆条,它们紧密地排列在装药的周围,在战斗部装药爆炸后,驱动金属杆条向外高速飞行,在飞行过程中杆条绕长轴中心低速旋转,在某一半径处,杆条首尾相连,构成一个杆环,此时可对命中的目标造成结构毁伤,从而实现高效毁伤的目的。此类战斗部常常用来对付空中的飞机类目标。

战斗部结构示意图如图 6-8 所示,由壳体、内衬、炸药、杆条、起爆装置和端环等部件组成。壳体为圆筒形,为战斗部提供所需的强度和气动外形；内衬的作用是均化杆条的受力,避免杆条断裂；炸药是抛射杆条的能源；起爆装置的作用是适时引爆炸药装药,放置于战斗部的一端；杆条是战斗部的杀伤元素,排列在装药的周围,端部通过点焊和端环连接,端环的主要作用就是固定杆条,有的离散杆战斗部没有此部件,可以用胶将杆条固定在壳体或内衬上。

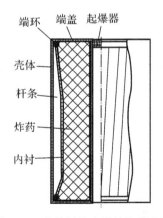

图 6-8　离散杆战斗部结构示意图

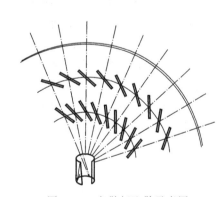

图 6-9　离散杆飞散示意图

此类战斗部与普通的杀伤战斗部的主要区别在于破片采用了长的杆条形,杆的长度和战斗部长度差不多；战斗部爆炸后,杆条按预控姿态向外飞行,即杆条的长轴始终垂直于其飞行方向,同时绕长轴的中心慢慢地旋转,如图 6-9 所示,最终在某一半径处首尾相连,靠形成连续的切口来提高对目标的杀伤能力。与立方形或片状破片相比,离散杆战斗部装填的杆条较少,因此为了提高整个战斗部的毁伤效率,必须使每根杆的效率发挥到极致。如果杆条在飞到目标的过程中允许自由旋转,在目标上将不能形成连续的切口,仅仅是大破片的侵彻效应,就丧失了对目标致命的结构毁伤。因此离散杆战斗部的关键技术就是控制杆条飞行的初始状态,从而使其按预定的姿态和轨迹飞行。

杆条的运动控制是通过以下两方面的技术措施实现的:一是使整个杆条长度方向上获得相同的抛射初速,也就是说,使杆条获得速度的驱动力在长度方向上处处相同,这样才能保证飞行过程中轴线垂直飞行轨迹。为了实现杆条轴线和飞行轨迹垂直,分别将杆条的两端斜削一部分,斜削的角度和长度可通过计算或试验的方法得到。二是杆条放置时,每根杆的轴线和战斗部的轴线保持一个相同的倾角,这个倾角可以使杆以相同的规律低速旋转,通过预置倾角可以控制杆条的旋转速度,从而实现在不同的半径首尾相连。

6.3.5 定向引战系统

防空导弹攻击的目标类型多,弹目交会条件复杂,导弹所携带的战斗部质量有限,传统的破片杀伤战斗部的杀伤元素的静态分布沿径向基本是均匀分布的(通常称之为"径向均强型战斗部"),当导弹与目标遭遇时,不管目标位于导弹的哪一个方位,在战斗部爆炸瞬间,目标在战斗部杀伤区域内只占很小一部分,因此只有少量的破片飞向目标区域,绝大部分破片称为无效破片。为了提高战斗部的能量利用率,提高对目标的毁伤概率,就必须增加战斗部的质量(包括炸药),这样势必会增加导弹的质量,进而直接影响导弹的射程和机动能力。在导弹战斗部质量受限制的条件下,解决此问题的技术途径是采用定向引战技术,通过定向引战技术,使战斗部杀伤元素集中在目标方向,实现对目标的最佳杀伤。在战斗部质量不变的情况下,定向战斗部的杀伤威力比普通战斗部可提高一倍以上。

定向引战系统包括三大关键技术:①定向战斗部技术;②定向探测引信技术;③定向引战配合技术。

定向战斗部技术可分为质量增益型和速度增速型定向战斗部两类。

质量增益型战斗部通过选择不同的起爆点,使战斗部主装药起爆前,先通过辅助起爆使战斗部外形发生改变或杀伤元素预先集中到目标方向,然后,再起爆主装药使大部分杀伤元件飞向目标,从而使目标方向的杀伤元件数量和质量得到极大的提高。这种战斗部比各向均匀爆炸杀伤战斗部在目标方向上抛撒的金属质量能多出 $30\% \sim 50\%$。这种类型的战斗部有可变形式、破片芯式等。

速度增速型定向战斗部破片速度增加可以显著增加打击目标的动能,从而提高对目标的杀伤能力,破片速度的增加可减小破片碰撞倾角并提高对目标的杀伤效能,这种战斗部可通过利用波形器和多点起爆两种技术达到增大破片速度的目的。这种类型的战斗部有偏心起爆式、机械转向式等。

对于防空导弹,技术较成熟、实现较容易的是速度增速定向战斗部。另外,在定向战斗部的设计研制过程中,必须把安全和解除保险装置与战斗部进行一体化设计,可采用的技术包括定向起爆逻辑网络、全电子式安全和解除保险装置等,以保证防空导弹日常勤务处理、发射、载机挂飞及弹道飞行中的安全。

定向引信技术,传统的防空导弹战斗部引信能很好地解决弹目交会时如何探测到目标,使导弹在不触到目标情况下引爆战斗部的问题。定向引信除了具有传统引信的功能外,还能探测并识别目标的方向,使引信在目标来袭方向上适时起爆战斗部,从而大大提高引战配合效率。可选择的引信技术有毫米波定向探测引信、激光定向探测引信、制导引信技术等。

　　定向引战配合技术,指引信具有识别目标或目标要害脱靶方位的能力,战斗部可以根据引信选择的方位定向起爆,向目标或目标要害所在的方位增大杀伤能力,实现其定向毁伤。为了实现定向战斗部破片的定向飞散,需要解决以下问题:①利用导引头或引信测出目标的脱靶方向,或者说导弹和目标之间的相对方位,从而确定战斗部破片的定向飞散方向;②引战配合实现破片向要求的方向飞散;③控制战斗部的最佳起爆时刻,以实现对目标的最佳毁伤。实质上是要解决好定向引信启动区与定向战斗部动态杀伤区的配合问题。

6.4　引战配合技术

　　引战配合设计应保证在各种弹目交会条件下,引信的启动区与战斗部的动态杀伤区协调,使战斗部杀伤元素命中目标的要害部位。引战配合设计技术涉及引信启动区、战斗部静态杀伤区、战斗部动态杀伤区及引战配合效率等内容。

6.4.1　战斗部的有效启爆区

　　战斗部动态杀伤区穿过(或说覆盖)目标要害部位,是破片杀伤目标的必要条件。如图 6-10 所示,战斗部启爆提前或滞后,动态杀伤区都不会穿过目标要害部位。因此,必须正确地选择战斗部的启爆位置和时刻。

　　显然,在目标周围空间存在这样一个区域:战斗部只有在这个区域内启爆时,其动态杀伤区才会穿过目标要害部位,破片才有可能杀伤目标。我们称这个区域为战斗部的有效启爆区。在此,将动态杀伤区进入目标要害部位近端的中点到离开远端的中点时,战斗部启爆位置或时刻所构成的区域,定义为战斗部的有效启爆区。

　　这里所讨论的有效启爆区,是依据动态杀伤区规定的。此时,目标不动,导弹和战斗部破片以它们相对于目标的速度矢量接近目标。

　　战斗部启爆是由引信控制的,因此,战斗部的有效启爆区就成为引信设计的一个重要依据。

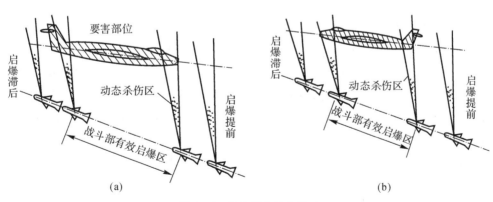

图 6-10　战斗部有效启爆区

(a)前半球攻击；　(b)后半球攻击

6.4.2 引信的实际引爆区

为了与战斗部动态杀伤区和战斗部有效启爆区的分析相一致,引信实际引爆区也是相对目标来说的。

任何引信的引爆都是有条件的,显然,在目标周围空间存在这样一个区域,导弹只有位于这个区域内时,其引信才能正常引爆战斗部。我们称这个区域为引信的实际引爆区。引信的引爆区除了主要取决于引信本身的参数灵敏度、敏感方位和延迟时间等因素外,还与目标情况、导弹和目标交会参数有关。

在导弹攻击目标的过程中,引信启动(战斗部爆炸)时,目标中心相对炸点的空间位置叫作引信启动点,引信启动点通常用启动距离 R 与启动角 α 表示,如图 6-11 所示。

引信启动点可以通过引信对目标的交会试验获得。由于随机因素的存在,即使对同一目标在同一脱靶量的条件下进行多次试验,各个启动点的位置都不会相同,把启动点散布的空间区域称为引信的启动区。

无线电引信天线的方向性图可以近似地看成是围绕弹轴的一个旋转体,同样,无线电引信启动区也可以近似地看成是围绕弹轴的一个旋转体。利用过弹轴的平面切割引信的启动区得到的剖面如图 6-12 所示。

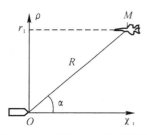

图 6-11 引信启动点示意图

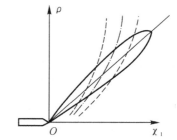

图 6-12 无线电引信启动和天线方向性图

6.4.3 引战配合特性

引战配合是引信与战斗部的配合,它是所有导弹都必须考虑的问题。对于防空导弹,引战配合问题更显得突出。战斗部的起爆是由引信控制的,因此,设计人员的主要任务不只是设计一个孤立的引信和战斗部,关键的问题是协调好引信的启动区和战斗部的动态杀伤区的配合问题,正确地选择引信的引爆位置和时刻,使战斗部的动态杀伤区恰好穿过目标的要害部位。

对于采用全向作用战斗部的导弹而言,引信只需在目标处于战斗部的有效摧毁半径之内引爆战斗部,就可能摧毁目标。当然,这是一种比较简单的引战配合问题。

对于防空导弹,引战配合问题比较复杂。战斗部爆炸后,远处(导弹与目标之间的距离大于战斗部的有效杀伤半径)的目标固然不可能被杀伤,近处的目标也未必一定能被破片击中。只有当目标的要害部位恰好处于战斗部的动态杀伤区内时,目标才有可能被杀伤,如图 6-13 所示。

为了使战斗部动态杀伤区恰好穿过目标的要害部位,必须正确地选择引信的引爆位置或时刻。这就涉及引信与战斗部配合特性(简称引战配合特性)的问题。所谓引战配合特性,是指引信的实际引爆区与战斗部的有效启爆区之间配合(或协调)的程度。只有当引信的实际引爆位置落入战斗部的有效启爆区内时,战斗部的动态杀伤区才会穿过目标的要害部位。或者说,引战配合特性是指战斗部的动态杀伤区与引信启动区的重合程度。

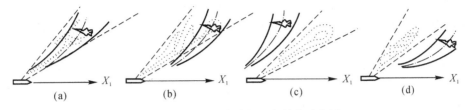

图 6-13　引信与战斗部配合效率示意图

战斗部相对动态杀伤区与引信启动区重合得越多,则引信与战斗部的配合效率越高,破片命中目标的概率就越大;反之,则破片命中目标的概率就越小。当战斗部相对动态杀伤区完全覆盖引信启动区时(见图 6-13(a)),引信与战斗部配合的效率最佳。在这种情况下,引信起爆战斗部的瞬间,目标肯定处于战斗部相对动态杀伤区内,破片命中目标的可能性很大。当战斗部相对动态杀伤区与引信启动区部分重合时(见图 6-13(b)),重合得越多,引战配合效率越高。当战斗部相对动态杀伤区与引信启动区完全分离时(见图 6-13(c)(d)),引信与战斗部的配合效率最低,在这种情况下,引信起爆战斗部的瞬间,目标肯定处于战斗部相对动态杀伤区之外,通常战斗部破片不可能命中目标。

影响引战配合特性主要有以下因素。

(1)遭遇条件:导弹和目标的速度、姿态角和交会角、遭遇高度、脱靶量等。

(2)目标特性:要害部位的尺寸、位置和分布情况、目标的质心位置、目标的反射或辐射特性等。

(3)战斗部参数:静态飞散角和飞散方向角;破片的大小、质量和初速等。

(4)引信参数:对于无线电引信,这些参数包含天线方向性图的宽度和最大辐射方向的倾角、引信的灵敏度、发射机功率和延迟时间等。对于红外引信,这些参数含通道的接收角、延迟时间、引信的灵敏度等。

可见,引战配合特性是导弹武器系统的综合性能。如果说飞行、控制性能是导弹武器系统的第一性能,则引战配合特性就是导弹武器系统的第二性能。在导弹总体设计中,应以最大的概率保证导弹与目标在引信与战斗部配合效率较高的区域内遭遇。

引战配合特性应主要满足下述要求。

(1)引信的实际引爆距离不得大于战斗部的有效杀伤半径,否则杀伤效果为零。

(2)引信的实际引爆区与战斗部的有效启爆区之间应力求协调。在导弹与目标的各种预期遭遇条件下,实际引爆区与有效启爆区的配合概率或配合度不得小于给定值,以满足预期杀伤效果的要求。

(3)引信的实际引爆区的中心应力求接近战斗部的最佳启爆位置,以便获得尽可能大的杀伤效果。

综上所述,引战配合是引信和战斗部联合作用的效率,它是衡量或评价引信和战斗部参数设计协调性的一个综合指标。引信和战斗部总体指标必须满足引战配合设计的要求。在一定的遭遇条件下,引战配合效率的高低,取决于引信和战斗部总体参数的设计及其相互的协调性。对引信而言,总体设计主要涉及引信天线(视场)的倾角、延迟时间、作用距离等;对战斗部而言,主要涉及战斗部静态飞散方向角、破片飞散初速、破片飞散角、破片质量和密度分布以及威力半径等。在工程设计中,有关的各项指标必须相互协调才能最后确定,但一般是在确定了战斗部参数的情况下,首先改变引信的参数,直至引信在技术上有困难而不能再适应战斗部时为止,再考虑改变战斗部的参数,最后使引战配合效率满足导弹武器系统的战术技术指标要求。

导弹研制实践表明,引战配合技术的好坏往往是影响整个导弹系统试验成败和能否及时定型的关键。一个好的引战配合设计方案可以在满足导弹杀伤效率的要求下,最大限度地减小战斗部质量,从而减小整个导弹的起飞质量。

6.4.4 引战配合效率的计算

引战配合效率定义为实际引信战斗部的单发杀伤概率与理想引信战斗部的单发杀伤概率之比,有

$$\mu = \frac{\iint \left[\int G(x/y,z)\,p(x)\,\mathrm{d}x \right] f(y,z)\,\mathrm{d}y\mathrm{d}z}{\iint G(x_{\mathrm{opt}}/y,z)\,f(y,z)\,\mathrm{d}y\mathrm{d}z} \qquad (6-18)$$

式中,$p(x)$ 为实际炸点 x 的散布规律;$f(y,z)$ 为制导误差分布规律;$\iint G(x_{\mathrm{opt}}/y,z)\,f(y,z)\,\mathrm{d}y\mathrm{d}z$ 为导弹配置理想引信时的杀伤效率(理想引信指不考虑引信炸点散布且能精确控制在最佳炸点处起爆的引信)。

引战配合效率的难点与复杂性在于单发杀伤概率的计算。在目标易损特性未知和建模不够详细的情况下,工程上常用命中目标要害部位的破片数多少来衡量对目标的杀伤程度,实际上命中目标的破片数和杀伤概率是同趋势增长的,因此,也可以把引战配合效率定义为命中目标破片数之比,即

$$\mu = \frac{N_0}{N_{\mathrm{opt}}} \qquad (6-19)$$

$$N_0 = \frac{\sum_{i=1}^{n} N_i}{n} \qquad (6-20)$$

式中,N_0 为采用当前引战系统参数及延时模型时命中目标的破片数量(用蒙特卡洛法计算得到);N_{opt} 为采用相同交会条件和战斗部方案时理想引信所能获得的最佳炸点处的命中目标破片数量;n 为抽样导弹数。

第7章 制导系统设计

制导又称"导弹飞行控制",或简称"导弹控制"。导弹的主要任务是准确地击中目标。导弹制导系统就是保证导弹在飞行过程中,能够克服各种干扰因素,使导弹按照预先规定的弹道,或根据目标的运动情况随时修正自己的弹道,使之命中目标的一种自动控制系统。制导系统以导弹为控制对象,包括导引系统和控制系统两部分。"制导"就是控制和导引的结合,制导系统是导引系统与控制系统的总称。前者确定导弹和目标的相对位置及飞行规律;后者执行导引系统的命令,保证导弹沿理想弹道稳定飞行。

本章主要介绍导弹制导系统的功能、分类与组成,设计的基本要求,导引方法的选择,控制方法的选择等内容。

7.1 制导系统的功能和组成

7.1.1 制导系统的基本功能

制导系统以导弹为控制对象,其工作任务是控制导弹飞行,把导弹导引控制到目标附近,并按规定的精度命中目标。

由理论力学知识可知,导弹的运动可以分解成随其质心的平动和绕其质心的转动。因此,若要使导弹准确飞向目标,制导系统需要对导弹的质心运动和绕质心的转动进行控制,为了完成这个任务,制导系统必须具备下述基本功能。

(1)在导弹飞向目标的过程中,制导系统需不断地测量导弹和目标的相对运动参数(或测量出导弹自身的实际运动参数),确定导弹的实际运动与理想运动之间的偏差,并根据所测算的偏差量形成适当的导引指令。制导系统按导引指令控制导弹飞行,消除质心运动参数的偏差量。这就是制导系统的"导引"功能。显然,"导引"要解决的控制问题是如何打得准。

(2)在导弹飞向目标的过程中,制导系统还需对导弹绕质心的转动进行控制,确保导弹按导引指令的要求稳定地飞向目标。这就需要制导系统能实时测出导弹的飞行姿态,结合导引指令,形成飞行控制指令,在按导引指令控制导弹质心运动的同时,对导弹的飞行姿态进行控制,使之"飞得稳"。这就是制导系统的"控制"功能。

显然,应用制导系统的上述功能,可以实现对导弹质心运动(即飞行轨迹)和绕质心转动(即飞行姿态)的控制,进而达到控制导弹飞行的目的。需要说明的是,质心运动和绕质心转动是导弹运动相互制约的两个方面,"导引"与"控制",尽管解决的问题有所不同,但又是密切联系的,"飞得稳"是"打得准"的先决条件。

制导系统最主要的性能指标是制导精度,它是决定命中精度最重要的因素。

7.1.2 制导系统的基本组成

典型的导弹制导系统基本组成如图7-1所示。对应制导系统的功能要求,其组成一般包括"导引系统"和"控制系统"两部分。

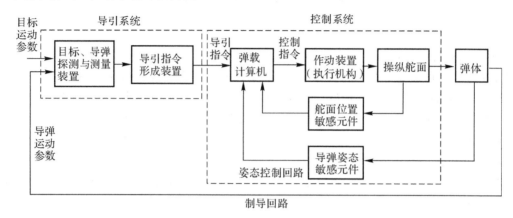

图7-1 导弹制导系统组成示意图

导引系统(俗称导引头)一般由目标探测装置、导弹运动测量装置和导引指令形成装置等组成,其功能是探测目标、获取导弹与目标的相对运动参数,或者测量导弹实际弹道参数相对理想弹道(或称标准弹道)参数的偏差,并按照预定的导引规律,形成导引指令。导弹控制系统根据导引指令控制导弹的运动(包括质心运动和绕质心转动)。

导弹控制系统又称自动驾驶仪,一般由弹载控制计算机、姿态敏感元件和操控伺服机构等组成。其功能是控制计算机根据导引系统的导引指令、姿态敏感元件的导弹姿态运动信号以及操纵舵面的位置信号,经比较、计算,形成控制指令;作动装置(执行机构)根据控制指令驱动舵面偏转,产生控制导弹飞行所需的控制力,使导弹按导引指令稳定地飞向目标。

从控制系统角度来看,导弹一般应有两个基本回路,见图7-1。其内回路是姿态控制回路(又称稳定回路),起稳定弹体姿态的作用;外回路是制导回路,它是导弹质心运动控制回路。然而,并不是所有的制导系统都要求具备上述两个回路。例如,有些小型近距离攻击的战术导弹可能没有姿态控制回路,其姿态的稳定可通过弹体的气动稳定性来保证;还有些简单控制导弹的控制执行器采用开环控制。但所有导弹制导系统都必须具备制导回路。

7.2 制导系统的分类

现代导弹的制导系统类型很多,粗略地可以分成两种类型,即程序制导系统和从目标获取信息的制导系统。在程序制导系统中,弹上测量装置不断测量导弹实际飞行弹道相对预定飞行程序弹道的参数偏差,并通过不断消除这种偏差,使导弹按照预先确定好的飞行程序飞行。由于飞行程序是在导弹发射前根据目标坐标确定的,因此程序制导系统一般只能导引导弹攻击固定目标。而带有接收目标状态信息的制导系统,可以在导弹飞行过程中,实时根据目标的运动情况改变导弹的飞行弹道,因此这种制导系统既可以导引导弹攻击固定目标,也可以攻击活动目标。

　　如果按照制导系统的特点和工作原理,制导系统可分为自主制导、遥控制导、自动寻的制导和复合制导系统,见图 7-2,3 种制导方式的比较见表 7-1。按照制导中指令传输方式和所用能源的不同,可分为有线制导、无线电制导、红外制导、激光制导及电视制导等。按飞行弹道又可分为初始段制导、中段制导和末段制导。

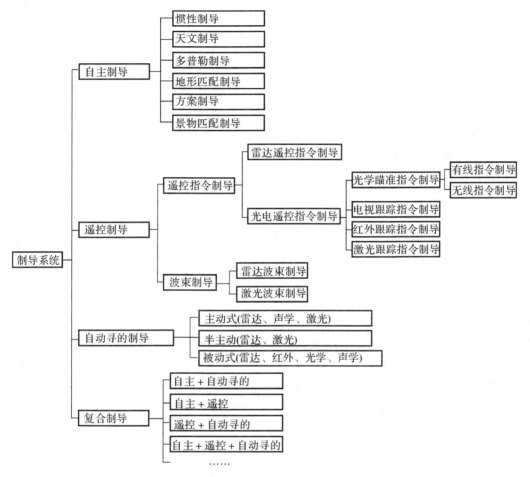

图 7-2　导弹制导系统的分类

表 7-1　三种制导方式的比较

类　型	作用距离	制导精度	制导设备	抗干扰能力
自主制导	可以很远	较高	全在弹上,要求精密	极强
遥控制导	较远	高,随距离增大而降低	分装在弹上和制导站,弹上设备简单	抗干扰能力差(特别是用雷达)
自动寻的制导	小于遥控制导	高	在弹上,弹上设备复杂	抗干扰能力差(特别是用雷达)

7.2.1 自主制导

导弹在飞行过程中不需从目标或制导站提供信息,完全由弹上制导设备测取地球或宇宙空间的物理特性(如物体惯性、星体位置、地磁场和地形等)参数作为附加信息,与弹上预先给定程序中的计算参数进行比较,利用比较的差值产生导引信号,进行弹道校正,使导弹沿预定弹道飞向目标。

由于自主制导的全部制导设备都装在弹上,导弹与目标、地面制导站不发生联系,故隐蔽性好,抗干扰能力强。但是,导弹一旦发射后,就无法改变预定的飞行弹道。因此,自主制导系统只能用于攻击固定目标或运动轨迹已知的活动目标,一般用于弹道导弹、巡航导弹和某些战术导弹的初始飞行段。

自主制导系统根据控制信号形成方法的不同,一般可分为惯性制导、程序制导、天文导航和地图匹配制导等几大类。

1. 惯性制导

这是利用惯性测量元件测取导弹加速度,获得导引信息,控制导弹飞向目标的制导。

由加速度计测取导弹在给定坐标系上的加速度分量,经计算装置积分后得到速度分量,再次积分就可得到各个轴方向的距离,从而实测出导弹到达的空间位置,使之与程序机构中储存的预定位置参数进行比较,计算机根据其差值形成导引信号,控制导弹沿预定弹道飞行。因此,惯性制导系统应具备三大功能:一是自主连续测量和实时求解导弹相对惯性空间的位置、速度和姿态,这一功能通常称为"导航";二是根据导航计算的参数,按某种导引规律(或导引方程)给出导引指令,对导弹的质心运动进行导引;三是按照导引指令,控制导弹的质心运动和绕质心的转动运动,使导弹稳定飞向目标。由惯性制导系统的功能可以看出,它在工作中不依赖外界任何信息、不受外界干扰,也不向外界发射任何能量,因此具有较强的抗干扰能力和良好的隐蔽性。惯性制导系统常用于弹道导弹、空地导弹及巡航导弹的制导。

按加速度计的安装基准,惯性制导系统可分为平台式惯性制导和捷联式惯性制导。

平台式惯性制导利用陀螺特性在导弹弹体内建立一个物理惯性平台。一般由加速度计、陀螺稳定平台、计算装置、时间信号产生器及程序机构等组成(见图7-3)。陀螺稳定平台在导弹飞行中始终保持确定的空间方位,从而能获得正确的导弹绕其质心运动的信息和导弹质心的加速度信息。

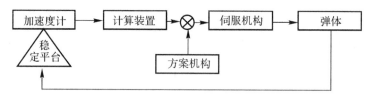

图 7-3　平台式惯性制导方框图

捷联式惯性制导是在计算机技术发展后出现的。它不采用结构复杂的物理惯性平台,而是把加速度计和测量角速度的陀螺仪直接固连在导弹弹体上。加速度计以弹体坐标系作为基准坐标系,直接测得导弹在弹体坐标系中的加速度分量;陀螺仪则直接测出导弹沿弹体坐标轴的角速度分量。弹载控制计算机(或称捷联惯导计算机)利用陀螺信息实时解算出导弹的姿态矩阵,同时求得导弹的姿态角,并通过姿态矩阵将弹体坐标系中的加速度分量变换到惯性坐标系,从而得到导弹在惯性坐标系中的加速度分量。由此可见,在捷联惯导系统中,是利用计算机来完成物理惯性平台的功能,这相当于在导弹中建立了一个"数字惯性平台"。

捷联式惯性制导系统用高速、大容量计算机取代了机电式的、具有可控万向支架的惯性平台,使得惯性制导系统的体积、质量和成本都大大降低。而由于捷联惯导系统提供的信息全部是数字信息,所以特别适用于采用数字式飞行控制系统的导弹上,因而在新一代导弹上得到了极其广泛的应用(见图7-4)。

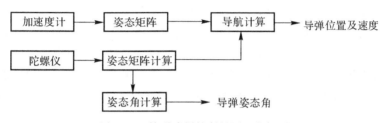

图7-4　捷联式惯性制导原理方框图

捷联惯性制导的优点:①惯性仪表便于安装和维护,也便于更换;②惯性仪表可以直接测量出导弹的线加速度和角速度信息,而这些信息可用于控制稳定系统的反馈信号。但由于惯性仪表固连在弹体上,工作环境恶化了,要求惯性仪表在弹体振动冲击和温度等环境下能可靠工作。另外,防空导弹姿态角速度很大,俯仰(偏舵)可能大于 100 rad/s,而滚动角速度可能大于 200 rad/s。这就需要陀螺仪有大的力矩器和高性能再平衡回路。加速度表测量范围也大,可达 $30g$ 左右。

2.程序制导

程序制导又称"方案制导"。这是利用预先给定的弹道程序,控制导弹飞向目标的制导。

为保证导弹飞向目标,规定导弹飞行姿态随时间变化的规律称为程序。它包括给定弹道所需的各种参数,如高度、俯仰角、航向角等。

程序制导系统一般由程序机构和控制系统两个基本部分组成(见图7-5)。程序机构(常为时钟机构、电气-机械装置、计算机程序等)根据弹上传感器的输出量(一般为导弹的实际飞行时间和飞行高度),按照预定飞行方案输出控制信号;弹上控制系统接收到控制信号,并综合姿态测量元件输出的姿态角信息,操纵执行机构,对导弹的质心运动和飞行姿态进行控制,使导弹按预定飞行方案确定的弹道稳定地飞向目标。

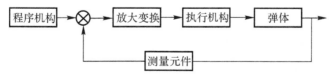

图7-5　程序制导系统方框图

程序制导的导弹上有自动稳定系统,在飞行中能消除由于干扰引起的弹道高度和横偏误差。

程序制导的优点是设备简单,制导与外界没有关系,抗干扰性好,但导引误差随飞行时间的增加而累积。常用于弹道式导弹的主动段制导、有翼式导弹的初始段和中段制导以及无人驾驶侦察机和靶机的全程制导。

3. 天文制导

天文制导又称"星光制导",是根据导弹、地球和星体三者之间的运动关系来确定导弹的运动参量,并将导弹引向目标的自主制导系统。该制导系统的核心部件是天文观测仪。由于天空中的每一个星体的地理位置和运动轨迹都可以在天文资料中查到,因此,可以利用光电天文观测仪跟踪较亮的恒星或行星,导引并控制导弹沿预定弹道飞行。导弹的飞行高度则根据弹上高度表的输出信号来控制。

天文导航系统的制导精度较高,而且制导误差不随导弹射程的增大而增加。但天文导航系统的工作易受气象条件的影响,当有云雾干扰而观测不到选定的星体时,则不能实施导航。为了有效发挥天文导航的优点,可将天文导航系统与惯性制导系统组合使用,组成天文惯性导航系统。利用天文观测仪测定的导弹地理位置,校正惯性平台所测得的导弹地理位置的偏差;而在天文观测仪由于气象条件不良或其他原因不能正常工作时,惯性制导系统仍能单独进行工作。

4. 地图匹配制导

所谓地图匹配制导系统,就是利用地图信息进行制导。它是在航天技术、微型计算机、弹载雷达、制导、数字图像处理和模式识别的基础上发展起来的一门综合性新技术。目前使用的地图匹配制导系统有两种形式:一种是地形匹配,它是利用地形信息进行制导;另一种是景象区域相关器制导,它是利用景象信息进行制导的。两种系统基本原理是相同的,都是利用弹上计算机预存的地形图或景象图与导弹飞行到预定位置时弹上传感器测出的地形图或景象图进行相关比较,确定出导弹所在位置与预定位置的纵向和横向偏差,形成制导指令,将导弹导向目标的。

一个地图匹配制导系统,通常由一个成像传感器和一个预定航迹地形存储器及一台高性能计算机等组成。目前,采用地图匹配制导系统的导弹,可大大提高远程导弹的命中精度。采用地形匹配制导系统的导弹,命中精度可达几十米以内,而采用景象匹配制导系统的精度更高,制导误差一般只有几米左右。

5. 多普勒制导

这是利用多普勒效应(指当振荡源与观测者有相对运动时,观测者所接收到的信号频率发生的一种变化)获得导引信息,控制导弹飞向目标的制导。

7.2.2 遥控制导

遥控制导控制系统指控制指令由弹外制导站形成,又称为指令制导系统。

遥控制导系统获取目标运动信息的方法有两类:在第一类遥控制导系统中,目标、导弹运动参数的测量装置均配置在地面制导站。由地面制导站形成导引指令,再将指令发送给空中导弹的控制系统,由弹上控制系统控制导弹飞向目标(见图7-6)。在第二类遥控制导系统中,目标运动参数测量装置配置在导弹上,目标运动信息从弹上传输给地面制导站,导弹的运动参数仍由地面测量装置测量,在地面制导站形成导引指令,再发送给空中的导弹控制系统。显然,第二类系统所确定的目标位置精度随着导弹逐渐接近目标而提高。目前已有第一类与第二类相结合的遥控制导系统,地面测量设备和弹上测量设备同时测量目标运动参数,制导站的计算机根据信息的可靠性进行加权处理,形成导引指令。国外有文献称此为二元制导。

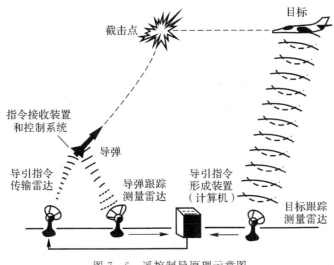

图 7-6　遥控制导原理示意图

遥控制导常用于攻击活动目标。在地(舰)对空导弹和空对空导弹上应用最多。它可分为：

(1)指令制导。这是由弹外导引站发送指令,控制导弹飞向目标的制导。

(2)波束制导。又称为"驾束制导"。这是由弹外导引站发射波束照射目标,弹上导引装置控制导弹沿波束中心线飞向目标的制导。

(3)TVM 制导。这是第二类遥控制导系统中的一个典型实例。其意是通过导弹跟踪目标,获得目标信息,实现制导。

TVM 制导的原理是,用地面相控阵雷达,发射线性调频宽脉冲对目标进行跟踪照射,目标反射相控阵雷达的照射信号,一路直接到达相控阵雷达,由相控阵雷达主阵接收,通过处理获得目标的坐标位置参数;还有一路到达导弹处,为弹上导引头接收,但导引头接收到的信号不在弹上处理,而是通过弹上尾部的发射机,将导引头接收到的目标反射信号利用 TVM 下行线转发到地面,由相控阵雷达 TVM 接收天线接收,在地面进行处理,提取导引头测量的目标有关信息。然后综合处理相控阵雷达直接测得的与通过导引头转发下来间接测得的目标信息,按照选定的制导律,形成导弹控制指令,再由相控阵雷达主阵,通过 TVM 上行线送给导弹。由弹上接收机接收,处理后送给稳定控制系统,控制导弹按期望的弹道飞向目标。

7.2.3　寻的制导

寻的制导系统又称为"自动寻的"或"自动导引"制导系统。它利用目标辐射或反射的能量(如电磁波、红外线、激光和可见光等),由弹上探测与测量设备自行测量并计算目标、导弹的运动参数,按照预定的导引规律形成导引指令,控制导弹飞向目标。

寻的制导系统与自主制导系统的区别是,寻的制导系统在导弹飞行过程中自行探测目标运动信息,导弹的弹道一般不能预先确定。因此,寻的制导系统很适于用在攻击活动目标的导弹上,如空空导弹、地空导弹、空地导弹和某些弹道导弹、巡航导弹的末制导。

寻的制导系统按目标信息源所处的位置,可分以下 3 种。

1. 主动寻的制导

它是由弹上导引装置(称为导引头)向目标发射能量(无线电波或激光等),并接收目标反射回来的能量,形成导引信号,控制导弹飞向目标的制导系统(见图7-7)。

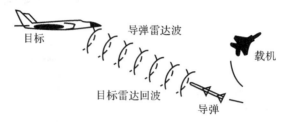

图 7-7　主动寻的雷达制导原理图

主动寻的制导系统使导弹具有"发射后不用管"的特性,并已在各种类型的导弹上获得广泛采用。但主动寻的制导系统的弹上设备复杂,质量大,限制了导弹性能。另外,由于受导弹结构尺寸和质量的限制,制导系统功率有限,也使其作用距离受到了限制。

2. 半主动寻的制导

它是由弹外制导站向目标发射能量(无线电波或激光等),弹上导引装置接收目标反射回来的能量,形成导引指令,控制导弹飞向目标的制导系统(见图7-8)。显然,装备半主动寻的制导系统的导弹不具有"发射后不用管"的特性。

由于向目标发射能量的装置在弹外制导站上,因此其功率可以较大,作用距离比较远。而弹上导引装置没有发射设备,其结构简单、轻便,提高了导弹的机动性能。半主动寻的制导系统的最大缺点是易受干扰,且制导站在导弹攻击过程需一直向目标发射能量,其机动性受限并易受目标攻击。

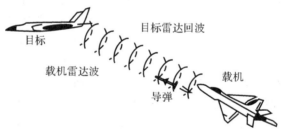

图 7-8　半主动寻的雷达制导原理图

3. 被动寻的制导

它是由弹上导引装置(导引头)接收由目标辐射出的能量(无线电波、红外线等),形成导引指令,控制导弹飞向目标的制导系统(见图7-9)。

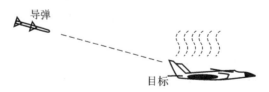

图 7-9　被动寻的雷达制导原理图

被动寻的制导系统本身不辐射能量,隐蔽性好,可"发射后不用管"。其弹上设备简单、质量轻,因此在攻击各种活动目标的导弹上均有应用。目前常用的有被动雷达、电视和红外几种方式。但被动寻的制导系统的正常工作需建立在目标有某种能量辐射,并且达到一定功率的基础上,因而对目标的信赖性较大,易受目标欺骗。

7.2.4　复合制导

复合制导是由几种制导系统依次或协同参与工作来实现对导弹导引控制的制导系统。采用复合制导可以取长补短,进一步提高制导系统的性能,提高导弹的命中精度。

1. 采用复合制导的原因

复合制导其组成要根据导弹需要完成的任务来确定。从系统分析来看,采用复合制导无疑会增加制导系统的复杂性、增大质量。因此,在单一制导系统能够满足制导精度要求的情况下,应避免采用多种制导方式组成的复合制导系统。但是,随着目标特性(尤其是活动目标特性)的改变、电磁干扰对抗的加剧,以及远程精确打击需求的不断增加,用单一制导方式控制导弹有效命中目标已有困难,这就需要采用复合制导系统,以达到提高制导精度的目的。例如,对于远程战术导弹,在飞行初段采用自主制导,克服发射时弹道初值散布的干扰,将导弹引导到要求的空域;飞行中段用遥控制导,较精确地把导弹引导到目标附近,保证末段制导系统能捕获到目标;飞行末段用寻的制导,使导弹准确击中目标。这种复合制导方式不仅增大了制导系统的作用距离,更重要的是提高了制导精度。

复合制导系统多用于远程制导武器,如各类高空远程防空导弹、巡航导弹、反舰导弹等。由于它具有很强的抗干扰和目标识别能力,目前备受重视,并得到了飞速发展。

大多数防空导弹复合制导的飞行初始段用自主式制导,以后采用其他制导。因此复合制导可分为:自主式+寻的制导;指令制导+寻的制导;波束制导+寻的制导;捷联惯性制导+寻的制导;自主式+TVM 制导等复合制导。

2. 采用复合制导的原则

对于射程较远的地对空导弹、反舰导弹和反坦克导弹,其航迹都可以大致分为 3 段,即初始段、中段和末段。

从简化系统,提高可靠性和减小质量的观点看,应尽量避免采用多种制导系统组成的复合制导。但随着目标的飞行高度向高空和低空发展,防空导弹作战空域的加大,用单一的制导方式控制导弹杀伤目标已有困难,可以考虑采用复合制导。

复合制导系统分析的首要问题是复合方式的选择问题。选择复合方式考虑的主要因素是导弹武器系统的战术技术指标要求、目标及环境特性、各种制导方式的特点及相应的技术基础。系统分析与设计中的另一个重要问题是不同制导方式的转换问题,它包括两个方面:一是不同制导段弹道的衔接;二是不同制导段转换时的"交班"。所谓交班,是指从一种制导方式转到另一种制导方式。例如,交班时导弹位置偏差和导弹从一种制导方式转到另一种制导方式时导弹空间方位的协调性。若这种协调性不能保证,则导引头就不可能捕获目标。因此,在复合制导系统中,交班问题是两种制导方式转换的限制条件。对于不同的复合制导,限制条件也不相同

(1)采用初制导的原则。初制导又称"初段制导",也叫"发射段制导"。初制导系统用来保证射程,是从发射瞬间到导弹达到一定速度进入中制导前的制导。对有助推器的导弹,这一段

是到助推器脱落瞬时为止。

由于导弹制造安装存在误差,导弹离轨时有扰动以及有阵风等偶然因素,使发射段弹道散布很大。当导弹加速到正常飞行速度时,难以准确地进入中制导作用范围,这种情况就要加初制导。

初始段时间很短,速度变化大,平均速度小,和正常飞行的中段相比有很多不同特点。常用程序或惯性等自主制导。一般用旋转发动机或单独的制导设备来实现。

如果能保证初始段结束时,导弹能进入中制导的作用范围,可不用初制导。

(2)采用中制导的原则。中制导又称"中段制导",是从初制导结束到末制导开始前的制导。中制导很重要,是导弹弹道的主要制导段,一般制导时间或路程较长。中制导系统任务是控制导弹的轨道,将导弹导向目标,使导弹被置于某一尽可能有利的位置,以便使末制导系统能"锁住"。或者说中制导的使命首先是把导弹制导到末制导头能锁住目标的距离内,但不要求精确的位置终点。中制导系统是导弹的主要制导系统。中制导结束时制导精度可确定导弹接近目标时,是否要采用末制导。当不用末制导时,习惯上称为全程中制导,此时中制导的制导精度就决定了该导弹的命中精度。

中制导通常采用自主制导或遥控制导。捷联惯性制导是中高空防空导弹普遍采用的中制导方式。

(3)采用末制导的原则。末制导又称"末段制导",是导弹在中制导结束后到与目标遭遇或在目标附近爆炸的制导。末制导寻的系统的任务是保证准确度。和任何导弹一样,脱靶量最小并杀伤目标要害部位是每个制导规律设计的主要要求。因此,在末段仍沿用中制导时采用的制导规律是不可取的。当中制导精度不能满足战术要求时,常在弹道末端采用作用距离不远但制导精度很高的制导。

是否采用末制导,取决于中制导误差的大小能否保证导弹命中目标的要求。对于不同类型的导弹,这种要求不同。对于下列条件若不能保证时,则必须考虑采用末制导。

1)对于反舰导弹和反坦克导弹,要求制导误差小于目标的最小横向尺寸,$\sigma \leqslant b/2$,其中 σ 为圆概率偏差;b 为军舰(或坦克)的高度。

2)对于反飞机导弹,要求制导误差小于导弹战斗部的有效杀伤半径,即 $\sigma \leqslant R/3$,R 为战斗部的有效杀伤半径。

末制导时间不长,一般采用寻的制导或相关制导(如图像识别制导)。目前正在研究的有采用红外成像、毫米波成像或电视自动寻的制导系统。

例如,美国"爱国者"地对空导弹采用的复合制导,其为"自主式+指令+TVM"复合制导体制。初制导采用自主的程序制导,在导弹从发射到相控阵雷达截获之前这段时间内,利用弹上预置的程序,通过自主组件进行预置导航,该组件可使导弹稳定并进行粗略的初始转弯。当相控阵雷达截获跟踪导弹时,初制导结束,中制导开始。

中制导采用指令制导。在中制导段,相控阵雷达既跟踪测量目标,又跟踪测量导弹,地面制导计算机比较目标与导弹的位置,形成导弹控制指令,控制导弹按期望的弹道飞向适当位置,以便中末制导实施交班。在中制导段还要形成导引头天线的预定控制指令,控制导引头天线指向目标。与此同时,导引头开始截获目标的照射回波信号,一旦导引头截获到回波信号,就通过导引头上的发射机转发到地面,地面作战指挥系统就将转入末段制导。

末段采用 TVM 制导(是指令与半主动寻的制导的组合)。在 TVM 制导段,相控阵雷达仍然跟踪测量导弹目标。但与中制导不同,此时相控阵雷达用线性调频宽脉冲对目标进行跟踪照射。另外,在形成控制指令时,使用了由导引头测量的目标信息。由于导弹距离目标越来越近,导引头测得的目标信息比雷达测得的信息精度高。因此保证了制导精度,克服了指令制导精度低的缺点。

各类制导系统在地对空导弹中的使用随射程与射高而异,见表 7 - 2。

表 7 - 2　地空导弹用制导系统主要性能

主要特性	类　型				
	驾束制导	指令制导	雷达寻的制导	红外寻的制导	复合制导
导弹最大射程/km	30～40	20～60	<30	<10	>50
导弹最大射高/km	10～20	10～25	<15	<5	>25
弹上制导设备质量/kg	<15	<20	15～50	<10	20～40
使用条件	近距、能见度好	全天候	全天候	晴、白天	全天候

7.3　制导系统设计的基本要求

7.3.1　影响制导控制系统的战术技术指标

导弹制导控制系统的方案论证和技术设计的主要设计依据是导弹武器系统的战术技术指标。对制导控制系统设计有影响的战术技术指标有以下几项。

(1)目标特性:目标类型、飞行的高度范围、飞行速度、可能具有的机动和防御能力、目标的几何尺寸和目标群的分布情况等;

(2)发射环境:发射位置、区域(地基、海基和空基)、发射方式(垂直、倾斜等)、发射速度、过载等;

(3)导弹特性:种类、用途、射程、作战空域和飞行时间;

(4)发动机特性:发动机工作模式、推力大小、推进剂消耗率、工作时间等;

(5)工作环境:温度、湿度、压力的变化范围,冲击、振动、运输条件和气象条件等;

(6)使用特性:作战准备时间、设备的互换性、检测设备的快速性和维护的简便性等;

(7)导引系统特性:引导方式、命中概率、探测范围和抗干扰要求等;

(8)成本、寿命要求;

(9)可靠性设计要求;

(10)质量、体积要求。

7.3.2　制导控制系统设计的基本要求

上述战术技术指标直接影响着制导控制系统方案的确定。其中杀伤概率要求是整个武器系统设计的中心问题,当然也是赋予导弹制导控制系统设计的自然使命,因此制导控制系统的根本任务就是在上述战术技术指标下尽可能保证高的制导精度,由此提出制导控制系统设计的基本要求为:

（1）确定制导方式的类型。采用单一制导还是复合制导，是雷达制导、红外制导还是多模制导，是主动、半主动还是被动制导等。

（2）满足制导精度要求。杀伤概率直接受制导精度和战斗部威力半径的影响。制导控制系统的制导精度高，那么达到同样的杀伤概率就可以相应地降低战斗部的威力半径。制导精度是由导弹的制导体制、导引规律和制导回路的特性及采取的补偿规律、设备的精度和抗干扰能力所决定的。因此制导控制系统要通过正确选择制导方式和导引规律，设计具有优良响应特性的制导回路，设计合理的补偿规律，提高各分系统仪表设备的精度，加强抗干扰措施等，才能满足制导精度的要求。

（3）战术使用上灵活。对目标的探测范围大，跟踪性能好；发射区域和攻击方位宽，进入战斗准备时间短，机动能力强；对目标及目标群分辨能力强，所谓分辨力，就是在导弹能分辨两个目标的情况下，两个目标之间的最小距离离 Δx 值。一般应使 $\Delta x \leqslant (1 \sim 2)\sigma_{st}$（式中 σ_{st} 为标准误差）。

（4）增强抗干扰能力。现代高技术条件下，战场环境越来越复杂，不仅干扰形式多样，随机性大，而且模式不断变化，强度日益提高。因此，无论采用何种类型的制导系统，必须具有足够的抗干扰能力，才能在现代防空作战中夺取优势。

（5）尽可能减少设备的体积、质量。

（6）成本低。

（7）可靠性高，可检测性和维修性好。

7.3.3　描述飞行控制系统的品质参数

导弹制导系统的技术性能指标一般由战术技术性能指标规定。通常用诸如脱靶量、CEP、命中概率等指标来衡量。但是在分析控制系统时（尤其在系统设计的最初阶段），这些指标不一定能与控制系统参数直接联系起来。因此需要寻求能够直接描述控制系统基本品质的参数，以此明确对控制系统的基本要求。这些基本品质要求通常是通过控制系统响应特定输入信号的过渡过程及其稳定状态的一些特征量来表征的。

1. 稳定性

控制系统在"单位阶跃信号"输入的作用下，控制量 $X(t)$ 随时间的推移而收敛，并最终趋于控制量的稳态值 $X(\infty)$。实际上，稳定性条件是许多自动控制系统所必需的，如测量系统、跟踪系统及稳定系统等，这些系统在不稳定情况下是不能完成其规定任务的。然而对于导弹控制系统这类具有有限工作时间的系统，稳定性要求不一定是经常必要的。导弹控制系统应当满足的基本要求是保证控制的必要精度。事实上只保证系统具有稳定性是远远不够的，应使系统不仅具有足够可靠的、必要的稳定性，而且还应具有良好的过渡过程品质。

2. 过渡过程品质参数

控制系统过渡过程的品质可由三个重要的动力学性能来表征，即阻尼、快速性和稳态误差。

（1）阻尼与快速性。控制系统在单位阶跃信号输入的作用下，控制量 $X(t)$ 的过渡过程的一般形式见图 7-10（不失一般性，可假定控制量 $X(t)$ 的稳态值 $X(\infty)=1$）。

因此，描述控制系统动态性能的参数有过渡过程时间 t_s、峰值时间 t_p、上升时间 t_T、超调量 σ_p 和振荡次数 N。其中 t_s，t_p 和 t_T 是表征系统快速性能的品质参数；σ_p 和 N 是表征系统阻尼性能的品质参数。

(2)稳态误差。控制量的稳态值 $X(\infty)$ 与期望值 $X_r(t)$ 之差称为稳态误差。它表征控制系统的稳态品质,是描述系统稳态精度的性能参数。

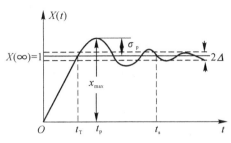

图 7-10　控制量 $X(t)$ 的过渡过程示意图

7.4　导引规律的选择

导引规律又称导引方法,或制导规律,它是制导系统控制导弹飞行遵循的规律,也就是控制导弹和目标之间相对运动关系所遵循的规律。导弹的制导规律是导弹控制系统的重要设计内容,它描述导弹在向目标接近的整个过程中所应遵循的运动规律,决定导弹的飞行弹道特性及相应的飞行弹道参数。导弹用不同的制导规律制导,其飞行的弹道特性和运动参数是不同的。对导弹弹道特性和运动参数进行分析是选择弹体结构、气动外形、推力特性、载荷设计、控制系统设计、战斗部设计及引战配合情况等的重要任务之一。

导弹的制导规律对导弹的速度、机动过载、制导精度和杀伤目标的概率有直接的影响,而速度、过载、精度和单发杀伤概率是决定导弹杀伤目标空域的大小及形状等特性的重要因素。制导规律的选择对于总体初始计算是必要的,脱靶量和最大需用加速度都与导弹制导规律有关。而战斗部的设计又与脱靶量有关,升力面的大小又与导弹的机动性有关。研究导弹的制导规律能使导弹在给定的条件下提高和改善导弹的性能,因此在导弹系统设计中确定或改进制导规律占有重要地位。

7.4.1　导引规律的分类

导引规律,就是使导弹按预先选定的运动学关系(运动规律)飞向目标的方法。运动学关系,一般指导弹、目标在同一坐标系中的位置关系或相对运动关系。它通常可分为两类,即经典导引规律和最优导引规律。

1. 经典导引规律

经典导引规律是建立在早期经典理论基础上的制导规律,包括追踪法、前置角或半前置角法、三点法、平行接近法和比例导引法等。经典导引规律需要的信息量少,制导系统结构简单,工程实现容易。因此,目前现役的战术导弹大多数还是使用经典导引规律或其改进形式。

2. 现代导引规律

建立在现代控制理论和对策理论基础上的制导规律,通常称为最优制导规律。目前在防空导弹中,主要有线性最优、自适应显式制导及微分对策制导规律。现代导引规律较之经典导引规律有许多优点,如制导误差小,导弹命中目标时姿态角易于满足需要,抗目标机动或其他随机干扰能力较强,弹道平直,弹道需用过载分布合理,可有效扩大作战区域,等等。但是,现代导引规律会使制导系统结构变得复杂,需要测量的参数较多,给导引规律的工程实现带来一定的技术困难。随着微型计算机、微电子技术和目标探测技术的发展,现代导引规律将逐步走向工程实用。

现代导引规律随着性能指标选取的不同,它们的形式也不同。防空导弹在最优制导规律中考虑的性能指标主要是导弹在飞行中付出的总需用横向过载最小,终端脱靶量最小,导弹和目标的交会角具有特定的要求等。在最优制导规律的研究中,一般都要考虑导弹和目标的动力学问题。例如,用一阶、二阶以至三阶系统来描述。但是,因为导弹的制导规律本来就是一个变参数并受到随机干扰的非线性问题,难以实现精确的最优制导规律,故通常只好把导弹拦截目标的过程作线性化的假设,获得近似解,使各种制导规律在工程上易于实现,并且在性能上接近于最优制导规律。

3.常用的经典导引规律

(1)追踪法。追踪法分为弹体追踪法和速度追踪法两种形式。弹体追踪法要求导弹在攻击目标的飞行过程中,弹体纵轴始终指向目标(见图 7-11);速度追踪法则要求导弹在飞行过程中其速度矢量始终指向目标(见图 7-12)。追踪法是最早提出的一种导引方法,其工程实现较为容易。

图 7-11　弹体追踪法示意图　　　　图 7-12　速度追踪法示意图

弹体追踪法导引规律在技术上很容易实现,一般将导引头固定在弹体头部,控制导弹时使导引头探测器的敏感轴(与弹体纵轴重合)一直指向目标即可。该方法要求导引头探测器具有较宽的视场角,否则极易丢失目标。

速度追踪法导引规律的实现有两种技术方案:一种是将导引头的探测器装在导弹头部的风标头上,利用风标头的"风标稳定性",使探测器敏感轴与导弹速度矢量重合,控制导弹时使敏感轴指向目标即可保证速度矢量指向目标;另一种是用二自由度陀螺仪和攻角传感器分别测量弹体姿态角和攻角,间接地实现敏感轴沿速度方向稳定。但是,追踪法的导引弹道特性存在着严重缺点。例如,对于移动目标,速度追踪法要求导弹的绝对速度始终指向目标,因此,导弹总是会绕到目标的后方去命中目标,这会导致导弹弹道较弯曲(特别在命中点附近),控制弹道所需的法向控制力较大,进而要求导弹具有很高的机动性。否则不能实现全方位攻击,故追踪法目前应用较少。

(2)三点法。三点法要求导弹在攻击目标的飞行过程中,其质心始终位于制导站和目标的连线上,如图 7 - 13 所示。

　　三点法多应用于遥控制导系统。在分析导引弹道时,当弹外制导站不是固定在地面时,不但要考虑目标的运动特性,还要考虑制导站的运动状态对导弹运动的影响。应用三点法导引的主要缺点是弹道较弯曲,迎击目标时,越是接近目标,弹道就越弯曲,控制弹道所需的法向控制力就越大。

　　(3)比例导引法。比例导引法要求导弹在飞向目标的过程中,其速度矢量偏转角速率与目标视线(即导弹与目标的连线)偏转角速率成正比例。

　　如图 7 - 14 所示,按照比例导引法,导弹的飞行速度矢量应满足以下关系式:

$$\frac{\mathrm{d}\theta}{\mathrm{d}t}=K\frac{\mathrm{d}q}{\mathrm{d}t}$$

或

$$\frac{\mathrm{d}\eta}{\mathrm{d}t}=(1-K)\frac{\mathrm{d}q}{\mathrm{d}t}$$

式中,K 为比例系数。比例导引法的特点是,当导弹跟踪目标并发现目标视线偏转时,就通过控制飞行速度的方向,抑制目标视线的偏转,使导弹与目标的相对速度对准目标,在弹道的末段以直线轨迹飞向目标。比例导引法较好地反映了导弹与目标之间的相对运动情况,且可以响应快速机动的目标,适于攻击机动目标和截击低空飞行的目标,并具有较高的制导精度,因此被广泛应用。它既可用于自动寻的制导的导弹,也可用于遥控制导的导弹。

图 7 - 13　三点法示意图

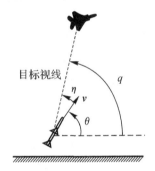

图 7 - 14　比例导引法示意图

　　(4)前置角法。前置角法是追踪法的推广,它要求导弹在飞行中,其弹体纵轴或速度矢量与目标视线之间保持一个夹角,该夹角称为前置角。

　　(5)平行接近法。平行接近法要求导弹在运动过程中目标视线始终平行于初始位置。即如果在导弹发射时刻,目标视线的倾角为某一角度,则当导弹接近目标时,目标视线倾角应保持为该固定的角度。也就是说,目标视线不应有转动角速度。

　　纵观各种经典导引规律可知,比例导引法是追踪法、前置角法和平行接近法的综合描述,是寻的导引规律中最重要的一种。若比例导引法的比例系数 $K=1$,则速度矢量与目标视线的夹角 $\eta=\eta_0=$ 常数,这就是常值前置角导引法;若 $\eta=0$,则为速度追踪法(即速度追踪法可视为常值前置角导引法的一个特例);若 $K\to\infty$,则 $\frac{\mathrm{d}q}{\mathrm{d}t}\to0$,即 $q=q_0=$ 常数,这就是平行接近法。通常,比例系数 K 的取值范围在 2~6。随着 K 的增大,导引弹道越加平直,所需法向控制力也就越小。

　　导弹作转弯机动飞行时,需要改变速度方向,即需要在与速度矢量垂直的方向产生"法向加速度"。因此，导弹的法向过载可以用来表示导弹的转弯机动性能。

导弹按导引规律确定的弹道飞行时所需要的过载称为"需用过载"。需用过载是导弹及其控制系统研制的一个重要技术指标，它反映了导引规律对导弹控制力的要求。然而导弹在给定的飞行高度和速度下只能产生有限的过载。当导弹控制系统的操纵机构（如气动舵面）偏转到允许的最大角度时，处于力矩平衡状态下，导弹所能产生的过载称为"可用过载"。通常用"可用法向过载"表征导弹对飞行轨迹的控制能力。导弹沿导引弹道飞行的需用法向过载必须小于可用法向过载。否则，导弹的飞行将脱离导引弹道并沿着可用法向过载所决定的弹道曲线飞行，最终造成脱靶。

在初步设计时，导弹需要的加速度和可达到的脱靶量是两个重要的参数。在 3 种导引规律中，只有比例导引可以响应快速机动目标。在波束制导系统中，由于导弹必须位于瞄准线上，目标的任何机动都可造成导弹飞行弹道的很大偏差，产生很大的法向加速度。基于追踪法导引时速度矢量总是对准目标，故在接近目标时，它同样会产生大的偏差。

7.4.2　导引规律选择的基本原则

导引规律分析对于制导系统设计是十分必要的。制导误差和最大需用过载都与导弹导引规律有关。导引规律选择有下述基本原则。

（1）理想弹道应通过目标（即直接命中目标），至少应满足预定的制导精度要求，即脱靶量要小。

（2）导引弹道所需的需用法向过载的变化应光滑，各时刻的值应满足设计要求，特别是在与目标相遇区，需用法向过载应趋近于零，以便保证导弹以直线飞行截击目标。如果所设计的导引规律达不到这一指标，至少应该考虑导弹的可用法向过载与需用法向过载之差应有足够的富余量，且应满足条件：

$$n_{ya} \geqslant n_{yn} + \Delta n_1 + \Delta n_2$$

式中，n_{ya} 为导弹的可用法向过载；n_{yn} 为导引弹道需用法向过载；Δn_1 为导弹为消除随机干扰所需的法向过载；Δn_2 为消除系统误差所需的法向过载。

（3）目标机动时，导弹需要付出相应的机动过载要小。

（4）抗干扰能力要强。

（5）适合于尽可能大的作战空域杀伤目标的要求。

（6）导引规律所需要的参数应便于测量，测量参数的数目应尽量少，以便保证技术上容易实现，并要求系统结构简单、可靠。

表 7-3 给出了几种导引规律的比较。从中可见，在所有情况下选择比例导引是最为适用的。但必须牢记，在设计过程中的成本和复杂性也是考虑的主要因素。

表 7-3　对付空中威胁所用制导规律比较

		目标航向	目标速度	目标加速度	传感器偏差	噪　声	阵　风
三点法	良好		√			√	
	一般				√		√
	差	√		√			

续　表

		目标航向	目标速度	目标加速度	传感器偏差	噪　声	阵　风
追踪法	良好		√			√	√
	一般				√		
	差	√		√			
比例导引法	良好	√	√	√	√		√
	一般						
	差					√	

导引弹道是理想情况下弹道按所采用的导引规律飞向目标所形成的运动轨迹。导引弹道的形状完全取决于所选取的目标运动状态、导弹的速度变化规律以及所采取的导引规律。可以通过对导引弹道的运动学分析获得导弹的需用法向过载,通过导引弹道的动力学分析获得导弹跟踪目标时任意时刻攻角的需用值,进而进行需用舵偏角的计算,为总体设计制定舵机系统设计技术要求提供重要的依据。

7.5　控制方法的选择

导弹在飞向目标的过程中,是按照导引规律运动的。制导系统的控制系统根据导引指令和执行机构、运动状态测量信息,形成控制指令,操控执行机构(如气动舵面、气动襟翼、燃气舵、燃气扰流片、摆动喷管等)偏转,产生控制力和力矩,使导弹弹体姿态发生变化,改变作用在弹体上合力的大小和方向,从而实现对导弹飞行的控制,使导弹的运动满足飞行控制指标的要求。

7.5.1　控制方法的分类

导弹控制方法的分类如图 7-15 所示。

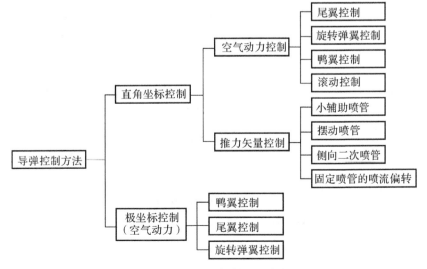

图 7-15　导弹控制方法分类

导弹的控制力由两个互相垂直的分量组成的控制,称为直角坐标控制。这种控制多用于"+"字和"×"字舵面配置的导弹。用直角坐标控制的导弹,在垂直和水平方向有相同的控制性能,且任何方向控制都很迅速。但需要两对升力面和操纵舵面,因导弹不滚转,故需3个操作机构。目前,气动控制的导弹大都采用直角坐标控制。

极坐标控制时,导引指令作用后,副翼先使导弹从某一固定方向滚动 φ 角,然后,俯仰舵偏转使导弹产生控制力 F,从而改变导弹飞行方向,飞向理想弹道。极坐标控制一般用于有一对升力面和舵面的飞航式导弹或"一"字式布局导弹。这种导弹的质量轻、阻力小,便于在舰船甲板上储存和机翼下发射。但它不像直角坐标控制那样有效、迅速。当对准目标飞行时,由于导引系统的噪声,对导引精度有影响。

为导弹飞行轨迹控制和姿态控制提供控制力(或称飞行控制需用过载)及控制力矩的方法有两大类:一类是偏转气动舵面(操纵面),通过改变导弹气动力来提供控制力及力矩;另一类是通过改变发动机推力矢量的大小和方向,为导弹飞行控制提供控制力(力矩)。

偏转气动舵面所产生的控制力的大小与导弹飞行的动压有关。当速度一定时,飞行高度变化对动压影响较大。当导弹飞行高度较高时,由于大气密度的下降,导致动压降低,进而影响气动舵面的工作效率。因此,这类控制方式在低空大气层内控制飞行很有效。

当导弹在某些作战环境条件下(如高空、低速条件下)工作时,偏转气动舵面所产生的控制力可能达不到需用过载要求,使导弹的机动能力下降,从而导致制导误差大为增加。在此种情况下,若采用发动机推力矢量控制技术,则可有效提高导弹的飞行控制能力。而改变发动机推力矢量所产生的控制力与动压无关,因此,这类控制方式与大气层内空气密度无关,但是在发动机关闭之后便失去作用。

7.5.2 气动力控制

1. 导弹横向控制

在采用直角坐标控制系统时,它的俯仰控制系统和偏航控制系统是完全相同的,因此只要讨论一个通道就行了。

从弹尾部看,"+"字形舵面配置如图 7-16(a)所示,两对舵装在弹体互相垂直的两个对称轴上。1,3 舵由舵机操作同向偏转,改变导弹航向,因此,叫偏航舵。若 1,3 舵反向偏转时,使导弹绕纵轴滚动,则 1,3 舵起副翼作用,所以叫副翼舵,如图 7-16(c)所示,导弹绕纵轴顺时针滚动。2,4 舵由舵机操纵同向偏转,称为俯仰(升降)舵,如图 7-16(b)所示,导弹低头。

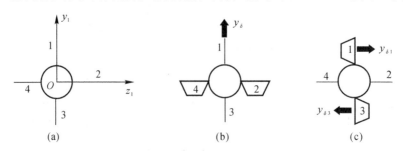

图 7-16 "+"字舵布局控制原理(从导弹尾部看)

(a)舵面未偏转; (b)俯仰舵偏转; (c)副翼舵偏转

"×"字舵是由"+"字舵转 45° 得到的,如图 7-17 所示。要实现偏航或俯仰运动,两对舵都得偏转。设 1,3 和 2,4 舵偏转后,得到舵升力分别为 $Y_{\delta z1}$ 和 $Y_{\delta y1}$,则俯仰、偏航方向的舵升力 Y_{δ_y}、Y_{δ_z} 分别为

$$\begin{bmatrix} Y_{\delta_y} \\ Y_{\delta_z} \end{bmatrix} = \begin{bmatrix} \cos 45° & \sin 45° \\ -\sin 45° & \cos 45° \end{bmatrix} \begin{bmatrix} Y_{\delta y1} \\ Y_{\delta z1} \end{bmatrix}$$

而

$$\begin{bmatrix} Y_{\delta y1} \\ Y_{\delta z1} \end{bmatrix} = \begin{bmatrix} \cos 45° & \sin 45° \\ -\sin 45° & \cos 45° \end{bmatrix}^{-1} \begin{bmatrix} Y_{\delta_y} \\ Y_{\delta_z} \end{bmatrix} = \begin{bmatrix} \cos 45° & -\sin 45° \\ \sin 45° & \cos 45° \end{bmatrix}^{-1} \begin{bmatrix} Y_{\delta_y} \\ Y_{\delta_z} \end{bmatrix}$$

其中,1,3 舵仍可兼起副翼作用。

地空、空空和某些空地导弹用"+""×"字舵配置。采用"×"字舵的导弹便于在发射装置上安放。

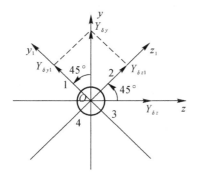

图 7-17 "×"字舵布局控制原理

飞航式导弹也叫面对称导弹。从导弹尾部看,弹翼为"一"字形,舵有"一"字、飞机和星形等配置情况,如图 7-18 所示。

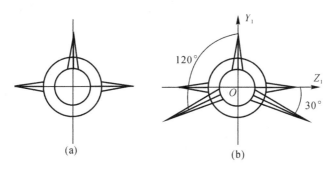

图 7-18 飞航式导弹舵配置

(a)飞机形; (b)星形

为了得到不同方向的横向控制力,应使导弹产生相应的倾斜角 γ 和迎角 α,以改变升力 Y 的大小和方向,如图 7-19 所示。若使导弹左转,导引指令控制导弹产生倾斜角 γ,升力 Y 便转过相向角度,Y 的水平分量即为导弹的侧向控制力。导弹铅垂平面内产生控制力的情况与

"十"字舵导弹相似。飞航式舵配置的导弹多采用极坐标控制方法。

舵面采用互成120°的星形配置的3个舵控制导弹在两个平面内运动，如图7-18(b)所示。弹体上方的一个舵面转轴与 OY_1 平行，为方向舵，控制导弹绕 OY_1 轴的转动。由于方向舵在弹体的上方，舵面偏转产生的力对 OX_1 轴不对称，因此同时产生绕 OX_1 轴的控制力矩。另外两个舵面的转轴与 OZ_1 轴的平行线成30°夹角，称为升降舵，控制导弹绕 OZ_1 转动。舵面在弹体上的位置可按其相对弹体重心的位置分为尾控制面、前控制面、旋转弹翼三种。

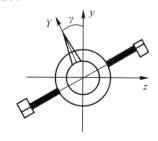

图7-19　飞航式导弹横向控制力

2. 导弹滚动控制

造成弹体滚动的原因，主要有导弹飞行姿态改变、结构(安装)误差等因素，但下面情况下是不允许弹体滚动的：①按直角坐标控制的导弹，在飞行中应保持发射时位置，以使俯仰引导指令控制导弹上下机动，偏航引导指令控制导弹左右机动；②低空飞行导弹上的无线电观测装置多用垂直极化天线，以避免地(海)面多路径效应的影响，特别是当使用无线电高度表时，它相对过导弹轴向的铅垂面只有±15°左右的探测范围；③自导引导弹导引头与弹体间用机械传动，如导引头指向侧方，导弹出现高速滚动时，因其驱动装置的惯性和摩擦力，会带动导引头一起滚动，可能丢失目标。

对导弹的滚动控制分滚动位置控制和滚动角速度控制。滚动位置控制，一般用副翼差动偏转来实现；滚动角速度控制是为控制导弹滚动角速度不要太大，控制方法和滚动位置控制相似。

7.5.3　推力矢量控制

推力矢量控制是指改变发动机排出的气流方向控制导弹飞行的一种控制方法，它是一种通过控制发动机推力矢量变化(包括大小和方向的变化)而产生改变导弹运动状态所需控制力及力矩的技术。显然，通过控制推力矢量而产生的控制力及力矩与空气动力无关，所以，即使在高空、低速状态下，导弹控制系统仍可按导引控制指令要求操纵导弹作机动飞行。因此，导弹应用推力矢量控制技术可获得极高的机动性(机动能力可达 $50g$)。但此项技术要求导弹在飞向目标的整个过程中，发动机必须一直处于可随时工作的状态，且推力的大小和方向可控，这将对导弹整个动力系统的性能提出更高的要求。即要求动力系统的发动机不但可为导弹飞行提供推力，还要具备控制系统执行机构的功能，构成所谓"推力矢量控制系统"。

1. 类型

现有火箭发动机推力矢量控制技术方案有以下几种类型。

(1)二次喷射。该技术利用向发动机喷管内喷射气体、液体或燃气来改变发动机燃气喷流的方向，进而达到改变推力矢量的目的。

(2)机械致偏装置。该技术通过安装在喷管出口处的机械装置来改变燃气喷流的方向。这些致偏装置主要有喷流致偏罩(或致偏环)、燃气舵和扰流片。

(3)摆动喷管。该技术通过直接改变喷管的方向来实现推力矢量的改变。具体的技术措施有发动机整体摆动、球窝喷管(有滑动密封连接件)、柔性喷管(无滑动受热零件)、轴承摆动喷管等。

（4）侧向顺序启动发动机。通过沿弹体横侧向安装若干个小型发动机，为导弹提供法向控制力。

关于推力矢量控制的类型，方案，优、缺点及研制应用情况详见表 7-4 和表 7-5。至于结构原理，有兴趣深究者，可阅读相关专著。

表 7-4　火箭发动机推力矢量控制方案及其特性

类　型	控制方案	原　理	优　点	缺　点	研制应用情况
二次喷射	液体二次喷射	利用向吸管内喷射气体或液体来改变燃气流的方向	不需要特殊的活动连接及相应的密封结构	需要增加气体或液体供应调节系统	可用在需要较小控制力矩的火箭的动力装置上；液体二次喷射已使用；气体二次喷射曾研制
	气体二次喷射				
机械致偏装置	燃气喷流致偏罩（或致偏环）	靠用安装在喷管出口的机械装置来改变射流方向	推力损失较小；作动功率小，质量轻	类似燃气舵，使飞行器产生底面回流	曾研制
	燃气舵		结构简单，作动功率小，转动速率高	推力损失大，为 $0.5\% \sim 2\%$，故使用受限制；烧蚀严重	已使用；多用在小型战术导弹上
	扰流片		作动功率小，转动速率高	类似燃气舵，用于全尺寸发动机的研制时间长	
可动喷管	发动机整体摆动		无推力损失；推力矢量均与喷管运动方向呈直线性	滑动密封连接零件受热严重	摆动喷管是现代固体火箭发动机推力矢量控制所广泛采用的方式，但在高温高压条件下摆动喷管的设计十分复杂
	球窝喷管				
	柔性喷管		无滑动受热零件和平衡环；气体密封可靠	复杂的组合安装	
	转动喷管				
	轴承摆动喷管				
	球承喷管				

表 7-5　各种推力矢量控制装置性能比较

类　型		装置名称	最大推力矢量偏角 (°)	最大响应频率 Hz	伺服系统功率及尺寸	轴向推力损失
活动喷管系统		铰接接头摆动喷管	15	2～5	较大	小
		柔性喷管	15	2～5	大	小
		液浮喷管	15	10	中	小
		旋转喷管	10	2	较大	小
固定喷管系统	机械偏转	燃气舵	10	10～15	小	大
		扰流片	18	10～15	小	较大
		偏流环	18		中	中
		摆动帽	30	10	中	中
	二次喷射	液体二次喷射	6	12	小	增加轴向推力
		气体二次喷射	10	15	小	增加轴向推力
		侧向喷气顺序启动发动机	50			
活动发动机系统		游动发动机	7		小	小
		球形发动机			小	小

2. 推力矢量控制装置的类型选择

由上述内容可见,推力矢量控制装置的种类较多,如何正确选择,需要导弹总体、控制系统和发动机三方面综合考虑,不能孤立地比较某种装置性能的高低,必须结合导弹战术技术性能指标的具体要求进行选择。选择前应对各种推力矢量控制装置性能特点有所了解,主要是致偏能力(即侧向力)、频率响应,伺服机构的功率及尺寸,轴向推力损失,喷管效率和可靠性等。另外,还要考虑其技术成熟程度、安装维护方便和经济性等。

不同用途和射程的导弹对推力矢量控制装置的要求不尽相同,但是基于完成控制和稳定任务的一些基本要求是相同的。推力矢量控制装置的选择应满足以下基本要求。

(1)最大侧向力应满足导弹的要求。推力矢量控制装置应满足导弹根据控制和稳定的需要计算出的最大侧向力或推力最大偏斜角的要求。有时还应留有 $10\%～20\%$ 的余量来确保最大侧向力的要求。通常可动喷管的最大偏斜角为 $4°～8°$。

(2)作动力矩要小。推力矢量控制装置的作动力矩直接影响伺服机构(亦称执行机构)的功率大小、质量轻重、尺寸大小,因此作动力矩应尽可能地小。

(3)动态特性要好。与伺服机构一起作为控制系统执行机构的推力矢量控制装置应具有较好的动态响应特性,控制指令信号与控制力之间应有良好的线性关系,滞后小,响应快。

(4)推力损失应小。大多数推力矢量控制装置都会造成轴向推力损失,从而减小导弹射程。为此应尽量减小推力矢量控制装置所造成的推力损失。

(5)工作可靠,质量轻,结构紧凑,维护使用方便,易于制造,成本低廉。

推力矢量控制已广泛应用在现代战术导弹上。具体应用如下:

(1)要求近程拦截的导弹。

(2)在可能有高空目标通过的地方和要对初期飞行弹道迅速修正的面对空导弹。

(3)要求高灵活性的高速导弹。

(4)使用空气动力控制显得笨重的低速导弹,特别是手动控制的反坦克导弹。

(5)垂直发射,随后快速转弯的导弹(因此不需要精巧的发射架)。

(6)要求在不同海情下导弹出水能进行弹道修正的潜艇发射导弹。

(7)当发射器和跟踪系统离开较大距离而有利于系统时的导弹。

(8)有散布问题的分离式助推导弹。

7.5.4　直接侧向力/气动力复合控制

直接力/气动力复合控制技术是目前一种先进的导弹控制技术,它是通过安装在弹体上的大量侧向喷射微型发动机产生燃气动力,直接对导弹弹体产生力矩来迅速改变导弹的姿态,快速建立大攻角,实现导弹的大机动性,从而解决了高空气动效率低与末端需用过载大之间的矛盾。

1.直接力/气动力复合控制技术的基本方式

直接力/气动力复合控制技术的基本方式有两种:一种是在导弹头部或尾部安装一定数量的侧向喷射的微型固体姿态控制发动机,依靠微型发动机和气动舵产生复合控制;另一种是在导弹质心处安装一定数量的侧向喷射的姿态和轨道控制发动机,依靠发动机和气动舵产生复合控制。当来袭的战术导弹在末端突然进行大机动时,若防空导弹原来的气动力矩降低,根据制导律得到的指令过载,导弹的气动舵又无法实现所需过载,可通过安装在导弹头部或尾部一定数量的侧向喷射的微型固体姿态控制发动机的瞬时喷气,对导弹质心直接产生相应的转动力矩,实现导弹所需的使用过载,或者通过安装在导弹质心附近的轨道控制发动机,来控制导弹改变姿态和轨道的飞行。

2.直接力/气动力复合控制技术的优点

采用直接力/气动力复合控制技术,空气动力控制可为防空导弹远距离飞行和中段机动提供良好的机动能力,而在末制导段发动机产生的燃气动力可直接提高导弹的机动性,从而使防空导弹能更有效地命中目标。

采用直接力/气动力复合控制技术,导弹控制的反应时间一般 6～10 ms,而只采用气动力舵面控制的导弹的机动过载的反应时间为 100～500 ms 。由此可知,防空导弹采用直接力/气动力复合控制进行机动过载的反应时间比采用空气舵控制的反应时间下降了一个数量级。而且这一可用过载不因飞行高度而变化,这就大幅度提高了战术导弹在高空的制导控制精度和作战性能。

采用直接力/气动力复合控制技术,不仅可直接提高防空导弹的攻击精度、快速反应能力,而且使导弹具有更大的防御范围、更强的火力能力。既可用于拦截反导导弹的制导控制系统设计,也可以用于攻击卫星等太空设施的太空武器控制系统的设计,是当前各军事强国都在积极研究发展的热点。

3.直接力/气动力复合控制的关键技术与问题

直接力/气动力复合控制的关键技术是气动力控制与直接力/气动力复合控制的转换技术,即设计直接力/气动力复合控制的控制算法。根据这个控制算法,导弹可以同时开启一个或多个姿态控制发动机,依靠姿态控制发动机的燃气动力,对导弹直接产生一个力矩,快速改变原有的攻角或侧滑角,建立相应的大攻角或大侧滑角,进而产生较大的法向过载,来满足制导控制系统的要求。这样就可改变拦截导弹的飞行轨迹,使得导弹能够及时修正自己的制导偏差,把脱靶量控制在最小范围内。

对采用直接力/气动力复合控制技术的防空导弹,要研究大攻角、大侧滑角和大舵偏角问题。由于导弹在高空、高速、高机动时,导弹的控制和大气流场的变化具有非常复杂的非线性关系。而采用直接力/气动力复合控制技术的防空导弹需要靠增大攻角和侧滑角产生导弹所需的纵向和侧向过载来提高导弹的机动能力。而在大攻角和大侧滑角的情况下,导弹会产生严重的耦合现象,即大攻角和大侧滑角下导弹的气动力耦合效应。要解决这种非线性气动力耦合效应,就必须对这种复杂的耦合非线性进行深入的研究。对于机动性要求较高的地空导弹和空空导弹,一般都采用加速度控制,即控制系统的输入为加速度指令或过载指令,如果设计一种指令匹配规律,将指令分解为气动力控制子系统指令和直接力控制子系统指令,则对导弹的控制可实现解耦。这样,控制系统设计就可以针对舵机的特性设计舵机控制子系统,针对侧喷发动机的特性设计直接力控制子系统。

对采用直接力/气动力复合控制技术的防空导弹,还需研究高空发动机喷气流与气动力的干扰以及伴随的下洗流场改变的问题。但是,现在大攻角非线性气动特性的理论研究与试验研究并不成熟,试验数据库更不完善。尤其是加上导弹凸起物的影响,使非定常涡的出现很不规则,而大攻角又为风洞试验设备与测试精度等提出了难题;另外,大机动条件下导弹的弹性变形影响也不可忽视。

对采用直接力/气动力复合控制技术的防空导弹,还要考虑战术导弹气动设计的问题,使导弹在较小的展向尺寸下,具有较高的升力系数。

对采用直接力/气动力复合控制技术的防空导弹,在末端制导阶段对付大机动的目标时,需要根据目标机动情况以及目标角闪烁等情况,估计目标的机动,从而设计出非线性制导律,并由制导律的结果来确定导弹的控制方式的转换,即由空气动力控制切换到直接力/气动力复合控制的转换。同时,由于装在导弹上的每个姿态脉冲发动机只能点火1次,就要合理地利用姿态脉冲发动机,需要根据由空气动力控制切换到直接力/气动力复合控制的时间,由导弹的探测系统给出的结果,同制导律相结合,确定出导弹的姿态脉冲发动机点火的逻辑,控制导弹上不同位置姿态脉冲发动机的点火时间,就可多次对战术导弹的制导控制进行修正,使导弹在末制导阶段精确命中目标。另外,对防空导弹姿态脉冲发动机点火逻辑的确定,还要考虑和导弹的运动控制方式相适应,即根据导弹的运动控制方式和目标的机动情况,考虑装在导弹上的脉冲发动机的点火方式和点火逻辑。采用旋转控制方式的战术导弹,就能够充分利用安装在导弹上的脉冲发动机,通过控制战术导弹的旋转速度,不仅可以和脉冲发动机点火时间相匹配,而且也可实现战术导弹在各个方向上的机动。因此,对于采用直接力/气动力复合控制技术的战术导弹来说,采用旋转控制方式能够在导弹的末端制导阶段对大机动目标进行拦截。

第8章 发射方案设计

导弹武器系统的设计,除了要研究目标特征和导弹本身外,还要研究通常称为"弹、站、架"中的"架"。它不仅是发射架,而且包括一整套导弹发射装置及不同的发射方式。本章将主要介绍防空导弹发射方案设计的内容与要求,陆(海)基发射方式和空基发射方式的特点等内容。

8.1 发射方案设计的内容与要求

发射方案设计是防空导弹总体设计的重要内容之一。主要涉及设计的内容、依据、对发射装置的战术技术要求、发控程序和发射方式,而发射方式的选择是其核心。

8.1.1 内容、依据与要求

1.内容

防空导弹发射方案设计包括发射方式选择和发控程序设计等。

发射方式是指导弹脱离发射平台的方法与形式。

发控程序是指发射前,对导弹的选择、射前准备、发射实施和状态监视与故障判断。

2.依据(与发射方案有关的战术技术要求)

防空导弹发射方案设计的基本依据是武器系统的战术技术要求。一般来说,与发射方案有关的战术技术要求包括以下几方面。

(1)目标运动特性(速度、机动能力等);

(2)拦截空域;

(3)武器系统作战反应时间;

(4)连续作战能力(含火力密度、火力转移时间、导弹装填时间等);

(5)全方位攻击能力;

(6)使用维护要求(含使用环境条件、展开撤收转移时间、维修性要求等);

(7)可靠性、安全性要求等。

3.对发射装置的战术技术要求

发射方式与导弹系统的总体方案关系密切。在导弹(武器)系统初步设计时,必须考虑导弹的发射方式,并对发射装置提出要求。不同的初始制导要求和动力装置配置方案对发射装置的要求有所不同,归纳起来,主要有以下几方面。

(1)可动性。为了提高导弹武器系统的突防能力和生存能力,一般来讲,导弹的发射装置应具有较高的可动性。其主要标志是行进速度、越野能力和运载车辆数目等。

(2)初始瞄准要求。包括高低、方位瞄准角及其角速度的工作范围、允许偏差和发射禁区等。

(3)离轨速度、导弹下沉量及其安全性。对于使用发射导轨倾斜发射的导弹,其离轨速度一般应大于 20 m/s,以提高导弹离轨的稳定性、抗初始干扰的能力和导弹下沉的安全性。为此,应合理地确定导轨的长度、精度和离轨方式。

(4)联装数、发射速度和反应时间。防空导弹系统常采用多联装发射装置,要求发射速度快、反应时间短。现代地空导弹武器系统的反应时间一般不超过 10 s,而分配给发射装置的反应时间只有几秒,这就需要提高发射装置的自动化水平和调转速度。

(5)转换时间。转换时间是机动发射装置由行军状态转为战斗状态的展开时间和由战斗状态转为行军状态的撤收时间。现代防空导弹武器系统的转换时间只有几分钟。因而,要求快速调平、标定和提高操作的机械化、自动化水平。

(6)其他性能要求。一般有稳定性、质量和尺寸、环境条件、燃气流的防护、可靠性、维修性、安全性、隐蔽性和成本等方面的要求。

8.1.2 发射方式的分类

导弹的发射方式,是由发射地点、发射动力和发射姿态所综合形成的方案及其在发射系统上的具体体现。或者指导弹脱离发射平台的方法与形式。

由于导弹的用途、尺寸、形状、质量和制导方式等不同,其发射方式也各不相同。导弹发射方式可从导弹发射动力、姿态和地点等来进行划分,如图 8-1 所示。

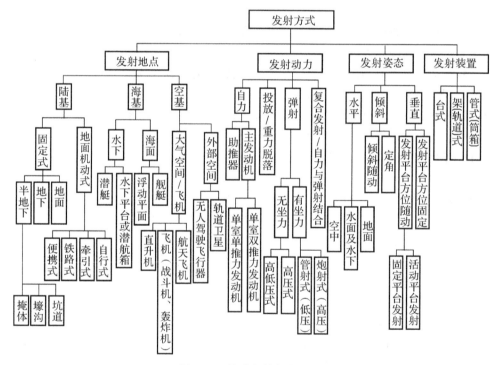

图 8-1 导弹发射方式分类

按发射地点不同,可分为陆基、海基和空基发射。

按发射姿态(角)的不同,可分为水平、倾斜和垂直发射。倾斜发射时,若发射架高低角与方位角按一定规律跟随目标运动,则称为倾斜随动发射;若高低角固定,则称为定角发射。垂直发射又分发射平台方位随动与方位固定两种方式。

按发射装置(发射导轨与发射架关系)不同,可分为台式、架式和管式发射。若导弹直接装填在发射架导轨上,发射时导弹相对于发射架导轨运动,则为架式发射;若导弹装在发射筒内,筒弹作为一个整体装填在发射架上,发射时导弹相对于发射筒内导轨运动,则为筒式发射。

按发射平台在导弹发射时所处的状态不同,可分为固定平台发射与活动平台发射。若发射平台停放在地面上发射,则为固定平台发射;陆上行进中发射和舰上发射,由于发射平台与地面或海面有相对运动,则为活动平台发射。

按发射动力源的不同,可分为自推力发射和外推力发射。

从发射动力源的角度来看,目前防空导弹常用的发射方式主要有自推力发射和外推力发射。

自推力(简称自力)发射的发射动力由导弹的发动机产生,即自力发射是指导弹起飞时依靠其自身的发动机或助推器的推力而离开发射装置。这种发射方式在实际中应用最早最广,可用来发射各种类型导弹。自力倾斜发射时,为了获得较大的起飞加速度,常常采用助推器或单室双推力火箭发动机。一般起飞加速度值在$(10\sim40)g$,其滑离速度一般可达 $20\sim70$ m/s。自力垂直发射导弹的初始加速度较小,因推力与导弹质量之比一般为 $1.5\sim3.5$,有时也需要助推器,但起飞后常自动脱落,以减轻飞行质量。

外推力发射则是借助于外力实现导弹的发射。如弹射发射方式,即导弹在起飞时由发射装置给导弹一个推力,使它加速运动直至离开发射装置。在导弹被弹出发射装置(管)以后,在主发动机的作用下继续加速飞行。弹射也称为冷发射,即不点燃导弹发动机的发射。弹射力对导弹的作用时间很短,但推力很大,可使得导弹获得很大的加速度。这对减轻导弹质量和尺寸,提高发射精度来说是很重要的技术措施。弹射发射方式,在发射装置上要配置弹射力发生器,显然,其发射装置比自力发射要复杂。但这种发射方式应用越来越广,由战术导弹直到战略导弹都可采用。弹射的动力源有压缩空气、燃气、蒸汽、燃气-蒸汽、液压和电磁等多种。压缩空气弹射是将空气压缩在高压气瓶中,用管道与导弹发射管相连,发射时,将阀门迅速打开,使气体瞬时流入发射管将导弹推出去。其特点是在技术上简单易行,但系统庞大。美国潜艇早期采用这种弹射方式。燃气-蒸汽弹射的特点是,利用气体发生器的火药产生大量燃气,同时又将水喷入燃气之中使水汽化,形成具有一定压力和较低温度的混合气体(压力一般为 1 MPa左右),通过管道将它送入发射管将导弹推出。这种弹射方式的优点为体积小、质量轻。燃气弹射是指直接利用火药气体来弹射导弹,可使导弹获得较大的滑离速度。另外,也可将高压燃气降至低压后再推动导弹,以减少导弹所受的过载。以火炮发射也是弹射的一种,其火药气体压力很大。例如,美国 155 榴弹炮膛压达 240 MPa,其初速较大,初始精度较高,它可用来发射反坦克导弹。

8.1.3 发射方式的选择

发射方式的选择是发射方案设计中最为重要的问题。在导弹发射方案设计中,首先应确定发射方式,在此基础上开展其他总体设计工作。

导弹的发射方式主要取决于发展该武器系统的战略、战术指导思想,对武器系统的战术技术要求,作战部署和运用原则。

对于给定的武器系统战术技术要求和导弹总体方案,其发射方式的选择不是唯一的。不同的发射方式从不同角度来看各有利弊。选择时除了考虑其优、缺点外,有时还要看各国对该种发射方式的掌握程度和习惯。

用于保卫机场、城市、要害设施等固定目标的导弹武器系统,一般采用固定平台发射,以减少发射装置和发射过程的复杂性,舰空导弹武器系统发射方式为典型的活动平台发射。

为了增加导弹的使用寿命,越来越多的防空导弹采用筒式发射。发射筒是密封的,内部充入干燥空气或氮气,对导弹能起到良好的保护作用,使其免受外界风沙、盐雾和潮湿空气的影响。精心设计的发射筒还可以对外界电磁辐射有良好的屏蔽作用,对导弹在运输和活动平台运动过程中的振动和冲击载荷有减缓作用,这些特点使筒式发射得到越来越广泛的应用,特别是对于舰空导弹,对增加导弹的使用寿命有重大作用。

低空近程导弹可采用倾斜发射,以利于提高导弹飞行的快速性,减小杀伤区近界。高空远程导弹宜采用垂直发射,虽然垂直发射有初始段速度低、杀伤区近界有损失等缺点和若干技术难题,但由于这种发射方式有易于实现全方位攻击(特别是在舰上),可增加待发射导弹数量,从而可对付多波次、多架次的饱和攻击,可提高导弹的生存能力,可简化发射装置设计等优点,因此,越来越受到重视,甚至中近程导弹也越来越多地采用了垂直发射方式。

外推力发射是目前各国防空导弹采用的主要发射方式,少数防空导弹,如俄罗斯的"道尔",采用了外推力发射,对于垂直发射的导弹,采用外推力发射可减少导弹推力损失,转弯段可在发动机点火前完成,避免了自推力发射带来的排焰等问题。其缺点是在发射装置中增加了外推力装置——如燃气发生器,增加了发射装置的复杂性。采用自推力或外推力发射方式,应在综合分析武器系统要求并权衡其利弊后确定。

不同的发射方式有不同的发射方案设计问题。对倾斜发射方式来说,导弹离轨速度是影响射入散布和弹道下沉的重要参数。如果采用随动倾斜发射,则发射架跟踪规律与调转规律直接影响导弹飞行特性和发射装置的设计。对垂直发射方式来说,如何实现导弹飞行初始段的弹道转弯和方位对准方案,是发射方案设计中必须解决的问题。对筒式发射方式来说,筒式发射动力学设计、筒弹组合设计是发射方案设计中应重点解决的问题。对活动平台发射方式,则重点应研究平台运动对导弹发射离轨参数的影响和导弹安全射界。此外,导弹的发射过程虽然短暂,但在此短暂时间内却要完成一系列的发射控制功能,这些发射控制功能是由发控系统来完成的。在导弹发射过程中,还应实现发射故障的自动判断,发射过程的中断与转移等功能。因此,发控程序设计是重要的总体设计问题。

8.1.4 发射控制程序

1. 防空导弹作战过程

地空导弹武器系统作战过程一般可分为以下 9 个阶段。

(1)搜索——按上级指挥所送来的目标信息对目标进行搜索,或由武器系统中的搜索雷达直接搜索目标;

(2)跟踪——对搜索到的目标进行跟踪,测量目标运动参数;

(3)识别——根据目标运动特性,回波特性等,识别敌我目标和真假目标;

(4)威胁判断——确定目标的威胁程度和实施拦截的顺序;

(5)发射决策——确定拦截点和发射时刻;

(6)火力分配——将作战任务分配给火力单元;

(7)发射控制——完成导弹发射前的准备工作,进入不可逆发射程序,直至发动机点火,导弹离架；

(8)飞行控制——根据弹目相对运动的关系,按规定的飞行方案和制导规律,控制导弹飞行直至今中目标；

(9)杀伤效果评定——对杀伤效果做出评定,并依评定结果确定下一步作战方案。

2.发射控制的主要任务

在上述地空导弹武器系统作战过程中,导弹的发射控制是一个重要环节,其主要任务如下：

(1)导弹选择:在每个火力单元中,一般有若干枚可供发射的导弹,甚至有对付不同类型目标的不同种类的导弹。对于可在架上进行检测的导弹,其检测结果也可能表明有的导弹不可用于作战,因此发射控制系统应能完成导弹选择任务,使用于作战的导弹具有良好的初始状态。

(2)射前准备:完成导弹发射前的准备工作,一般可含发控组合功能自检、射击方式(单射、齐射、连射)设定、导弹功能检查、导弹加电准备等。对红外寻的导弹,射前准备还包括导引头制冷、陀螺启动、截获等。射前准备是保证导弹发射和飞行正常的前提条件。

(3)发射实施:这一过程从按下发射按钮开始,到导弹离开发射架为止。一般把发射实施之前的导弹选择和射前准备阶段称为导弹发射的可逆过程,因为,此阶段的工作内容是可以依需要人工或自动设置和解除的,其工作过程是可逆的。而发射实施过程称为导弹发射的不可逆过程,一旦进入该过程,则各项工作内容是自动进行或中断的,人工不能干预,其工作过程是不可逆的。

发射实施阶段的工作内容,一般可包括参数装定、能源系统启动、电池激活、转电、发动机点火、发射结果认定、射击转移等。

(4)状态监视与故障判断:在导弹发射的可逆过程中,对导弹及发控装置的状态进行监视,并判断其状态是否正常；在导弹发射的不可逆过程中,判断每个发控功能是否正常,按规定的逻辑功能继续执行或自动中止发射过程。

3.发射程序

多数防空导弹的发射程序分为发射准备和点火(发射)两个阶段。

(1)发射准备程序(可逆阶段)。从接到指(火)控设备的导弹准备指令(导弹接电)到导弹"准备好",为导弹准备程序阶段,该程序是可逆的。准备程序完成下列任务：

• 发控装置进入导弹加电管理控制程序；

• 向导弹供电,并计供电时间；

• 在发控装置向导弹注入模拟多普勒信号与高频射频信号过程中,导弹开始调谐,向发控装置送出调谐好信号,如果故障则作故障处理；

• 向导弹送导引头天线高低与方位、导弹俯仰/航向偏差、扫描控制、发射距离等信号并进行预定,在整个发射过程中不断更新；

• 若导弹故障,发控装置应自动选另一发导弹继续进行准备；导弹调谐好时,发出导弹"准备好"信号。

(2)点火(发射)程序(不可逆阶段)。该程序开始条件是导弹"准备好"。点火(发射)程序完成下列任务：

• 再测调谐好信号,若该信号丢失,应作故障处理；

- 向导弹送"扫描选择"状态信号;
- 发射车(架)接到"发射"指令后,起爆发射箱(筒)固弹机构(箱弹或筒弹);
- 启动弹上能源(或称弹上能源点火),发动机点火信号加到发动机点火插头;
- 弹上能源点火后切断导弹外部供电电源;
- 发动机点火,推力达一定值时,导弹开始运动,切断剪切插头,导弹离轨离箱(筒)正常起飞。向指(火)控设备返回"起飞"信号,同时另选一枚导弹加电准备。

8.2 陆(海)基发射方式

陆(海)基发射的导弹,其发射姿态可分为倾斜发射和垂直发射两种形式,如图8-2所示。

8.2.1 倾斜发射

倾斜发射,是指导弹在发射架的导轨上,跟踪目标,初始瞄准,沿着导轨向前发射导弹,并使导弹进入到一定的弹道上。

一般倾斜发射方式的发射高低角(导弹发射俯仰角)小于90°。倾斜发射是防空导弹系统采用最广泛的发射方式。由于空中来袭目标可能来自不同的方位和高度,采用倾斜发射可在导弹发射前将发射架调转到所需的方向,并对目标进行跟踪。虽然这样做需要花费时间,从而降低了快速反应能力,但导弹发射后能迅速进入所要求的弹道,对提高近界拦截能力有利。另外,倾斜发射的导弹,其初制导比较容易,甚至可以不用初制导,仅依靠发射装置赋予的初始方向射入预定空间,使导引头截获目标。

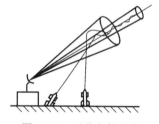

图8-2 两种发射方式

倾斜发射装置的重要构件是定向器。定向器是发射装置与导弹直接连接的构件,又被称为定向滑轨或导轨。其主要功能是在发射前直接支承和固定导弹,使导弹处于待发位置;而在发射时对导弹的初始运动进行约束,确保导弹按照预定的方向、以满足发射要求的速度值飞离发射装置。导弹可以通过弹体上的定向支耳支撑于定向导轨上(称为上滑式),如图8-3所示;也可以通过定向吊耳挂在定向器下方的滑轨上(称为下挂式),如图8-4所示。采用下挂式较容易解决导弹的离轨碰撞问题。

图8-3 倾斜发射的上滑式定向器

图8-4 倾斜发射的下挂式定向器

对于某些定向器来说,除具有上述功能外,还同时作为储存和运输的包装箱。它的两端是密封的,相当于一个密封容器。这种定向器称为储运发射箱式定向器,有时也称为箱式定向器或发射箱。其内部温度和湿度有的可以调节,使导弹在发射前处于所要求的环境中。有的在发射箱内部充入氮气或干燥空气,以防止导弹有关零部件在长期储存中氧化损坏。储运发射箱式定向器目前已得到广泛应用。

1. 倾斜发射的特点

(1)当导弹倾斜发射时,必须先判定目标方向,进行初始瞄准,然后才能发射导弹。因此,发射架要跟踪目标而转动,需要计算方向,还要同步,故发射控制系统地面装置复杂,但弹上装置却简单。

(2)当导弹倾斜发射时,在发射初始段,由于有一定攻角 α 而有一定的升力 Y,而这时导弹速度是从零开始的,由低速经过亚声速、跨声速进入超声速,这样就使升力 Y、焦点位置 X_F、重心位置 X_{cg} 都发生较大的变化,从而造成了重心下沉;若导弹在导轨上的前后支点不是同时离轨,前支点先离开后,会使导弹绕后支点转动,形成导弹的低头;导弹还会绕纵轴滚动 $40°\sim50°$,有时甚至达 $80°\sim90°$。所有这些,都要经过详细计算分析,加以解决。

(3)当导弹倾斜发射时,进入波束容易,弹道较为平缓,且可攻击高空、低空目标。

(4)当导弹倾斜发射时,为了消除重心下沉,就应加大推重比,于是要求助推器的推重比要大,一般 $\bar{P}_1=5\sim6$,甚至大于 10,使助推器质量很大。

(5)当导弹倾斜发射时,主发动机的推重比可以较小,$\bar{P}_2<1$。

(6)当导弹倾斜发射时,由于起飞推力大,且导弹在架上可绕垂直于地面的轴线转动,故燃气流危及区域大,使发射阵地较大。

(7)当导弹倾斜发射时,爬高较慢。

2. 发射初期的稳定与操纵问题

倾斜发射的导弹,在发动机初始推力的作用下,通过固连于弹体上的前、后定向支耳,沿发射架定向导轨所确定的方向滑行,从而获得初始速度矢量。若发射架定向导轨为单一平直导轨,则导弹在轨滑行时,其前、后定向支耳依时间顺序先、后滑离导轨。当前定向支耳离轨时,后定向支耳仍在导轨上,此时导弹的重力对后支耳支撑点有一个力矩作用。导弹在该力矩作用下会产生向下的俯仰转动,使导弹头部下沉,从而影响发射精度。这种现象称为导弹发射的"离轨下沉"。一般来说,离轨下沉包括导弹头部下沉量和弹体俯仰转动的下沉角速度。

若采用图 8-5 所示的"上滑式阶梯双平直导轨",由于其前、后导轨面之间有高度差 H,且前、后定向支耳的滑行距离相等(即前、后导轨的有效滑行长度相等,$S_1=S_2$),所以导弹的前、后支耳可同时离轨,从而可减少导弹头部的离轨下沉量,提高离轨运动参数的精度。

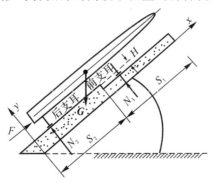

图 8-5　同时滑离阶梯式导轨示意图

（1）倾斜发射时导轨长度 L 与推重比 $\overline{P}$ 的关系。当导弹刚刚离轨时，由于飞行速度很小，总存在着弹道的下沉和导弹的低头现象，一般说来飞行是不稳定的，要达到稳定速度后才能稳定。稳定速度的大小可以定为 $V_w = 20$ m/s。

假设导弹沿导轨的运动为等加速运动。以 a_x 表示加速度，t_h 为沿导轨的滑行时间，t_g 为导弹过渡时间，V_1 为导弹离轨速度，初速度为零，L 为导轨长度。

导弹的运动方程式为

$$\frac{G}{g}\frac{dV}{dt} = P\cos\alpha - X - G\sin\theta \tag{8-1}$$

$$a_x = \frac{dV}{dt} = g\left(\frac{P}{G}\cos\alpha - \frac{X}{G} - \sin\theta\right) \tag{8-2}$$

导弹在轨滑行时所受的气动力和摩擦力，与发动机推力相比，其影响可以忽略不计，则

$$a_x \approx g\left(\frac{P}{G} - \sin\theta\right) \tag{8-3}$$

因导弹在轨滑行时间非常短，所以，可以忽略在轨滑行时导弹质量变化的影响，同时假定在轨滑行时发动机推力为常数。那么，滑行加速度 a_x 等于常数。

导弹在轨滑行速度为

$$V_1^2 = 2a_x L \tag{8-4}$$

因此，导轨的有效滑行长度 L 与导弹离轨速度 V_1 之间应满足关系式：

$$V_1 = \sqrt{2g\left(\frac{P}{G} - \sin\theta\right)L} \tag{8-5}$$

导弹的离轨速度 V_1 不应过低。因为导弹离轨时的动压 $q = \frac{1}{2}\rho V_1^2$，若离轨速度较低，则离轨动压较小，导致气动升力、稳定力矩和控制力矩偏小，从而降低导弹离轨时飞行参数的稳定性，增加了发射误差。如果这种飞行稳定性的降低，超出了控制系统启控后正常工作所允许的范围，则有可能造成发射失败。由式（8-5）可知，离轨速度 V_1 受到导弹初始推重比 $\overline{P}$ 和导轨有效滑行长度 L 的限制。一般要求倾斜发射离轨速度 V_1 不应低于 20 m/s。

需要注意的是，对于上滑式阶梯双平直导轨，导弹离轨时其弹体仍在发射架前导轨的上侧。此时导弹"离轨未离架"，若在离轨干扰因素的作用下，弹体沿 y 轴负方向的位移偏大，则有可能使弹体与发射架发生碰撞。因此发射架前、后导轨面之间应有足够的高度差 H（见图 8-5），以避免发生离轨碰撞。

若取 $\theta = 30°$，导弹离轨稳定速度为 $V_1 = 20$ m/s，则推重比与导轨的关系见表 8-1。

表 8-1 推重比与导轨的关系

当 $\sin\theta = \frac{1}{2}$ 时	$\frac{P}{G}$	2	5	10	20
	L/m	10	4	2	1

由此可知，为了达到一定的离轨稳定速度 V_w，可以采用两种方法，即增大推重比 P/G 和增加导轨的长度 L。

若因受到发动机推力和发射架导轨长度的限制，离轨速度不能满足要求，可采取以下两个措施来解决：① 调整导弹控制系统的低速操控指标，在不影响制导精度的条件下，允许导弹的

姿态角在离轨初始阶段有一定的变化,但一般不大于 $5° \sim 8°$。②采用推力矢量控制技术。在导弹离轨时,通过控制推力矢量,解决低速离轨情况下导弹的稳定与操控问题。

若允许导弹在离轨后的一定时间内,存在一定的不稳定度,这时,导轨的有效滑行长度 L 与导弹离轨速度 V_1 之间的关系式可按以下计算(见图 8 - 6)。

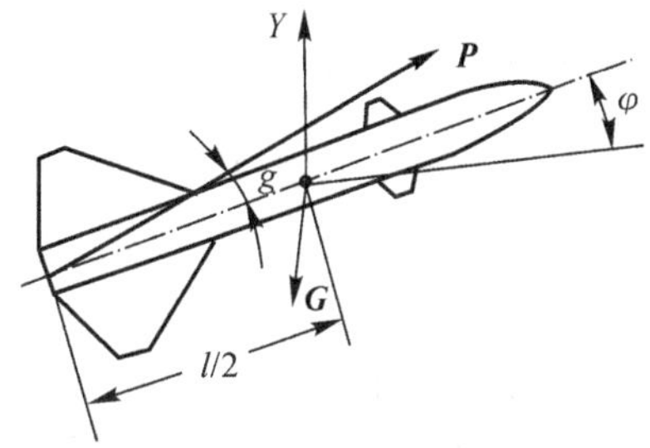

假定由于制造误差或燃烧不均匀而产生的推力偏心值为 ε,一般数据为 $\varepsilon < 0.5°$。这时,推重比 P/G 与导轨的长度又如何呢?

由于推力偏心所造成的干扰力矩为

$$M_x \approx P\sin\varepsilon \cdot \frac{l}{2} = \frac{Pl}{2} \frac{\varepsilon}{57.3} \approx 0.008\ 7Pl\varepsilon$$

(8 - 6)

图 8 - 6　导弹离轨运动

转动运动关系式为

$$J_z \frac{\mathrm{d}^2\varphi}{\mathrm{d}t^2} = M_z$$

(8 - 7)

$$\varphi = \frac{1}{2} \frac{\mathrm{d}^2\varphi}{\mathrm{d}t^2} t_f^2 = \frac{1}{2} \frac{M_z}{J_z} (t_g - t_h)^2$$

(8 - 8)

式中,t_g 为导弹从静止到飞行稳定所需要的过渡时间;t_h 为导弹在导轨上滑行的时间;t_f 为导弹离轨到飞行稳定的时间。

离轨后仍视为等加速运动,其等加速度仍为 a_x,于是有

$$V_w = a_x t_g$$

(8 - 9)

可得

$$\varphi = \frac{1}{2} \frac{M_z}{J_z} \left(\frac{V_w}{a_x} - \sqrt{\frac{2L}{a_x}} \right)^2$$

(8 - 10)

根据某地空导弹统计资料,转动惯量为

$$J_z = \frac{G}{g} (0.2l)^2$$

(8 - 11)

将 M_z 和 J_z 的表达式,代入 φ 的表达式,故可得到

$$\varphi = \frac{1}{2} \frac{0.008\ 7Pl\varepsilon°}{\frac{G}{g}(0.2l)^2} \left[\frac{V_w}{g\left(\frac{P}{G} - \sin\theta\right)} - \sqrt{\frac{2L}{g\left(\frac{P}{G} - \sin\theta\right)}} \right]^2 =$$

$$0.11g \frac{P\varepsilon°}{Gl} \left[\frac{V_w}{g\left(\frac{P}{G} - \sin\theta\right)} - \sqrt{\frac{2L}{g\left(\frac{P}{G} - \sin\theta\right)}} \right]^2$$

(8 - 12)

【例 8 - 1】　当导弹的 $V_w = 20$ m/s,$\varepsilon = 0.5°$,$\frac{P}{G} = 10$,$l = 6.2$ m,$\theta = 30°$ 时,求 L, φ。

解　代入相应的公式后计算结果见表 8 - 2。

表 8 - 2　导轨长度 L 与 φ 的关系($V_w = 20$ m/s)

$L/$m	0	0.5	1	2
$\varphi/(°)$	2	0.4	0.126	0

可见在此例中,不论导轨取何值,均能满足 $\varphi < 5° \sim 8°$ 的要求。

如若在此例中,取 $V_w = 50 \text{ m/s}$,则有下列计算结果(见表 8-3)。

表 8-3 导轨长度 L 与 φ 的关系($V_w = 50 \text{ m/s}$)

L/m	0	0.5	1	2	3	5	10
$\varphi/(°)$	14.0	8.90	7.26	5.12	3.66	1.80	0.18

可见在此例中,要满足 $\varphi < 5° \sim 8°$ 的要求,导轨的长度应为 $L = 1 \sim 5 \text{ m}$。

(2)发射初期稳定与操纵的措施。

1)提高导弹发射时的推重比。

2)增大导轨长度。

一般来说,采用以上两种措施仍然难于使导弹离轨速度达到稳定速度,为了导弹的推重比和导轨长度不致过大,可采取下面第三个措施。

3)导弹在离轨之后,其飞行速度达到稳定速度之前,导弹的姿态角允许有一定的变化(不大于 $5° \sim 8°$)。在这种情况下,则可有效地减小推重比和导轨长度。如果导弹的推重比较小,即使采用了第三个措施,导轨长度仍然过长,在这种情况下,只能采取下面第四个措施。

4)推力矢量控制。可采用摇摆发动机、燃气舵、扰流片或偏流环等推力矢量控制方案以解决发射初期低速情况下导弹的稳定与操纵问题。

3. 倾斜发射导弹发射架定向器提前角

对用制导雷达测量导弹运动参数,并以此形成引导指令的面空导弹武器,必须使发射架(车)定向器与天线同步转动,且使发射架(车)定向器要提前天线一个角度,以保证导弹被截获瞬时基本能落入天线波束中心。因导弹发射后至受制导雷达控制前,有一个无控飞行段,设这段时间为 t_{wk}。在无控飞行段内,目标要飞过一个角度,跟踪目标的天线波束也转过同样角度。因此,要使导弹在无控段结束时被截获,应使其基本位于天线波束中心处。显然,发射导弹时要提前天线一个角度,该提前角可认为与天线转动角速度($\dot{\varepsilon}, \dot{\beta}$)及无控飞行时间 t_{wk} 成正比,即

$$\Delta\varepsilon_{fq} = t_{wk}\dot{\varepsilon} \qquad (8-13)$$

$$\Delta\beta_{fq} = t_{wk}\dot{\beta} \qquad (8-14)$$

式中,$\Delta\varepsilon_{fq}$,$\Delta\beta_{fq}$ 为发射架(车)定向器在高低角、方位角上的提前角;t_{wk} 为导弹发射后的无控飞行段时间,一般为几秒到十余秒;$\dot{\varepsilon}, \dot{\beta}$ 为目标(天线)高低角、方位角转动角速度。

另外,导弹发射后无控飞行段,受地心引力使导弹下沉。为保证导弹射入波束,发射架(车)定向器在高低角上必须增加下沉量补偿角(ε_g)。由下沉量形成的下沉角,可近似认为和导弹重力 G 在垂直方向分量 $N_\varepsilon = G\cos\varepsilon$($\varepsilon$ 为发射导弹时目标的高低角)成正比,如图 8-7(a)所示。显然,$\varepsilon = 0$ 导弹下沉量最大,补偿角也最大,由试验可得每种导弹无控飞行段结束时下沉角 α。ε 不大时,下沉量补偿角 ε_g 近似按线性减小,如图 8-7(b)所示,此时

$$\varepsilon_g = (\alpha + k\varepsilon) \qquad (8-15)$$

式中,α 为 $\varepsilon = 0$ 时导弹下沉量的补偿角(由试验得到);k 为按线性补偿函数的斜率,$k = -\dfrac{a}{b}$;b 为按线性补偿函数近似时,重力引起下降量补偿角,$\varepsilon_g = 0$ 对应的 ε 值。

则发射架(车)定向器瞄准角应为

$$\varepsilon_{fq} = \varepsilon + \Delta\varepsilon_{fq} + \varepsilon_g = (1+k)\varepsilon + t_{wk}\dot{\varepsilon} + \alpha \tag{8-16}$$

$$\beta_{fq} = \beta + \Delta\beta_{fq} = \beta + t_{wk}\dot{\beta} \tag{8-17}$$

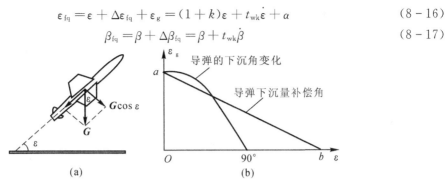

图 8 - 7　倾斜发射导弹发射后无控段受的重力和下沉角补偿原理

（a）导弹发射时受的重力及分量；（b）导弹下沉角补偿

8.2.2　垂直发射

垂直发射，是按照目标的信息，首先将导弹垂直向上发射，然后按照方案机构进行转弯，进入到一定的弹道上（见图 8 - 2）。

垂直发射技术的发展是由未来作战环境的需求和其本身特点所决定的。在未来战争中，来袭目标可从全方位进入，实行多批次的饱和攻击，目标飞行速度和机动能力有显著提高，留给防空导弹的反应时间减少，目标的飞行高度由几米至数十千米，可供拦截的距离由数千米至上百千米。敌方的侦察、干扰技术更加完善。上述作战环境对防空导弹系统提出了反应时间短、发射速率高、全方位作战、载弹数量多、隐蔽性好、可靠性高等新的要求，垂直发射技术就是在这些要求下应运而生的。

1. 垂直发射的特点

（1）垂直发射的优点。

1）反应时间短，发射速率高。发射装置不需高低方向跟踪目标，因而结构简单，工作可靠，成本低。在目标方位尚未最后判定之前，可先发射导弹，因而可缩短作战反应时间，提高发射速度。如倾斜发射的海麻雀导弹反应时间为 14 s，而垂直发射的海麻雀导弹反应时间仅为 4 s。宙斯盾系统采用倾斜发射时，其发射速率为每 10 s 一枚，采用垂直发射后，其发射速率为每秒一枚。

2）在弹道的初始段，攻角 $\alpha \approx 0$，升力 $Y \approx 0$，因此气动力矩的平衡问题易于解决。这对质心和压心变化大的导弹特别有利。

3）爬高迅速。助推发动机初始推力全部用于提高铅垂方向加速度，助推段的阻力损失减小，有利于减小助推器的质量，从而可减轻导弹的起飞质量。

4）助推段的推重比可适当减小，在 $\bar{P} = 1.5 \sim 2$ 条件下即可起飞，且无离轨下沉问题。

5）占用空间和发动机燃气流影响区较小，隐蔽性好，载弹量大，并有利于再次装填和提高发射速率。对舰空导弹，不会因舰艇上层建筑的影响而造成发射禁区，有利于攻击来自不同方位的目标，即具有全方位作战能力。

6）结构简单，工作可靠，生存能力强。由于垂直发射往往不需要瞄准和战时装填的随动系统、升降机构、液压系统，减少了大量的活动部件，使系统结构简单，提高了可靠性。单位面积储弹量大，所需辅助设备少，因此比携带相同数量的倾斜发射装置成本要低得多。对于舰上发射，弹库不在甲板上，避免了意外损伤和战时弹片的伤害，增加了隐蔽性，提高了生存能力。

（2）垂直发射的缺点。

1）当导弹攻击低空目标时，导弹需在 2～3 s 内完成飞行方向的转向，需用过载大。为避免需用过载过大，通常在飞行速度和高度不大时，导弹就启控、转向，因此，导弹在大机动情况下速度有一定的损失。

2）需采用初制导、推力矢量控制和解决大攻角情况下气动特性、气动耦合问题。

3）杀伤区域近界相对较大，作战近界有一定损失。

垂直发射方案设计需要研究的问题是方位对准方案设计、俯仰转弯方案设计、转弯动力方案设计等。垂直发射的关键技术是推力矢量控制技术、捷联惯导技术、亚声速大攻角气动耦合技术、自推力发射排焰技术等。

战术导弹垂直发射装置是采用静力发射还是采用动力弹射，这一问题在国际上曾有较长时间的争论。但动力弹射方式有其独特的优点：① 对导弹来说，采用动力弹射有利于增加导弹的动力航程，这对近程防空导弹是极其有利的；② 对发射装置来说，动力弹射可以免除静力发射中带来的极为复杂的燃气排导问题；③ 对于发射点或舰艇的安全性来说，动力弹射可以为哑弹提供一种应急处理的措施；④ 在弹射后低速转弯不仅控制方便，耗能也很小。但是，动力弹射要求导弹实现空中可靠点火并有效地处理好导弹可能发生的意外点火，否则将对发射架或舰艇及陆基发射系统的安全造成严重威胁。因此，要重视动力弹射技术的深入研究。美国曾对两种发射的动力方式分别作过论证和比较，其结论是动力弹射方式特别适用于小型导弹的垂直发射装置。其实，从俄罗斯的经验表明，中、大型的导弹也允许采用动力弹射技术。

至于水下潜艇垂直发射，战术导弹几乎都采用动力弹射方式。目前，美国及其北约国家正在研制的水下发射潜空导弹，也采用动力弹射技术。

2. 垂直发射导弹初始发射角形成原理

对垂直发射且初始转弯采用推力矢量控制的面空导弹，为实现飞行中对导弹跟踪，发射后必须将导弹尽快引入制导雷达波束（此过程称为截获）。因此，发射前必须给导弹预先装定好初始偏转角，在截获前的自主飞行段，由自动驾驶仪按装定的初始偏转角控制导弹转弯，使其进入制导雷达波束，并使导弹纵轴（Ox_1）对准指（火）控设备计算的遭遇点，而其纵对称面垂直向下，如图 8-8 所示。初始偏转角由指（火）控设备计算给出，导弹在水平面偏转角称为 γ 偏转角，在垂直面偏转角称为 ϑ 偏转角。γ，ϑ 均在发射坐标系 $Ox_L y_L z_L$ 内确定，该坐标系原点 O 在导弹重心，Oy_L 沿导弹纵轴指向，Ox_L 指向是原点与遭遇点连线在水平面的投影线。经 Ox_L，Oy_L 轴的平面称为偏转平面；正北方与偏转平面间的夹角称为初始偏转方位角 γ；在偏转平面内导弹俯仰的角度称为初始偏转高低角 ε。给自动驾驶仪装定初始偏转角时，还应考虑下列因素：

发射设备相对火控设备（制导雷达）位置是任意的，由发射设备纵轴与正北方夹角 β_{LV}（轴方位角）及发射设备标定基点相对制导雷达连线与正北方向方位角 β_{LR}（基准方位角）来决定。

导弹舵位置（Oy_1 轴）相对发射设备纵轴方向用结构角 β_k 表示，4 发导弹 β_k 装弹时固定为 $\beta_{k1} = 173°30'$，$\beta_{k2} = 143°40'$，$\beta_{k3} = 36°20'$，$\beta_{k1} = 6°30'$，输入计算机存储器中，如图 8-9（a）所示。

发射设备起竖部分起竖不绝对垂直（可达数度误差），可用专门的设备测定，其偏差角用 ε_V（纵向），ε_C（横向）表示，如图 8-9（b）（c）所示。

考虑上述因素和相对照射制导雷达所在点得到的 β_y，ε_y 后，给导弹自驾输入的初始偏转

角 γ，ϑ 计算式为

$$\gamma = \beta - \beta_{LV} - \beta_k + \Delta\gamma \qquad (8-18)$$

$$\vartheta = \varepsilon \pm \Delta\vartheta \qquad (8-19)$$

式中，γ，ϑ 为导弹的初始偏转角；β 为正北方向与过遭遇点的垂直平面夹角；β_{LV} 为正北方向与发射设备纵轴的夹角；β_k 为发射设备纵轴相对导弹舵位置（Oy_1 轴）的夹角；ε 为在过遭遇点的垂直平面内使导弹俯仰的角度；$\Delta\gamma$，$\Delta\vartheta$ 为考虑导弹起竖不垂直的修正角。$\Delta\gamma$，$\Delta\vartheta$ 近似和 ε_c，ε_V 成正比。

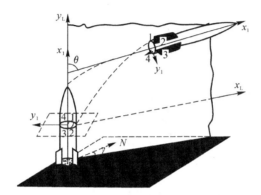

图 8-8　垂直发射导弹坐标系及导弹的偏转角

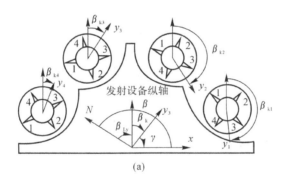

(a)

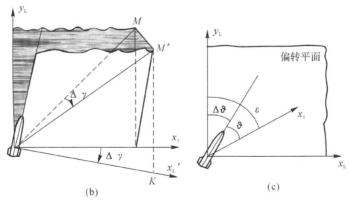

(b)　　　　　　　　　　(c)

图 8-9　导弹初射角计算原理

（a）导弹舵位置相对发射设备纵轴结构角；　（b）导弹起竖不垂直横向偏差角；　（c）导弹起竖不垂直纵向偏差角

8.2.3 海基发射的特殊性

海基发射与陆基发射基本相同,但在舰上发射还有一些特殊问题,在初步设计与分析时应予以充分考虑。

(1)受舰艇空间的限制,应尽量减小导弹及其发射装置的尺寸,导弹宜采用无翼式布局;而对其他气动布局形式,宜采用小展弦比和折叠弹翼等。

(2)导弹发动机应尽量采用便于使用维护的固体火箭发动机或固体火箭冲压发动机,不宜采用使用维护复杂的液体火箭发动机。

(3)舰载导弹的环境条件恶劣,海水有较强的腐蚀性。因此,舰载导弹及其发射装置均应有完善的防腐措施,宜用筒式或箱式发射。

(4)保证舰艇的安全。需妥善解决导弹发动机燃气流的排导问题,不允许发动机的燃气流进入导弹库。若导弹发动机发生意外点火等情况,应有相应的安全措施。

(5)舰艇的颠簸、摇摆对初始瞄准的影响。对初始瞄准要求较高时,导弹初制导可应用红外位标器(宽视场)、电视摄像机将导弹引入雷达波束,发射装置采用稳定平台或采用速率陀螺反馈的天线稳定系统以保证射向稳定。

综上所述,舰载导弹特别是舰空导弹,宜采用短导轨或零长、自动垂直装填、燃气排导通畅的箱式或筒式、自力垂直或定角发射。

8.3 空基发射方式

空基发射是指导弹脱离空中发射平台(飞机或其他飞行器)的方式。总体设计时要特别关注机载导弹的运载和发射问题,正确选择机载导弹的发射方式,力求使载机与导弹的相互干扰尽可能小。

8.3.1 机载导弹的运载和发射

载机带弹后,阻力和质量将增加,质心通常也会发生变化,从而影响载机的飞行性能(如最大速度、升限、航程和操纵稳定特性等)和结构的动力特性。通常,由于机-弹干扰,机-弹联合体的阻力并不等于单独载机和单独导弹的阻力之和。挂弹位置选择不当,可使机-弹联合体的总阻力显著增加。因此,载机在选择挂弹方案时,应使阻力、质量、对载机稳定性和飞行性能的影响尽可能小。在发射导弹的过程中,需仔细地考虑导弹飞行的"异常"与事故对载机安全的影响,以及导弹发动机的燃气流(废气)对载机流场和载机发动机工作的影响,确保发射导弹时载机的安全。

机载导弹在发射时,需仔细考虑载机流场对导弹飞行的影响,如图 8-10 和图 8-11 所示。由于载机流场的影响,使导弹在低速大攻角情况下上仰(作用的 $M_z > 0$)(见图 8-10(a))。而在高速小攻角情况下下俯(作用的 $M_z < 0$)(见图 8-10(b);在载机横向流的作用下产生侧向力 z 和偏航力矩 M_y(见图 8-11(a));在载机后掠翼下的机载导弹,因不对称载机流场的影响而产生滚动力矩 M_z(见图 8-11(b))。导弹在脱离了载机的约束后,在上述诸力和力矩的作用下,将产生相应的"异常"运动,甚至发生与载机相碰。因此,必须仔细地分析机载导弹在运载和发射时的物理现象和可能发生的"异常"运动,并通过风洞试验,甚至飞行试验后

才能正确选定机载导弹的挂弹方案和安全措施。

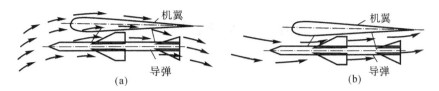

图 8-10　机翼-发射架-导弹组合时俯仰方向的流场

(a)低速大攻角情况；　(b)高速小攻角情况

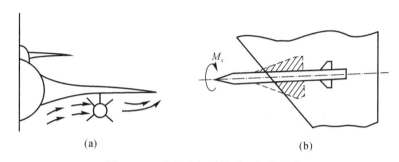

图 8-11　载机流场对导弹飞行的影响

(a)机翼-发射架-导弹组合时横侧方向的流场；　(b)导弹在载机机翼下不对称下洗流场

8.3.2　机载导弹的发射方式

机载导弹通常在发射(直升机悬停发射除外)时已具有较大的速度,其发射方式主要有以下两种。

(1)自力定向发射。这种发射方式为导弹在自身发动机或助推器推力的作用下,沿导轨向前发射。

(2)投放发射。这种发射方式为导弹依靠自身重力脱离载机一定距离后,其发动机才点火开始工作。

这两种发射方式相比,定向发射可使导弹迅速进入导引弹道,初始误差和最小允许发射距离小。但在导弹发动机发生故障时,将危及载机的安全。导弹发动机的燃气流(废气)将影响载机的流场和载机发动机的工作。投放发射的优点是能避免导弹发动机燃气流对载机的影响,载机较安全,但引入导引弹道的时间较长。一般来说,自力定向发射适用于空空导弹;投放发射则适用于中、远程空地导弹。

另外还有一种发射方式是弹射发射。它利用机械力或其他力将导弹弹离载机一段距离后,导弹发动机再点火启动。相比较而言,弹射发射装置的机构较为复杂。

第9章　能源系统设计

能源系统是防空导弹系统的一个重要组成部分,它主要包括电源、气源和液压源,用于提供导弹工作时所需的各种能源,是导弹赖以工作的基础,它的工作状态及质量将直接影响导弹的正常工作。因此,性能优良、可靠性高的能源系统对提高导弹的战术技术水平具有非常重要的作用。

本章将重点从导弹总体设计的角度,介绍能源系统的类型与特点、设计要求和导弹上常用能源系统的选择与设计方法等问题。

9.1　能源系统的类型与特点

9.1.1　类型

防空导弹能源系统包括电源、气源和液压源。

(1)电源。有化学热电池、涡轮发电机等种类,主要用于为发射机、接收机、弹载计算机、电动舵机、陀螺和加速度计、电路板、引战系统等提供电力。

(2)气源。有燃气和高压洁净氮气或其他介质的高压洁净气源,主要用于气动舵机、导引头气动角跟踪系统的驱动以及红外探测器的制冷等。

(3)液压源。主要用于液压舵机的驱动,包括开放式液压源和泵式液压源。

在防空导弹的发展历程中,上述几种形式的能源均得到过应用。采用何种能源一方面取决于导弹整体设计的需要,另一方面也取决于技术成熟度等因素。在20世纪80年代以前研制的导弹,多采用复合式能源,80年代后期由于热电池技术、稀土永磁电机技术和大功率电子器件技术的飞速发展,电动舵机在防空导弹上得到了广泛应用,现在的新型导弹大都采用热电池作为能源。

9.1.2　特点

能源系统为防空导弹提供赖以工作的电源、气源和液压源。由于防空导弹具有智能化程度高、体积质量小、速度快、机动能力强、工作环境恶劣等特点,因此防空导弹能源系统应具有以下特点。

(1)启动快,以缩短导弹发射的准备时间;

(2)输出功率大;

(3)耐储存、高可靠;

(4)体积小、质量轻;

(5)适应复杂的振动、冲击、温度等恶劣工作环境。

能源系统是防空导弹实现高性能战术技术指标的基础,是导弹各分系统实现功能和达到性能指标的保障,例如,制导系统实现精确制导、引战系统实现对目标毁伤等必须有电源系统的保障;红外导引头需要冷气源为探测器制冷;操纵翼面偏转的舵机更是需要大功率电源、气源或液压源。在进行导弹总体方案论证和设计时,对能源系统需要进行统一规划和设计,根据导弹总体战术技术指标的要求来选择最佳的能源组合和实现途径,因此,导弹能源系统的方案选择和达到的技术水平对导弹总体性能指标的实现具有非常重要的作用。

9.2　能源系统的设计依据与要求

导弹能源系统的设计目标是,根据导弹总体技术性能指标要求,以及弹上各用能源设备的情况,设计符合导弹总体技术性能要求、工作安全可靠、使用维护方便、具有良好性能的弹上能源系统。

9.2.1　设计依据

在进行弹上能源系统设计时,主要的设计依据有以下几方面。
(1)导弹总体技术性能指标要求及功能性要求;
(2)导弹总体部位安排;
(3)导弹"六性"要求;
(4)弹上各种仪器对能源设备性能指标要求;
(5)能源系统生产工艺性要求;
(6)相关标准及设计规范。

9.2.2　基本设计要求

导弹能源系统设计的基本要求:
(1)符合总体性能要求。能源系统设计依据是导弹的总体性能指标要求和使用要求,因此,要满足导弹总体的技术指标要求和对能源系统的基本要求。
(2)正确性要求。导弹内部各设备的工作是按照设计的工作时序来进行的,弹上设备工作时,导弹能源系统必须确保适时正确地给设备提供能源;弹上设备不工作时,必须确保不给设备提供能源。因此,导弹能源系统的设计必须遵循正确性原则。
(3)可靠性要求。导弹能源系统是导弹的能源中枢,其工作的正常与否直接关系到导弹工作的成败,因此,可靠性是设计的首要任务。
(4)电磁兼容性要求。电磁兼容性关系到导弹的安全性能以及导弹各系统能否正常协调的工作,因此,要保证满足总体要求。

9.2.3　功能要求

防空导弹对能源系统的主要功能要求:
(1)导弹发射后,为导弹系统提供合格的能源。
(2)在导弹挂机(发射架)状态下,完成载机电源(或地面电源)的滤波和转换,为导弹系统提供满足要求的供电电源。
(3)实现机(发射架)、弹电源的隔离。导弹发射时,弹上电源迅速建立,为防止机(发射架)、弹电源之间形成电流"倒灌",对弹上或载机电源的工作造成不良影响,同时方便实现弹上电源的自检,需要将弹上电源和载机电源进行隔离。

(4)导弹发射时,可靠地实现弹上能源的自检,确保弹上能源已经正常输出并达到导弹总体要求的指标,然后将自检信息反馈给导弹控制系统或发射装置,导弹才允许发射,避免导弹发射后因能源系统不正常而造成任务失败。

(5)其他要求:包括质量、尺寸、质心等物理参数要求,电气及机械接口要求,环境适应性、测试性、维修性、可靠性、安全性、互换性、寿命等要求。

9.2.4 技术指标要求

各种能源系统的主要技术指标要求。

1. 电源

电源主要有热电池和燃气涡轮发电机。

热电池的技术指标:输出电压;输出功率;工作时间;激活时间;内阻;安全电流;激活电流;储存寿命等。

燃气涡轮发电机的技术指标:输出电压;输出功率;输出电压频率;达到正常供电的时间;工作时间等。

2. 气源

气源主要有冷气源和燃气源。

冷气源的技术指标:气瓶安全系数;容积;瓶体强度;爆破压力;工作压强;总质量;气密性;输出压强;外形等。

燃气源的技术指标:点火峰值压强;稳定工作压强;达到点火峰值的压强时间;从点火起至工作的压强时间;燃气流量;工作时间等。

3. 液压源

技术指标:供油压力;供油油量范围;油源质量;油源体积;工作时间;油的洁净度等。

9.3 电源系统的选择与设计

防空导弹弹上供电采用一次性电源,可分为化学电源和物理电源。化学电源包括锌银电池和热电池,物理电源主要是燃气涡轮发电机。目前,新研发的防空导弹多采用热电池。

9.3.1 燃气涡轮发电机

对于射程远、飞行时间长的防空导弹,由于化学电池无法满足体积小、长时间大电流放电的要求,常采用飞行后利用物理电源进行供电的方案,主要以燃气涡轮发电机为主。

燃气涡轮发电机是以推进剂燃气作能源,推动涡轮运动带动发电机高速旋转获得电能的装置。燃气涡轮发电机结构紧凑,耐冲击振动,单位质量(或体积)输出功率大,但是其需要高压燃气提供动力源,同时其输出为交流电源,若弹上设备工作要求直流电源需要转换后才能使用。

1. 原理及组成

燃气涡轮发电机属于磁通换向感应式永磁交流发电机,主要由壳体、定子组合件、转子组合件、涡轮及端盖组成。定子组合件由定子冲片和磁钢组成。转子组合件由转子冲片叠成的转子铁芯与轴及轴承组成。发电机的转子是没有绕组的齿状导磁体转子,定子采用鞍形绕组,并由永久磁铁和导磁体材料组成定子铁芯。其原理组成如图 9-1 所示。

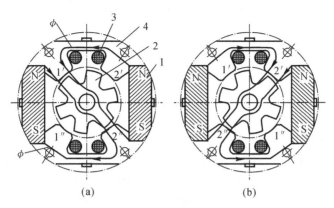

图 9-1　涡轮发电机原理组成图

1—磁铁(两块)；　2—转子铁芯；　3—鞍形绕组；　4—定子铁芯(两个)

2. 设计方法

首先确定涡轮的转速,其稳态值为涡轮转轴上产生的力矩等于负载力矩时的转速,然后根据转速和燃气压力设计涡轮结构。

交流电源频率值与极对数 P 和转速 n 的关系式为 $f = Pn/60$。例如,在空空导弹中采用的发电机,极对数一般取 6,可使结构设计更紧凑、合理。燃气压力的波动会引起涡轮发电机的电压和频率(转速)的波动,一般采用 RLC 电路(由一个 L,C 并联谐振回路再串联一个功率电阻 R 组成)进行稳频稳压。

在设计中需要考虑转子组合件和涡轮的不平衡度,设计指标一般不大于 0.05 g·cm。电机装配好后,需要对电机磁钢充磁到饱和状态,再经退磁稳定处理,调到额定的输出参数。

9.3.2　化学电源

化学电源是一种利用化学反应将化学能转化为电能的装置。由于防空导弹工作时间较短,使用化学电源比采用涡轮发电机作为电源具有质量轻、体积小、激活可靠性高。化学电源主要有锌银电池和热电池。

1. 锌银电池

锌银电池又称锌-氧化银电池,它是以锌为负极,氧化银为正极,电解质为氢氧化钾水溶液的碱性电池。一般由单体电池、加热系统、结构壳体和对外接口组成。单体电池主要由正负极板、电解液、电极组和隔膜组成；加热系统由加热带和温度继电器组成。

锌银电池是在第二次世界大战后期,随着导弹武器的出现而发展起来的。先后经历了电加热和化学加热自动激活两个阶段。

电加热自动激活锌银电池。电加热线路由加热器、温度继电器和加热继电器组成。只要接通外部电源,电池内部就自动加热并保持恒温。加热器的电阻丝通常采用镍铬丝,根据电池储液器的结构形式,制成相应的加热带、加热管或加热板提高热效率,缩短加热时间。电加热自动激活锌银电池的致命缺点是使用前需要根据使用环境温度进行电池加温,这样就延长了导弹武器的准备时间，无法满足导弹武器系统快速反应的使用、发展要求。

表 9 - 1　电加热电池加热时间

使用环境温度/℃	所需加热时间/min
−40	≤30
−20	≤25
0	≤20
+10	≤15

化学加热自动激活锌银电池。它是利用化学加热器内烟火加热剂引燃后产生的高温高压燃气，将储液器内的电解液迅速推到化学加热器并同时加热后，挤压到每个单体电池内，使电池激活，产生需要的电压。结构上主要采用双圆筒式的化学加热器，储液器为蛇形管式，如图 9-2 所示。化学加热自动激活锌银电池的特点：不需电池加温，激活时间短（≤1.5 s），满足导弹武器系统作战反应时间快的使用要求；电池内阻小，具有大电流放电的能力；放电电压稳定，当大电流放电时，其工作电压较镉镍、铅酸等电池要稳定得多。这些特性使锌银电池在战术导弹上得到了广泛应用。

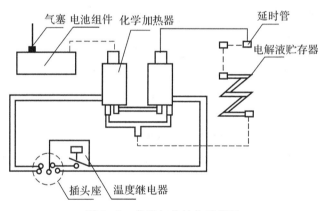

图 9-2　化学加热结构示意图

总的来讲，锌银电池的优点是比能量高，比功率高；内阻小，大电流放电特性平稳；充电效率和能量输出效率高。缺点是低温性能欠佳，消耗大量贵重金属银而使成本提高，储存寿命短（干态储存一般为 5～8 年），在一定程度上限制了它的发展。

2.热电池

热电池又称热激活储备电池，它是一次使用的熔融盐电解质原电池。在常温下，电解质是不导电的固体，使用时用电发火头点燃电池内的烟火热源，1 s 左右，电池内温升即达500℃左右，使电解质熔融，从而激活电池并向外电路提供额定的电压和电流。

热电池是 20 世纪 60 年代以来发展起来的一种熔融盐电解质储备式电池，具有较高的比能量和比功率、供电品质高、免维护、结构简单、使用方便、耐环境性能好及储存寿命长等特点，已经成为先进防空导弹弹上供电能源系统的主流模式。

（1）原理及组成。热电池结构工艺经历了杯型到片型的发展。研发初期采用的杯型结构是将每个单体电池密封在一个金属杯内,相互间由金属带连接,两极被浸渍了电解质的玻璃纤维布隔开,这种结构热电池的应用材料稳定性差,对震动和静电相当敏感,不能承受强烈的线性加速度和自旋速度作用。片型结构即一个单体电池由一片加热片、一片正极片、一片隔膜片、一片负极片和一片集流片组成,然后按照电池工作电压和电流要求,将单体电池堆叠串联或并联组成独立的电池组。

片型结构比杯型结构电池性能好,主要是结构简单牢固,比功率和比能量得到了很大的提高,在强烈的线性加速度、自旋和冲击作用下,工作性能稳定,延长了电池的使用寿命。

片型结构热电池的结构与组成如图 9-3 所示。热电池的负极通常采用活泼的活性金属,如锂、钙等;正极采用一些高性能氧化物或盐类,如二硫化铁、二硫化钴等;电解质是熔盐和细黏土的混合物。非工作状态下电解质是不导电的固体,电极活性物质和电解质相互间不进行化学反应,电池自放电极少。使用时采用电流引燃电点火头,点燃电池内部的烟火热源,使电池内部温度迅速上升到 500℃ 左右,使电解质熔融并形成高导电率的离子导体,从而使电池激活,在短时间内,即可给用电部件供给所需的直流电源。热电池激活后,电压迅速从 0 V 上升到峰值电压,随着其内部热量的不断丧失和活性电极材料的耗尽,在一段时间后电压最终下降到 0 V。

热电池外形通常为圆柱形,内部组装有若干组单体电池。单体电池电压一般为 2 V 左右,每个单体的正极与相邻单体的负极通过一个金属导电片相连。热电池的单体电池一般采用三片式结构,即由正极片、隔离片(电解质)、负极片三片组成,它们均被压制成薄圆片,单体电池之间的集流片和加热片也制成薄圆片,这种设计的优点在于尽可能地利用了每个单体电池的单元面积。

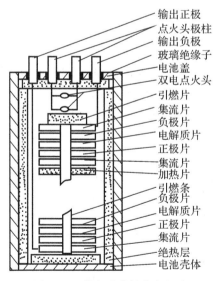

图 9-3 热电池的结构与组成

(2)体系及特征参数简介。热电池主要包括钙系热电池和锂系热电池。

钙系热电池的负极材料为 Ca,正极材料为 $PbSO_4$ 或 $CaCrO_4$。钙系电池存在容易产生电噪声、热失控、电极极化等缺陷,仅在早期的防空导弹上得到过应用。

锂系热电池的负极材料为 Li(Al),Li(Si)或 Li(B)合金,正极材料为 FeS_2 或 CoS_2。

锂系热电池克服了钙系热电池的缺点,具有安全、电压平稳、无电噪声、比功率大、比能量大等特点,在防空导弹上得到了广泛应用。

具体来说,锂系热电池的性能特点体现在以下几方面。

1)比功率大,脉冲放电性能优良。电池的比功率和其高速放电的能力是相应的,具有高速率放电能力的电池,其工作电压随放电速率的变化不大,或者说,电池在各种放电电流密度下,内阻变化不大。对于工作时间在 100 s 左右的锂系热电池,常用的放电电流密度为 $0.5 A/cm^2$,脉冲放电电流密度可达 $10 A/cm^2$ 以上,是相同工作时间钙体系热电池的 5~10 倍,整个放电过程内阻很小。

2)比能量高。锂系热电池电极、电解质、加热片都是片型重叠结构,这样就使电池结构简单、紧凑,大大减少了电池的质量和体积。在体积、质量、放电速率相同的情况下,锂系热电池比钙系热电池的比能量高出 3 倍以上。

3)环境力学性能好,使用方便。锂系热电池一般可在 -80~$+100$ ℃温度范围内正常工作,且环境力学性能优良,可耐高冲击、高旋转、高离心加速度及各种振动。使用时不受安装方位的限制,潮湿及盐雾对电池性能无影响,属于免维护电池,其可靠性可达 99.9%,远远优于锌银电池及其他体系热电池。

4)储存寿命长,激活时间短。锂系热电池在激活前,电池内的电解质为不导电的固态物质,几乎不存在自放电现象,而且单体电池为完全密封结构,因此其储存寿命很长,一般为15~25 年,远远超出锌银电池 5~8 年的储存寿命。锂系电池激活时间一般不超过 1 s,极大缩短了电池的准备时间,使整个导弹武器系统的机动性能得到了很大的提高。

热电池的主要特征参数包括输出电压、输出功率、工作时间、激活时间、内阻、比能量、比功率、安全电流、激活电流等。

(3)设计内容与方法。

1)设计原则。

① 技术指标设计。热电池设计时既要满足导弹总体的需求,同时也要充分考虑热电池的技术水平和特点,保证热电池设计的安全性和性能指标达到最佳。

安全性设计:热电池设计中最重要的一项设计指标就是其内部的热量设计。提高热量设计值,电池的放电能力和工作时间能够加大,但是其安全性会相应降低,电池容易发生爆裂等危及安全的故障。因此,在热电池设计中不允许为提高性能而采取高热量设计。另外热电池电点火头的安全电流应满足导弹的总体要求,不允许选用敏感型电点火头。

性能指标设计:包括激活时间、力学环境条件要求、输出电压与电流、储存寿命等。

热电池激活时间是一项非常重要的指标,尤其对用于近距格斗的红外型空空导弹,该项指标更加重要。因此,在满足安全性要求的前提下热电池的激活时间越短越好。

热电池的工作特点决定了环境温度是热电池设计中需要重点考虑的因素,热电池的工作温度范围要求在导弹工作温度范围的基础上适当加严即可,温度范围过宽,会增大热电池的设计难度。

热电池的力学环境条件要求,一般应在导弹环境条件的基础上适当加严。

热电池的输出电压与用电部件消耗的电流、工作环境温度及工作时间有着密切的关系,一般输出电压公差可选标称电压的 $\pm10\%$,$\pm15\%$,$\pm20\%$。

在热电池设计中应遵循热电池输出功率第一、电压输出精度第二的设计原则,输出精度的进一步改善应由二次稳压电源实现。

热电池的储存寿命取决于电池的密封性和生产过程中环境的湿度。热电池的密封性好可以满足长期储存的要求。在电池的生产过程中,虽然严格控制环境湿度,但仍然会有极少量水分被引入电池内部,这些水分会和电池内部化学物质发生缓慢的化学反应,导致热电池电容量的损失。因此,考虑到生产环境湿度、材料一致性、工艺偏差等因素,热电池容量的设计余量一般取要求容量的 20%～30 % ,这样,既可保证在寿命周期内满足用电部件的需求,又不至于留有过大的余量,达到优化设计的目的。

② 输出电压的组合与分配。在设计导弹的供电系统时,应尽可能压缩电压种类,简化热电池的设计。在目前先进的防空导弹中,用电部件需要的电压种类多,功率相差较大,必须对热电池进行组合设计以满足体积小、质量轻、可靠性高的要求。热电池根据以下基本原则进行组合设计:

· 按舱段分配,便于设计与调试,减少相互间的干扰;

· 按用途分配,使电池的综合设计科学合理;

· 按功率分配,保证结构设计紧凑。

2)安装方式。

热电池主要采用框架式、装配脚式和卡环式的安装方式。

框架式。适用于大体积的热电池组,该种安装方式将数枚热电池用压板和紧固条组合安装在一起,框架通过螺钉和导弹壳体连接。

装配脚式。将与热电池安装处适配的装配脚和装配螺母预先焊接在电池的壳体上,用螺钉将电池固定在安装处,该方法适用于小体积热电池的安装。

卡环式。在电池安装处加工一个与电池外形适配的半圆形凹槽,然后用一个略小于半圆形的不锈钢卡箍通过螺钉将电池固定在安装处,该方法适用于小体积和中等体积热电池的安装。

3)设计中应注意的问题 。

① 热电池的容量设计。在设计导弹热电池的容量时,应避免出现"小马拉大车"或"大马拉小车"的情况。"小马拉大车"是指热电池的容量指标低于实际使用要求,导致电池的功率或工作时间不满足要求。在设计中必须保证电池的功率(包括脉冲功率)和工作时间覆盖导弹的最大工作要求。"大马拉小车"是指电池设计容量大大超出导弹实际的用电需求。导弹热电池一般会同时向多个用电部件提供电源,而各部件的功率要求一般不是一个范围,为了保证电池的能力满足要求,电池的功率一般取各部件用电功率指标的上限之和,如果部件用电指标均留有余量,结果就会导致电池设计容量大大超出导弹实际的用电需求,一方面导致能源浪费,一方面也增加了电池的设计难度。为避免这种情况发生,必须要准确给出各用电部件的用电要求,不允许额外留余量。

② 热电池发热问题。热电池被激活后,由于烟火源和化学反应所产生的热量,电池内部温度可达到 500℃ 左右,电池的热量会透过保温隔热层和不锈钢壳体向电池外表面和安装环境中散发。在导弹结构紧凑、空间小的环境中,应考虑电池的隔热措施,以免影响相邻电路的正常工作。

4)热电池的试验考核。热电池是否满足设计要求,最后必须通过试验进行考核。在规定的温度环境条件和力学环境条件下,热电池的电性能必须满足指标要求。一般采用模拟负载进行放电试验,考核电池的容量、激活时间、电压精度等是否满足要求。模拟负载一般取阻性负载,同时应尽量模拟实际工作时的负载变化特性。

实际上导弹热电池的真实负载不可能是纯阻性负载,往往具有一定的容性或感性。因为热电池对容性或感性负载不敏感,同时考虑到导弹电气网络的复杂性,很难对负载的容性或感性进行精确模拟,所以一般不采取容性或感性模拟负载对电池进行的试验考核。这部分考核一般放在全弹进行,通过导弹地面全时序电池点火试验,验证热电池供电和导弹电气网络的匹配性。

热电池的安全性一般采用高温空载试验进行考核,即电池在高温工作条件下激活,全程空载直至电池冷却,不应出现爆裂、烧穿、鼓包等现象。在电池空载条件下,电池内部的电能无法通过负载泄放,容易出现安全问题。高温空载试验是对热电池安全性最严酷的考核试验,通过了高温空载试验考核,说明热电池的热量设计是足够安全的,电池的安全性有保障。

9.4 气源系统的选择与设计

导弹系统的气源包括冷气源和燃气源。在防空导弹中,气源主要为舵机提供动力源,另外还用作导引头气动角跟踪系统的驱动以及红外探测器的制冷等。导弹系统气源选择的主要根据是导弹总体设计的要求。

9.4.1 高压冷气源

1.组成及工作原理

高压冷气源由气瓶、气路、开瓶装置和输出装置等组成,如图9-4所示。平时气瓶处于密封状态,无气体输出,在需要其工作时,利用开瓶装置将气瓶打开,气瓶内的高压气体输出,经减压后驱动负载。

气瓶的作用是储存高压气体,气体种类根据用途而定,舵机驱动一般用氮气或空气,探测器制冷用氩气。气瓶的制造应有严格的制造工艺,包括机械加工、焊接、探伤、热处理、表面处理、强度试验和爆破试验等。

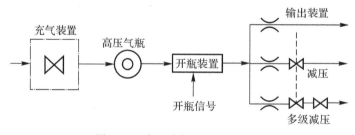

图9-4 高压冷气源原理组成图

在导弹寿命周期内,气瓶不允许漏气,密封性可用浸水法和称重法检查。

开瓶装置一般采用电起爆器,也可用机械方式开瓶。电起爆器开瓶的工作原理:给电起爆器通电,起爆后瞬间产生高压腔,高压推动撞头并撞断气瓶的排气嘴,达到开瓶的目的。

输出装置用来调整输出压强,可以采用一个或多个减压阀,也可采用节流孔,以满足负载压力和流量的需要,充气装置用来给气瓶充气。

2.设计内容与方法

导弹气瓶的设计主要包括气瓶壁厚的计算、气瓶材料选用和气体选择。

(1)气瓶壁厚的计算。不同形状气瓶的壁厚计算方法不同,但都应留有安全余地,安全系数 n 的选择:对于装有保险膜片、保险装置或泄压装置的气瓶,其 n 值可以适当降低,只要使气瓶的爆破压力略高于保险膜片、保险装置的最高破坏压力或泄压装置的最高开启压力即可。

(2)气瓶材料选用。正确选用气瓶材料是保证气瓶质量和安全的重要措施。选材时主要考虑材料的力学性能、工艺性能和耐腐蚀性能。

材料的力学性能要求主要包括强度极限、屈服极限、断面收缩率和延伸率等。同类材料强度越高,塑性相对越差。气瓶选材原则是在保证断面收缩率和延伸率满足要求的条件下,尽量选用强度指标高的材料,以减小瓶厚和质量。

气瓶材料应具有较好的塑性。塑性好的材料,在气瓶意外破坏时不易产生碎片伤人,并且在气瓶破坏前,会产生明显的塑性变形,易于发现并及时采取措施,保证安全。在设计高压气瓶时多选用高强度结构钢,要求延伸率 $\delta \geqslant 10\%$。

气瓶材料的工艺性,是指它的切削性、冷塑性和可焊性。不同的加工成形工艺,对材料的工艺性要求各有侧重,但都要求具有良好的焊接性能,主要是为了防止产生焊接裂纹。材料中的碳含量、焊缝金属中的氢含量和瓶壁厚度是产生裂纹的主要因素。

导弹冷气源所用气瓶的工作介质一般都是干燥的高纯气体或惰性气体,因此材料的抗蚀性主要是指对环境条件的抗蚀性。

9.4.2　燃气能源

燃气能源亦称燃气发生器,它工作后可产生一定压强和一定流量的燃气,主要用于驱动导弹燃气舵机、涡轮发电机及其他驱动装置。

1.组成及工作原理

燃气发生器主要由壳体、装药、燃气过滤器、电点火器和密封件组成。燃气发生器的工作原理是由点火装置点燃固体药柱,药柱在燃烧室内燃烧时产生高压燃气,燃气经过滤器过滤后,通过节流孔输入汽缸内驱动活塞。

2.设计要求

对燃气发生器的设计要求主要包括以下几方面。

(1)点火延迟时间短(不大于 0.2 s);

(2)合适的燃气流量和稳定的工作压强;

(3)较长的工作时间;

(4)燃气温度较低,燃气中固体颗粒较少;

(5)燃气中固体颗粒直径不大于 60 μm;

(6)结构合理、紧凑,质量轻;

(7)具有良好的安全性、可靠性。

3.设计内容与方法

燃气能源的设计内容主要包括壳体设计、装药设计、燃气过滤器设计、电点火器设计和密封件设计。

(1)壳体设计。壳体是燃气发生器的重要组成部分,既是装药的储箱,又是装药的燃烧室,要求其承受内部燃气高温、高压的作用,并保证在使用条件下的安全性、可靠性。壳体通常采用一体化设计,主要包括筒体结构、封头以及密封、连接设计等。

对壳体材料的基本要求:材料的延伸率 $\delta \geqslant 8\%$,材料的强度满足使用要求,成形工艺好。壳体材料常选择高强度钢,如 45 钢、30CrMnSiA 等。

一般按壳体的组成分别进行壁厚计算。

(2)装药设计。装药设计依据导弹能源系统提出的技术指标,选择推进剂,进行药形设计和包覆设计。

1)选择推进剂。对推进剂的要求:合适的燃速、燃速压强指数和燃速温度敏感系数;具有良好的点火性能和一次燃烧性能;燃烧后残留物极少,无碳化物结渣和金属烧结现象;机械强度高,火焰温度低,物理化学安定性好;工艺性好,易于制造和储存。

固体推进剂分为双基推进剂和复合推进剂两大类。双基推进剂具有工艺方法成熟、药柱质量稳定、火焰温度低、机械强度高、燃速压强指数和燃速温度系数低、对湿气不敏感、长期储存稳定性好等优点;复合推进剂具有工艺方法简单、成品率高、燃速低等优点。应根据燃气发生器的技术要求进行选择,用于舵机的燃气发生器一般选用双基推进剂。

2)药形设计。药形一般设计成端面燃烧药柱,其优点:药柱形状简单,能承受较大的冲击载荷,制造容易,体积装填系数高。

药形设计包括计算药柱长度,计算药柱质量,体积,计算药柱的初始燃烧面积,修正药柱初始燃烧面,确定药柱锥度等。

3)包覆设计。包覆设计包括阻燃材料、包覆套结构设计。

对阻燃材料的基本要求:比较高的抗拉强度和扯断延伸率;比较低的烧蚀率、热导率和玻璃化温度;良好的工艺性;与推进剂和胶黏剂具有良好的相容性;烧蚀后产生的碳化杂质比较少。

包覆套结构设计:采用自由装填方式的端面燃烧药柱,药柱的外侧和后端面须用阻燃材料包覆,以限制药柱侧面和端面的燃烧,并阻挡燃气热量的传递。

(3)燃气过滤器设计。把燃气中的杂质阻挡在过滤表面或阻挡在过滤材料毛细孔中的装置称为燃气过滤器。

燃气过滤器设计应满足较大的过滤面积、合适的过滤精度、较小的结构质量以及安全可靠等要求。在设计中需要解决以下问题:

1)根据燃气工作压强、燃气温度和舵机总体对过滤精度的要求,选择滤芯材料;

2)根据选择的滤芯材料和燃气流量计算过滤面积;

3)结合壳体结构尺寸和电点火器结构尺寸进行结构设计;

4)燃气的烧蚀和冲刷。

一般选用网式过滤和粉末金属片过滤。选择网式过滤时,主要考虑金属丝滤网的材质和过滤精度;选择粉末金属片过滤时,主要考虑滤片的材质和过滤能力系数。当单一的网式过滤或粉末金属片过滤无法适应燃气发生器的工作特性(高温、高压)时,可考虑采用组合式过滤,选择的过滤材料和采用的组合方式均需要通过试验来验证。

(4)电点火器设计。电点火器一般由桥丝、点火药、引燃药和结构件组成。电点火器设计应满足以下要求:

1)点火迅速、可靠,延迟时间小;

2)具有较小的点火压强峰值;

3)质量和结构尺寸小;

4)点火电压、电流应在允许的范围内;

5)安全、可靠

(5)密封件设计。为防止燃气泄漏,必须采取密封措施。燃气泄漏的途径主要有壳体与燃气过滤器的螺纹连接处以及电点火器与燃气过滤器的螺纹连接处。

通常采用 O 形密封圈(制造材料宜选用耐高温的硅橡胶或氟硅橡胶材料)和紫铜平板密封圈以保证燃气发生器具有良好的密封性。

9.5　液压系统的选择与设计

在防空导弹中,液压源主要作为液压舵机工作的动力源,根据工作方式分为开放式(又称挤压式)和泵式两种。

9.5.1　开放式液压源

开放式液压源主要由充气装置、气瓶、开瓶器组件、减压阀、气液隔离式油瓶、保险膜片等组成,如图 9-5 所示。气液隔离式油瓶中气体和油液用皮囊隔开,皮囊用耐油橡胶制成,固定在油瓶一侧。高压气瓶内充入惰性气体,在开瓶信号的作用下,气瓶排气嘴打开,气瓶内的高压气体经减压阀减压后进入气囊挤压油源流向负载,为负载提供液压能源。

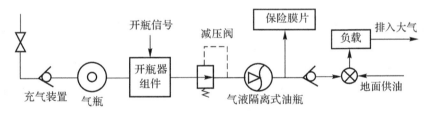

图 9-5　开放式液压源组成及原理图

开放式液压源结构简单(相比泵式液压源),工作可靠,价格低,但体积笨重,一般工作时间小于 30 s。

9.5.2　泵式液压源

泵式液压源主要由液压泵、原动机、过滤器、增压油箱、溢流阀等组成,如图 9-6 所示。

原动机用于液压泵的驱动,可以采用由燃气发生器、燃气涡轮和减速器组成的动力驱动装置,也可以采用电动机。

液压泵在液压能源系统中用作能量转换,将机械能转化为液压能,提供一定量的输出流量,输出压力取决于与其相连的负载。

溢流阀用来保证液压系统的压力恒定。

增压油箱作为储油和增压装置,为液压泵提供高压油源。

压力继电器用来对液压源的工作状态进行检测,在液压源工作正常后,才允许导弹发射,以提高导弹发射后的可靠度。

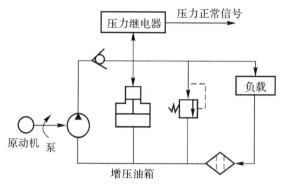

图 9-6 泵式液压源组成及原理图

泵式液压源结构相对复杂,价格昂贵,但体积小,反应迅速,压力波动小,较适宜用于中远程导弹。

9.5.3 设计内容与方法

无论是泵式液压源,还是开放式液压源,它们的主要设计要求基本是一样的,即要求:①系统工作稳定;②启动时间短;③功率、流量和压力满足要求;④保证油液的清洁度;⑤防止空气混入;⑥保持恒定的油温;⑦尽量减小泵输出流量的脉动以及负载流量变化对液压源压力的影响,保持液压源压力的恒定。

1.油源和油路

为了减小体积质量,油源和油路应作一体化设计,油路应尽量集成在本体内。为了减小油路的压力损失,本体内的油路折转角度需大于60°。

液压油作为液压能源的工作介质,其品质对液压系统的性能起着重要作用。液压油的选择依据是油品的性能,主要包括:①具有合适的黏度和良好的黏度-温度特性;②具有良好的润滑性;③具有良好的安定性,沉渣生成量小,使用寿命长;④具有良好的抗锈性和耐腐蚀性,不会造成金属和非金属的锈蚀和腐蚀;⑤具有良好的相容性,不会引起密封件等材料的变质;⑥油质清洁,污染物少;⑦具有良好的消泡性、脱气性;⑧具有良好的抗乳化性;⑨具有较低的凝点,一般应低于工作温度10℃以上;⑩具有较低的体积膨胀系数和较高的比热容;⑪具有较好的热稳定性和氧化稳定性;⑫具有良好的防火性,闪点和燃点高,挥发性小;⑬压缩性小,响应性好。

选择液压油时,根据系统对液压油黏度、密度、温度范围、压力范围、抗燃性、润滑性、可压缩性等的性能要求,尽可能选出接近要求的液压油品种,然后综合、权衡、调整各方面的要求参数,选定液压油类型。其中黏度是液压油最重要的性能指标之一,它的性能对液压系统的运动平稳性、工作可靠性与灵敏性、系统效率、功率损耗、温升和磨损等都有显著影响。

2.功率、流量和压力

液压源的功率、流量和压力应满足舵机系统负载功率、最大速度和力的需要。为了充分发挥能源的作用,提高效率,只要舵机系统的负载曲线完全被液压源的流量、压力曲线包围,再适当留出余量即可。油源压力一般在10~30 MPa的范围内,同时应使液压源的最大输出功率点尽量接近负载曲线的最大功率点。

3. 液压泵

液压泵包括齿轮泵、叶片泵、柱塞泵等,防空导弹常用柱塞泵。柱塞泵又可分为轴向柱塞泵和径向柱塞泵。轴向柱塞泵与径向柱塞泵相比较,优点是密封性易于保证,转动部件是接近圆柱体的回转体,结构紧凑,径向尺寸小,转动质量小,转速高,可通过多种方式调节流量,缺点是结构比较复杂,零件精度要求高,使用和维护困难。综合考虑,一般优先采用轴向柱塞泵。

柱塞泵的柱塞在柱塞孔中的往复运动在各个瞬时是不等速的,因此柱塞泵的瞬时流量是脉动的,柱塞数越多,脉动幅度越小,但泵的结构越复杂,一般要综合考虑取适中值。同时,偶数柱塞泵流量脉动的幅度要比奇数柱塞泵的大,因此要采用奇数柱塞泵。

液压泵和原动机的功率较大,工作流量和压力也很高,会产生较大的振动。为防止这种振动直接传到油箱而引起油箱共振,必须采用橡胶软管来连接油箱和油泵的吸油口。

4. 溢流阀

溢流阀接在液压泵的出口,保证泵的出口压力恒定,同时在执行元件不工作时用于液压泵的卸载。溢流阀的性能设计包括静态性能设计和动态性能设计。

(1)静态性能设计。静态性能包括压力调节范围和启闭特性。

压力调节范围是指溢流阀调压弹簧在规定的范围内调节时,液压源系统压力能平稳地上升或下降时的最大和最小调定压力,且压力无突跳及迟滞现象。流过溢流阀的最大流量不得超出其额定流量,在额定流量下工作时溢流阀无噪声。溢流阀的最小稳定流量一般取额定流量的 15% 左右。

启闭特性是指在溢流阀开启和关闭的过程中,其控制压力随流量变化而波动的性能。溢流阀的开启压力 P_k 由溢流阀调压弹簧的预压缩量决定,在额定流量下阀的进口压力为 P_s,阀口关闭时的阀进口压力为 P_b,(P_s-P_k) 或 (P_s-P_b) 称为调压偏差,P_k/P_s 称为开启压力比,P_b/P_s 称为闭合压力比。调压偏差小、闭合或开启压力比大,表明溢流阀的启闭特性好。在设计中应保证溢流阀具有良好的启闭特性。

(2)动态性能设计。由于溢流阀阀芯运动惯性、黏性摩擦以及油液压缩性的影响,当溢流阀在溢流量由零至额定流量的阶跃变化时,其进口压力将出现瞬态过渡过程,压力迅速升高至超过额定值,然后逐步衰减到最终的稳定压力。最高瞬时压力峰值与额定压力调定值的差值 ΔP 为压力超调量。溢流阀的压力超调量是衡量溢流阀动态定压误差的一个重要指标,在设计中不得大于额定压力值的 30%。同时,溢流阀的动态响应时间和过渡时间越小越好,响应时间越小则溢流阀响应越快,过渡时间越小则溢流阀的动态响应过程越短。在溢流阀设计中需要根据系统需求设计最佳的综合技术指标。

第10章　导弹系统性能分析

导弹性能分析与评价,传统的观点是用导弹命中目标的概率来衡量,具有一定的片面性,而现代的观点认为应该采用能综合反映导弹总体特性和水平的效能指标。本章将重点介绍与导弹系统性能分析与评价有关的导弹杀伤概率、杀伤区和发射区、导弹的可靠性、维修性、安全性和电磁兼容性、导弹系统的费用效能分析等内容。

10.1　单发导弹杀伤概率计算

用一发导弹去杀伤一个单个目标的概率叫作单发导弹杀伤概率。它是分析导弹武器系统射击效率的基础,是射击效果评定的一个重要指标。

在空中目标无对抗,且防空导弹武器系统无故障条件下,导弹与目标遭遇后(即在理想条件下),导弹对目标的单发杀伤概率取决于下列因素:①目标的易损性;②战斗部和引信的类型、参数;③引战配合特性;④制导精度;⑤导弹与目标的遭遇条件。

单发杀伤概率通常是在给定目标、给定遭遇点条件下确定的。在给定导弹制导精度的前提下,单发杀伤概率亦可用来作为衡量引战配合效率的定量指标。而引战配合效率又与引信启动点分布和战斗部破片动态飞散区直接有关。本节首先给出计算单发杀伤概率的数学表达式,然后再给出计算导弹单发杀伤概率的方法。

10.1.1　单发导弹杀伤概率的一般表达式

在讨论防空导弹武器系统杀伤目标的概率时,往往将空中目标看作是固定不动的,而导弹则以相对速度向目标接近。分析导弹相对目标的运动时,可以采用目标固连坐标系,但通常多采用相对速度坐标系,如图 10-1 所示。

坐标系的原点 O_r 可以取在目标的任一点上,例如,当导弹采用无线电引信时,坐标点通常取在目标的质心上;当导弹采用红外线引信时,坐标原点常取在目标发动机的喷口处。$O_r x_r$ 轴与导弹相对于目标的速度矢量方向一致,$O_r y_r$ 轴指向上方,$O_r z_r$ 轴平行于水平面并与 $O_r x_r$,$O_r y_r$ 轴共同组成右手坐标系。现在依相对速度坐标系(见图 10-2)来推导单发防空导弹杀伤概率的一般表达式。

单发导弹杀伤单个空中目标是一个复杂的随机事件。这一事件又可按时间先后分作两个互相独立的随机事件。

第一个随机事件是导弹战斗部在相对速度坐标系中点 (x,y,z) 处起爆。这一事件出现的概率由战斗部起爆点 (x,y,z) 的概率密度函数 $f(x,y,z)$ 来表示,一般称 $f(x,y,z)$ 为射击误差规律。

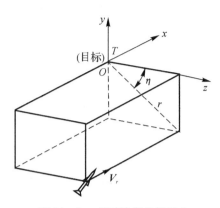
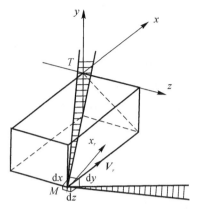

图 10-1　相对速度坐标系 1　　　　　　图 10-2　相对速度坐标系 2

第二个随机事件是导弹战斗部在点 (x,y,z) 处起爆后杀伤目标。这一事件出现的概率由与战斗部起爆点 (x,y,z) 有关的杀伤目标的概率 $G(x,y,z)$ 来表示，一般称 $G(x,y,z)$ 为目标坐标杀伤规律。

由上述内容可知，单发导弹要杀伤一个空中目标，必须上述两个独立的随机事件同时出现，故一发导弹杀伤目标的概率应该等于上述两个独立事件出现的概率之积。显然导弹在空间一个给定点 (x,y,z) 处起爆这一事件是个零概率事件（应该注意，射击误差规律 $f(x,y,z)$ 是概率密度函数，它不能直接代替概率。只有将 $f(x,y,z)$ 在某个空间范围内积分，才能表示战斗部落入此空间范围内起爆的概率。因此，$f(x,y,z)$ 在给定点上的积分等于零）。可以在点 (x,y,z) 的邻近处，找一个包含此点在内的微元体 $dxdydz$，并认为 $f(x,y,z)$ 在这个微元体内是常值，则战斗部起爆点落入微元体 $dxdydz$ 内起爆的概率为 $f(x,y,z)dxdydz$。

依概率的乘法定理，战斗部在包含点 (x,y,z) 的微元体 $dxdydz$ 内起爆并杀伤目标的概率为

$$dP_1 = f(x,y,z)dxdydz \cdot G(x,y,z)$$

根据射击误差规律的性质，战斗部不仅可能在目标周围空间的某一点起爆，而且还可能在目标周围空间的任一点上起爆。这些可能的起爆点构成了一个互不相容的事件完备组。

因此，按照全概率公式，一发导弹杀伤空中目标的概率为

$$P_1 = \int_{-\infty}^{+\infty} \int_{-\infty}^{+\infty} \int_{-\infty}^{+\infty} f(x,y,z)G(x,y,z)dxdydz \qquad (10-1)$$

可见，为了计算一发导弹杀伤空中目标的概率 P_1，必须首先确定射击误差规律 $f(x,y,z)$ 和目标坐标杀伤概率 $G(x,y,z)$。

射击误差规律 $f(x,y,z)$ 是由制导误差和非触发引信引爆点的散布形成的，即

$$f(x,y,z) = f(y,z)\phi(x,y,z) \qquad (10-2)$$

式中，$f(y,z)$ 为制导误差规律（或散布规律），它主要取决于制导系统的特性；$\phi(x,y,z)$ 为引信引爆规律，它取决于引信引爆点的散布特性。

非触发引信的引爆规律可表示为

$$\phi(x,y,z) = \phi_1(x/y,z)\phi_2(y,z) \qquad (10-3)$$

式中，$\phi_1(x/y,z)$ 为给定制导误差 y,z 时，引信引爆点沿 x 轴的散布规律（或概率密度）；$\phi_2(y,z)$ 为与制导误差 y,z 有关的引信引爆概率。

将式(10-2)和式(10-3)代入式(10-1),则得一发导弹杀伤中目标的概率的具体表达式

$$P_1 = \int_{-\infty}^{+\infty} \int_{-\infty}^{+\infty} \int_{-\infty}^{+\infty} f(y,z)\phi_1(x/y,z)\phi_2(y,z)G(x,y,z)\mathrm{d}x\mathrm{d}y\mathrm{d}z \qquad (10-4)$$

必须指出,从概率论的角度看,$f(y,z)$ 和 $\phi_1(x/y,z)$ 是两个概率密度函数,而 $\phi_2(y,z)$ 和 $G(x,y,z)$ 是两个概率。

在式(10-4)的被积函数的 4 个因式中,$f(y,z)$ 和 $\phi(y,z)$ 与 x 无关,只有 $\phi(x/y,z)$ 和 $G(x,y,z)$ 与 x 有关,故引入一个新的函数:

$$G_0(y,z) = \int_{-\infty}^{+\infty} \phi_1(x/y,z)G(x,y,z)\mathrm{d}x \qquad (10-5)$$

称它为目标坐标条件杀伤规律,或称为二元目标杀伤规律。它反映了引信特性、战斗部特性以及引战配合问题。

将式(10-5)代入式(10-4),则一发导弹杀伤目标的概率为

$$P_1 = \int_{-\infty}^{+\infty} \int_{-\infty}^{+\infty} f(y,z)\varphi_2(y,z)G_0(y,z)\mathrm{d}y\mathrm{d}z \qquad (10-6)$$

若采用极坐标 r,η,如图 10-1 所示,式(10-5)和式(10-6)可改写为

$$G_0(r,\eta) = \int_{-\infty}^{+\infty} \phi_1(x/r,\eta)G(x,r,\eta)\mathrm{d}x \qquad (10-7)$$

$$P_1 = \int_0^{2\pi} \int_0^{+\infty} f(r,\eta)\phi_2(r,\eta)G_0(r,\eta)\mathrm{d}r\mathrm{d}\eta \qquad (10-8)$$

当 $f(r,\eta),\phi_2(r,\eta)$ 和 $G_0(r,\eta)$ 仅为 r 函数时,式(10-7)和式(10-8)又可写成

$$G_0(r) = \int_{-\infty}^{+\infty} \phi_1(x/r)G(x,r)\mathrm{d}x \qquad (10-9)$$

$$P_1 = \int_0^{\infty} f(r)\phi_2(r)G_0(r)\mathrm{d}r \qquad (10-10)$$

应该指出,式(10-8)中被积函数各因式的表达式,并非简单地将式(10-6)中的变量改写一下即可获得,而是按照积分的变量置换法则进行必要的推导才能得到。

式(10-1)、式(10-4)、式(10-6)、式(10-8)和式(10-10)都是计算一发导弹杀伤空中目标的概率的一般表达式。显然,为了计算一发导弹的杀伤概率,必须知道:

(1)防空导弹武器系统的制导误差规律 $f(y,z)$;

(2)当给定制导误差时,引信引爆点沿 x 轴的散布规律 $\phi_1(x/y,z)$;

(3)与制导误差有关的引信引爆概率 $\phi_2(y,z)$;

(4)目标坐标杀伤规律 $G(x,y,z)$。

10.1.2 防空导弹的制导误差规律 $f(y,z)$

1. 与制导误差有关的几个概念

防空导弹的射击总是伴随着弹道的散布,这一散布与导弹导向目标的制导误差直接有关。在分析制导误差之前,先介绍与制导误差有关的几个概念。

(1)运动学弹道。假定在确定目标和导弹在空间位置及运动的情况下,不存在随机的起伏干扰,并且导弹和形成、传递、执行控制指令的所有仪器设备均无惯性,这样确定的导弹弹道称为运动学弹道。它主要是由导引方法决定的。

(2)动力学弹道。当考虑弹体和制导系统各设备的惯性影响,而不考虑随机的起伏干扰

时,这样确定的弹道称为动力学弹道。

（3）实际弹道。它是导弹在实际飞行中的质心运动轨迹,这时既考虑随机的起伏干扰,又考虑弹体及制导系统各设备存在的惯性。

（4）实际弹道的平均弹道。在多次重复射击条件下,各条实际弹道在每一瞬时的平均位置所形成的弹道,称为实际弹道的平均弹道,简称平均弹道。

（5）理想弹道。理想弹道也称为基准弹道或标准弹道,将导弹视为完全按理想制导规律飞行的质点,其质心在空间运动的轨迹。在有些教材中,直接将运动学弹道定义为理想弹道。但是在实际应用中,往往将动力学弹道作为理想弹道。所谓理想的动力学弹道是指在理想的大气条件、理想的导弹质量、导弹各系统无延迟、无外界和内部干扰等理想条件下的导弹动力学弹道。运动学弹道和理想弹道均可归为理论弹道。

运动学弹道、动力学弹道、实际弹道、平均弹道,如图 10-3 所示。

（6）靶平面。通过目标的质心目与导弹的相对速度矢量相垂直的平面,称为靶平面,如图 10-4 所示。靶平面是用来评定制导误差的平面。

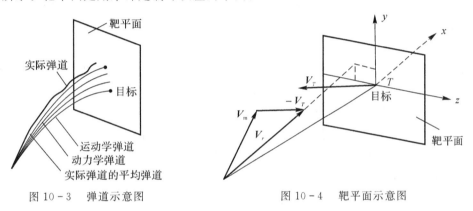

图 10-3　弹道示意图　　　　　　图 10-4　靶平面示意图

（7）制导误差。在每一瞬时,导弹实际弹道相对运动学弹道的偏差,称为制导误差。

（8）脱靶量。在靶平面内,导弹实际弹道相对于运动学弹道的偏差,称为脱靶量。可见脱靶量就是靶平面内的制导误差。在本书中所提到的制导误差,若无特别说明,均是指脱靶量。

2.制导误差的分类和性质

制导误差按其性质可分为系统误差和随机误差,如图 10-5 所示。

（1）系统误差。系统误差是平均弹道相对运动学弹道的偏差。在射击过程中,系统误差保持不变或按照完全确定的规律变化。若制导系统只存在系统误差,则在射击条件不变的情况下,每发导弹都将沿着平均弹道运动。平均弹道与靶平面的交点,称为散布中心。实际弹道与靶平面的交点围绕散布中心散布。

一般而言,只要弄清楚系统误差的来源和变化规律,就可以通过输入相应的校正量将系统误差消除。如果系统误差取决于目标的运动参数,而这些运动参数在射击过程中又在很大的范围内变化,那么在大多数的情况下,要精确补偿这样的系统误差是很难办到的。

（2）随机误差。随机误差是实际弹道相对平均弹道的偏差。在靶平面上,随机误差围绕着散布中心以不同的方向和数值形成散布。在同一条件下进行重复射击,系统误差保持不变,但随机误差将随各次射击而不同。在每次射击之前,随机误差都是不知道的。随机误差可以在一定范围内减小,但不可能完全消除。

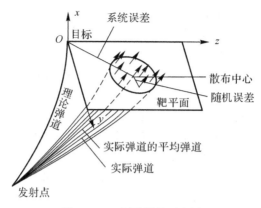

图 10 - 5　制导误差示意图

制导误差按其产生的原因,可分为动态误差、起伏误差和仪器误差三类。

(1)动态误差。动态误差是动力学弹道相对运动学弹道的偏差。当输入按目标和导弹的运动规律所确定的有用信号要求改变导弹的运动状态时,由于导弹和制导系统各环节的惯性作用而引起了延迟(即滞后)现象。这时,导弹就不是沿着要求的弹道(运动学弹道)运动,而是沿着动力学弹道运动。除运动学弹道弯曲引起动态误差之外,重力也影响着动态误差的大小。重力对导弹的作用是使导弹的弹道向地面偏转,这就引起了附加的动态误差。产生动态误差的内在原因是导弹和制导系统各环节存在着惯性;产生动态误差的外在条件是要求运动学弹道弯曲和重力对导弹的作用。显然,导弹和制导系统各环节的惯性越大,它们所产生的动态误差也愈大;要求运动学弹道越弯曲,它所引起的动态误差愈大。

动态误差既有系统分量,也有随机分量。系统分量是在大量重复射击之下,动力学弹道的平均弹道相对于运动学弹道的偏差。它取决于导引方法、目标的运动规律及导弹和制导系统的动力学性质的平均状态。随机分量是动力学弹道相对于动力学弹道的平均弹道的偏差。这些随机偏差主要是制导系统各环节的延迟特性,导弹的质量、重心和转动惯量等的实际值与额定值(数学期望)相比较而出现的偏差。

动态误差的系统分量在必要时往往可以在一定范围内予以补偿,即对控制指令进行相应的修正。而随机分量则是不可能补偿的,它的符号与数值在射击之前都是不知道的。

(2)起伏误差。起伏误差是由作用在制导回路各环节上的随机干扰所产生的。起伏误差完全是随机的,它没有系统分量。这些随机干扰主要是,目标反射或辐射信号的起伏变化;无线电电子设备的内部噪声(其中主要是接收的内部噪声);自然界的干扰(其中包括大气条件不稳定、大气的电子干扰、工业的电子干扰、地形地貌干扰等);敌方施放的电子干扰(电子干扰不仅可以增大跟踪目标的起伏误差,还可以改变制导系统的传递品质)。

导弹制导系统各环节的惯性对动态误差和起伏误差都有影响。导弹和制导系统的惯性越小,由此引起的动态误差也愈小,但是起伏误差的影响也就越明显,越严重。反之,惯性越大,导弹和制导系统受随机干扰的影响愈小,但它们的滞后现象也越严重,动态误差也就越大。

(3)仪器误差。仪器误差又称工具误差。它是由于制导回路结构不完善,各种仪器和装置的加工、装配不精确,使得控制指令的形成、传递和执行不准确、不稳定而产生的制导误差。

仪器误差也可以分为系统分量和随机分量。系统分量主要是由目标和导弹测量设备的仪器误差系统分量以及控制指令形成设备的仪器误差系统分量所组成的。仪器误差的随机分量是由制导系统各种仪器设备在加工、装配中的随机偏差所产生的。

仪器误差的大小,在很大程度上与设备的额定参数、元器件与组合件的调整精度、维护质量等有关。

动态误差的系统分量和仪器误差的系统分量构成了制导误差的系统误差,动态误差的随机分量、仪器误差的随机分量和起伏误差构成了制导误差的随机误差。

3.制导误差的确定

确定制导误差是指确定制导误差的数字特征,即它的数学期望和方差。

制导误差是由动态误差、起伏误差和仪器误差组成的。总的制导误差矢量可表示为

$$r = r_g + r_c + c_s \tag{10-11}$$

式中,r_g 为动态误差矢量;r_c 为起伏误差矢量;c_s 为仪器误差矢量。

由概率论知道,几个随机变量之和的数学期望等于各个随机变量的数学期望之和,因此

$$m = m_g + m_c + m_s \tag{10-12}$$

式中,m 为总的制导误差的数学期望;m_g 为动态误差的数学期望;m_c 为起伏误差的数学期望;m_s 为仪器误差的数学期望。

分别将式(10-11)中各项向 y 轴和 z 轴投影,得

$$\left.\begin{array}{l} m_y = m_{yg} + m_{yc} + m_{ys} \\ m_z = m_{zg} + m_{zc} + m_{zs} \end{array}\right\} \tag{10-13}$$

因为起伏误差完全是随机的,其中没有系统分量,故其数学期望为零。$m_{yc} = m_{zc} = 0$,所以

$$\left.\begin{array}{l} m_y = m_{yg} + m_{ys} \\ m_z = m_{zg} + m_{zs} \end{array}\right\} \tag{10-14}$$

在式(10-13)和式(10-14)中,m_y,m_z 为分别表示制导误差的数学期望(即系统误差)在 y 轴和 z 轴上的投影;m_{yg},m_{zg} 为分别表示动态误差的数学期望(即系统分量)在 y 轴和 z 轴上的投影;m_{yc},m_{zc} 为分别表示起伏误差的数学期望(即系统分量)在 y 轴和 z 轴上的投影;m_{ys},m_{zs} 为分别表示仪器误差的数学期望(即系统分量)在 y 轴和 z 轴上的投影。

制导误差的数学期望就是系统误差,它决定了导弹实际弹道的散布中心。

可以假定动态误差、起伏误差和仪器误差是相互独立的,则由概率论知道,n 个独立随机变量之和的方差等于各个随机变量的方差之和。则有

$$\left.\begin{array}{l} \sigma_y^2 = \sigma_{yg}^2 + \sigma_{yc}^2 + \sigma_{ys}^2 \\ \sigma_z^2 = \sigma_{zg}^2 + \sigma_{zc}^2 + \sigma_{zs}^2 \end{array}\right\} \tag{10-15}$$

若用标准差描述,则为

$$\left.\begin{array}{l} \sigma_y = \sqrt{\sigma_{yg}^2 + \sigma_{yc}^2 + \sigma_{ys}^2} \\ \sigma_z = \sqrt{\sigma_{zg}^2 + \sigma_{zc}^2 + \sigma_{zs}^2} \end{array}\right\} \tag{10-16}$$

式中,σ_y,σ_z 以分别表示制导误差在 y 轴和 z 轴方向的均方根差;下标 g,c,s 分别表示"动态""起伏"和"仪器"。

制导误差的均方差表示随机误差,它决定了导弹实际弹道相对散布中心的离散程度。

在求制导误差的数字特征过程中,可以应用理论计算方法,也可应用制导过程的数字模拟方法、实弹射击和组合方法等。

4.制导误差的分布规律

导弹在射击时出现的制导误差的整体,决定了导弹实际弹道相对于运动学弹道的偏差,也就是说,在动态误差、起伏误差和仪器误差的共同影响下,造成了导弹实际弹道的总散布。

制导误差是连续型随机变量,它在$(-\infty, +\infty)$范围内变化。制导误差的分布有两种方式:分布函数和概率密度函数。制导误差规律$f(y,z)$就是制导误差的概率密度函数。

制导误差受大量随机因素的影响,它与目标、导弹、制导系统、射击条件等方面的许多因素有关。在大量的随机因素中,又找不到一个对制导误差起决定性作用的因素。按照概率论大数极限定律,若影响随机变量的因素很多,且每一个因素起的作用都不太大,那么,这个随机变量服从正态分布。因此,导弹的制导误差服从正态分布规律。这一点,不仅在理论上得到了证明,而且已为大量实验所证实。

在靶平面上,制导误差r可以用y,z表示,如图$10-6$所示。

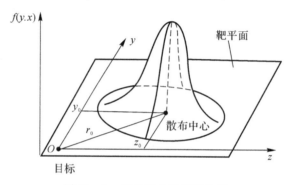

图 $10-6$　制导误差的正态分布

若将导弹实际弹道与靶平面交点的坐标y,z作为二维随机变量,则服从正态分布的制导误差的概率密度函数$f(y,z)$可表示为

$$f(y,z) = \frac{1}{2\pi\sigma_y\sigma_z\sqrt{1-\rho_{yz}^2}} e^{-\frac{1}{2(1-\rho_{yz}^2)}\left[\frac{(y-m_y)^2}{\sigma_y^2} - \frac{2\rho_{yz}(y-m_y)(z-m_z)}{\sigma_y\sigma_z} + \frac{(z-m_z)^2}{\sigma_y^2}\right]} \qquad (10-17)$$

式中,ρ_{yz}为二维随机变量y,z的相关系数,它表示制导误差y和z之间的线性相关程度。ρ_{yz}的表达式为

$$\rho_{yz} = \frac{\int_{-\infty}^{+\infty}\int_{-\infty}^{+\infty}(y-y_0)(z-z_0)f(y,z)\mathrm{d}y\mathrm{d}z}{\sigma_y\sigma_z} = \frac{\mathrm{Cov}(y,z)}{\sigma_y\sigma_z}$$

式$(10-17)$是制导误差服从正态分布规律的一般表达式,在某些特定条件下可以将该式简化。

如果取制导系统的坐标轴与散布主轴完全一致,并认为制导系统在垂直制导平面和偏航制导平面波道之间相互独立,则两个制导平面内的制导误差也相互独立。这时,相关系数为

$$\rho_{yz} = 0$$

于是,制导误差正态分布规律,$f(y,z)$可简化为

$$f(y,z) = \frac{1}{2\pi\sigma_y\sigma_z} e^{-\frac{1}{2}\left[\frac{(y-m_y)^2}{\sigma_y^2} + \frac{(z-m_z)^2}{\sigma_z^2}\right]} \qquad (10-18)$$

显然,这是椭圆散布,m_y,m_z为椭圆中心的坐标,σ_y,σ_z分别为椭圆的长半轴和短半轴。

对于某些防空导弹,实际弹道散布椭圆的长轴与短轴很接近($\sigma_z/\sigma_y=0.94\sim1.03$)。为了简化计算,可以近似 $\sigma_y=\sigma_z=\sigma$,即将椭圆分布看作圆散布。这时,式(10-18)可简化为

$$f(y,z)=\frac{1}{2\pi\sigma^2}e^{-\frac{1}{2}\left[\frac{(y-m_y)^2+(z-m_z)^2}{\sigma^2}\right]} \tag{10-19}$$

当实际弹道的散布为圆散布时,将制导误差分布规律写成极坐标的形式更方便些。极坐标 r,η 与直角坐标系的关系,如图 10-7 所示。

$$\left.\begin{array}{l} y=r\sin\eta,z=r\cos\eta \\ m_y=r_0\sin\eta_0,m_z=r_0\cos\eta_0 \end{array}\right\} \tag{10-20}$$

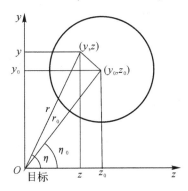

图 10-7　极坐标与直角坐标系的关系

将式(10-20)代入式(10-19)中 e 指数里,则

$$\frac{1}{2}\left[\frac{(y-m_y)^2+(z-m_z)^2}{\sigma^2}\right]=\frac{1}{2\sigma^2}\left[(r\sin\eta-r_0\sin\eta_0)^2+(r\cos\eta-r_0\cos\eta_0)^2\right]=$$
$$\frac{1}{2\sigma^2}\left[r^2+r_0^2-2rr_0\cos(\eta-\eta_0)\right]$$

于是,式(10-19)可以改写为

$$f(y,z)=\frac{1}{2\pi\sigma^2}e^{-\frac{1}{2\sigma^2}\left[r^2+r_0^2-2rr_0\cos(\eta-\eta_0)\right]} \tag{10-21}$$

根据变量替换法则,当由直角坐标变换为极坐标时,$f(r,\eta)$ 等于 $f(y,z)$ 乘上一个雅可比行列式的模值,即

$$f(r,\eta)=f(y,z)\times\left|\boldsymbol{D}\left(\frac{y,z}{r,\eta}\right)\right| \tag{10-22}$$

坐标变换的雅可比行列式为

$$\boldsymbol{D}\left(\frac{y,z}{r,\eta}\right)=\begin{vmatrix}\dfrac{\partial y}{\partial\eta} & \dfrac{\partial y}{\partial r}\\[2mm] \dfrac{\partial z}{\partial\eta} & \dfrac{\partial z}{\partial r}\end{vmatrix}=\begin{vmatrix}r\cos\eta & \sin\eta\\ -r\sin\eta & \cos\eta\end{vmatrix}=r\cos^2\eta+r\sin^2\eta=r$$

可以将制导误差分布规律的极坐标形式写成

$$f(r,\eta)=\frac{r}{2\pi\sigma^2}e^{-\frac{1}{2\sigma^2}\left[r^2+r_0^2-2rr_0\cos(\eta-\eta_0)\right]} \tag{10-23}$$

10.1.3 目标坐标条件杀伤规律 $G_0(y,z)$ 和引信引爆概率 $\phi_2(y,z)$

1.目标坐标条件杀伤规律的近似公式

目标坐标条件杀伤规律 $G_0(y,z)$ 是与导弹制导误差有关的函数,它表示目标易损性和导弹战斗部、引信的综合性能。随着脱靶量 $r=\sqrt{y^2+z^2}$ 的增大,杀伤战斗部破片群的分布面密度和撞击目标的速度将下降,因而导弹杀伤目标的概率减小。目标坐标条件杀伤规律还与导弹的脱靶量的方位角 η 有关,这是由于目标易损性与目标相对部位起爆点的方位有关;另外,因方位不同,引信战斗部配合特性可能也不同。

计算目标坐标条件杀伤规律是比较困难的,当用实验方法确定 $G_0(r,\eta)$ 时,通常采用公式

$$G_0(r,\eta)=1-e^{-\frac{\delta_0^2(\eta)}{r^2}} \tag{10-24}$$

式中, $\delta_0(\eta)$ 为目标坐标条件杀伤规律参数。当战斗部给定时,它取决于目标类型、射击条件和脱靶方位角 η 。

在一般情况下,目标坐标条件杀伤规律 $G(r,\eta)$ 主要取决于脱靶量的大小,而与脱靶方位角 η 的关系不明显。因此,计算防空导弹的杀伤概率,在许多情况下,用目标的圆坐标条件杀伤规律代替目标的二维坐标条件杀伤规律。目标的圆坐标条件杀伤规律可表示为

$$G_0(r)\approx G_0(r,\eta)=1-e^{-\frac{\delta_0^2}{r^2}} \tag{10-25}$$

其中参数 δ_0 为

$$\delta_0=\frac{1}{2\pi}\int_0^{2\pi}\delta_0(\eta)\mathrm{d}\eta$$

这一规律的近似性在于应用了参数 δ_0 的平均值,式(10-25)的特性曲线如图10-8(a)所示。

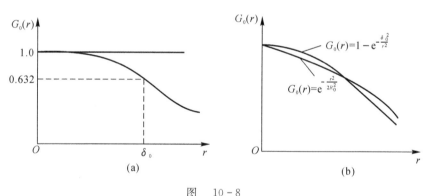

图 10-8

(a) 圆坐标条件杀伤规律; (b) 近似表达式的误差

从式(10-25)和图10-8(a)看出,当目标坐标条件杀伤规律参数 δ_0 等于脱靶量 r 时,则

$$G_0(r=\delta_0)=1-e^{-1}=0.632$$

目标坐标条件杀伤规律 $G_0(r)$ 还有其他近似表达式,如

$$G_0(r)=e^{-\frac{r^2}{2R_0^2}} \tag{10-26}$$

式中, $R_0^2=1.5\delta_0^2$,则

$$G_0(r) = e^{-\frac{r^2}{3\delta_0^2}} \tag{10-26(a)}$$

用式（10-26(a)）或式（10-26）代替式（10-25）时，误差不超过 4% ~ 9%（见图 10-8(b)）。这样替代的结果是，当脱靶量比较小时，$G_0(r)$ 降低；当脱靶量比较大时，$G_0(r)$ 增大。

2.引信的引爆概率

在单发导弹杀伤概率的表达式中，$\phi_2(y,z)$ 表示与制导误差有关的引信引爆概率。无线电引信或红外线引信的引爆概率可表示为

$$\phi_2(y,z) \approx \phi_2(r) = 1 - F\left(\frac{r-E_f}{\sigma_f}\right) \tag{10-27}$$

式中，$r = \sqrt{y^2 + z^2}$ 为脱靶量；E_f 为引信引爆距离的数学期望；σ_f 为引信引爆距离的均方差；$F\left(\frac{r-E_f}{\sigma_f}\right)$ 为正态分布的分布函数。

$\phi_2(r)$ 的变化规律如图 10-9 所示，它可以根据试飞试验的结果来确定。从图 10-9 看出，引信的实际引爆区可分为三个部分：

当 $r \leqslant E_f - 3\sigma_f$ 时，引信的引爆概率接近于 1。引信只要落入这个区域，必然能引爆战斗部，这个区域称为引信的完全引爆区。

当 $E_f - 3\sigma_f < r < E_f + 3\sigma_f$ 时，引信的引爆概率小于 1。引信落入这个区域，有可能引爆，也有可能不引爆战斗部，这个区域称为引信的不完全引爆区。

当 $r \geqslant E_f + 3\sigma_f$ 时，引信的引爆概率等于零，引信在这个范围引爆时必然失败，这个区域称为引信的不能引爆区。

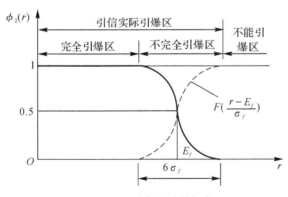

图 10-9　引信的引爆概率

为简便起见，在一般情况下，无论是无线电引信还是红外线引信，均可近似取 $\phi_2(r)$ 为

$$\phi_2(r) = \begin{cases} 1, & \text{当 } r < r_{f\max} \\ 0, & \text{当 } r > r_{f\max} \end{cases} \tag{10-28}$$

式中，$r_{f\max}$ 是与引信最大引爆距离相对应的导弹脱靶量。

10.1.4　单发导弹杀伤概率的计算

前面已讨论了单发导弹杀伤概率的一般表达式，并已给出，在直角坐标系中该式为

$$P_1 = \int_{-\infty}^{+\infty} \int_{-\infty}^{+\infty} f(y,z)\phi_2(y,z)G_0(y,z)\mathrm{d}y\mathrm{d}z$$

在极坐标系中该式为

$$P_1 = \int_0^a f(r)\phi_2(r)G_0(r)\mathrm{d}r$$

显然,若知道了导弹武器系统的制导误差规律 $f(r)$,目标坐标条件杀伤规律 $G_0(r)$ 和引信引爆概率 $\phi_2(r)$,单发导弹的杀伤概率即可求得。下面讨论几种特殊情况。

(1) 导弹制导误差服从圆散布规律(即 $\sigma_y = \sigma_x = \sigma$),散布中心与目标中心重合,即脱靶量的概率密度函数为瑞利分布,则

$$f(r) = \frac{r}{\sigma^2}\mathrm{e}^{-\frac{r^2}{2\sigma^2}}$$

目标坐标条件杀伤规律为圆形,则

$$G_0(r) = 1 - \mathrm{e}^{-\frac{\delta_0^2}{r^2}}$$

且非触发引信的引爆半径不受限制,引信的引爆概率 $\phi_2(r) = 1$。

在上述条件下,单发导弹杀伤概率可表示为

$$P_1 = \int_0^\infty \frac{r}{\sigma^2}\mathrm{e}^{-\frac{r^2}{2\sigma^2}}\left(1 - \mathrm{e}^{-\frac{\delta_0^2}{r^2}}\right)\mathrm{d}r$$

令 $\dfrac{r^2}{2\sigma^2} = t$,则 $\mathrm{d}t = \dfrac{2r}{2\sigma^2}\mathrm{d}r$,进行变量置换,则有

$$P_1 = \int_0^\infty \mathrm{e}^{-t}\left(1 - \mathrm{e}^{-\frac{\delta_0^2}{2\sigma^2 t}}\right)\mathrm{d}t = \int_0^\infty \mathrm{e}^{-t}\mathrm{d}t - \int_0^\infty \mathrm{e}^{-\left(t + \frac{\delta_0^2}{2\sigma^2 t}\right)}\mathrm{d}t = 1 - \int_0^\infty \mathrm{e}^{-\left(t + \frac{\delta_0^2}{2\sigma^2 t}\right)}\mathrm{d}t$$

这个积分可用属于柱函数的改进了的汉格尔函数 $K_1(\chi)$ 来表示,即

$$P_1 = 1 - \chi K_1(\chi) \tag{10-29}$$

式中,$K_1(\chi)$ 为一阶汉格尔函数;$\chi = \sqrt{2}\delta_0/\sigma$;$K_1(\chi)$ 已做成表格形式,只要算出 χ 值,$K_1(\chi)$ 值即可由相应的表 10-1 查出。

于是

$$P_1 = 1 - \frac{\sqrt{2}\delta_0}{\sigma}K_1\left(\frac{\sqrt{2}\delta_0}{\sigma}\right) \tag{10-30}$$

表 10-1 一阶汉格尔函数表

χ	$K_1(\chi)$	χ	$K_1(\chi)$	χ	$K_1(\chi)$	χ	$K_1(\chi)$
0.0	∞	2.5	0.073 89	5.0	0.004 045	7.5	0.000 265 3
0.1	9.853 8	2.6	0.065 28	5.1	0.003 619	7.6	0.000 238 3
0.2	4.776 0	2.7	0.057 74	5.2	0.003 239	7.7	0.000 214 1
0.3	3.056 0	2.8	0.051 11	5.3	0.002 900	7.8	0.000 192 4
0.4	2.184 4	2.9	0.045 29	5.4	0.002 597	7.9	0.000 172 9
0.5	1.656 4	3.0	0.040 16	5.5	0.002 326	8.0	0.000 155 4
0.6	1.302 8	3.1	0.035 63	5.6	0.002 083	8.1	0.000 139 6
0.7	1.050 3	3.2	0.031 64	5.7	0.001 866	8.2	0.000 125 5

续 表

χ	$K_1(\chi)$	χ	$K_1(\chi)$	χ	$K_1(\chi)$	χ	$K_1(\chi)$
0.8	0.861 8	3.3	0.028 12	5.8	0.001 673	8.3	0.000 112 8
0.9	0.716 5	3.4	0.025 00	5.9	0.001 499	8.4	0.000 101 4
1.0	0.601 9	3.5	0.022 24	6.0	0.001 344	8.5	0.000 091 20
1.1	0.509 8	3.6	0.019 79	6.1	0.001 205	8.6	0.000 082 00
1.2	0.434 6	3.7	0.017 63	6.2	0.001 081	8.7	0.000 073 74
1.3	0.372 5	3.8	0.015 71	6.3	0.000 969 1	8.8	0.000 066 31
1.4	0.320 8	3.9	0.014 00	6.4	0.000 869 3	8.9	0.000 059 64
1.5	0.277 4	4.0	0.012 48	6.5	0.000 779 9	9.0	0.000 053 64
1.6	0.240 6	4.1	0.011 14	6.6	0.000 699 8	9.1	0.000 048 25
1.7	0.209 4	4.2	0.009 938	6.7	0.000 628 0	9.2	0.000 043 40
1.8	0.182 6	4.3	0.008 872	6.8	0.000 563 6	9.3	0.000 039 04
1.9	0.159 7	4.4	0.007 923	6.9	0.000 505 9	9.4	0.000 035 12
2.0	0.139 9	4.5	0.000 707 8	7.0	0.000 454 2	9.5	0.000 031 60
2.1	0.122 7	4.6	0.006 325	7.1	0.000 407 8	9.6	0.000 028 43
2.2	0.107 9	4.7	0.005 654	7.2	0.000 366 2	9.7	0.000 025 59
2.3	0.094 98	4.8	0.005 055	7.3	0.000 328 8	9.8	0.000 023 02
2.4	0.083 72	4.9	0.004 521	7.4	0.000 295 3	9.9	0.000 020 27
						10.0	0.000 018 65

（2）导弹制导误差和非触发引信启动规律与第一种情况相同，而目标坐标条件杀伤规律由下列函数表示，有

$$G_0(r) = \mathrm{e}^{-\frac{r^2}{2R_0^2}}$$

在这种情况下，单发导弹杀伤概率可表示为

$$P_1 = \int_0^\infty \frac{r}{\sigma^2} \mathrm{e}^{-\frac{r^2}{2\sigma^2}} \mathrm{e}^{-\frac{r^2}{2R_0^2}} \mathrm{d}r = \int_0^\infty \frac{r}{\sigma^2} \mathrm{e}^{-\frac{r^2}{2}\left(\frac{R_0^2 + \sigma^2}{R_0^2 \sigma^2}\right)} \mathrm{d}r$$

令 $\dfrac{r^2}{2}\left(\dfrac{R_0^2 + \sigma^2}{R_0^2 \sigma^2}\right) = t$ ，则 $\mathrm{d}t = \left(\dfrac{R_0^2 + \sigma^2}{R_0^2 \sigma^2}\right) r \mathrm{d}r$，上式进行变量置换，得

$$P_1 = \frac{R_0^2}{R_0^2 + \sigma^2} \int_0^\infty \mathrm{e}^{-t} \mathrm{d}t = \frac{R_0^2}{R_0^2 + \sigma^2} = \frac{1}{1 + \left(\dfrac{\sigma}{R_0}\right)^2} \tag{10-31}$$

（3）导弹制导误差服从圆分布律（$\sigma_y = \sigma_x = \sigma$），散布中心与目标质心不重合（即 $y_0 \neq 0, z_0 \neq 0$），则脱靶量的概率密度函数为

$$f(r) = \frac{r}{\sigma^2} \mathrm{e}^{-\frac{r^2 + r_0^2}{2\sigma^2}} I_0\left(\frac{r_0 r}{\sigma^2}\right)$$

目标坐标条件杀伤规律为

$$G_0(r) = 1 - e^{-\frac{\delta_0^2}{r^2}}$$

非触发引信的引爆半径不受限制。在这些条件下,单发导弹杀伤概率为

$$P_1 = \int_0^\infty \frac{r}{\sigma^2} e^{-\frac{r_0^2+r^2}{2\sigma^2}} I_0\left(\frac{r_0 r}{\sigma^2}\right) \left(1 - e^{-\frac{\delta_0^2}{r^2}}\right) dr \qquad (10-32)$$

此式一般用数值积分法求解。

(4)制导误差和非触发引信启动半径与第 3 种情况相同,而目标坐标条件杀伤规律为

$$G_0(r) = e^{-\frac{r^2}{2R_0}}$$

在这种条件下,单发导弹杀伤概率表示为

$$P_1 = \int_0^\infty \frac{r}{\sigma^2} e^{-\frac{r_0^2+r^2}{2\sigma^2}} I_0\left(\frac{r_0 r}{\sigma^2}\right) \left(e^{-\frac{r^2}{2R_0^2}}\right) dr = \frac{1}{\sigma^2} e^{-\frac{r_0^2}{2\sigma^2}} \int_0^\infty r e^{-r^2\left(\frac{R_0^2+\sigma^2}{2R_0^2\sigma^2}\right)} I_0\left(\frac{r_0 r}{\sigma^2}\right) dr \qquad (10-33)$$

解式(10-33),整理后得

$$P_1 = \frac{1}{\sigma^2} e^{-\frac{r_0^2}{2\sigma^2}} \frac{R_0^2\sigma^2}{R_0^2+\sigma^2} e^{\frac{r_0^2}{2\sigma^2}\left(\frac{R_0^2}{R_0^2+\sigma^2}\right)}$$

或

$$P_1 = \frac{R_0^2}{R_0^2+\sigma^2} e^{-\frac{r_0^2}{2\sigma^2}\left(1-\frac{R_0^2}{R_0^2+\sigma^2}\right)} \qquad (10-34)$$

当弹道散布中心与目标质心重合时,单发导弹杀伤概率为

$$P_{1,r_0=0} = \frac{R_0^2}{R_0^2+\sigma^2}$$

这与情况(2)中式(10-31)所得结果是一致的。因此,式(10-34)可改写为

$$P_1 = P_{1,r_0=0} \times e^{-\frac{r_0^2}{2\sigma^2}(1-P_{1,r_0=0})} \qquad (10-35)$$

式中,$P_{1,r_0=0}$ 为无系统误差时的单发导弹杀伤概率。

10.1.5　多发导弹射击的命中概率

一般情况下,单发导弹的命中概率不可能达到 100%,就不能保证首发命中目标。在某些情况下,为了保证导弹可靠地命中目标,要求提高命中目标的概率,可用几发导弹攻击一个目标。对一个目标发射多发导弹,有"连射"和"齐射"两种发射方式。

连射:第一发导弹发射出去后,经过判断,当它没有命中目标的,再接着发射第二发。这样依次发射,直到前一发导弹命中了目标,下一发导弹就不再向该目标射击。或者说,连续射击是以给定的导弹数量和一定的发射时间间隔向目标射击的一种射击方式。这种射击方式的经济性比较差,但能保证高的杀伤概率。此射击方式可用于射击时间不受限制的情况,且必须预先规定用于射击的导弹数量。

齐射:在第一发导弹发射后,在其未命中目标之前的一段时间间隔内,依次向同一目标发射几发导弹。若设导弹全程飞行的时间为 t_N,接连发射两发导弹之间的时间间隔为 Δt,当 $(n-1)\Delta t < t_N$ 时,则称这种射击方式为"齐射"。这意味着,最后一发(第 n 发)导弹发射时,第一发导弹还未到达目标附近。

在特殊情况下,可取 $\Delta t=0$,亦即几发导弹同时向一个目标射击。严格说,"齐射"这个术语仅适用于 $\Delta t=0$ 的情况。通常,条件 $(n-1)\Delta t < t_N$ 仍然属于连续发射的一种情况。但为了

讨论方便,此处将满足条件 $(n-1)\Delta t < t_N$ 的射击方式定义为"齐射"。显然,连续发射的条件为 $\Delta t > t_N$。

为了使导弹可靠地命中目标,每次齐射需要有足够的导弹数。现在讨论用 n 发导弹对同一目标进行齐射时,导弹命中目标的概率。

设 A 事件为 n 发导弹杀伤单个目标,$\overline{A}$ 事件为 n 发导弹未杀伤单个目标,A_i 事件为第 i 发导弹杀伤单个目标,$\overline{A}_i$ 事件为第 i 发导弹未杀伤单个目标,根据概率论原理,事件 $\overline{A}$ 相当于 $\overline{A}_1,\overline{A}_2,\cdots,\overline{A}_n$ 这 n 个事件同时发生,即

$$\overline{A} = \bigcap_{i=1}^{n} \overline{A}_i$$

若 n 发导弹杀伤目标是相互独立的事件时,则

$$P(\overline{A}) = P(\bigcap_{i=1}^{n} \overline{A}_i) = \prod_{i=1}^{n} P(\overline{A}_i)$$

按照对立事件概率之间的关系,有

$$P(\overline{A}) = 1 - P(A), \quad P(\overline{A}_i) = 1 - P(A_i)$$

则目标被 n 发齐射的导弹命中的总概率 P_n 为

$$P_n = P(A) = 1 - P(\overline{A}) = 1 - \prod_{i=1}^{n} P(\overline{A}_i) = 1 - \prod_{i=1}^{n} [1 - P(A_i)] \tag{10-36}$$

若每一发导弹杀伤目标的概率均相等(即 $P(A_i) = P$),则式(10-36)可改写为

$$P_n = 1 - (1-P)^n \tag{10-37}$$

当 P 已知时,利用式(10-37)可以求得保证 P_n 时,所需的导弹数 n,即

$$n = \frac{\ln(1-P_n)}{\ln(1-P)} \tag{10-38}$$

齐射时 P,n 与 P_n 的关系曲线见图10-10和表10-2。

由图10-10的曲线可知。当单发导弹命中概率 P 比较小时,想通过发射多发导弹来提高杀伤概率,必然会显著地增大导弹的发射量。因此,应尽量提高单发导弹杀伤概率。

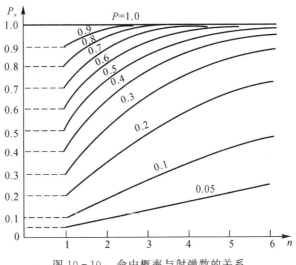

图 10-10　命中概率与射弹数的关系

表 10 - 2　射弹数与命中概率的关系

P_n n P	n				
	2	3	4	5	6
0.10	0.19	0.27	0.35	0.41	0.47
0.15	0.28	0.39	0.48	0.56	0.62
0.20	0.36	0.49	0.59	0.67	0.74
0.25	0.44	0.58	0.68	0.76	0.82
0.30	0.51	0.66	0.76	0.83	0.88
0.35	0.58	0.72	0.82	0.88	0.92
0.40	0.64	0.78	0.87	0.92	0.95
0.45	0.70	0.83	0.91	0.95	0.97
0.50	0.75	0.87	0.94	0.97	0.98
0.55	0.80	0.91	0.96	0.98	0.99
0.60	0.84	0.94	0.97	0.99	0.995
0.65	0.877	0.967	0.985	0.995	0.998
0.70	0.910	0.973	0.992	0.998	0.999
0.75	0.937	0.984	0.996	0.999	0.999 8
0.80	0.960	0.992	0.998	0.999 7	
0.85	0.977	0.977	0.999		
0.90	0.990	0.999			
0.95	0.997	0.999 9			

10.2　导弹的杀伤区和发射区

现代空袭与防空是体系与体系的对抗,为了正确地确定防空导弹部队的战斗部署,灵活运用火力,充分发挥武器系统的战术技术性能,都要应用到防空导弹武器系统的杀伤区和发射区的概念。杀伤区和发射区是防空导弹武器系统的综合性能指标,是战术技术性能的集中表现。发射区是在杀伤区的基础上确定的,发射时机的确定与杀伤区和发射区密切相关。

10.2.1　地空导弹的杀伤区

1. 杀伤区的概念

杀伤区又称"攻击区"。地空导弹武器系统欲杀伤目标,受很多因素的限制,综合考虑这些因素的限制而确定出一个杀伤目标的空间范围,称为地空导弹的综合杀伤区(简称杀伤区)。

杀伤区的严格定义是指制导站周围的某一空域,在这一空域内,导弹以不低于某一给定值的概率杀伤预定目标。就是说杀伤区内各点的杀伤概率可能是不相等的,但无论哪一个点的概率都不低于给定值。

杀伤区表示了导弹武器系统在一定射击效率条件下,对空中目标进行作战的高度、射程、航向参数、杀伤纵深等,是反映导弹武器系统作战能力最基本的综合性指标。

有了杀伤区,部队才能编制射击条令,指战员有了射击条令,才能更有效地发挥武器系统作战能力。

2. 杀伤区表示方法

(1) 地面直角坐标系。地空导弹武器系统理论杀伤区在地面直角坐标系中描述。理论杀伤区用远界、近界、高界、低界、仰角边界和航向角边界等来表示。现以单发导弹迎击空中目标为例说明各边界的定义和表示方法。

地面直角坐标系是取制导站或导弹发射点为坐标原点 O;OX 轴在水平面上,且平行于目标速度矢量在该平面上的投影;OH 轴沿地垂线向上;OP 轴垂直于 XOH 平面,且按右手坐标系法则确定指向,如图 10-11 所示。

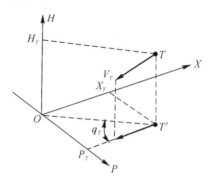

图 10-11　地面参考直角坐标系

空中目标 T 在这一坐标系中的 3 个坐标为 H_T,X_T,P_T。坐标 H_T 表示目标所在的高度,坐标 P_T 表示目标运动的航路捷径。航路捷径是指空中目标的航向在水平面上的投影至发射点的垂直距离。航路捷径也可理解成由坐标原点到目标航向在水平面上投影的最短距离。航路捷径一般不采用正或负的概念,而采用目标以右航路捷径或以左航路捷径相对于制导站(或导弹发射地点)而运动的概念。当计算目标航迹时,若目标向航路捷径做临近飞行,则 X_T 为正;若目标过航路捷径做远距离飞行,则 X_T 为负。而当发射点固定,目标做直线运动时,航路捷径则为常数。

从目标在水平面上的投影点(T')到坐标原点的连线与目标航向投影之间的夹角 q_T,称为目标运动的航向角,如图 10-12 所示。航向角在 $0°$ 到 $180°$ 范围内变化。当航向角在 $0°$ 到 $90°$ 之间变化时,目标做临近航路捷径的飞行;当航向角在 $90°$ 到 $180°$ 之间变化时,目标做远离航路捷径飞行。

(2) 空间杀伤区。在地面直角坐标系中,空间杀伤区的典型形状如图 10-13 所示。

为便于分析,再考虑到杀伤区各剖面的相似性,工程上通常把这个复杂的空间图形,用两个平面图形来表示。即将杀伤区分解为垂直平面杀伤区与水平平面杀伤区(或杀伤区的垂直平面和水平平面)。若以不同的航路捷径的垂直平面与杀伤区相交,就可得到一系列的垂直平面杀伤区;若以不同高度的水平平面与杀伤区相交,就可得到一系列的水平平面杀伤区。在实际应用中,一般只对几种典型情况下的平面杀伤区进行分析。实际上,把航路捷径 $P=0$ 的垂直平面杀伤区绕 OH 轴旋转,则可得到空间杀伤区。

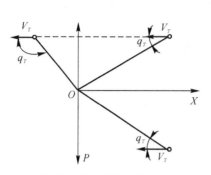

图 10 - 12　目标的航向角

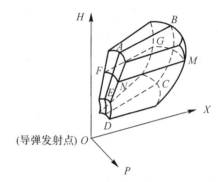

图 10 - 13　导弹的空间杀伤区

(3) 垂直平面杀伤区的主要参数(见图 10 - 14)。垂直平面杀伤区用航路捷径为参数的直角坐标系来表示,并以远界、近界、高界和低界的位置来表示。航路捷径等于零的纵向平面叫作典型截面。

在图 10 - 14 中各线段及符号意义如下:

AB 为杀伤区高界,它对应的参数是杀伤目标的最大高度 H_{max};BC 为杀伤区远界,它对应的参数是杀伤区远界的斜距 D_y;AED 为杀伤区近界,它对应的参数是杀伤区近界的斜距 D_r 和最大高低角 ε_{max};DC 为杀伤区低界,它对应的参数是杀伤目标的最小高度 H_{min};h 为杀伤区纵深,即杀伤区水平截面内沿目标航向的截距,表示目标通过杀伤区的距离,它取决于目标飞行高度和航向,如图 10 - 15 所示。

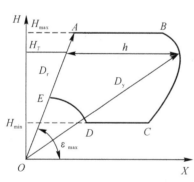

图 10 - 14　垂直平面杀伤区

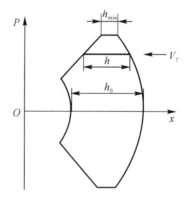

图 10 - 15　水平平面杀伤区纵深图

图 10 - 15 中各符号的意义:

h —— 航路捷径为 P 的杀伤区纵深;

h_0 —— 航路捷径为 $P=0$ 的杀伤区纵深;

h_{min} —— 航路捷径为 P_{max} 的最小的杀伤区纵深;

V_T —— 水平飞行的目标速度;

P —— 航路捷径;

Ox —— 坐标轴。

杀伤区纵深越大,杀伤目标的概率越大。在保证一定的杀伤概率条件下,最少发数的导弹在杀伤区内与目标遭遇的纵深,叫作最小杀伤区纵深。可表示为

$$h_{min} = V_T(n-1)\tau \qquad\qquad (10-39)$$

式中,n 为导弹的最少发数;τ 为发射时间间隔。

杀伤区最大航向参数,又称"杀伤区目标最大航路捷径",是目标航向在杀伤区水平面上的投影至发射点的最大距离。

(4) 水平平面杀伤区的主要参数(见图 10-16)。在图 10-16 中各线段和符号意义如下:

$\overset{\frown}{GM}$ —— 杀伤区远界,它对应的参数是杀伤区远界斜距在水平面上的投影;

$\overline{GF}$,$\overline{MN}$ —— 杀伤区侧界,它们对应的参数是杀伤区的最大航路角 q_{max};

h_0 —— 也称杀伤区纵深,由图 10-14 看出 $h_0 = h(H, P)$。这里值得注意的是,杀伤区纵深 h 和 h_0 是不同的;

P_{max} —— 杀伤区远界的最大航路捷径;

P_0 —— 杀伤区近界的最大航路捷径;

P_T —— 目标的航路捷径。

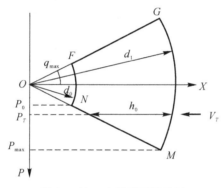

图 10-16　水平平面杀伤区

3. 理论杀伤区边界的确定

理论杀伤区边界一般是由导弹武器系统特性、射击条件和空中目标特性等有关因素所决定的,这些因素主要有:

(1) 导弹飞行特性和弹道;

(2) 导弹机动性能;

(3) 导弹制导回路性能与制导方法;

(4) 导弹战斗部装置特性;

(5) 照射跟踪雷达的性能;

(6) 发射特性及射击条件;

(7) 目标的飞行特性、机动特性;

(8) 目标的反射面积和易损性;

(9) 导弹武器系统使用的环境条件。

现在研究影响理论杀伤区(不计杀伤概率)的主要因素。

（1）理论杀伤区远界的确定。理论杀伤区的远界是导弹与目标遭遇的最远斜距。要确定杀伤区远界，首先必须知道导弹的动力航程。为此，要计算一族飞行弹道，求得在各种条件下，导弹飞行的最大动力航程、高度、速度等。通常，小尺寸地空导弹，航程不大，飞行试验证明导弹的实际弹道与动力学理论弹道相差不大，因此，只计算一族动力学理论弹道。

1）导弹最大飞行斜距：导弹的最大飞行斜距是影响杀伤区远界的主要因素之一，它主要取决于导弹的飞行时间，而导弹的飞行时间又主要取决于发动机的工作时间，导弹的最大飞行时间与最大斜距是由弹道计算求得的。

依弹道计算得到导弹的速度变化规律 $V(t)$ 图。地对空导弹的典型 $V(t)$ 规律如图 $10-17$ 所示。则可用下式求得导弹的射程，有

$$D = \int_0^t V(t) \mathrm{d}t$$

为了得到杀伤区的远界，需要对各不同高度弹道进行计算，最后得到一组 $V(t)$ 和 $D(t)$ 曲线，由这些曲线取得 D_y 的数据，将这些数据做成光滑曲线即为最大飞行斜距所限制的远界，如图 $10-18$ 所示。

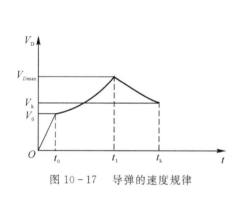

图 $10-17$　导弹的速度规律

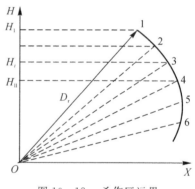

图 $10-18$　杀伤区远界

对于给定导弹，推进剂量一定，火箭发动机的推力均随飞行高度的增加而增加。另一方面导弹的空气阻力将随高度增加而减小，故从推力和阻力两个方面看，高度越高，则 D_y 越大。由经验表明，高度大于 11 km 以后，阻力变化不大，远界差别也就不大，为了减小计算量，在高度大于 11 km 以后，可近似取各高度的 D_y 都等于 D_{11}。即从 H_{11} 到 H_{max}，最大斜距限制的远界是以原点为圆心，以 D_{11} 为半径的圆弧。

2）制导雷达的有效作用距离：确定杀伤区远界，需要考虑满足跟踪照射雷达、导引头作用距离等因素的要求。制导雷达的功用有三个：发现和跟踪目标，测定目标的飞行诸元（斜距、高低角和方位角）；把导弹引向目标；起爆战斗部，观察射击效果（是否杀伤目标，偏差大小）。由此可见，制导雷达的有效作用距离必须要远远大于导弹的最大斜距。

雷达的有效作用距离主要取决于目标的有效反射面积 S_r 和飞行高度。雷达有效作用距离 D_r 与 $\sqrt{S_r}$ 成正比，随着 S_r 的减小，D_r 也减小；在低空，雷达的有效作用距离则明显减小。

综上所述，杀伤区的远界主要是由导弹的最大飞行斜距和目标跟踪雷达的有效作用距离确定的。一般以导弹的最大飞行斜距作为限制条件进行计算，而以目标跟踪雷达的有效作用距离作为限制条件来进行校核。

（2）理论杀伤区近界的确定。从扩大杀伤区范围来说，总是希望最近遭遇点越接近发射

点越好。即希望在满足导弹武器系统作战效率的指标条件下,导弹飞向目标、击中目标所需要的时间尽量短,遭遇斜距尽量小。

一般地对空导弹弹道按制导特性可分无控段、引入段和导引段。从发射到起控前的飞行称为无控制(又叫射入段)。无控段是导弹飞行的初始段,结束后进入控制段。无控段结束前必须满足起控的条件。不管什么类型的导弹,都希望导弹的无控段飞行时间最短、飞行距离最小。因此,无控段的飞行时间是影响理论杀伤区近界的重要因素,要想得到满意的近界,必须设法尽量缩短导弹无控段飞行时间。无控段的飞行时间,主要由助推器的工作时间决定。

导弹进入引入段后就按导引规律飞向目标,受控到与目标遭遇的这段飞行时间叫作控制时间。控制时间越短,导弹飞行距离越小。因此,所需的最小控制时间是决定近界的又一重要因素。可以通过减少起控时的初始误差;提高控制回路的性能;缩短过渡过程时间,提高导弹弹体可用过载等途径来缩短控制时间,从而达到缩短近界的目的。

近界的确定还应考虑导弹武器系统的使用环境条件的要求。例如,导弹使用环境温度为 $-40 \sim +50℃$。在这个温度范围内,固体火箭发动机的推力变化差别很大,影响着导弹的飞行速度、飞行距离和飞行时间,从而影响理论杀伤区的近界。

根据无控段和引入段的最小必要时间,计算导弹飞行最小距离是确定近界的基本因素,它与理论杀伤区最大仰角边界、最大航向角边界共同确定完整的近界曲面。

由图 10-14 可见,杀伤区近界是由圆弧段 DE 和直线段 $\overline{AE}$ 组成的。

圆弧段 DE 的确定:射入段和引入段弹道的长短,决定了杀伤区近界圆弧段 DE 发射点的距离。引入段是制导过程的第一阶段,如图 10-19 所示。它是从导弹被雷达波束截获到进入运动学弹道附近的制导误差允许值在 h^* 之内的这一段弹道。引入段弹道的特点是弹道的摆动幅度较大,导弹起始控制后,经过较长一段时间,摆动逐渐减小。

直线段 AE 的确定:杀伤区近界的直线段又叫作垂直平面杀伤区的侧界,它与水平面杀伤区的侧界是不同的。直线段 AE 的确定主要受导弹法向可用过载的限制和雷达最大跟踪角速度的限制。

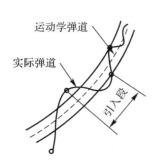

图 10-19　制导过程的引入段

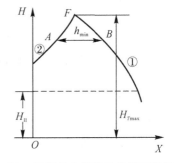

图 10-20　导弹最大斜距对杀伤区高界的影响

(3) 理论杀伤区高界的确定。

1) 受导弹最大斜距的限制:此条件即限制杀伤区远界的第一个条件,因为每一条弹道的终点都对应于一个高度。由前面知,在 $H > 11$ km 以后,其最大斜距可近似取以 D_{11} 为半径,以坐标原点为圆心的圆弧,于是得到图 10-20 中① 条曲线。

2) 受导弹法向可用过载的限制:此条件即限制直线段近界 AE 的第一个条件。由前知道,它是一条曲率不大的曲线,如图 10-20 曲线 ② 所示。

曲线①和②有一个交点 F，F 点所对应的高度，就是导弹最大理论使用高度。

3）受连续射击条件的限制：在图 10-20 中，F 点的高度是理论最大高度。若用一发导弹攻击一个目标，导弹有可能达到此高度，然而导弹单发杀伤概率较小。战术上往往采用连续射击的方法，来提高导弹武器系统的杀伤概率。这时为了保证最后一发导弹能在杀伤区内与目标遭遇，杀伤区应该保证必要的纵深，这个纵深的最小值等于目标在这段时间内飞过的距离，即

$$h_{\min} = [(n-1)\tau + \Delta\tau]V_T \qquad (10-40)$$

式中，n 为连续射击的导弹数；τ 为两发导弹之间的发射时间间隔；$\Delta\tau$ 为安全余量。

求得满足连续射击所需的最小纵深，就可以求得相应的高度，如图 10-20 所示。最小纵深所对应的高度才是满足连续射击的最大高界。

综上所述，杀伤区的高界，应该是杀伤区远界与可用过载限制的近界之间的水平截线（等于最小杀伤纵深 $h_{\min}$）所对应的高度。亦即，只有降低杀伤区的高界，才能用连射的方法来提高导弹武器系统的杀伤概率。

（4）理论杀伤区低界的确定。杀伤区低界的位置，在很大程度上是根据武器系统的设计特点、制导方法、制导系统的性能、无线电引信参数以及雷达设备的低空性能等因素确定的。为了杀伤低空或超低空飞行的目标，必须满足：雷达站能够在要求的距离上发现并跟踪目标；在排除导弹触地的前提下，保证以足够的精度将导弹导向目标；消除地面对引信正常工作的影响。

1）导弹发射时不触地：当攻击低空目标且无初制导的导弹刚离发射架时，因导弹的速度小，故升力也小。加之此时导弹的发射角也小，可能出现下列情况，即

$$Y + P\sin\alpha < G\cos\theta$$

又由

$$\frac{d\theta}{dt}\frac{GV}{g} = Y + P\sin\alpha - G\cos\theta$$

可知，此时的 $\dfrac{d\theta}{dt} < 0$，即导弹的头部向下偏转。当弹道倾角 θ 太小时，导弹就有触地危险。这就限制了导弹杀伤区的低界。

为了避免导弹触地问题，解决办法有二：① 给导弹加初制导，让导弹沿某预定弹道飞进波束；② 改进导引方法，即在预定的导引规律中加入某个修正项。

2）地球表面曲率和天线遮蔽角对雷达作用距离的影响，以及无线电波干涉对雷达作用距离的影响。

杀伤区低界的计算方法既麻烦又不准确。一般是模拟飞机进行测试，从而获得雷达发现低空目标的距离，最后求得杀伤区低界。

当粗略地计算杀伤区低界时，雷达所允许的最小高低角可用下式来求，有

$$\varepsilon_{\min} = \frac{\omega}{2} + (0.5° \sim 2°) \qquad (10-41)$$

式中，ω 为雷达波束宽度；$0.5° \sim 2°$ 为考虑各种因素所需余量的最小值。

理论上讲，杀伤区低界的低近点（D 点）应低于低远点（C 点），但工程上为了简便起见，通常把 DC 画成一条水平线，如图 10-21 所示。

3）保证引信的正常工作：当导弹的飞行高度太低时，由于地形地物反射信号（当采用无线电引信时）或辐射信号（当采用红外线引信时）的干扰，可能影响引信的正常工作，往往造成引信提前引爆战斗部。故保证引信正常工作是限制杀伤区低界的又一因素。

以上讨论了垂直平面杀伤区的四条边界,由前述杀伤区的概念可知,在垂直平面杀伤区做出后,某一高度上的水平平面杀伤区的远界 GM、近界 FN 都是已知了,故要做出该高度上的水平平面杀伤区,只要确定其侧界 FG,MN 即可,即确定最大航路角 q_{max}。

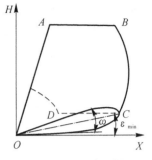

图 10-21 杀伤区低界

(5)杀伤区最大仰角和航向角的确定。理论杀伤区的最大仰角也称为最大高低角。最大仰角面上遭遇点的弹道都是同高度上遭遇斜距最小,飞行时间最短的弹道,一般来说这些弹道的需用过载最大。对于地空导弹攻击迎面来袭的空中目标,导弹的斜距和高低角由小到大逐渐变化,当导弹和目标遭遇时高低角最大。因此,雷达仰角最大值必须大于或等于所有弹道的最大高低角。

航向角指目标航线在水平面上的投影与目标视线在水平面上的投影之间的夹角。确定时应综合考虑下列因素:

1)在选定航向角条件下,导弹的可用过载不能小于需用过载。

2)最大航向角及其变化率必须在雷达跟踪方位角及其角速度的限制范围内。

3)最大航向角及其变化率必须在导弹偏转角及其角速度允许范围内。

4)最大航向角必须在导引头方位角跟踪的允许的范围内。

5)最大航向角必须在导引方法方位前置角允许的范围内。

到此,讨论了限制导弹杀伤区各个边界的各种主要因素。应该指出:

1)在以上的讨论中,均未考虑地空导弹武器系统杀伤目标的概率(含引战配合效率)。

2)上述理论杀伤区的设计,认为目标特性为等速直线飞行。当导弹攻击机动飞行目标时,上述设计原则仍可适用,只是要根据情况,对目标的机动性要进行选择和限制,并将理论杀伤区做适应性的修改。

3)通常,在用上述方法求得杀伤区后,就应对此杀伤区进行杀伤概率计算,并画出等杀伤概率线。最后再按照给定的武器系统杀伤概率值去修正上面获得的具有等杀伤概率线的杀伤区。

10.2.2 地空导弹的发射区

1.发射区的概念

在发射导弹瞬间,能使导弹在杀伤区内与目标遭遇的所有目标位置所构成的空间,称为导弹的发射区,也就是说,当目标进入发射区时发射导弹,导弹就会在杀伤区内与目标遭遇。

由发射区的定义可知,发射区与杀伤区有密切的联系。发射区的形状和大小除与杀伤区的形状和大小有关外,还与目标的飞行性能和飞行状态(比如是否机动)有关。

发射区与杀伤区一样,可以用垂直切面和水平切面表示,前者称垂直发射区,后者称水平发射区。

为正确地选择地对空导弹的发射时机,必须知道发射区的位置。

2.发射区的确定

下面以水平面杀伤区和发射区为例,说明确定发射区的基本方法。

(1)目标作等速直线水平飞行时。如图 10-22 所示,$MNFG$ 为某高度上的水平面杀伤区,

而 $M'N'F'G'$ 为 $MNFG$ 所对应的发射区。当目标作等速直线水平飞行时,确定发射区的条件只有一个:目标从发射区某一点 B' 飞到杀伤区的对应点 B 所需的时间等于导弹从发射到飞至杀伤区 B 点的时间,即

$$\frac{BB}{V_T} = t_B \quad 或 \quad BB = V_T t_B$$

式中,t_B 为导弹飞至 B 点所需的时间。

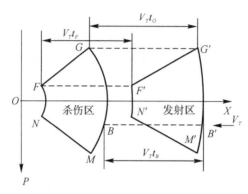

图 10-22 水平平面杀伤区与发射区

综上所述,在目标作等速直线水平飞行时,确定发射区的方法是,从杀伤区任一点 X 出发,把 X 点向目标飞行的相反方向移动 $\overline{XX'}$ 距离,就得到了 X 点在发射区所对应的 X' 点,而 $\overline{XX'} = V_T t_x$(t_x 为导弹飞至 X 点所需的时间)。由于导弹飞到杀伤区各点所用的时间不同,故发射区的形状和大小与杀伤的形状和大小不会完全一样。可见发射区并不是杀伤区完全平移的结果。

垂直平面发射区的确定方法与水平面发射区相同,如图 10-23 所示。

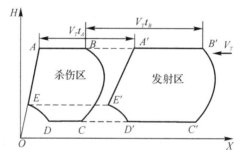

图 10-23 垂直平面杀伤区与发射区

(2)目标机动飞行时。通常,空中目标进行反导弹机动的方法是以尽可能大的坡度作水平圆周运动。

设从目标开始机动到与导弹遭遇,目标的飞行时间为 t_T,则目标的机动角为

$$\varphi_T = \frac{V_T t_T}{R} \tag{10-42}$$

式中,R 为目标机动半径。

当目标在水平面内进行正常盘旋时,如图 10-24 所示,应满足关系式

$$Y\cos\gamma_T = mg$$

$$Y\sin\gamma_T = m\frac{V_T^2}{R}$$

由以上二式可得

$$R = \frac{V_T^2}{g \cdot \tan\gamma_T} \qquad (10-43)$$

式中,γ_T 为目标的倾斜角(又叫目标的机动坡度)。

由以上讨论可知,目标免遭杀伤的条件为

$$t_T < t_m \qquad (10-44)$$

式中,t_m 为导弹飞到遭遇点所需的时间。

图 10 - 24　目标盘旋飞行示意图

在上述概念的基础上,下面进一步分析在目标机动的条件下,由杀伤区求作发射区的方法,其步骤如下(以水平平面为例):

(ⅰ)首先画出某高度上的杀伤区 $MNFG$,如图 10 - 25 所示;

(ⅱ)根据目标特性,计算出目标最小机动半径,有

$$R_{\min} = \frac{V_T^2}{g \cdot \tan\gamma_{T\max}} \qquad (10-45)$$

(ⅲ)在杀伤区上选定特征点(一般选 M, N, F, G 等点为特征点,在此,任取 X 点为特征点),并由导弹的射程 $D(t)$ 图查得导弹飞到该点所需的时间 t_{mX},该时间就是遭遇时间;

(ⅳ)算出目标对应该点(X 点)的机动角 $\varphi_{X\max}$,有

$$\varphi_{X\max} = \frac{V_T t_{mX}}{R_{\min}} \qquad (10-46)$$

(ⅴ)连接 O, X 两点,并在 OX 的延长线上截 XO' 等于目标的最小机动半径 $R_{\min}$。再以 O' 点为圆心,以 $R_{\min}$ 为半径作一圆弧;

(ⅵ)从 XO' 量起,量一中心角等于相应的机动角 $\varphi_{X\max}$,该角的另一半径交圆弧于 X'' 点,则 X'' 点即为与杀伤区上 X 点相对应的发射区上的目标机动起点;

(ⅶ)对各特征点重复(ⅲ)至(ⅵ)各步骤,则可得出该高度上杀伤区的其他对应点,最后连接这些点,就可获得所需要的目标机动飞行时的导弹发射区 $M''N''F''G''$。

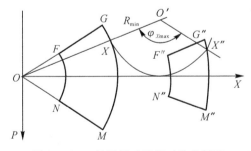

图 10 - 25　目标机动飞行时的发射区

(3)可靠发射区。所谓可靠发射区是这样的空间区域:当目标进入这个空域时发射导弹,不论目标如何飞行(直线飞行或机动飞行),导弹都将可靠地以给定的概率杀伤目标于杀伤区内。由此可知,可靠发射区是当目标作等速水平直线飞行时的导弹发射区与当目标作机动飞行时的导弹发射区共同决定的一个发射区,即两个发射区相重合的部分,它同时满足上述两个

发射区所有限制条件。

因此,确定可靠发射区很简单。把目标机动时和不机动时的两个发射区按同一比例画在一张图上,则重合部分就是所求的可靠发射区,如图 10 - 26 所示。

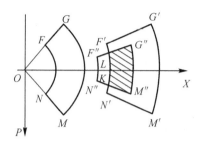

图 10 - 26   导弹的可靠发射区

10.2.3   空空导弹的发射区(攻击区)

1. 概述

空空导弹武器系统的发射区也叫攻击区,它是空空导弹武器的综合性能指标。它不仅提供了简明的使用条件,而且还全面地评价了武器系统的优、缺点,从而为今后改进导弹设计指出了方向。

空空导弹的发射区是目标周围的这样一个空域:当载机在此空域内发射导弹时,导弹就以不低于某一给定的概率杀伤目标。若在此区域外发射导弹时,导弹杀伤目标的概率将低于某一给定值,甚至下降为零。

此处重点讨论空空导弹的理论发射区。所谓理论发射区,是因为它在下列前提条件下进行计算所得到的:

(1) 只是从可能命中目标的角度来确定该发射区,并不考虑杀伤目标的概率大小。亦即,若载机在理论发射区之内发射导弹时,导弹有可能击中目标;若载机在理论发射区之外发射导弹时,导弹肯定不能击中目标;

(2) 导弹严格地沿着运动学弹道飞行;

(3) 导弹与目标在同一水平面内运动。

通常,空空导弹理论发射区的形状大致如图 10 - 27 和图 10 - 28 所示。

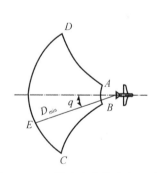

图 10 - 27   尾追攻击的攻击区形状

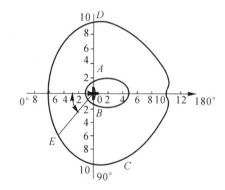

图 10 - 28   全向攻击的攻击区形状

图中:AB——发射区的近界或内界,它对应的参数是导弹最小允许发射距离 D_{min};

　　　CD——发射区的远界或外界,它对应的参数是导弹最大允许发射距离 D_{max};

　　　AD,BC——发射区的侧界,它对应的参数是导弹最大允许发射角;

　　　q——E 点进入角(发射角)。

攻击区中内边界为最小允许发射距离边界,即近界;外边界为最大允许发射距离边界,即远界。从空空导弹攻击区可以看出,迎头攻击的最大允许发射距离与最小允许发射距离明显大于尾后攻击的最大允许发射距离与最小允许发射距离。这是因为迎头攻击时,导弹与目标间的相对速度是两者之和;而尾后攻击时,则是两者之差。在同样时间内迎头比尾后飞行距离更远。

2.限制外边界的条件

(1)导引头工作距离的限制。目前空空导弹上广泛使用的制导系统为雷达导引头和红外线导引头。

被动式红外线导引头是靠接收目标的热辐射的能量进行工作的。目标的热辐射主要来自两个方面:一是发动机的喷管和尾焰;一是气动加热。发动机的热辐射主要取决于发动机的功率和工作状态(有无加力),功率越大热辐射越强,则其他条件相同时,导引头的作用距离就增加。有加力时的热辐射此无加力时要强得多,因此,导引头的作用距离也就大得多。另外,发动机的热辐射具有强烈的方向性,主要集中在飞机尾部的一个不宽的角度内。随着飞行速度的提高,飞行器表面的温度随着气流速度的二次方增加,所以当飞机的温度达到一定值时,整个飞机就将变成一个很强的热能辐射源,并且这种辐射源和发动机不同,它没有很强的方向性,最高温度发生在机身的顶端和机翼的前缘,即前半球的热辐射比后半球强,这就给导弹全向攻占造成了良好的条件。

红外导引头的作用距离除与辐射能源的功率大小有关外,还与使用高度和气象条件有很大关系,大气中的二氧化碳,特别是水汽对红外线的吸收作用非常强。因此红外导引头主要用在对付高空高速飞机的导弹上,并且主要是在晴朗的白天或夜间使用。

半主动式雷达导引头的最大作用距离与发射机功率、发射天线的增益、目标的有效反射面积、接收天线的面积和接收机的灵敏度有关。

增大发射机功率和接收天线的面积可以提高最大作用距离,但会使发射机的体积和质量增加,受导弹直径的限制,不可能有很大的变化。因此,对半主动式雷达导引头来说,增大作用距离最好的方法是增大发射机天线的增益和提高接收机的灵敏度。

(2)弹上能源工作时间的限制。弹上能源是指控制系统所用的电源和推动舵机的能源。推动舵机的能源可能是高压气瓶、液体蓄压器或固体(火药)蓄压器。弹上这些能源的工作时间都是很短的。一旦能源工作结束,则导弹将失去控制飞行的能力,也不能作所要求的机动飞行,因此,就无法保证有效地击中目标。也就是说能源的有效工作时间,限定了导弹的有效飞行时间,也就限定了导弹的航程。

(3)无线电引信最小接近速度要求的限制。若导弹采用多普勒无线电引信,引信的延迟时间与多普勒频率成反比,频率越高,延迟时间越短,反之,频率越低,则延时越长。而多普勒频率又与接近速度成正比,因此,延迟时间也就与接近速度成反比。因此,这种引信对相对接近速度有一定的要求,太小了,延迟时间太长,导弹已飞过目标才爆炸;反之,接近速度太大,目标还未进入战斗部的威力范围,战斗部就已经爆炸了,结果都使引战配合效率大大降低。对空空导弹来说,接近速度的下限发生在尾追的情况下,而上限则发生在迎击的情况下。因此,对后半球攻击的导弹来说,其限制条件应为下限。如有的空空导弹规定最小接近速度不得小于 $100 \sim 150$ m/s。

对导弹最小接近速度的要求,也就是对导弹最小速度的要求。由 $V(t)$ 图可知,这就限制了导弹的最大航程,那么也就是限制了导弹的最大射击距离。

(4)导引头视角的限制。导弹的导引头和人的眼睛一样。人要想抓住什么东西,首先必须能看见它。导弹也是这样,导弹为了能飞向目标,则它在整个飞行过程中必须始终"盯"住目标。另外,导引头的位标器也和人的眼球一样,人的头如果不转动,人的眼睛(单靠眼球的转动)也只能看见一定角度内的东西,通常称为视野或视界。位标器也类似,由于结构上的原因,位标器也只能"看见"以弹轴为中心的一定角度内的目标,超过这个范围,信息就不能被接收。这个角度通常被称为导引头的视角(或静态视角场)。

导引头视角等于导弹的前置角与冲角之和,前置角与导弹的速度有一定的关系,速度越小,则要求前置角越大。对空空导弹来说,多采用被动段攻击。其飞行速度越来越小,遭遇点的速度为最小,那么前置角应为最大。这时,导引头的视角必须满足大于最大前置角与遭遇点的最大冲角之和。

以上 4 个条件限制了空空弹攻击区的外边界,把这 4 个条件所限制的边界线按同一比例画在同一图上即可得出所求的最终外边界。

3.限制内边界的条件

(1)引信解除保险时间的限制。引信是战斗部的启爆装置,属于危险部件,为了保障地勤人员及载机的安全,空空弹的引信在发射前及发射后的一段时间内,电路是断开的,处于所谓的"保险状态",保险解除后才能工作。在保险时间内导弹是不能与目标相遇的,因为这时引信没有工作,因此,即使导弹与目标相遇,除非是直接命中,否则是不能摧毁目标的。这个时间定了,导弹的航程也就定了。

(2)引信对最大相对接近速度要求的限制。外边界的限制条件中有引信最小相对接近速度的限制,因为空空弹多采用被动段攻击,所以最小速度限制了最大射击距离,而最大接近速度则限制了最小射击距离。导弹技术说明书中,关于引信相对接近速度的要求都是一个范围,如某空空弹的说明书中规定:导弹接近目标的速度为 $100 \sim 600$ m/s,而美国的响尾蛇空空导弹则规定为 $150 \sim 800$ m/s。原理和计算方法都和最小接近速度的限制相同。

(3)导引头视角的限制。理由与前述相同,不再叙述。

4.关于攻击区的侧边界

空空弹攻击区的侧边界和地空弹水平平面杀伤区的侧边界的性质是完类类似的。在地空导弹的杀伤区中用最大航路角 q_{max} 来表征它,而在空空导弹的发射区中用攻击角(也用 q 表示)或射击投影比来表征它。攻击角是目标航线与目标观察线(目标线)之间的夹角。限制侧边界的因素主要是导弹的可用过载和导引头的视角。

10.3   导弹的可靠性、维修性、安全性和电磁兼容性

导弹是一种长期存放、一次使用的兵器,在服役期间,一般要经受运输(公路、铁路、海运或空运)、存放、值勤、作战等工作历程和气候、力学、电磁等环境条件。一种性能良好的武器,不

仅体现在其战术技术指标是否先进,而且也体现在其是否具有良好的可靠性(代号 R)、维修性(代号 M)、安全性(代号 S)和电磁兼容性(代号 EMC)上。通常,称此为"四性"。战术技术性能不满足规定要求的导弹,是不能完成规定的作战使命的;而不能满足"四性"要求的导弹,除了不能完成规定的作战使命外,甚至还会造成产品、设备、人员的意外事故。

导弹的"四性"是由导弹设计、制造、使用诸环节所决定的。"四性"工作贯串于导弹整个研制期间。在导弹研制过程中,要把"四性"与其他总体技术要求一并考虑,进行系统分析,协调与综合,形成统一、完整、协调、配套的总体技术要求,作为导弹设计、制造、试验与管理的基本依据。因此,详细地分析导弹全寿命周期内有关的环境因素和其他制约因素,是"四性"设计的基础依据,而重视继承性、系列化、通用化、模块化,尽量使结构、工艺、使用、维护简单,是"四性"设计的一个基本原则。

10.3.1　可靠性

1. 可靠性的基本概念

(1) 定义及重要性。防空导弹的使用特点是"长期存放,一次使用"。因此,保持防空导弹在储存期内的可靠性水平是很重要的系统设计、产品研制和维护使用任务。

导弹的可靠性是指导弹在规定的条件和规定的时间内完成规定功能的能力。它是衡量导弹总体性能的一项重要的技术指标。包括基本可靠性、任务可靠性、固有可靠性、使用可靠性等。

导弹系统的可靠性是在导弹设计、研制、生产和使用过程中形成的,是一种综合技术,因此,必须在导弹设计、研制、生产和使用过程中的每一个环节都给予密切的关注。系统的可靠性设计与导弹总体设计密切相关。基本程序包括可靠性框图的编制、可靠性指标论证及确定、可靠性指标分配、可靠性指标预计、可靠性设计准则的制定、失效模式及效应分析、可靠性改善与提高、系统可靠性的设计与评定等。

(2) 可靠性的主要度量指标。为了定量地描述产品的可靠性,比较常用的主要指标有可靠度、故障率、故障密度、平均无故障工作时间等。

1) 可靠度 $R(t)$。产品在规定条件下和规定时间内完成规定功能的概率,在上述条件下,产品发生故障的概率定义为不可靠度,用 $F(t)$ 表示。显然有

$$R(t) = 1 - F(t) \tag{10-47}$$

2) 故障率 $\lambda(t)$。产品正常工作到某时间 t,在该时刻后单位时间内发生故障的概率。它与可靠度的 $R(t)$ 的关系可表示为

$$R(t) = \mathrm{e}^{-\int_0^t \lambda(t)\,\mathrm{d}t} \tag{10-48}$$

若产品在很长一段时间内故障率接近常数,即 $\lambda(t) = \mathrm{const} = \lambda$,则符合指数分布规律,此时有

$$R(t) = \mathrm{e}^{-\lambda t} \tag{10-49}$$

3) 故障密度 $f(t)$。表示在时刻 t 后单位时间内产品失效数与产品总数之比,定义为不可靠度的导数,即

$$f(t) = \frac{\mathrm{d}F(t)}{\mathrm{d}t} = -\frac{\mathrm{d}R(t)}{\mathrm{d}t}$$

$$F(t) = \int_0^t f(t)\mathrm{d}t$$

$$R(t) = 1 - \int_0^t f(t)\mathrm{d}t$$

由概率密度函数 $f(t)$ 的性质,得到

$$\int_0^\infty f(t)\mathrm{d}t = \int_0^t f(t)\mathrm{d}t + \int_t^\infty f(t)\mathrm{d}t = 1$$

即

$$\int_t^\infty f(t)\mathrm{d}t = 1 - \int_0^t f(t)\mathrm{d}t$$

因此

$$R(t) = \int_t^\infty f(t)\mathrm{d}t \qquad (10-50)$$

4) 平均寿命。对于不可修复的产品,表示在发生故障前的平均工作时间,即平均无故障工作时间 MTTF。对于可修复产品是指两次故障间的平均工作时间,即平均故障间隔时间 MTBF。

因为在许多情况下评定某些产品的的可靠性时,未必都要十分详尽地给出产品无故障工作时间的分布律,往往只需给出时间 t 的某些数字特征就可以了。平均寿命 MTTF 或 MTBF 就是 t 的数字特征之一,它是无故障工作时间 t 的数学期望。可以由下式确定,有

$$\mathrm{MTTF(MTBF)} = \int_t^\infty R(t)\mathrm{d}t \qquad (10-51)$$

当 $R(t) = \mathrm{e}^{-\lambda t}$ 时,则

$$\mathrm{MTTF(MTBF)} = \int_t^\infty \mathrm{e}^{-\lambda t}\mathrm{d}t = \frac{1}{\lambda} \qquad (10-52)$$

即 MTTF 或 MTBF 和 λ 互为倒数。同时

$$R(t) = \mathrm{e}^{-\lambda t} = \mathrm{e}^{-\frac{t}{\mathrm{MTTF}}} \qquad (10-53)$$

2. 可靠性模型

系统构成的形式不同,其可靠性模型也不同。下面介绍最基本、最常用的串联模型、并联模型、串并联结构模型。

(1) 串联模型。一个系统,只要其中一个单元失效就会导致整个系统失效,即只有当所有单元都正常时,系统才正常。这样的系统称为串联系统,可靠性框图如图 10-29 所示。

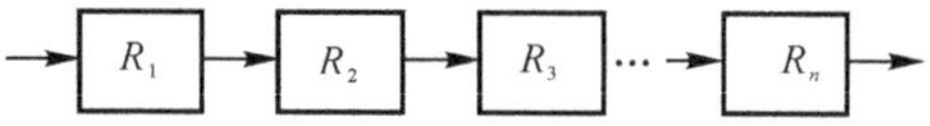

图 10-29　串联系统

若串联系统构成部件的可靠度分别为 $R_1, R_2, \cdots, R_n$,则串联系统的总可靠度为

$$R_\mathrm{s}(t) = R_1(t)R_2(t)\cdots R_n(t)\prod_{i=1}^n R_i \qquad (10-54)$$

若各单元可靠度相等均为 R,则式(10-54)可写为

$$R_\mathrm{s} = R^n$$

即串联系统可靠度等于各单元可靠度的乘积。可见,串联系统的可靠度不可能高于其单元的可靠度,串联单元越多,系统的可靠度越低。

若各单元寿命均服从指数分布,则串联系统的可靠度为

$$R_s(t) = \prod_{i=1}^{n} R_i(t) = \prod_{i=1}^{n} e^{-\lambda_i t} = e^{-\sum_{i=1}^{n} \lambda_i t} \tag{10-55}$$

可见,串联系统寿命也服从指数分布,系统的失效率为

$$\lambda_s(t) = \sum_{i=1}^{n} \lambda_i \tag{10-56}$$

系统的平均寿命为

$$\mathrm{MTTF} = \frac{1}{\lambda_s} = \frac{1}{\sum_{i=1}^{n} \lambda_i} \tag{10-57}$$

当 $\lambda_1 = \lambda_2 = \cdots = \lambda_n = \lambda_0$ 时,有

$$\lambda_s = n\lambda_0 \tag{10-58}$$

$$\mathrm{MTTF} = \frac{1}{n\lambda_0} \tag{10-59}$$

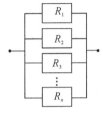

（2）并联系统。一个系统中,只要有一个单元正常工作,系统就能正常工作,即只有当所有单元都失效时,系统才失效。这样的系统称为并联系统,如图 10-30 所示。

图 10-30　并联系统

若并联系统构成部件的可靠度分别为 $R_1, R_2, \cdots, R_n$,则并联系统的总可靠度为

$$R_s(t) = 1 - [1-R_1(t)][1-R_2(t)] \cdots [1-R_n(t)] = 1 - \prod_{i=1}^{n} [1-R_i(t)] = 1 - \prod_{i=1}^{n} F_i(t) \tag{10-60}$$

式中,$F_i(t)$ 为第 i 个部件的不可靠度。

若各单元可靠度相等均为 R,则式（10-60）可写为

$$R_s = 1 - (1-R)^n = 1 - F^n \tag{10-61}$$

由式（10-61）可见,并联系统可靠度大于组成它的各单元可靠度,即并联单元越多,系统的可靠度越高。并联系统又称冗余系统,因为只要系统中有一个单元正常工作,系统就能正常工作,其余单元是为提高可靠性而采用的,从功能看是多余的。在可靠性设计中,采用单元冗余,是提高系统可靠性的重要手段。如民航客机,一般至少有 2 台发动机,以提高飞行安全性。许多战术导弹的无线电引信采用三级保险,只有三级保险均解除后,引信才能工作。从保险角度看是一个 $n=3$ 的并联系统,因为只要有一级保险正常工作就能起到保险作用,这样就大大提高了无线电引信工作的安全性。

若并联系统中,各单元寿命均服从指数分布,则

$$R_s(t) = 1 - \prod_{i=1}^{n} (1 - e^{-\lambda_i t}) \tag{10-62}$$

这时,并联系统的平均寿命为

$$\mathrm{MTTF} = \int_0^{\infty} \left[1 - \prod_{i=1}^{n} (1 - e^{-\lambda_i t}) \right] \mathrm{d}t$$

当各单元的失效率相同时,即 $\lambda_i = \lambda_0$,则可证明

$$\mathrm{MTTF} = \frac{1}{\lambda_0} \left(1 + \frac{1}{2} + \cdots + \frac{1}{n} \right) \tag{10-63}$$

（3）串并联模型。系统中部分组成是串联的，部分组成是并联的，称这样的系统为串并联组合系统。对于任意的串并联组合系统，均可简化为如图 10 - 31 所示的一般形式。设其由 n 个分系统串联组成，每个分系统有由 m_i 个元件并联组成。

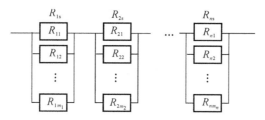

图 10 - 31　串并联组合系统

设 $R_{1s}, R_{2s}, \cdots, R_{ns}$ 为各分系统的可靠度，则总系统的可靠度为 R_s 为

$$R_s = \prod_{i=1}^{n} R_{is} = \prod_{i=1}^{n} \left[1 - \left(1 - \prod_{j=1}^{m_i} R_{ij} \right) \right] \tag{10-64}$$

式中，R_{ij} 为 i 分系统第 j 个并联元件的可靠度。若分系统中各元件的可靠度都相等，即

$$R_{11} = R_{12} = \cdots = R_{1m_1} = R_1$$
$$R_{21} = R_{22} = \cdots = R_{2m_2} = R_2$$
$$\cdots\cdots$$
$$R_{n1} = R_{n2} = \cdots = R_{nm_n} = R_n$$

则

$$R_s = \prod_{i=1}^{n} \left[1 - (1 - R_i)^{m_i} \right] = \prod_{i=1}^{m_i} \left(1 - F_i^{m_i} \right)] \tag{10-65}$$

式中，F_i 为第 i 个分系统中元件的不可靠度；m_i 为第 i 个分系统中并联元件数；n 为分系统的数量。

3.可靠性分配

将导弹系统的可靠性指标转换成每一个单元（导弹各分系统）的可靠性要求的过程称作可靠性分配。

可靠性分配是一个自上而下的过程，导弹的可靠性指标分配给弹上的分系统，各分系统又将其可靠性指标分配给其部件、组件、零件。

可靠性分配往往不是一次完成的。若所分配给子系统的可靠性要求是无法达到的，则应修正系统设计，重新分配可靠性指标。可靠性分配是一个设计决策过程，往往结合系统的复杂性、继承性、成熟性、工作环境和工作时间等综合加以考虑，以求做出合理的分配。

分系统设计者应尽最大努力实现所分配的可靠性指标，如选用更可靠的元器件，简化设计，降额设计，冗余设计等。

可靠性分配包括求解不等式

$$f(R_1, R_2, \cdots, R_n) \geqslant R^* \tag{10-66}$$

式中，R^* 为系统的可靠性要求；$R_1, R_2, \cdots, R_n$ 为分配给各分系统的可靠性要求；$f(R_1, R_2, \cdots, R_n)$ 为系统与分系统间可靠性函数关系。

可靠性分配有多种方法，常用的方法如图 10 - 32 所示。

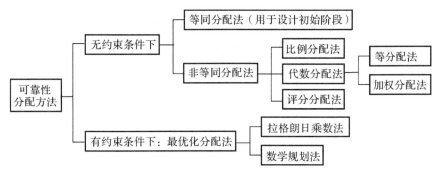

图 10 - 32　可靠性分配常用的方法

(1) 串联系统的可靠性分配。在此,只介绍评分分配法,其他方法可参考有关书籍。

评分分配法是考虑各分系统的分配因子,它是系统的复杂程度、技术水平、工作时间和环境条件等级值的函数。这些等级值由工程师根据经验进行估计,共有 10 个等级按比例给定,具体规定方法如下:

1) 系统的复杂程度。复杂程度可以根据组成系统所需要的元件或部件的数量来评定,也可以根据装配这些元件或部件的复杂程度加以判断。最简单的系统等级定为 1,最复杂的系统等级定为 10。

2) 技术水平。要考虑该技术领域发展现状,技术最小成熟的等级定为 10,技术最成熟的等级定为 1。

3) 工作时间。在整个任务时间都工作的定为 10,在任务时间内工作时间最短的定为 1。

4) 环境条件。在工作过程中预期会遇到最严酷环境的定为 10,预期所遇到的环境最不严酷的定为 1。

如果导弹的故障率指标为 λ_s,则分配给每个分系统的故障率 λ_i 为

$$\lambda_i = \mu_i \lambda_s \tag{10-67}$$

式中,μ_i 为第 i 个分系统的评分系数,有

$$\mu_i = \frac{w_i}{w} \tag{10-68}$$

式中,μ_i 为第 i 个分系统的评分系数;w 为导弹系统的总评分数;w_i 为第 i 个分系统的评分数,有

$$w_i = \prod_{j=1}^{4} r_{ij} \tag{10-69}$$

式中,r_{ij} 为第 i 个分系统,第 j 个因素的评分数。$j=1$ 是复杂程度;$j=2$ 是技术水平;$j=3$ 是工作时间;$j=4$ 是环境条件,有

$$w = \sum_{i=1}^{n} w_i$$

式中,w 为系统的总评分数;n 为分系统的数目。

(2) 带约束冗余度(串并联)系统可靠性设计。此类问题可分为两类:一类是给定总的系统可靠度要求,已知分系统组成关系、各分系统元件的可靠度、成本值,要求设计(分配)各分系统的元件数量,使总成本最低,系统典型逻辑框图如图 10 - 33 所示。

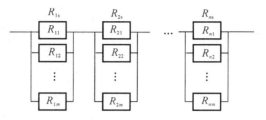

图 10-33　串并联一般形式

该类问题数学模型：

$$
\left.\begin{array}{l}
\min f(x) \\
f(x)=\sum_{i=1}^{n} C_i x_i \\
g(x)=\prod_{i=1}^{n}(1-F_i^{x_i}) \geqslant b \\
x_i \geqslant 0, \quad i=1,2,\cdots,n
\end{array}\right\} \tag{10-70}
$$

式中，n 为分系统数量；F_i 为分系统元件的不可靠度；x_i 为分系统并联的元件数量；C_i 为分系统元件成本；$g(x)$ 为约束条件；$f(x)$ 为系统总成本；b 为系统要求的可靠度指标。

第二类是给定总的成本或总质量限制，已知分系统的组成关系、元件的可靠度、成本或质量值，要求设计（分配）各分系统的元件数量，使总系统的可靠度最大。

此类问题更为实用，其数学模型：

$$
\left.\begin{array}{l}
\max f(x) \\
g(x)=\sum_{i=1}^{n} C_i x_i \leqslant E \\
f(x)=\prod_{i=1}^{n}(1-F_i^{x_i}) \\
x_i \geqslant 0, \quad i=1,2,\cdots,n
\end{array}\right\} \tag{10-71}
$$

式中，E 为系统给定的总成本或总质量的限制指标。

上面两类问题都可采用拉格朗日乘数法、整数规划、动态规划来求解，但一般计算量较大，方法麻烦。基于飞行器中的关键部分经常应用并联的方法，现在采用较为简易的工程解法 —— 直接搜索法。它的直观想法是寻找某一环节（分系统），在该环节上并联一个冗余件，使单位成本获得系统可靠度增量最大；然后检验约束条件；如此连续搜索，逐渐增加系统可靠度，直到满足全部约束条件为止。

4. 可靠性预计

可靠性预计是定量地估算系统设计是否能满足规定的可靠性要求的过程。它是在产品设计的早期阶段进行的，在硬件投产和试验之前进行，以利于设计人员掌握所设计产品的可靠性是否满足技术要求，避免延误研制周期或造成资金的浪费。

可靠性预计是在系统方案论证和技术设计过程中自下而上进行的，只有明确了下一级各组成部分的可靠性预计值之后，才可以进行上一级的可靠性预计。

系统的功能组成、工作模式、基本失效率等情况是进行可靠性预计的依据。

当可靠性预计不满足所分配的指标时,应调整所分配的指标或采取提高可靠性的措施,如冗余设计,采用高可靠性元器件,改变工作环境等。

不同的设计研制阶段可用于可靠性预计的数据和信息不同,因此所采用的预计方法也不同。在导弹研制中,一个新型号的导弹往往有一定的继承性,是在原有各种型号基础上发展起来的,因此,在初步设计阶段,可利用相似比较法进行可靠性预计,即根据从功能相似的设备使用中得到的经验,以 MTBF 故障率或类似的参数对新设计产品的可靠性进行预计。现场数据信息越多,新设备的功能、使用环境与相似产品越近似,预计的结果就越有意义、越精确。

在完成产品技术设计后,产品本身的数据和信息增加了,因此可采用新的方法对其可靠性进行预计,例如,元器件计数法等。

5.可靠性设计准则

可靠性设计是可靠性工程的核心。产品的可靠性是设计出来的,生产出来的,管理出来的。通过设计,就基本确定了产品的固有可靠性。研制及使用经验表明:在产品的整个寿命期内,对可靠性影响最大的是设计阶段,亦即一个产品的可靠性是由设计阶段决定的。如果在设计阶段没有认真考虑产品的可靠性问题,如材料、元器件选择不当,安全系数太低,检查、调整、维修不便等,那么以后无论如何注意制造、严格管理、精心使用,也难以保证可靠性要求。从经济性上讲,在设计阶段采取措施提高产品可靠性,耗资量少,效果显著。

在进行产品的工程设计之前,应根据产品特点制定可靠性设计准则,用于指导可靠性设计并作为设计评审的依据。

可靠性设计准则一般包括下述内容。

(1)元器件、原材料的选择和控制。元器件、原材料是产品的基本组成单元。从可靠性角度讲,产品不可能比其基本组成单元更可靠,因此,设计过程中最关键的一步就是选择、规定、使用和控制用于产品的元器件和原材料。尽量采用标准元器件,对元器件进行质量检验和应力筛选是元器件质量控制的有效手段。

(2)简化设计。在满足合同规定或总体要求的条件下,应尽量简化设计。如果从某一设备中剔除了一个元器件而仍能保证该设备的性能,也就消除了该元器件失效的影响。一般说来,简单产品比复杂产品具有较高的可靠性。但是,简化设计不能牺牲系统的性能。简化设计常用的方法有采用高可靠性的元器件、电路和集成电路、将致命的失效模式影响降低到最少的设计等。

(3)降额设计。所谓降额设计就是使元器件在低于其额定值的条件下工作,来降低元件的失效率。

降额是降低元器件失效率的有效方法,因为在所施加的应力值低于额定值时,大多数元器件的失效率都有下降的趋势。不同的元器件类型有不同的降额方法。如电阻器的降额是通过降低工作功率与额定功率之比实现的;电容器的降额是使所施加的电压保持在低于额定值的数值。

实现降额设计的方法:一是降低元器件承受的应力值;二是提高元器件的强度,以应付它所能经受的最恶劣的应力。

(4)热设计。导弹上的电子元器件均有一定的使用温度条件限制,当超过一定温度时,其性能将发生变化,从而使电子设备不能完成预期的工作任务。此外,在过高或过低温度下,产品的故障率也会增加。如半导体器件的故障率随温度的增加呈指数上升。为了减小或基本消除温度变化对产品可靠性带来的不利影响,在产品设计中从元器件的选择,到电路设计(如降额)及结构设计均应采取相应的措施,这就是热设计。

热设计的目的是控制设备内部产生的热源,减少热阻,保证电气性能的稳定,提高电子设备的可靠性,延长产品的使用寿命。

热设计的常用方法:尽量选择耐热性和热稳定性好的元件和材料;应用小功率能源和小功率的执行元件,减少发热元件的数量;采用合理的冷却方法和散热技术;采用隔离间、舱壁隔热、舱壁之间空气流通等措施。

(5)余度设计。用多于一个同样产品完成规定任务的设计称为余度设计。只有这些产品均发生故障时产品才发生故障。例如,为了提高导弹引战系统的可靠性,可同时采用机械引信和电引信;为了提高助推发动机的点火可靠性,点火电爆管采用并联线路等。

冗余系统的可靠性属于并联系统可靠性的范畴,因此,$R = 1 - \prod_{i=1}^{n}(1 - R_i)$,随着 n 的增大,在 R_i 不变的情况下,系统可靠度增大,但增长率却不断减小。因此,在实际使用中,考虑到基本可靠性、导弹质量、体积限制、经费限制等,并不是可以轻易采用余度技术的。只有当采用其他技术不能解决可靠性问题时,或者研制新产品所需经费、周期比采用余度技术更多时,才能采用余度技术。

(6)环境防护设计。环境防护设计的目的,是使产品具有良好的微环境。除前面提到的温度保护设计外,还包括防冲击、振动设计、三防(潮湿、霉菌、盐雾)设计、除尘设计、电磁兼容性设计等。

10.3.2　维修性

1. 维修性定义及其重要性

维修性是指某一系统在预定的维修等级上,由具有规定技术水平的人员,利用规定的程序和资源进行维修时,使系统保持或恢复到规定状态能力的度量。

从上述定义可见,维修性除与系统设计有关外,还与维修人员、维修程序、维修设施及进行维修时所处的环境等因素有关。

维修性不仅反映了产品维护修理的难易程度,而且直接影响系统的可用性,从而影响系统的效能。为了充分发挥系统效能,系统必须是随时可以使用的,即在任何时刻都能执行指定的任务,而且在执行任务期间一直具有执行任务的能力。系统可用性是指在某一随机时刻要求系统完成任务时,在任务开始时能处于工作状态的程度。

维修性影响产品的全寿命周期费用。导弹的全寿命周期是指从设计制造导弹到寿命终结(使用或报废)的全过程。导弹的寿命周期一般在 8 年以上。导弹系统的寿命周期内费用的构成包括设计与研制费用、生产费用、使用与保障费用及处置费用。一般来说,使用和保障费用占了系统寿命周期内费用的很大比例。因此,如何合理地确定维修性,使全寿命周期费用最少,是维修性设计应考虑的重要问题。

另外,维修性也影响部队对导弹的使用,部队人员数量、级别,维修所用备件,维修场地、设备等均与维修性有关。

2. 维修性指标

维修性的基本量化指标是维修度 $M(t)$。$M(t)$ 是指系统在规定的条件下维修时,在规定的时间内,使系统保持或恢复到规定状态的概率。它反映了产品维修的难易程度。

在导弹系统中,最为普遍采用的维修性指标为平均修复时间(MTTR)。MTTR 与系统的固有可用度 A(只考虑有效修复时间的可用度),平均故障间隔时间 MTBF 的关系为

$$\text{MTTR} = \text{MTBF}\left(\frac{1}{A} - 1\right) \tag{10-72}$$

另外,还有修复率 $\mu(t)$,修复率可分为瞬时修复率和平均修复率。瞬时修复率是指正在修理的产品在某时刻 t 之后,单位时间内恢复其规定功能的概率。平均修复率的定义为

$$\mu = \frac{1}{\text{MTTR}} \tag{10-73}$$

维修度 $M(t)$ 与不可靠度 $F(t)$ 相对应,修复率 $\mu(t)$ 与故障率 $\lambda(t)$ 相对应。

3. 维修性设计准则

导弹的维修性除了上面提到的定量要求外,在设计中还有若干定性要求,这些定性要求是实现定量要求的基础,构成了导弹的维修性设计准则,其内容一般包括以下几方面。

(1) 拟维修的子单元应有良好的可达性和操作空间;

(2) 拟维修的子单元应有良好的互换性;

(3) 尽量采用简单设计,模块化设计,提高维修的迅速性;

(4) 故障识别、诊断与定位应迅速、准确;

(5) 采取防人为差错设计;

(6) 采取维修安全性设计;

(7) 尽量减少维修内容,降低对人员等级要求;

(8) 进行人的因素设计,寻求人的特性与能力和产品特性之间的最佳匹配。

4. 导弹系统的维修体制

导弹系统的维修体制,是指导弹出厂后交付部队使用的全过程中,对导弹检查、测试、修复、更换的级别、层次和内容的规定。导弹维护的目的是为了使其保持或恢复到固有的作战能力。

导弹的维护按其内容可分为预防性维护与校正性维护。前者只检查测试,不进行修复,后者对检查测试中发现的故障进行排除,使导弹恢复到固有的技术状态。

导弹维护的层次可按其功能等级划分为系统级(全弹)、分系统级(如引战系统)、弹上设备级(如引信)、部件级(如舵系统)、零部件级(如密封圈)。

导弹维护级别视情而定,一般可分为四级:一级在使用部队现场;二级在前方维修站(或导弹技术分队);三级在后方维修中心(或导弹技术分队);四级为返厂修理。对每级维修,均应规定维修性质、维修内容、维修场地要求、维修用的工具、设备、仪表、器材、备件、维修人员的数量和等级、维修程序等要求。

总之,导弹维修体制的设计,应以部队便于组织维护工作的实施,使前方作战单位有足够的可用于作战使用的导弹为原则。

10.3.3　安全性

导弹是由火工、电工、机械、化工产品所组成的复杂产品。在导弹生产和使用中,要对其进行检查、测试、运输、存放、值勤、发射、飞行、销毁等。因此,如何保证导弹在生产和使用中的安

全,是导弹设计中极为重要的问题。

1.导弹系统设计中的安全性考虑

(1)发动机与战斗部是导弹中两个主要的火工品,如果在导弹生产和使用中发生意外故障,将产生极为严重的后果。因此,推进剂、战斗部装药应具有良好的安全性,在受到撞击或跌落情况下不应点火或爆炸。发动机点火电路应在规定的电磁(一般为 220 V/m)和静电条件下不点火。战斗部应有多级保险,只有在弹目交会前才具有引爆条件(或导弹飞过目标后自毁)。

(2)引战系统的安全性设计。引战系统由引信、战斗部和安全引爆装置组成。引信的功能是在导弹与目标交会时适时提供战斗部起爆信号;战斗部是导弹杀伤目标的物质;安全引爆装置为保证战斗部勤务处理的安全和飞行安全。因此,防空导弹安全引爆装置应具有多级保险。引信的引爆电路一般由电容器作为储能元件,应在导弹起飞时才开始充电。引信的电路在平时是"锁定"的,只有当导弹飞离目标一定距离时才由遥控指令解锁。

(3)对于有储运发射筒的导弹,发射筒内的火工电路应采取安全措施。如使发动机、弹上电池等火工电路在勤务处理时断开,只有进入发射程序时才闭合;发射筒应做成金属封闭式以衰减外部电磁场;发动机意外点火的系留设计等。

2.导弹生产与使用中的安全性考虑

(1)导弹火工测试时,测试人员与导弹间应有防爆墙,导弹头部应指向安全方向。

(2)导弹电气测试设备应有过流保护措施和限时措施。全弹电气测试时人员与导弹间应有防爆墙,应采取导弹发动机意外点火的保护措施。对于筒内导弹测试,舵偏应有限幅措施。

(3)导弹运输时应固定好,弹头应指向运动车辆行驶的反方向。导弹搬运起吊应按规定进行。

(4)导弹存放库房的温、湿度应符合要求,库房内不得有明线,应有防爆照明,导弹应接地良好,库房应有避雷针,库房周围不得有强电磁和辐射源。

(5)导弹总装测试厂房的温、湿度应符合要求,厂房内有防爆照明,有避雷设施,有良好的地线,厂房附近不得有强辐射源,厂房的洁净度应符合要求。

(6)导弹的检查、测试、维修、搬运等应按规定的程序,由经过培训的人员,用规定的设备工具仪表,在规定的场所和环境下进行。

(7)发动机、战斗部要安装或拆卸时,工作人员的数量应尽量减少。

(8)导弹发射时,若因故没有发射出去,应按规定的应急处理流程进行应急处理。

(9)火工品的销毁应按规定的方法和程序进行。

10.3.4 电磁兼容性(EMC)

导弹的电磁环境来自两个方面:一是导弹内部或外部电子设备产生的电磁场,以辐射或传导方式作用在弹上设备及功能电路上,形成对导弹的电磁干扰;二是自然雷电、太阳黑子、耀斑爆发等形成的电磁环境。另外,现代战争中的电子战形成对导弹武器系统形成软杀伤,同时也使导弹的电磁环境更加严酷。

导弹在规定的电磁环境下正常工作,则称导弹具有良好的电磁兼容性。评价导弹的电磁兼容性一般着眼两个方面:一是弹上电子设备在规定的电磁环境下是否正常工作;二是导弹中的火工品在规定的电磁环境下能否保持正常状态或正常工作。

准确地预计或描述导弹在寿命期中所遇到的电磁环境是很困难的。因此,规定电磁环境的方法是确定导弹可能遇到的最大典型电磁环境,以此作为导弹设计和 EMC 试验的依据。

武器系统本身及周围的其他系统所采用的雷达、通信设备的频率、功率、布局对导弹的电磁环境也会产生重大影响,因此对上述设备产生的电磁环境要进行评估与测试。

弹上各电子设备应按有关标准进行传导发射和辐射敏感度测试。

与可靠性与维修性一样,对导弹的电磁兼容性也形成了一些设计准则,其中包括屏蔽、接地、滤波、衰减、布线、信号设计、元件选择等具体要求。以某导弹为例,为了提高 EMC 能力,在导弹设计中采取了大量技术措施,如发射筒为全金属封闭型,可减小电磁干扰约 20 dB;发动机点火电路中采用低通滤波器,可有效抑制高频干扰;重要电路采用屏蔽线;电源地、信号地、射频地的合理布局;尽量减小导线环路面积;自动驾驶仪电子组合金属封闭结构;电子设备信号滤波等。

10.4　导弹的费用效能分析

10.4.1　费用效能分析的概念

科学技术发展使武器系统不断更新,同时也带来复杂程度的不断增加、武器成本和作战费用的飞速上升。从总体需求来看,有效性、生存能力和效费比是地空导弹武器系统发展的三大关键。采取多种先进的武器系统总体技术,提高防空导弹武器系统的有效性、生存力和效费比,是防空导弹武器系统总体设计人员所面临的一项重大课题。

研制和发展任何一种新型导弹武器系统都需要考虑如何能使所消耗的资源财富尽可能少,而取得的效能尽可能的高。因此,在系统设计、研制、生产和使用过程中,人们经常使用“费用效能”这个术语去衡量或评价各个方案的优劣。

费用效能分析是根据所获得之价值(武器系统所达到的效能)与所消耗之资源(费用),去比较能满足战术技术要求的各个方案,研究如何从几个方案中选择最优方案所用的方法。它虽然不是一个决策过程,但有助于领导部门做出许多重要的和及时的决策。导弹的费用效能分析,就是把导弹的费用与效能两者同时加以考虑,以权衡方案的优劣。

费用效能分析的基本内容应当包括目标、任务分析;系统方案分析;费用资源分析;模型的建立;准则确定及最优方案选择。

(1)目标。确定目标、任务应当和武器系统的功能分析结合起来,并且把功能要求作为进行设计和系统分析的基础。在充分了解功能要求的基础上,才有可能设计出达到目标,并保证完成任务的系统方案。在系统分析过程中常出现这样的情况,即仅根据规定系统的目标和任务,并不一定需要研制一种新的武器系统,只要对现有装备作适当的改装就能达到目标。因此,目标任务的确定和功能分析是紧密相关的,不能有片面性。同时,在确定目标时,不能对系统实现目标的途径加以过多的限制,也不能对目标的定义和界限模糊不清。

(2)方案。方案是指对有可能达到目标、任务要求的各个备选方案进行分析比较。通过费用效能分析选择最优方案,是费用效能分析的重要任务之一。确定方案之前应对现有系统、正在研制的系统、改进的系统和探索中的系统,甚至包括国外的系统逐个加以分析研究。特别是方案论证阶段进行费用效能分析时,应在方案分析方面多做些工作。

（3）费用。每个方案的费用都应当经过仔细的分析计算。在确定一个方案的费用时，要研究其所有的资源，不仅要涉及系统本身的费用，还应当考虑到操作人员的训练、维修保养、装运储藏等各方面所要消耗的费用。费用估计应尽可能力求精确。对难于估计准确的部件费用，可以采用各种合适的量值进行比较分析。对费用的估算值，一般都要通过灵敏度分析予以检验。灵敏度分析可用不同的量值进行反复的分析，以便判定所得结果的可靠程度。

（4）模型。费用效能分析中，要用模型去研究系统中有关问题的许多变量。一个模型是用于描述系统的实际状态或预计未来系统的状态，其目的是在有限范围内表示方案的结果。所有模型都是客观实体的抽象，其有效性取决于简化假设的合理性。在建立费用效能分析模型过程中，重要的问题在于正确处理那些难于量化的因素。在这种情况下，可以采取定量分析和定性分析相结合的方法，但要尽可能将各种因素反映到模型中去。费用效能分析中使用的模型多数为抽象的概念模型和近似的数学模型。这些模型的准确性与有效性，只能根据它的实用性进行检验。

（5）准则。费用效能分析中广泛应用的准则有三种，即等费用准则、等效能准则和费用效能递增准则。等费用准则是在假定各方案消耗的费用相等的情况下，分析确定哪一个方案能达到最大的效能；等效能准则是以各方案所能取得的效益（达到的效能）相等（或相同）为基础，分析确定哪个方案所需（消耗）的费用（资源）为最少；费用效能递增准则是将所达到的效能增加的程度与所消耗的费用（资源）增加的速率结合在一起进行分析。这种准则只有当系统各方案的费用和效能都无法作为等同的分析基础时，最后才使用它。例如，对于两种不同方案的导弹系统，由于采用的技术先进程度和复杂程度各不相同，无法用同一个费用标准或效能准则去评定，这时即可利用费用效能递增准则进行分析比较。

通过费用效能分析进行导弹方案优选，人们习惯于使用"具有最大军事价值的系统"，甚至"最好最优的系统"作为分析时的准则，或者使用"以最小的费用，取得最大的效能"这样一个"最小最大"的公式，作为费用效能分析的准则。这些提法在定量分析时，既不科学，又不可能。因为费用效能分析是在诸方案的比较中进行的，要比较就必须有可比条件和相同的口径作前提。因此，从定量研究的角度，费用效能分析时的最优化准则，应该是"用最小的费用取得同样的效能"或者是"用同样的费用取得较大的效能"。

导弹的效能和成本，是两个不同的概念。效能是反映导弹用途的技术指标，而成本则是反映导弹费用消耗的经济指标。两者本无直接的可比性，但它们都可用金额来表示，这样就可以直接进行定量的比较。

效能费用比较，可采用效费比（或称价值系数）V 作为指标，则

$$V = \frac{F}{C} \tag{10-74}$$

式中，F 为导弹综合效能函数值，为了能与费用 C 作比较，应将 F 进行费用化。

由于已经求得效能 F 和费用 C，所以可以进行各方案的效费比的分析比较，有

$$V_i = \frac{F_i}{C_i} \quad (i = A, B, \cdots, N)$$

综上所述，费用效能分析，是研究如何从几个方案中选择最优方案所用的方法，其目的是帮助决策者或领导部门"以一定费用取得最大的效能"，或者"以最小的费用取得同样的效能"。选择最优方案最基本的方法是，"效能定值法"（即先确定需要达到的或希望达到的效能

水平,然后求出备选系统或方案的费用,进行权衡)和"费用定值法"(即先确定备选系统或方案能够拿出的一定费用或资源,然后再确定哪一个方案能够达到最高的效能水平)。由此可见,费用效能分析的重要特点就是进行有效的权衡分析,然而这种权衡分析必须是透彻的效能、费用和时间(或研制周期)的权衡。

10.4.2　效能分析与评定

1. 效能概念

效能分析与评估是导弹系统性能分析的重要内容,在整个导弹武器系统的发展论证、系统评价、作战使用以及作战方案制定等方面有着重要的作用。

导弹系统作为一种武器装备,它被使用的最终目的是毁伤目标。导弹系统能否完成其作战任务、完成的可能性有多大,是导弹系统设计、分析和使用人员最为关心的问题。显然,这一问题与导弹系统的战术技术性能直接相关,也与导弹的使用环境和部队的训练水平有关。

导弹系统是在一定条件下使用的武器装备。这些条件包括环境条件、目标条件和人为条件等。在不同的条件下,导弹系统的作战效果会有所不同。另外,现代战争中的战场态势瞬息万变,导弹系统能够发挥作用的时间是有限的。在不同的时间要求下,导弹系统完成作战任务的能力也可能不同。因此,导弹系统效能的定义应能反映出导弹系统在规定条件下完成作战任务的程度。

导弹系统的效能是指在规定的条件下和规定的时间内,导弹系统完成规定作战任务的能力。它反映了由系统可靠性、维修性、生存能力、反应时间、突防能力、命中精度、毁伤威力和其他战术技术性能等综合体现出的导弹总体特性和水平,给出了导弹系统在作战上的有用程度。

根据不同的评估目的,效能可分为单项效能、系统效能和作战效能三种。

单项效能是指运用武器系统时,相对单项功能或单一使用目的而言,所能达到的程度。如某型号反坦克导弹对某类型坦克的射击效能;某雷达系统对某类型目标的探测效能;某型号弹道导弹弹头的雷达隐身效能;等等。

系统效能是指武器系统在一定条件下,满足一组特定任务要求的可能程度。因此,系统效能是对整个武器系统完成作战任务能力的综合评价。它又被称为"综合效能"。系统效能可由一组指标(一般称为效能指标)来综合评价,这些指标描述了武器系统在规定条件下和规定时间内执行作战任务的多种能力(如毁伤能力、机动能力、抗干扰能力等)或多重目的(如杀伤人员数量、击毁装甲车数量、损坏掩体的程度等)。

作战效能是指在规定条件下,运用武器系统的作战兵力执行作战任务所能达到预期目标的程度。在作战条件下,由于受敌方的对抗能力、战场环境,以及己方指挥及部队运用武器系统能力的影响,武器系统有可能无法完全发挥其固有效能。因此,作战效能的最大特点是具有动态化,即对抗双方的作战能力随时间变化。它反映了武器系统装备部队后的最终效能。

系统效能与作战效能是在不同层次、不同环境、不同评估对象范围内,对武器效能进行的评估结果。作战效能不但基于武器装备的系统效能,还与战场环境、作战兵力、作战指挥、目标特性及目标防御能力密切相关。

2. 效能指标与分析

为了评价、比较不同导弹系统或攻击方案的优劣,必须对导弹系统效能进行定量描述。这些能进行定量描述的参量称为效能指标。由于导弹系统在使用过程中会受到较多随机因素的影响，从而导致系统完成特定任务的能力（即效能）具有随机性。所以，常用体现系统目的的概率或数学期望作为系统的效能指标。显然，评价效能离不开导弹系统的战术技术性能指标。

导弹系统的性能指标有单一和综合两种，例如，单一性能指标有发射准备时间、飞行速度、射程、制导精度等；综合性能指标有命中概率、毁伤概率等。命中概率综合了制导精度、目标大小与形状等因素，而毁伤概率是更高一级的综合性能指标，它与命中概率、命中条件下的毁伤规律、目标特性和战斗部威力等有关。因此，效能指标（如导弹在执行某作战任务时，对某类型目标的毁伤概率）应该是能够反映所有性能指标影响的综合性能指标。

由于作战情况的复杂性和作战任务要求的多样性，导弹系统效能往往需通过一组效能指标来综合描述。选择适当的效能指标是系统效能分析的首要问题。无论怎样选择效能指标，这些指标都必须能够反映导弹系统所要实现的作战目标。

对于战术导弹系统，其作战任务的种类繁多。它既可以攻击单个目标，也可以攻击集群目标；既可以攻击点目标，也可以攻击面目标；既可以攻击活动目标，也可以攻击固定目标。另外，战术导弹系统完成特定任务，还会涉及时间、操作和勤务人员数量、弹药消耗量、双方的损失等特征量的问题，这些特征量都在一定程度上反映了导弹系统的作战使用效果。因此，评价战术导弹系统的效能指标往往有若干个，主要有：

- 导弹系统作战准备时间；
- 导弹系统可用度；
- 导弹系统工作可靠度；
- 单发导弹射击精度；
- 单发导弹毁伤单个目标的概率；
- 多发导弹毁伤单个目标的概率；
- 多发导弹毁伤密集集群目标的概率；
- 多发导弹毁伤稀疏集群目标的概率；
- 多发导弹对集群点目标的平均毁伤数量；
- 毁伤单个目标所需的平均导弹消耗数量；
- 毁伤给定数量目标所需的平均导弹消耗数量；
- 保卫己方要地所需的平均导弹消耗数量；
- 摧毁单个目标所需的平均时间；
- 摧毁给定数量目标所需的平均时间；
- 完成作战任务所需导弹部队的数量；
- 导弹系统火力对抗时的生存概率；等等。

武器系统效能分析是一种定量分析技术。它根据武器装备的特点和分析的目的，详细分析影响效能的主要因素，确定合适的效能指标，选用或建立合理的效能模型，并运用模型计算相应的效能指标量值，进而对武器系统的效能做出综合评价，为武器装备发展论证、武器系统的作战使用、作战方案的制定和作战模拟训练等提供参考数据与决策依据。选择适当的效能指标和建立合理的效能分析计算模型，是效能分析最为重要的两项任务。计算模型应能反映效能指标与系统特性、环境条件、使用条件等各种影响因素的关系。在对具体系统进行效能分析时,应根据不同的分析任务,对效能指标进行选择。可以选择单个指标,也可以选择多个指标。在对多个指标处理时,可以将一个指标作为主要指标,其他指标作为次要指标。对于复杂的效能分析问题,常常需要选择多层次、多方面的一组效能指标,并建立一个全面综合的效能指标体系。

武器系统效能分析与评估应贯穿于武器系统全寿命周期的各个阶段。从方案论证阶段开始,就需要对武器系统的效能进行预测,预估其应该达到的效能指标值,并以此作为方案选择和评价的依据。当武器系统装备部队之后,要根据部队训练情况、具体作战对象和作战任务,利用武器系统效能评估模型,计算并分析部队的实战效能,同时进行系统的效费分析,为武器系统的投产量、消耗量、装备量和作战使用配备、部署等,提供决策信息。同时,在武器系统使用环境、支援条件、作战任务及攻击目标发生变化时,随时进行效能分析与评估,为武器系统是否继续服役或改型、退役等提供决策依据。

3.效能评估方法

武器系统效能评估的方法多种多样,基本上可以归纳为四类,即解析法、统计法、计算机作战模拟法和多指标综合评价法,至于选择哪种方法取决于效能参数特性、给定条件及评估目的和精度要求。这 4 种方法的主要有下述特点。

(1)解析法。解析法的特点是根据描述效能指标与给定条件之间的函数关系的解析表达式来计算效能指标值。在这里给定条件常常是低层次系统的效能指标及作战环境条件。解析表达式的建立方法多样,可以根据现成的军事运筹理论建立,也可以用数学方法求解所建立的效能方程而得到。例如用兰彻斯特战斗理论可以建立在对抗条件下的射击效能评估公式。解析法的优点是公式透明度好,易于了解和计算,且能够进行变量间关系的分析,便于应用。缺点是考虑因素少,且有严格的条件限制。因而比较适用于不考虑对抗条件下的武器系统效能评估和简化情况下的宏观作战效能评估。

(2)统计法。统计法的特点是应用数理统计方法,依据实战、演习、试验获得的大量统计资料来评估作战效能。常用的统计评估方法有抽样调查、参数估计、假设检验、回归分析与相关分析等。统计法不但能给出效能指标的评估值,还能显示武器系统性能、作战规则等因素的变化对效能指标的影响,从而为改进武器系统性能和作战使用规则提供定量分析基础。对许多武器系统来说,统计法是评估其效能参数特别是射击效能的基本方法。

(3)作战模拟方法。作战模拟方法的实质是以计算机模拟为实验手段,通过在给定数值条件下运行模型来进行作战仿真实验,由实验得到的结果数据直接或经过统计处理后给出效能指标估计值。武器系统的作战效能评价要求全面考虑对抗条件和交战对象,考虑各种武器装备的协同作用、武器系统的作战效能诸因素的作战过程的体现以及在不同规模作战中效能的差别。而作战模拟方法能较为详细地考虑影响实际作战过程的诸多因素,因而特别适合于进行武器系统作战效能指标的预测评估。

(4)多指标综合评价法。对于一般武器系统来说,采用前面 3 类效能指标评估方法就已经可以评估其效能了。但是对于某些复杂的武器系统(如导弹等),其效能呈现出较为复杂的层次结构,有些较高层次的效能指标与其下层指标之间只有相互影响,而无确定函数关系,这时只有通过对其下层指标进行综合才能评价其效能指标。常用的综合评价方法有线性加权和法、概率综合法、模糊评判法、层次分析法以及多属性效用分析法等。多指标综合评价方法的优点是使用简单,评价范围广,适用性强。缺点是受人的主观因素影响较大。

4.系统效能结构与模型

（1）效能结构。效能分析应根据作战任务要求,正确合理地选择与确定武器系统的效能指标。为了对武器系统效能进行较为准确的评估,需要对影响系统效能的各种因素进行全面、系统的分析。将各单项指标进行综合,构成一个能概括武器系统各项效能指标的综合解析表达式,以此构成武器系统效能评估模型。

目前国内外应用较广泛的是美国工业界武器系统咨询委员会（WSEIAC）所建立的经典效能模型。该模型认为,影响武器系统完成作战任务的性能要素有 3 个,分别是系统的可用性（或有效性）、可信性（或可依赖性）和固有能力。即武器系统效能是描述系统可用性、可信性和固有能力的参量的函数。

武器系统的可用性用 A（Avallabilit）表示,用以描述系统开始执行任务时的状态,它与武器系统的可靠性、维修性、操作使用人员素质和后勤保障条件等因素相关;系统的可信性用 D（Dependability）表示,用以描述系统在执行任务过程中所处状态的情况,它与武器系统的工作可靠性、安全性、环境适应性和生存能力等因素相关;系统的固有能力用 C（Capability）表示,用以描述在系统可信赖的前提下按不同任务要求完成任务的程度,它与武器系统本身的隐身性能、突防性能、火力对抗能力、电子对抗能力、命中精度和毁伤威力等因素相关。

若武器系统的综合效能用 E（Effectiveness）表示,即 E 综合反映了武器系统完成作战任务的程度,则系统效能的结构如图 10-34 所示

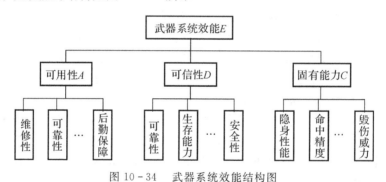

图 10-34　武器系统效能结构图

图 10-34 所表示的 ADC 效能结构模型是一个基于过程的、动态的系统效能模型。建立 ADC 效能模型需要考虑武器系统从开始执行作战任务到作战任务结束的全过程,以及其中的各种状态转换,确定可以准确表征武器系统可用性 A、可信性 D 和固有能力 C 的性能参量,根据三要素 A,D,C 之间的依存关系,建立相应的数学模型。

（2）效能模型。应用 ADC 方法,可将武器系统在作战使用过程中不同阶段的效能分别用可用性、可信性和固有能力等 3 个指标来表征。这 3 个指标的乘积即为武器系统综合效能指标 E,即

$$E = ADC \tag{10-75}$$

式中,E 为系统效能行向量;A 为可用性行向量;D 为可信性矩阵;C 为固有能力矩阵。

系统效能行向量 E。当有 m 个品质因数时,系统效能行向量可表示为

$$E = \begin{bmatrix} e_1 & e_2 & \cdots & e_k & \cdots & e_m \end{bmatrix} \tag{10-76}$$

式中,$e_k (k=1,2,\cdots,m)$ 是武器系统完成作战任务中第 k 项任务的效能指标。

可用性行向量 A。可用性是系统在开始执行任务时所处状态的度量。假设武器系统在开始执行任务时所有可能处于的状态有 n 种（例如,可工作状态、故障状态、设备保养状态、设备维修状态、等待备件状态、等待燃料状态等）,则

$$A = \begin{bmatrix} a_1 & a_2 & \cdots & a_n \end{bmatrix} \tag{10-77}$$

式中,$a_j(j = 1, 2, \cdots, n)$ 是系统开始执行任务时处于第 j 种状态的概率,表示系统的使用准备程度。因为 n 是系统所有可能处于的状态的数量,所以

$$\sum_{j=1}^{n} a_j = 1 \tag{10-78}$$

可信性矩阵 D。可信性 D 表示系统在执行任务过程中的状态情况。由于系统所有可能处于的状态有 n 种,且在执行任务过程中,其状态有可能发生改变,所以,可用一个 $n \times n$ 阶矩阵来表示系统的可信性,即

$$D = \begin{bmatrix} d_{11} & d_{12} & \cdots & d_{1n} \\ d_{21} & d_{22} & \cdots & d_{2n} \\ \vdots & \vdots & & \vdots \\ d_{n1} & d_{n2} & \cdots & d_{nn} \end{bmatrix} \tag{10-79}$$

式中,$d_{ij}(i, j = 1, 2, \cdots, n)$ 是在系统开始执行任务时处于第 i 种状态的条件下,在执行任务过程中转变成第 j 种状态的概率（条件概率）。D 称为 $n \times n$ 阶概率转移矩阵（或可信性矩阵）。显然

$$\sum_{j=1}^{n} d_{ij} = 1 \quad (i = 1, 2, \cdots, n) \tag{10-80}$$

固有能力矩阵 C。固有能力 C 表示系统在可用及可信赖状态下完成指定任务的概率。它可用一个 $n \times m$ 阶矩阵（可称为能力矩阵）来表示,即

$$C = \begin{bmatrix} c_{11} & c_{12} & \cdots & c_{1m} \\ c_{21} & c_{22} & \cdots & c_{2m} \\ \vdots & \vdots & & \vdots \\ c_{n1} & c_{n2} & \cdots & c_{nm} \end{bmatrix} \tag{10-81}$$

式中,$c_{jk}(j = 1, 2, \cdots, n; k = 1, 2, \cdots, m)$ 是系统在第 j 种状态下,完成第 k 项任务的概率。在系统可用及可信赖状态下,c_{jk} 取决于系统的固有特性。

把式(10-76)、式(10-77)、式(10-79)和式(10-81)代入式(10-75),可得

$$\begin{bmatrix} e_1 & e_2 & \cdots & e_k & \cdots & e_m \end{bmatrix} = \begin{bmatrix} a_1 & a_2 & \cdots & a_n \end{bmatrix} \begin{bmatrix} d_{11} & d_{12} & \cdots & d_{1n} \\ d_{21} & d_{22} & \cdots & d_{2n} \\ \vdots & \vdots & & \vdots \\ d_{n1} & d_{n2} & \cdots & d_{nn} \end{bmatrix} \begin{bmatrix} c_{11} & c_{12} & \cdots & c_{1m} \\ c_{21} & c_{22} & \cdots & c_{2m} \\ \vdots & \vdots & & \vdots \\ c_{n1} & c_{n2} & \cdots & c_{nm} \end{bmatrix}$$

故有

$$e_k = \sum_{i=1}^{n} \sum_{j=1}^{n} a_i d_{ij} c_{jk} \tag{10-82}$$

在使用分析方法评估武器系统效能方面,各国专家学者从不同角度提出了多种分析模型,并在相关领域得到了较好应用。

例如,美国陆军用导弹的系统效能模型为

$$E_{FF} = A_O P_{DC} P_{KSS} \tag{10-83}$$

式中，E_{FF} 为系统效能；A_O 为作战的可用性；P_{DC} 为武器系统发现、识别、传送目标信息的概率；P_{KSS} 为单发毁伤概率（命中毁伤概率）。

苏联在 20 世纪 70 年代初提出的效能评估模型是用过程指标来描述的。该方法将导弹的整个作战过程分为发射前准备阶段、发射飞行阶段和毁伤目标阶段。模型的数学表达式为

$$E = W_L W_R W_K \tag{10-84}$$

式中，E 为系统效能；W_L，W_R，W_K 分别表示发射前准备、发射飞行和毁伤目标三个阶段的效能。

我国的武器系统效能模型，多采用上面介绍的 ADC 模型。在有关系统效能分析的国家军用标准应用指南中，也将 ADC 模型作为"一种可参考的系统效能模型"。ADC 模型的特点是数学表达式清晰、易理解，便于计算与分析。但需要说明的是，ADC 模型一般不能用于使用过程十分复杂的武器系统。对于复杂系统，需要根据其特点，建立相应的系统效能分析模型。

5. ADC 法在导弹系统效能评估中的应用

对于具体的导弹系统，综合效能的高低主要取决于导弹系统开始执行任务的可用性、执行任务过程中的可靠性，以及对目标的毁伤能力。假设导弹系统执行作战任务时只有两种状态：正常与故障（包括不能工作状态），应用 ADC 法需要解决以下几个问题：① 求解导弹系统在开始执行任务时处于可正常使用状态的概率；② 在导弹系统开始执行任务时可正常使用的条件下，求解它在执行任务过程中继续正常工作的概率；③ 在导弹系统正常工作的条件下，求解它完成任务的概率。

（1）确定可用度行向量 **A**。若导弹系统只有正常与故障两种状态，则相应的可用度行向量只有两个分量。此时可设第 1 种状态为正常，第 2 种状态为故障，则有

$$\boldsymbol{A} = \begin{bmatrix} a_1 & a_2 \end{bmatrix} \tag{10-85}$$

在正常服役情况下，导弹系统是否能够正常使用，可用它的使用可用度来定量描述。由装备可靠性可知，使用可用度是与系统"能工作时间"和"不能工作时间"有关的可用性参数。若已知导弹系统的平均维修间隔时间 MTBM 和平均停机时间 MDT（包括修复性维修时间、预防性维修时间和延误时间），则 a_1 为导弹系统的使用可用度，即

$$a_1 = \frac{\text{MTBM}}{\text{MTBM} + \text{MDT}} \tag{10-86}$$

而

$$a_2 = 1 - \frac{\text{MTBM}}{\text{MTBM} + \text{MDT}} = \frac{\text{MDT}}{\text{MTBM} + \text{MDT}} \tag{10-87}$$

若仅考虑导弹系统的可修复性故障，不考虑预防性维修和后勤保障及管理的影响，则在已知系统平均故障间隔时间 MTBF 和平均故障修复时间 MTTR 的情况下，a_1 为导弹系统的固有可用度，即

$$\left.\begin{aligned} a_1 &= \frac{\text{MTBF}}{\text{MTBF} + \text{MTTR}} = \frac{\mu}{\lambda + \mu} \\ a_2 &= \frac{\text{MTTR}}{\text{MTBF} + \text{MTTR}} = \frac{\lambda}{\lambda + \mu} \end{aligned}\right\} \tag{10-88}$$

式中，λ，μ 分别为导弹系统的故障率和修复率。

（2）确定可信度矩阵 $\boldsymbol{D}$。根据前面的假设，导弹系统的可信度矩阵 $\boldsymbol{D}$ 应为

$$\boldsymbol{D} = \begin{bmatrix} d_{11} & d_{12} \\ d_{21} & d_{22} \end{bmatrix} \tag{10-89}$$

式中，d_{11} 为系统在开始执行任务时处于可正常工作状态，且在执行任务过程中保持正常工作状态的概率（即工作可靠度）；d_{12} 为系统在开始执行任务时处于可正常工作状态，而在执行任务过程中发生故障的概率（即不可靠度）；d_{21} 为系统在开始执行任务时处于不可工作的故障状态，而在执行任务过程中恢复到正常工作状态的概率；d_{22} 为系统在开始执行任务时处于不可工作的故障状态，且在执行任务过程中仍保持故障状态的概率。

若导弹系统在执行作战任务过程中不能进行维修，则有

$$a_{21} = 0, \quad a_{22} = 1 \tag{10-90}$$

若导弹系统任务寿命服从指数分布，其故障率为 λ，任务时间为 T，则有

$$D = \begin{bmatrix} e^{-\lambda T} & 1 - e^{-\lambda T} \\ 0 & 1 \end{bmatrix} \tag{10-91}$$

（3）确定能力矩阵 $\boldsymbol{C}$。能力矩阵 $\boldsymbol{C}$ 的各个分量是在系统可用及可信赖条件下，完成指定任务的条件概率。这些概率与系统执行任务过程中所处的状态密切相关。同一系统，由于所处的状态不同，其完成指定任务的概率也不同。一般来说，测定导弹系统的能力矩阵 $\boldsymbol{C}$ 是一个比较困难和复杂的问题。因为 $\boldsymbol{C}$ 中的各个分量不仅与状态有关，而且很大程度上取决于被评估的导弹系统的实际作战性能。通常是根据导弹系统的战术指标来确定能力矩阵 $\boldsymbol{C}$ 的。

根据前面的假设，能力矩阵 $\boldsymbol{C}$ 可以写成

$$\boldsymbol{C} = \begin{bmatrix} c_{11} & c_{12} & \cdots & c_{1m} \\ c_{21} & c_{22} & \cdots & c_{2m} \end{bmatrix} \tag{10-92}$$

由于导弹执行作战任务时，在故障状态下无法完成任务，则有

$$\boldsymbol{C} = \begin{bmatrix} c_{11} & c_{12} & \cdots & c_{1m} \\ 0 & 0 & \cdots & 0 \end{bmatrix} \tag{10-93}$$

若导弹系统的综合效能指标为单一指标，则

$$\boldsymbol{C} = \begin{bmatrix} c_{11} \\ 0 \end{bmatrix} \tag{10-94}$$

（4）计算综合效能指标。根据前面的假设有

$$e_k = \sum_{i=1}^{2} \sum_{j=1}^{2} a_i d_{ij} c_{jk} \quad (k = 1, 2, \cdots, m) \tag{10-95}$$

【例 10-1】　设某地空导弹武器系统由一台搜索跟踪目标的雷达、一套制导雷达系统、两套车载发射装置和分别装在其上的两发导弹组成。该导弹武器系统的系统可靠性框图如图 10-35 所示。

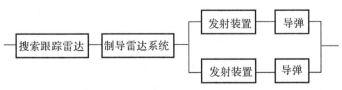

图 10-35　地空导弹武器系统可靠性框图

已知该地空导弹武器系统各分系统的有关数据如下：

搜索跟踪雷达：平均故障间隔时间 $\mathrm{MTBF}_1 = 60\ \mathrm{h}$

平均故障修复时间 $\mathrm{MTTR}_1 = 0.5\ \mathrm{h}$

发现并跟踪目标的条件概率 $P_1 = 0.97$

制导雷达系统：平均故障间隔时间 $\mathrm{MTBF}_2 = 70\ \mathrm{h}$

平均故障修复时间 $\mathrm{MTTR}_2 = 0.4\ \mathrm{h}$

跟踪导弹的条件概率 $P_2 = 0.98$

发 射 装 置：平均故障间隔时间 $\mathrm{MTBF}_3 = 90\ \mathrm{h}$

平均故障修复时间 $\mathrm{MTTR}_3 = 0.3\ \mathrm{h}$

导　　　　弹：平均故障间隔时间 $\mathrm{MTBF}_4 = 50\ \mathrm{h}$

平均故障修复时间 $\mathrm{MTTR}_4 = 0.5\ \mathrm{h}$

飞行末段的引信启动概率 $P_{4y} = 0.98$

对目标的战斗部毁伤概率 $P_{4h} = 0.85$

设导弹系统发射装置的任务工作时间为 $0.5\ \mathrm{h}$，其他分系统的任务工作时间均为 $1\ \mathrm{h}$，且各分系统可靠性具有指数规律。试求该系统发射 1 发导弹攻击空中目标时的系统效能值。

解　（1）计算导弹系统的可用度 a_s，有

搜索跟踪雷达可用度　　$a_1 = \dfrac{\mathrm{MTBF}_1}{\mathrm{MTBF} + \mathrm{MTTR}} = \dfrac{\mu}{\lambda + \mu} = \dfrac{60}{60 + 0.5} = 0.991\ 7$

制导雷达系统可用度　　$a_2 = \dfrac{\mathrm{MTBF}_2}{\mathrm{MTBF} + \mathrm{MTTR}} = \dfrac{\mu}{\lambda + \mu} = \dfrac{70}{70 + 0.4} = 0.994\ 3$

发射装置可用度　　$a_3 = \dfrac{\mathrm{MTBF}_3}{\mathrm{MTBF} + \mathrm{MTTR}} = \dfrac{\mu}{\lambda + \mu} = \dfrac{90}{90 + 0.3} = 0.996\ 7$

导弹可用度　　$a_4 = \dfrac{\mathrm{MTBF}_4}{\mathrm{MTBF} + \mathrm{MTTR}} = \dfrac{\mu}{\lambda + \mu} = \dfrac{50}{50 + 0.5} = 0.990\ 1$

根据导弹系统可靠性框图，系统可用度 a_s 为

$$a_s = a_1 a_2 [1 - (1 - a_3 a_4)^2] = 0.985\ 9$$

（2）计算导弹系统发射单发导弹攻击目标的可信度 d_s，有

搜索跟踪雷达工作可靠度　　$R_1 = \mathrm{e}^{-\frac{T_1}{\mathrm{MTBF}_1}} = \mathrm{e}^{-\frac{1}{60}} = 0.983\ 5$

制导雷达系统工作可靠度　　$R_2 = \mathrm{e}^{-\frac{T_2}{\mathrm{MTBF}_2}} = \mathrm{e}^{-\frac{1}{70}} = 0.985\ 8$

发射装置工作可靠度　　$R_3 = \mathrm{e}^{-\frac{T_3}{\mathrm{MTBF}_3}} = \mathrm{e}^{-\frac{0.5}{90}} = 0.994\ 5$

导弹工作可靠度　　$R_4 = \mathrm{e}^{-\frac{T_4}{\mathrm{MTBF}_4}} = \mathrm{e}^{-\frac{1}{50}} = 0.980\ 2$

导弹系统发射单发导弹攻击目标的可信度为

$$d_s = R_1 P_1 R_2 P_2 R_3 R_4 = 0.898\ 4$$

（3）计算导弹系统的单发导弹条件毁伤概率，有

$$c_s = P_{4y} P_{4h} = 0.98 \times 0.85 = 0.833$$

（4）计算系统发射 1 发导弹攻击空中目标时的系统效能值，有

$$E_s = a_s d_s c_s = 0.985\ 9 \times 0.898\ 4 \times 0.833 = 0.737\ 8$$

10.4.3　费用分析与估算

1. 费用分析概念

科学地确定费用是研究效费比的基本工作之一,费用分析的任务就是通过一定的方法给出一个系统在一定阶段的费用情况。在武器研制与生产以及使用过程中,经费的投入是十分复杂的,它受许多的条件与因素影响。在武器系统分析的早期概念阶段,有关武器系统的各项要求都具有众多的不确定性,在这个阶段进行费用分析的目标是给出各个备选方案的可比寿命周期费用的估算值,在一切可能的地方确定重要的费用关系。在开始时这些费用估算值的精确性可能较低,但系统在以后的生命周期阶段中,各项技术要求和参数变得比较确定时,就能得到比较准确的费用估算值了。

作为导弹武器,由于国际上的价格受相互关系与时局的影响很大,带有很大的随意性,很难用一般民用产品的国际价格来推比。所以,认真地参考国外的经验,结合国内的具体情况,建立起一套既适合我国条件,又与国际市场接轨的分析模型是十分必要的。

2. 费用类别

按武器系统费用的发生情况,可将费用划分为研究与研制费用、生产费用(投资)和使用与支援费用。

(1) 研究与研制费用。这些费用用于应用研究、工程设计、分析、研制、试验、鉴定以及与具体的武器系统有关的研制工作的管理费用,其中主要有研制工程费用、工艺性工程与规划费用、样机制造费用、系统试验与鉴定费用、设备安装费用、系统项目的管理费用、研究与研制设施的建筑费用、训练工作与训练设备费用等。

(2) 生产费用。按生产费用在生产过程中发生的特点,可分为非周转性投资和周转性投资。

非周转性投资:这些费用在武器系统或辅助系统的生产周期中一般只使用一次,如最初的生产设备购置费用、工业设备或生产基地的支持费用等。

周转性投资:在武器系统、辅助系统或部件的生产过程,这些费用是反复出现,例如制造费用、工程修改费用、系统试验与鉴定费用、备件和配件费用、运输费用、训练工作及设备费用、系统或项目管理费用等。

(3) 使用与支援费用。这些费用是在武器系统或辅助系统经过验收,纳入军队装备之后,使用、维修以及材料和供应点的消耗方面所需的直接费用。如军事人员的费用、工厂维修费用、更换部件的费用、备件和配件的费用、部队训练费用,弹药与导弹的费用、油料费用等。

图 10-36 给出了一个武器系统寿命周期中各项费用的典型时间分布(费用趋势)。

3. 费用的估算方法

寿命周期费用估算的一般方法主要有 4 种,即参数估算法、工程估算法、类推法及专家判断估算法。

(1) 参数估算法。参数估算法又称"自上而下"估算法,它是利用同类武器系统的历史统计数据导出的数字关系式来估算新武器系统费用的方法。根据历史上同类武器系统的性能参数或其他重要的设计特性、工作特性和使用特性与费用间关系的统计资料,用回归分析等方法建立起费用因素之间的函数关系,然后将一系列的关系式有机地编排和组合,构成费用分析的实体,通过估算处理即可得出相应的费用。通常假定费用变量与各参数之间具有函数关系式

$$C = b_0 + \sum_{i=1}^{n} b_i f_i(x_{1i}, x_{2i}, \cdots, x_{ri}) \qquad (10-96)$$

其中，C 为费用变量；x_{ji} 为费用参数（$i=1,\cdots,n; j=1,\cdots,r$）；$f_i$ 为与 x_{ji} 有关的函数关系；b_0，b_i 为回归系数。

对于导弹武器系统来说，其飞行性能参数与结构性能参数中的飞行速度、射程、质量、体积等均可与费用相联系，并用其与统计曲线相拟合。

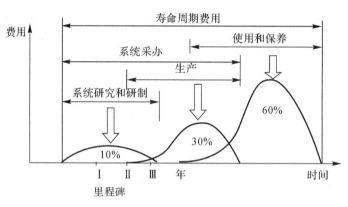

图 10 - 36　典型的费用分布模式

参数估算法要求输入的参数少，方法简单，比较经济，已经越来越普遍地被采用，特别适用于系统早期阶段的全寿命周期费用分析，该方法可以很方便地用来估计武器系统性能要求的改变对费用影响，有助于识别高费用项目。该方法利用了统计回归分析技术，如果在回归分析中增大采样量有可能或能提高估算的精度。参数费用估算法的缺点是不能反映技术上的变化对费用的影响。

（2）工程估算法。工程估算法也称为"自下而上法"，是一种最普通且最详细的估算方法，这种方法将全寿命周期费用按完成各阶段任务所要求的各项活动和（或）武器装备的各个组成子系统进行逐层分解，画出费用细目结构图（即费用树形图），逐个估算单项子系统或活动的费用，将结果累计起来，最后得到总费用估算值。

由于工程估算法需要自下而上地按任务要求、工程进程等逐次进行估算，因而工作量大，且十分复杂，所以该方法主要用于工业中，估算工程项目或产品的费用。工程费用估算法的缺点是不能用于估算未考虑到的将要进行的那些工作的费用。

（3）类推估算法。类推估算法是根据已知费用的某个系统，去推断被估算的系统的费用，即将待估武器系统与以前某个类似的系统进行比较，根据新旧系统间某些参数间的差异而对费用作针对性的修改，给出两系统的费用关系，以此来得到待估系统的费用，常用的公式为

$$Y_2 = K (X_2/X_1)^n Y_1 \qquad (10-97)$$

其中，Y_2 为新系统的费用；Y_1 为类似旧系统的费用；X_1, X_2 为新、旧系统的某一参数；n 为根据实际情况而得到的指数；K 为修正系数。

有时，还可用每千克产品的费用为标准，进行简单的类推，例如，已知某导弹战斗部的总费用，算出每千克战斗部的单价，再利用此单价去类推另一个新研制（或准备研制）的导弹战斗部的费用；用已知动力装置每千克平均费用，去推断待估算的导弹动力装置的费用；用已知弹上制导装置每千克的平均费用，去类推待估算的制导装置的费用等，尽管这种方法不够准确，

但作为一种近似计算,仍然可用,而且这种方法简单,使用方便,且不必对系统(或子系统)中的产品或部件进行过分详细的费用计算。

(4)专家判断估算法。此方法又称德尔菲法,该方法是利用有经验的领域专家对要研制开发的系统的费用进行主观的预测,然后进行归纳、统计和分析得出结论。

设系统的费用为 C,选定 k 名专家,各专家主观预测的费用值分别为 $C_1,C_2,\cdots,C_k$,专家权重分别为 $w_1,w_2,\cdots,w_k$,则德尔菲法模型为

$$C = w_1 C_1 + w_2 C_2 + \cdots + w_k C_k = \sum_{i=1}^{k} w_i C_i \tag{10-98}$$

上面给出的各种方法各有优劣,在费用估算时选用哪种方法要根据估算的目的、可用数据质量和可用时间而确定。一般来说,在全寿命周期的前期如研究与研制阶段,多采用参数估算法和类推估算法,而在全寿命周期的后期,则多采用工程估算法。对于大型项目,为给出比较准确的费用估算值,可能会用到所有这几种方法。各种方法的应用范围见表 10-3。

表 10-3 费用估算方法在寿命周期中的应用

阶段 估算法	方案探索 阶段	论证与确认 阶段	全尺寸研制 阶段早期	全尺寸研制 阶段后期	生产阶段
参数估算法	P	S	S	NA	NA
类推估算法	S	P	S	S	NA
工程估算法	NA	S	P	P	P

注:P 表示主要方法,S 表示次要方法,NA 表示通常不用。

4.导弹系统各部分费用的估算

(1)研究与研制费用估算。研究与研制费用通常是指与该类武器系统有关的应用研究、预先研究、工程设计、分析、试验、鉴定、试制、研究及研制管理等各项工作所需的全部费用之和。研究与研制费用总额中的主要部分,应是为开展研究与研制工作所需的实际业务费用。

研究与研制费用的估算,可以根据参与工作人员每人每年按要求的平均投资所取得总费用因素进行计算。对参与工作的管理和研究人员同等计算研究研制费用外,还应包括他们的平均工资、各种津贴和酬金等。把按合同定价的各部分费用累加起来,再用参数费用估算方法进行核算。

研制工作费用估算中,应当根据固有费用的不定性,考虑到费用由于各种不定因素的影响,估计费用时给出一定的范围,即进行费用范围估算;如果完全不考虑各种不定因素引起费用的变化范围,而给出一个非常确定的估算值,这种方法称为点估算,它不能反映与估算有关的任何不定性。用统计值通过回归分析方法估算出的费用值,往往都是范围估算,具有较高的置信度。

确切地说:"研究与研制费用估算"主要是指研制费用的估算,而研制费用又主要是运用智力和专用设备(往往是贵重仪器设备)费用。研究费用(特别是基础研究的费用),严格地讲,它是不属于某个型号的,因为,研究成果常常可以广泛用于各种型号,因此费用估算中,对于一个特定系统(型号)主要应当估算的是研制阶段的各种费用的总和。

若总研制费用以 C 表示,按人·年总投资费用计算可得

$$C = C_D + C_L + k C_D \tag{10-99}$$

式中，$C_D = \sum T_i C_i$ 表示直接研制费用，C_i 为每人·时的平均费用，即每个直接劳动小时的平均费用，T_i 为每年的人时数，即每人每年用于直接研制工作的有效总时数；$i=1,2,\cdots,n$，其中 n 为参与研制工作的总人数；C_L 为间接费用的总和；k 为考虑利润、物价上涨及其他各种不定因素的修正系数。

每项费用的估算可用参数费用估算法。研制费用的估算是一件相当复杂的任务，到目前为止也没有比较可靠的分析估算方法。尽管国内外现在采用的方法有十余种之多，诸如部件组合法（工程方法）、修正因素法、风险分析-网络理论法、类推法、复杂因素分析法等，但都不能得到准确的估计值，往往需要用各种方法进行交叉校正。因此，像导弹系统这样的大型复杂系统，研究研制费用的估算，应根据具体类型、型号、性能等进行具体分析。

（2）生产投资费用估算。生产投资费用是指生产某个武器系统，并将其装备到部队之前所需的全部资源费用。它包括：

1）用于把研究与研制成果变成作战系统所需之产品和工作费用的总和。作战系统是指通过硬件、软件、训练以及为形成作战能力所必需的各种物资与活动所构成的系统。

2）非周转费用与周转费用。前者是指形成生产能力所需的费用，如最初的生产设备投资、工业设备或生产基地建设；后者是指生产中和把产品运往使用单位的过程中，反复需要的费用，制造所需投资、工具投资、质量检测及控制所需的投资、运费等。

3）全部产品消耗及有关的管理与辅助工作的消耗。

生产费用估算中，同样存在着不定性和偏差。不过，可能出现的偏差较小，通常估算值与实际费用之差在 20% 的范围之内。

生产费用的估算，利用参数费用估算技术比较好，对减小估算偏差特别有效。典型的方法是应用"经验曲线"进行回归分析。经验曲线分析法是利用生产第一件产品的费用和"经验曲线的斜率"表示任意数目产品的累积费用。

设 $C_T = C(n)$ 为生产前 n 件产品的费用；n 为产品数量，F 为生产第一件产品的费用，b 为经验曲线的斜率。按照"经验曲线分析法"的原理可得

$$C_T = Fn^{(1+b)} \tag{10-100}$$

考虑到通货膨胀和军品价格的提高，需要对估算的费用进行修正，即在式（10-100）中乘以修正系数 k（称之为"漂移"系数，或"波动系数"）。于是，式（10-100）变为

$$C_T = kFn^{(1+b)} \tag{10-101}$$

（3）使用与维护费用的估算。使用与维护费用中的主要部分是人员的费用，其次才是维修及操作费用。如导弹武器系统装备部队之后，其使用维护费用的主要组成部分是人员操作费用、维修装备费用、维护管理费用、维护器材消耗的费用等。对于大型导弹，其使用维护费用中还应包括基地建设、技术阵地配置费用等。

使用维护费用的一般估算方法，是根据各项费用因素不同，独立构造模型或图表，分别计算各因素的费用，最后求各因素的费用之总和，由此得到全武器系统的使用维护费用。

为了确定使用与维护费用，进而得出武器系统的全寿命周期费用，必须知道武器系统的"有效寿命"周期或简称为"有效寿命"。因为，武器系统的有效寿命决定于武器系统的类型、设计水平、使用环境、使用条件等多种因素。因此，武器系统有效寿命本身是随机变化而难以确定的。应当根据不同类型的导弹，通过实验统计分析确定。由于进行寿命试验是一件不容易的事情，且各种试验条件很难模拟，所以，使用维护费用的估算方法虽然简单，但却很难估计

得比较准确。

5.按费用设计的原则

一般来说,武器系统方案探索结束时,全寿命费用的 70% 大体已确定,系统论证结束时已确定的全寿命费用为 85%,研制工作结束时则已规定了全部费用的 90%,这就是说,在设计工作之外来节省费用支出的可能范围是很有限的,控制费用的根本途径在于加强设计工作,以便在满足系统的性能要求下,使生产、使用和维护的支出尽可能少。于是便出现了在限定费用指标下的设计原则,这就是"按费用设计"的计划。

按费用进行设计的计划是寿命周期费用概念的重要组成部分,它要求一个系统在费用目标范围内进行设计和制造。美国从 20 世纪 70 年代起就已开始实施按费用设计的政策,并要求陆、海、空军的所有重要武器系统的新型号的发展计划,都必须贯彻"按费用设计"的要求,把它作为部队采办武器系统、分系统和部件的重要依据和制定政策的指标。在整个武器系统、分系统和部件的设计、研制、生产和使用过程中,费用是作为技术要求和进度要求同等重要的参数来确定的。

按费用设计目标的确定是依据国家的费用预算限额、军兵种的预算限额、独立的费用估算、经济预测、方案探索前的预先研究等等。应根据对系统费用改进潜力的了解,以及计划的预算极限,来确定按费用进行设计的目标。达到按费用进行设计目标的关键是其灵活性,即要使设计者在达到满足任务目标的技术状态方面有做出选择和决定的自由。要做到这点,就要通过合同和规范做到以下几点:

- 规定所需的性能,但不限定得到预期结果的途径。
- 规定达到所需要作战能力的总时间,但不限定详细的中间阶段的里程碑。
- 定出的项目进度应当留有允许反复的时间,而不要求一次就 100% 成功。

按费用进行设计的目标应是可以达到的,但是如果目标很容易达到,就不会存在通过技术要求、方案和设计进行严格的核查以降低费用的动力,就可能导致在得到性能或设计特色上有所提高,但费用效益并不好的系统。相反地,如果目标很难达到,积极性也会受到挫伤,工程承包方就不会去发挥独创性去利用先进技术设计出最适应的方案。

参 考 文 献

[1]　白文林.有翼导弹总体设计原理[M].西安:西北工业大学出版社,1992.

[2]　于剑桥,等.战术导弹总体设计[M].北京:北京航空航天大学出版社,2013.

[3]　韩品尧.战术导弹总体设计原理[M].哈尔滨:哈尔滨工业大学出版社,2000.

[4]　张忠阳,等.防空反导导弹[M].北京:国防工业出版社,2012.

[5]　范会涛.空空导弹方案设计原理[M].北京:航空工业出版社,2013.

[6]　毕开波,等.导弹武器及其制导技术[M].北京:国防工业出版社,2013

[7]　王文超,等.导弹武器系统概论[M].北京:宇航出版社,1996.

[8]　杨月诚.火箭发动机理论基础[M].西安:西北工业大学出版社,2010.

[9]　李陟,等.防空导弹直接侧向力/气动力复合控制技术[M].北京:中国宇航出版社,2012.

[10]　斯维特洛夫 B T,等.防空导弹设计[M].本书翻译委员会,译.北京:中国宇航出版社,2004.

[11]　赵育善,吴斌.导弹引论[M].西安:西北工业大学出版社,2009.

[12]　卢芳云,李翔宇,林玉亮.战斗部结构与原理[M].北京:科学出版社,2009.

[13]　高明坤,等.火箭导弹发射装置构造[M].北京:北京理工大学出版社,1996.

[14]　张晓今,等.导弹系统性能分析[M].北京:国防工业出版社,2013.

[15]　张波.空面导弹系统设计[M].北京:航空工业出版社,2013.

[16]　娄寿春.面空导弹武器系统设备原理[M].北京:国防工业出版社,2010.

[17]　谷良贤,等.导弹总体设计原理[M].西安:西北工业大学出版社,2004.

[18]　刘建新.导弹总体分析与设计[M].长沙:国防科技大学出版社,2006.

[19]　过崇伟,等.有翼导弹系统分析与设计[M].北京:北京航空航天大学出版社,2002.

[20]　方国尧.固体火箭发动机总体优化设计技术[M].北京:北京航空航天大学出版社,1998.

[21]　秦英孝.可靠性、维修性、保障性概论[M].北京:国防工业出版社,2002.

[22]　韩晓明,等.导弹战斗部原理及应用[M].西安:西北工业大学出版社,2012.

[23]　孟秀云.导弹制导与控制系统原理[M].北京:北京理工大学出版社,2003.

[24]　侯世明.导弹总体设计与试验[M].北京:中国宇航出版社,1996.

[25]　袁小虎,等.导弹制导原理[M].北京:兵器工业出版社,2008.

[26]　夏国洪,等.智能导弹[M].北京:中国宇航出版社,1996.

[27]　杨军,等.现代导弹制导控制系统设计[M].北京:航空工业出版社,2005.

[28]　Eugene L, Fleeman. Tactical Missile Design[M]. AIAA,2002.

[29]　Charles A, Fowler. National Missile Defence(NMD). IEEE AESS Systems Maganize, January,2002.